건 / 강 / 지 / 킴 / 이

천연 식초 만들기

천연 식초 만들기

이제성 지음

정진출판사

'동백LEE의 곳간' 식초 담글 때의 마음

식초는 미생물의 집단이다. 즉, 초산균이라는 살아 있는 수많은 생명체들이 술이라는 먹이를 먹고 개체수를 기하급수적으로 늘려, 술통 안에 생명이 가득 채워져 나온 것이 식초이다. 그래서 식초 담글 때는 마음을 늘 정갈하게 하려고 노력한다.

슬프거나 속상하면 그냥 TV나 보고, 바람을 휙 쐬러 다니든지 한숨 자든지 하면서 시간을 보내고, 내가 청정한 마음이 들 때 그 생명체들에게 나의 눈과 마음, 손길을 주면서 술을 담그고, 거르고, 초를 키운다.

내가 우울한 마음으로 초단지를 만지면 마음이 전해져 우울한 식초가 될까봐, 내 가족과 나의 식초를 늘 먹고 있는 분들에게 우울한 식초, 기분 나빴던 감정이 실린 식초를 드릴 수 없어 웃으며 식초를 담근다.

즐거운 마음이 담긴 행복한 식초를 키워 마음이 통하면 좋은 기운이 전해지지 않을까 생각한다. 식초 공부를 하러 오는 많은 분들에게도 늘 강조를 한다. 행복할 때 식초를 만지라고. 속상할 때는 잠시 손길을 쉬면서 나의 식초를 맛있게 먹고 조금이라도 도움이 되었으면 하는 간절한 마음을 담아 즐거울 때 식초 만들기를 권한다. 행복하고 즐거움이 가득한 천연발효식초 공부를 하고 또 그런 식초를 담가보기로 한다.

이것은 어떤 책인가?

많은 식초를 담가왔다. 한 가지 원재료를 가지고 다양한 방법으로 담가 맛과 향의 차이를 알고, 백 가지가 넘는 식초를 담그면서 각각 개성과 특성이 다른 것을 분석하고, 첨가되는 재료들과 양 조절 등 오로지 경험으로 터득한 것을 전한다.

이번 책은 식초를 전혀 모르는 사람들도 정독만 하면 알 수 있게 수많은 경험 글을 그대로 풀었는데, 책을 읽어 내려가다 보면 자기도 모르게 식초를 편하게 담글 것이라 믿는다.

내가 식초에 관심을 갖게 된 가장 큰 이유는, 어릴 적 먹었던 나물 맛이 그리워서였다. 그 맛을 재현하려 해도 안 되어 포기하려다가 문득 떠오른 것이 큰집 부뚜막에 늘 있던 막걸리 식초였다. 희미한 기억을 되살려 담가 똑같은 나물에 넣어 먹었더니, 그것이 바로 막걸리 식초의 오래 묵은 발효의 무심한 맛이었다. 그걸 알고는 그때부터 미친 듯이 식초를 담그며 성공과 실패를 거듭하고, 그 맛이 재료마다 다르다는 걸 깨닫게 되었다.

오랜 시간이 지나 식초 담근 걸 알고 많은 분들이 배우고 싶어했다. 그래서 블로그를 열고 식초 공부방을 만들어 외국은 물론 국내 어디서든 오시는 분들에게 전했다. 그러다 보니 식초 책을 쓰게 됐고, 두 번째로 아직 블로그나 어디에도 드러내지 않은 재료들과 방식으로 식초를 담글 수 있는 책을 내게 되었다. 몇 달 원고 쓴다고 소홀했던 블로그도 다시 식초방 공부교실을 개설해 이 책을 보면서 완전 기초부터 수업을 할 예정이다.

이 책은 예쁜 책을 만들기 위해, 혹은 장수나 크기에 맞게 잘라내는 것 없이 원고 그대로 편집할 것을 출판사와 약속하고 썼다. 즉, 내가 전달하고자 하는 내용이 보기 좋은 책을 만들기 위해 정작 독자들이 취하고자 하는 부분이 여기저기 뭉뚱그려 잘려나가 이해의 폭이 좁아진 책을 낼 수 없다는 것이 나의 지론이라 부탁을 드렸다. 나는 이 책이 우아하거나 과학, 미생물학, 각종 공식과 복잡한 기호로 멋지고 품격 높은 학문을 위한 식초 책이기를 원하지 않는다. 이 책은 누구나 쉽게 식초를 담그고, 응용하고, 문제점이 있으면 또 찾아 알게 되는, 오로지 수많은 경험으로 이루어진 책이다.

책에 들어가는 1천 장이 넘는 사진 역시 오로지 식초를 담그며 일일이 내가 찍은 것이다. 요즘 방송 매체를 통해 유명해진 요리사(셰프)가 집에 있는 재료로 누구나 쉽게 만들어 먹을 수 있는 대중적인 음식을 주일마다 선보여 많은 사람들이 간단하게 요리를 하는 계기가 되고 있다.

나 역시 전통을 고수하며 그냥 집에 늘 있는 재료로 자주 먹거리로 이용하거나 잊혀진 재료들을 되살려내는 등 대중적인 식초를 만들어 먹자는 것이 그 취지이다. 그래서 내 책은 화려할 필요도 없고 멋질 이유도 없이 어느 누구나 늘 볼 수 있는 식탁 같은 데 가까이 두고, 담그고 싶은 식초가 있으면 펼쳐 어디 있나 찾아보면 된다. 똑같은 재료가 없으면 비슷하면 방식이 거의 같으니 줄이고 늘리는 방식으로 나만의 식초를 담그게 했다.

그야말로 대중적인 책으로 남녀노소 잘만 읽으면 식초를 담글 수 있다는 걸 알게 될 것이다.

식초 교과서를 쓰고 싶었다

식초는 어렵다고 한다. 물론 아주 어렵다. 그러나 원리와 과정의 문제만 이해하면 실패율도 줄고, 실패를 해도 속상해하지 않고 공부했다고 웃으며 넘기고, 그 공부를 통해 얻은 나만의 경험이 성공으로 가는 지름길임을 알게 될 것이다.

특히 이 책은 어려운 단어나 비싼 도구 없이 집에 있는 것으로 식초를 담글 수 있게 했으므로, 꼭 식초에 대해 전문적인 공부를 하지 않아도 충분히 이해하고 행동으로 옮기도록 상세히 풀어 자연스럽게 내 것으로 만들 수 있게 했다. 즉, 언제나 공부하고 실행할 수 있게 한 식초 교과서이다. 딱딱하거나 지루하지 않고, 식초를 담그면서 생긴 일들과 재료 이야기와 나의 식초를 꼭 먹어야 해서 전달하는 사람들 이야기 등, 몇 장 넘기고 덮는 것이 아니라 일단 잡으면 손에서 놓지 못하는 재미난 옛날이야기 같은 책이다. 식초 교과서지만 즐거움과 성취감을 느낄 아름다운 물이야기임을 자부한다.

식초에 얽힌 일

재미난 글을 쓰고 싶다. 내가 워낙 게을러 남의 이야기를 할 시간과 재담할 능력은 없지만, 들었다 하면 그것으로 딱 잊어버리는 요상한 부지런함은 있다. 게으르다 보니 오로지 나의 이야기만 하게 되는데, 이제 이야기 보따리를 풀어본다.

🌿 옆지기 집안 병력이 늘 나의 근심이었다.

집안 어른들은 위암, 고혈압, 당뇨병, 기관지천식으로 평생 고생을 하셨다. 친가 어른들께서는 고혈압, 외가는 수많은 형제분들께서 모두 다 아주 심한 당뇨로 엄청난 고생을 하시는 등 병력이 별로 우아하지 못하다.

그러다 보니 옆지기와 나도 유전적인 인자가 있는 탓인지 맛있는 것, 육식을 선호해 두 사람 다 정상 체중을 거의 10~15kg 이상 넘기고 있다.

운동 싫어하고 과일 싫어하는 나는 완전 퉁퉁해 좋지 않지만 개선할 의지가 전혀 없이 살고 있다. 그런 옆지기에게 고질적으로 따라다니는 것이 있었는데, 일 년 열두 달 감기를 달고 살며 여름에도 툭하면 병원에 달려가는 것이 일이었다. 오랜 시간 지속되어 온 날들, 그동안 먹은 감기약만 해도 엄청난데 식초를 본격적으로 담그며 부지런히 먹도록 했다. 꼭 식초를 먹어 그렇다고 하기는 그래도 그냥 그렇게 몇 년이 지나, 어느 날 "왜 요즘 감기를 안 하는지 모르겠다."고 한다. 그러고 보니 코 훌쩍이고 약 먹는 모습 본 지도 까마득하다. 일상에서 추가된 것은 식초밖에 없는데, 요즘은 나이가 약간 드니 감기가 드는 듯하다 그만 사라지는 일이 생긴다.

🌿 피부에 알레르기가 있어 양말목이 닿는 다리에 늘 벌건 테두리가 생기고, 벅벅 긁어 피나고, 물집 생기고, 딱지가 앉아 가려워 어쩔 줄 몰라한다. 팬티 고무줄, 허리띠 닿는 부분, 파스 붙인 자리 등 똑같은 증세로 고생을 하기 수십 년, 그런데 언제부터인지 의식을 전혀 못하고 그냥 편하게 산다. 내가 더 먹인 것은 식초밖에 없었다.

🌿 늘 몸에 벌겋게 물집이 생겨 퉁퉁 붓다 안에 고름이 가득 찬다. 툭하면 꾹 짜고 고약을 발라 집에는 늘 고약이 있었는데 오래 전부터 전혀 생각지도 않고 그냥 살고 있다.

🌿 얼굴이 짙은 황토색으로 좋지 않았는데, 언젠가부터 오래 못 만난 사람들이 보면 마치 금방 찐 왕찐빵 같다고 얼굴이 왜 그렇게 좋아졌느냐고 묻는다.

🌿 나는 등산을 좋아하지 않아 산에 잘 안 가는데, 10년 전 갑자기 설악산 대청봉을 8시간 오르고, 다음 해 오대산 비로봉을 역시나 "됐나, 됐다."로 결정내리고 다녀왔다. 그후 무릎이 완전히 무너져 조금만 걸어도 아프고 계단 오르기도 힘들어, 앉았다 일어나면 앓는 소리를 내야 했다. 병원에 가봐야 쉬라고만 하고 나는 아파 고생하고, 그런데 언제부턴가 그냥 의식하지 못하고 살고 있다. 몇 달째 앉은뱅이 책상에 앉아 하루종일 원고에 매

달려 있어도 다리 아프거나 불편한 것을 모르고 산다.

　　내게는 고질적인 증세가 있다. 가슴 통증으로 어릴 적부터 고생이 많았다. 호르몬 분비가 전혀 안 돼 가슴이 굳어져 간다며 늘 병원에 다니라 하는 말을 듣고 언제나 걱정과 불안을 안고 살았다. 부산의 전문병원 한 곳에서 통증에 좋은 일종의 건강식품을 추천하여 조금 호전되었는데, 초음파 검사 후 물혹이나 석회질이 많다는 진단을 받았다.

　한두 개가 아니고 큰 것들이 많아 자꾸 커지기 전에 제거하자면서 '몇 밀리 얼마, 몇 개 얼마' 하며 가격을 정해준다. 기분이 묘해 불안했지만 그냥 왔다. 그후에도 해마다 검진을 받으러 가면, 또 제거하자는 말을 해 겁이 났다.

　내가 식초를 담그지만 원래는 신것을 꺼렸다. 그러다가 본격적으로 먹기 시작하고 식초 관리 때마다 맛을 보니, 먹는 양이 자연스럽게 늘어났다.

　다음 해 가니, 크기가 줄고 개수도 줄었다며 더 두지 말고 제거하자는 걸 또 그냥 왔다. 2년 후 걱정이 되어 다시 초음파검사를 했는데, 간호사가 대학병원이나 다른 전문병원에서 혹 제거수술을 하고 왔느냐고 묻는다.

　'뭐시라, 혹…… 그런 적 없다.' 하고 속으로 '가스나, 머리끄뎅이 땡기뿌까. 무섭구로 혹 제거라니.' 했다.

　나는 혹이 그렇게 많았는데 멀쩡히 병원에 와 어디서 수술하고 왔나 묻는 줄 착각하고 오만 가지 걱정에 잠겼다. 그런데 선생님 말이, 혹이 거의 다 사라지고 아주 작아진 것 몇 개만 보인다고 했다. 그냥 가고 일년에 한 번씩 검진을 받으러 오라는 진단을 받았다. 가만히 생각하면, 고기 좋아하지, 운동 안 하지, 변한 거라곤 식초 부지런히 먹은 것밖에 없다.

　천연식초는 약이 아니라 몸에 좋은 것으로 부지런히 담가먹어야 한다. 이런 이야기들은 위험할 수 있는데, 식초만 먹으면 만병통치, 불로장생을 누리는 것이 아니라는 점을 강조하고 싶다.

우리 가족이 여러 가지 유전인자를 갖고도 자연스레 살아가는 이유는 아직 무엇인지 모른다. 비록 대대로 내려온 유전적인 병들은 있지만 건강한 몸을 주신 부모님 덕분이다. 우리의 생활에서 더 취하는 것은 식초뿐이고, 늘 내 손으로 담근 장들로 음식을 만들어내는 것, 그게 다이다.

수십 가지 식초가 있으니, 각 성분과 함께 초산을 섭취한 것뿐이다. 그러나 식초가 아무리 좋다 해도 식품으로 자연스럽게 섭취해야 한다. 식초만 먹으면 모든 병을 이겨내는 것이 아니다. 늘 검사를 받으며, 필요하면 약도 먹고 치료도 받으며 살아야 한다. 식초만 믿고 건강관리에 소홀하면 안 된다는 뜻이다.

내가 늘 특별한 식초를 담가 잘 챙겨 먹으라며 전하는 분들에게도 철저히 병원에 다니며 치료를 받게 한다. 가랑비에 옷 젖듯이 갖가지 성분이 들어간 식초를 먹게 하며 관리를 하고 있다.

가까운 부산에 사는 여자친구와 이쁜 동생은 자주 만나 이야기를 듣고, 멀리 사시는 분들은 그냥 식초만 전하여 도움이 되고자 한다. 볼 때마다 식초 예찬론을 펼치는 두 사람을 보면 내가 참 감사하다.

산양산삼, 자연산 더덕 현미, 구증구포 흑삼, 흑마늘 현미, 화분 현미, 동백나무겨우살이 현미, 솔순 현미, 차가버섯 현미 등 특별하게 담근 식초를 그녀들과 몇몇 분에게 전하며 더욱더 아름다운 물이 되기를 바라는 간절함도 전한다.

내 몸에는 어떤 식초가 좋은가?

많은 분들이 어떤 식초를 먹으면 좋은가 물어 온다. 나의 답은 "없다."이다. 왜? 식초는 약이 아닌데 약으로 물어오는 것이기에 답을 할 수 없다.

식초는 좋은 음식이니 챙겨 드시라고 말하며 필요한 것은 본인이 선택하라 한다. 나는 의사, 약사가 아니다. 식초 담그는 사람일 뿐이다. 어떤 것이 좋다면 다 사겠으니 말해 달라는데, 내가 뭐라고 어느 것을 먹으라 하겠는가? 알아서 먹고 싶은 것, 내 몸에 필요한 것을 선택해야 한다. 나한테 있으면 드리고, 없으면 그만이다. 그러면 "다 뭐가 좋다 말하던데 왜 못하느냐?"고 따진다.

그런 판단은 내 몫이 아니다. 아픈 데 무엇이 좋은가는 병원에서 진찰하고 약을 조제하는 전문가가 있다. 건강에 도움이 되고자 식초를 구입하는 분들에게는 각각 필요한 것을 드리는 것이 나의 일이다. 우선 현미를 권하고 나머지는 알아서 해야 한다 하면, "그런 것도 말하지 않고 판매하느냐?"고 불편한 심기를 드러내고 판매 역시 이루어지지 않는다.

나는 그게 다이다.

어떤 병에 어떤 것을 먹어라, 그러면 낫는다는 내 할 일이 아니다. 필요한 분들이 먹고자 할 때 진하게 담가 색도 탁하고 맛, 향이 강해도 내 식초를 원하는 사람에게 전하여 그 성분을 고스란히 섭취하게 하는 것이 나의 일이다. 많은 찬사와 함께 최고라는 감탄의 말이 끝도 없이 이어지고 있는데, 식초가 그만큼 멋지고 아름다운 물인 것만은 분명하다. 세상에는 불로초라는 것이 없듯이 만병통치약도 없으니, 늘 가까이 두고 내 몸을 위한 식품으로 언제나 쉽게 취하며 건강에 도움이 되는 것을 담가 드시기 바란다.

실패를 두려워 말라

식초를 만들다 실패하면 참 속상하다.

종초부터 그렇다. 종초 없이 시작했다가 수십 번을 실패해 생막걸리 수백 병을 버렸다는 글도 많이 본다. 만약 생막걸리에 종초를 넣었으면 종초 탓을 비롯하여 오만 가지 탓이 다 나오는데, 실은 다 내 탓이다.

내가 한 일은 무엇이든지 다 내 탓이므로 실패에 마음 다치지 말고 몇 번이고 다시 시작하자. 식초는 아무리 잘난 척을 해도 사람이 만들지 않으면 존재가 없다. 내가 만들어야 있지, 그냥 원유처럼 솟아나는 것이 아니기 때문에, 그래 봤자 사람이 우선이다. 우선인 사람이 식초 잘 봐주며 키워내야 탄생을 하니, 기세등등 허세 부리며 담가보자.

실패하면 버리면 된다. 웃으며 다시 만들면 된다. "나는 너 버리며 큰 공부했지롱~~~" 하면서.

맞다. 나의 책으로, 혹은 나한테 식초를 배웠다 해도 실패 없으면 경험이 모자란다. 성공만 하면 식초는 있지만, 어느 누가 물어도 그냥 "나 이렇게 담갔어."라고만 말하게 되는 초라한 경력이다.

그래서 초단지 엎어버린 것을 자랑스럽게 이야기할 수 있도록 식초 실패를 재산으로 두둑이 쌓으면, 실패가 줄어들면서 화려한 경력을 자신 있게 드러낼 수 있을 것이다. 실패 창고가 빵빵할수록 나만의 멋진 식초가 탄생한다.

내 실패 창고는 빵빵하다

나도 엄청나게 술과 초를 버렸다. 잘못 담갔다기보다 어떤 재료가 어떻게 술과 초가 되는가 실험한다고 참 많이도 버렸다. 그러면서 나의 경력이 쌓이고 실패 창고 재산이 터질 듯한 부자이다. 지금도 버린다. 어제도 오늘도. 누가 보면 맛있고 좋은 식초를 버린다고 아깝니 어쩌니 난리가 나겠지만, 아니다. 버리고 또 버린다.

식초 진열장에는 버려야 할 숙성 중인 식초들이 그득하다. 실험을 하는 중이라 때가 되면 몽땅 버리겠지만, 그렇게 나는 식초를 담그며 익혀 가족과 먹고 나의 식초를 먹는 분들께 당당히 내민다.

'동백LEE의 곳간' 식초는 맛없다

나의 식초 맛은 그리 산뜻 상큼 발랄하지 못해 어떤 분들에게는 맞지 않는 경우가 많다. 새콤달콤하지 않고, 물처럼 맑지 않으며, 향도 너무 진하며, 부드럽고 맛있는 식초와는 거리가 멀어 거부감을 느끼기도 하겠지만 어쩔 수 없다.

많은 분들이 좀 더 달콤하고 새콤한 식초는 없느냐고 한다. 나는 새콤달콤, 부드러운 향, 맛의 식초를 얼마든지 담글 수 있지만, 내가 정한 식초 담그는 방식의 틀에서 벗어나지 않는, 늘 그런 식초만 담그며 필요한 분이 있다면 그것으로 족하다. 그렇다고 맛없다는 것이 아니고 먹어보면 알게 되는 깊은 맛이 있다. 깊고 진하지만 은은한 향과 탁한 식초가 그대로 오랜 시간 청징되어, 나름 맑고 신맛은 재료에 따라 높고 낮음을 느끼게 된다.

모든 식초가 원재료의 개성을 가진 독특한 맛을 내고 묘한 향을 지니고 있다. 독자들도 이런 나만의 식초를 담가 먹기를 바란다.

Contents 

제1장   식초를 담그기 전에 꼭 익혀야 할 것

술 담그기

셀룰로오스

 ## 산막이 생기는 이유

 ## 술밥 주기와 술의 숙성

 ## 초막

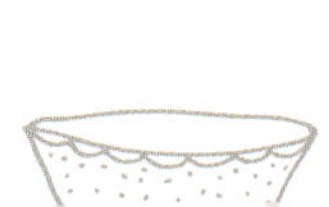

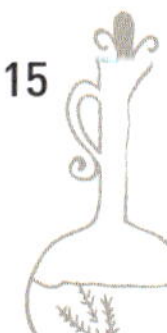

 ## 식초 보관

 ## 초산균

 ## 종초

제2장　식초 담그기

종초 만들기

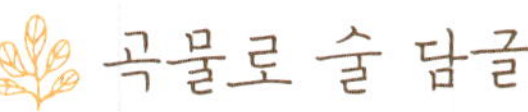

곡물로 술 담글 때

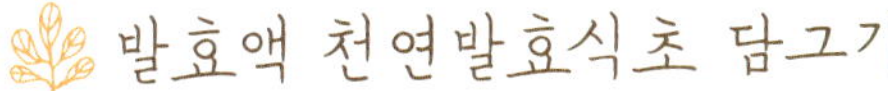

쌀막걸리 담가 종초 늘리기

발효액 천연발효식초 담그기

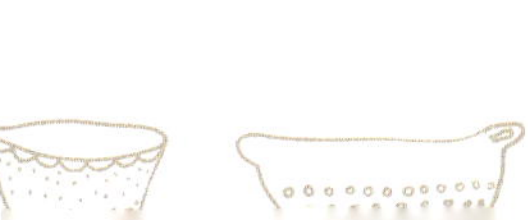

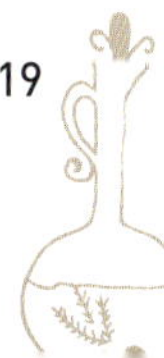

🌿 기능성 식초 담그기 2 (전통식초)

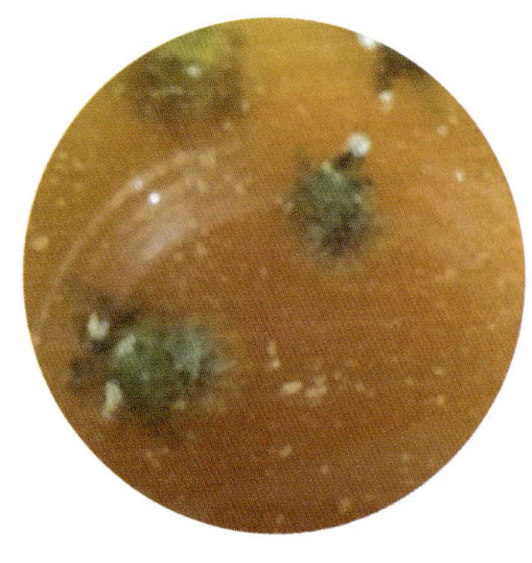

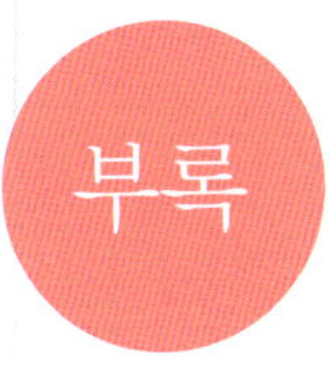

부록

술, 식초의 성공과 실패

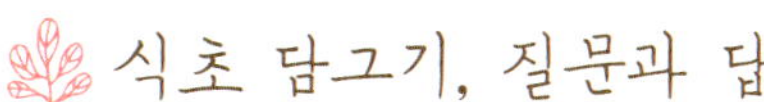

식초 담그기, 질문과 답

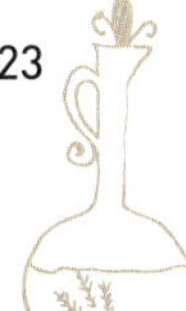

제1장

식초를 담그기 전에 꼭 익혀야 할 것

이 책은 쉬운 설명글로 누구나 보면 무슨 뜻인가를 알 수 있게 하였고, 부득이 식초를 담그는 데 필요한 몇 가지 단어는 공부하는 과정에서 자세히 풀어놓아 무슨 뜻인지 알게 했다.

많은 분들이 식초를 담그면서 사용되는 단어들이 여기저기 많이 나와, 들었지만 무슨 뜻인지 몰라 이해가 안 된다며 편하게 알 수 없느냐는 말을 했다. 그래서 되도록 복잡한 공식이나 학문적인 글은 배제하여, 남녀노소 누구나 몇 번 읽고 찬찬히 식초 담그는 과정을 따라가면 맛있는 식초를 담글 수 있게 단어 선택을 했다.

처음부터 식초 담그기를 바로 하면 여러 가지 변화되는 모습에 어찌할 바를 모르는 경우가 많은데, 배합률(레시피)을 가지고 시작을 하는 것보다는 '동백LEE의 곳간'(블로그 이름)에서 250여 가지가 넘는 다양한 경험 글을 옮겨 노하우를 그대로 풀어 알리는 책으로 읽고 또 읽어 머릿속에 담아 두고 시작하기로 한다.

한 재료를 가지고도 여러 가지 방법과 배합률로 하여 식초를 담글 때 잘못되는 경우와 맞지 않는 경우 등, 엄청나게 많은 술을 엎어보고 초를 버리면서 쌓아온 경험을 그대로 전한다. 이 책의 공부하는 글을 하나하나 읽어

보면 웬만한 문제가 생겨도 어떤 경우인지를 알 수 있으므로, 식초는 전혀 모르지만 하고 싶어 도전을 했다면 찬찬히 공부부터 하고 식초 담그기를 한다. 이 책에는 누구나 경험을 했지만 풀지 못하였던 문제도 쉽게 풀거나 버려야 할 것을 알게 하고, 초가 익어가는 것을 알게 한다. 1차로 수십 가지 다양한 식초와 담그는 방법으로 시작하여, 2차 권말부록으로 식초를 담그면서 생기는 문제점 공부를 한다.

블로그에는 그동안 70만 명 이상이 다녀가면서 식초 공부를 하였고, 지금도 하루에 700여 명이 들어와 내가 쓴 책을 보며 공부를 같이 하고 있다. 이번에 새로 내는 책에는 식초 담그는 배합률을 경험한 그대로 올려두었으며, 블로그에서도 아직 풀지 못한 많은 글과 담그는 방식을 고스란히 넣었다. 또한 많은 사람들에게 식초 수업을 하면서 질문을 받고 답을 한 글과, 10만 명이 넘는 카페('신비한 약초세상') 천연식초방 게시판지기(방장)를 하면서 수백 가지의 질문을 받고 답을 한 것을 요점 정리하였다.

식초를 담그면서 궁금하였던 점을 전국 각지를 비롯하여 외국에서도 방문하여 여러 가지 문제를 풀었고, 질문은 거의 비슷한데 그 비슷함은 누구나 가질 수 있는 궁금증이기에 잘 정리하여 권말부록으로 따로 꾸며 시원하게 풀었다.

이번 책은 천연발효식초의 모든 것을 총망라한 공부하는 식초 책이다. 초산균이 미생물이지만 미생물학이나 수학 공식, 과학, 여러 가지 전문적인 학문은 필요하지 않은 실전적인 글로 썼다.

예전 우리 어머님이 아버님께서 드시다 남은 막걸리로 부뚜막에서 자연스럽게 익혀낸 식초같이 수많은 식초를 담그면서 겪은 희로애락을 그대로 펼쳐낸 경험이기에 누구나 책을 보며 따라 할 수 있게 엮었다.

　지금도 식초를 담그면서 공부를 하는 사람들이 많은데 학문적인 것은 여기에는 없다. 그냥 세월을 익혀 온 책으로 편하게 써서 쉽게 접근하고 담글 수 있는 식초 이야기를 그대로 풀어본다.

　누구나 공부하는 글을 자세히 몇 번씩 읽고 나면 전 과정이 눈에 쏙 들어오게 자세한 사진과 담그는 과정, 술이 익는 모습, 초산발효 과정, 문제점, 문제를 해결하는 방법, 포기해야 할 때를 정확히 알 수 있게 책을 꾸몄다. 그래서 이 책은 식초를 담그는 것을 교과서 방식으로 썼으며, 책이지만 지

식초 공부

　식초를 담그면서 너무 많은 욕심을 내지 않기 바란다. 책에 있는 종류를 처음부터 다 해야겠다는 마음은 한 가지 식초도 제대로 이루어내기 힘든 결과가 나오기 쉽다. 맨 처음 공부하는 1장 글을 완전히 습득하고 중간에 공부하는 글들이 있으니 틈틈이 보면서, 모든 식초 담그기가 끝나면 권말부록에 있는 질문과 답으로 공부하기로 한다.

　식초 담그기는 종초 만들기부터 시작하는데, 종초를 많이 만들어두고 그때서부터 서서히 가족과 내가 좋아하는, 또한 건강에 꼭 필요한 재료가 있으면 그 재료를 가지고 담그기로 한다.

　식초는 오랜 시간과 많은 손길이 필요하다. 초단지를 8천 번 만져야 초가 익을 정도로 눈길과 손길을 많이 주어야 한다. 식초가 수십 가지 있다고 좋은 것은 아니다. 필요한 것 몇 가지만 있으면 얼마든지 다양하게 먹을 수 있으니, 한 가지씩 완벽하게 나의 식초를 만든다. 초가 익어가는 것을 책과 같이 공부하며 담가 성공하면 다시 새로운 식초 담그는 방식을 권한다.

루하지 않게 어느 가정에나 있을 법한 재료를 가지고 하는 이야기로 풀었고, 생각지도 못한 방식과 재료로 식초를 담근 글을 읽고 같이 담가 맛을 알아가기를 바란다.

🏺 식초는 미련을 가지면 좋지 않다

잘못되었다 싶을 때는 과감히 버리되, 그냥 버리지 말고 버리는 식초를 지켜보며 그동안 겪은 여러 가지 모습을 기억하여 다음 식초를 담글 때 내가 경험한 큰 공부로 새긴다.

버릴 때 고마움을 갖고 버렸으면 덕분에 내 공부가 되어 주지만, 미련을 가지고 버리지 못하여 이래저래 이룬 초는 이래저래한 맛을 낸다. 먹으면서도 찝찝하고 맛과 향이 정상적이지 못한 법이다. 오랜 시간 정성을 들이고 기다리고 했지만 웃으면서 고마움을 담아 살며시 버리고 나면 속이 후련하고, 나의 식초를 얻는 길이 가까워진다.

🏺 식초의 종류

빙초산, 양조식초, 천연식초, 천연발효식초, 전통식초, 현미식초 등 여러 가지 초 중에서 우리가 배우고 담그는 식초는 천연발효식초, 전통식초, 현미식초이다.

1 천연식초

과일이나 열매 등 원재료에 아무것도 넣지 않고 껍질의 효모와 자체의 당분으로 술이 익고 초가 익는 것을 말한다. 주로 감식초가 그러하다. 그냥 살짝 닦아 항아리에 차곡차곡 넣어두었다 오랜 시간이 지나 열어 보면 맑은 초가 익는데, 이렇게 자연적으로 이루어진 식초는 산도가 낮다. 껍질에 효모가 아주 많이 있었다거나 당도가 높은 과일이라면 조금 더 올라가기도 하지만, 보통 감식초의 산도는 2.2~2.6이 평균적이다.

낮은 당도를 보충해주지 않고 효모나 누룩을 첨가하여 술 도수를 올리지 않았으므로 초도 산도가 높지 않게 올라 부드러운 신맛이 나는 식초가 된다. 천연식초는 종초도 필요하지 않다. 잘되는 재료로는 포도가 좋다. 천연식초를 하는 재료는 주로 수분이 많은 과일이 좋다. 과일 중 섬유질이 너무 많은 것은 섬유질의 분포도가 높고 수분 함량이 적어 자연적으로 술을 만들어내는 데 조금 부족하다.

→ 주로 호박, 비트, 양파, 복숭아, 자두, 살구

보기에는 수분이 많아 많은 술이 나올 것 같지만, 실제로 짜보면 섬유질이 뭉쳐진 상태로 생각보다 즙이 그리 많이 나오지 않는다. 아주 대량으로 하지 않는 한 가정에서 소량으로 해보면 알 수 있다.

2 천연발효식초

과일이나 여러 가지 열매, 뿌리, 잎 등으로 이 세상 산과 들판에 있는 모든 생재들로 식초를 담글 때 원재료가 가지고 있는 당분만으로 초를 하는 게 아니다. 기본적으로 술이 잘되는 당도 24브릭스가 되도록 당분을 추가하여(설탕, 올리고당, 꿀 등을 넣음) 당도를 맞추고 효모나 누룩을 넣어 술을 담근다. 원재료가 기본적으로 가지고 있는 당분과 추가한 당분은 효모나 누룩의 먹이가 되어 술로 변하며, 술 도수도 많이 올라 초산을 이루면 산도도 4 이상인 식초가 된다.

원재료를 세척하는 과정에서 효모가 씻겨나가고 야채 같은 재료는 자연적인 효모가 많이 모자란다. 술이 되기 위해 꼭 필요한 당분과 당분이 분해되어 술로 변환되기 위한 효모나 누룩은 필수적이다. 술이 되면 종초를 적당량 투입하여 초산발효를 시킨다.

➡ 배합률(레시피)은 재료에 따라 5~10kg 단위로 조금씩 했다. 5kg씩 하는 원재료들은 처음이거나 경험이 적은 사람들이 시작하기에 조금 까다로운 재료들로 하였고 10kg 단위는 계절이 되면 주위에 많이 있는 재료들로 정했다.

배합률을 짤 때 정한 비율을 늘리거나 줄일 때는 계산을 하여 담그면 된다.

③ 전통식초

곡물로 초를 이루는 것을 말한다. 당분을 따로 넣지 않고 곡물의 전분을 당분해하여 생성된 당분으로 충당한다. 누룩이 그 당분을 분해하여 알코올로 변화시키기 때문이다. 주로 멥쌀이나 찹쌀, 현미로 술을 담가 식초를 만드는데, 인위적인 당분이 추가되지 않았기에 전통식초라 한다.

전통식초는 곡물로만 하는가? 아니다.

곡물의 당분으로 술을 만들 때 넣고 싶은 재료나 건강에 도움이 되는 재료를 넣고 기능성 전통식초를 담글 수 있다. 예를 들어 내가 필요한 약초가 겨우살이면 겨우살이를 달여 물 대신 넣어 담그면 겨우살이 현미 전통식초인 것이다. 전통식초의 세계는 무궁무진하다. 과일, 열매, 버섯, 뿌리 등을 달이거나 가루를 내거나, 생재로, 또는 말려서 각자 편하게 준비할 수 있는 원재료에 현미나 찹쌀 등 원하는 곡물은 무엇이든지 넣어서 하면 된다.

단, 당화가 잘될 수 있도록 전분이 풍부한 재료면 더욱 술이 잘되고 초도 맛있게 익는다. 또 곡물로 술을 담가 그 술에 넣고 싶은 가루나 꽃, 열매 등을 종초와 같이 안치면 초가 익으면서 재료의 성분, 맛, 향을 뽑아내어 침출식 식초로도 만들 수 있다. 다 익은 곡물식초에 재료를 넣어 성분 뽑아 내기도 할 수 있다.

다양한 방법들이 있는데 1장 공부를 마치고 식초 담그기를 책과 같이 해 보기로 한다.

식초의 기본은 술(알코올)로서, 어떻게 담갔는가에 따라 식초의 성공과 맛 이 결정되는 아주 중요한 과정이다. 술이 식초가 된다는 것을 모르는 사람 들도 많다.

동백LEE TiP

술이 되어야 초를 이룬다

식초를 만들려면 제일 먼저 술을 담근다.

좋은 원재료와 곡물, 당분, 누룩, 효모, 물을 이용해 술을 담그는데, 원재료(과일, 열매, 뿌리 등 생재)의 당분을 당분해하여 술을 만드는 누룩이나 효모가 필요하다. 당분이 모자랄 때는 설탕을 추가하면 술이 나온다.

☞ 과일, 야채 등 모든 생재의 당분 → 누룩, 효모가 술로 만드는 당도 24브릭스가 모자라면

　　→ 설탕 추가 → 효모, 누룩(당분해하여 술을 만드는 작용을 함)

【1차 알코올 발효】

　　→ 술 → 초산균 초산발효 → 식초

【2차 초산발효】

☞ 곡물(멥쌀, 찹쌀, 현미 등)의 전분 → 누룩, 효모, 곡물 전분이 당분해하여 술로 전환

【1차 알코올 발효】

　　술 → 초산균 초산발효 → 식초

【2차 초산발효】

과일 껍질이나 먹다 남은 과일을 방치해두면 과일에 들어 있는 당분과 자체의 효모 활동으로 발효를 이룬다. 들여다보면 이상한 냄새와 보기 싫은 색으로 썩어들어가며 물이 줄줄 흘러나오는데, 맛을 보면 약한 술맛이 날 것이다.

과일에 당과 자체 효모가 당분해작용으로 작은 발효를 이루며 과육을 녹여 술로 전환시킨다. 그것을 그대로 방치하면 어느 날부터 술냄새는 줄고 시큼하게 변해 초맛이 난다.

이게 바로 술이 되어야 식초가 되는 원리로 당분, 효모가 만들어낸 술 ↔ 공기 중에 초산균이 붙어 알코올을 초산으로 전환시켜 사람에게 꼭 필요한 초산을 만들어낸다.

당분 ↔ 알코올 ↔ 초산

우리가 담그려면 엄청난 수고와 실패를 겪으면서 탄생시키는 식초지만 이치를 보면 간단하다. 그 간단함을 복잡하지만 자연스럽게 익혀, 우리도 같이 술을 빚고 초를 익히는 공부에 깊이 들어가보자.

 술 담그기

술을 왜 담그나? 마시기 위함이 아니다.

술은 원재료가 가지고 있는 당분, 곡물의 전분 ↔【효모】→ 알코올 생성 (술)→【초산발효】→ 천연발효식초, 전통식초, 기능성 전통식초가 나온다.

식초는 일단 술을 잘 빚어야 맛있는 초를 이루므로 술 담그는 것을 중요하게 여겨야 한다. 그냥 배합률을 짜넣어두면 술이 되는 것이 아니다. 술은 되지만 정작 최고의 술이 안 되고 식초도 최고의 식초를 얻을 수 없기에 좋은 술을 담가야 한다.

좋은 술을 어떻게 담그는가? 좋은 재료를 선택한다.

곡물이면 친환경 곡물, 과일이나 모든 생재들은 되도록 무농약이나 친환경 재료를 준비한다. 건조해야 할 것은 잘 말려 곰팡이가 피지 않게 원재료를 준비한다. 세척한 후에는 물기를 잘 제거하는데, 물기가 바로 세균의 온상이 되어 산막이 생기기 쉬우니 철저히 관리해야 한다.

당분을 분해하여 술이 되게 하는 매개체인 효모(활성이스트), 누룩을 좋은 것으로 준비한다. 모든 재료가 준비되면, 사람들마다 조금씩 배합률이나 방식이 다르다. 내가 여태껏 수백 가지 식초를 담가오면서 나만의 방식이 세워지고, 그것이 성공하여 판매도 하며 온 가족과 지인들이 같이 먹는 식초를 전하게 된 것이다. 그러기에 이 책과 블로그에 나의 식초 담그는 방식을 그대로 풀어놓았다.

품온 관리 *술 안치고 4일 동안 술통 온도 관리

여러 가지 재료로 담근 술이 잘 익으면 술을 걸러 종초를 넣는다. 초를 안치면 점점 술은 줄어들고 초산이 늘어나면서 초가 익는다. 식초 익히는 과정이다. 여러 가지 공부를 하고 본격적으로 술을 담가 초를 안치는데, 그중 곡물로 하는 술에는 천연발효와 달리 관리를 해야 할 것이 한 가지 더 있다. 천연발효식초는 크게 지장이 없지만, 곡물로 술을 담그면 계절에 따라 술통 속의 술 온도가 다르게 반응을 하는 품온이 문제이다. 술을 담그고 나면 다음 날부터 본격적으로 익기 시작한다.

곡물술은 익으면서 자체적으로 온도가 오르는데 이것을 품온이라고 하며 잘 관리해야 한다. 온도가 너무 높은 여름에는 곡물술이 익으면서 자체의 품온과 바깥의 실온으로 인해 술이 급 쉬어버리는 경우가 많다. 술이 쉬어버리면 술맛도 없지만 초가 되어도 맛이 없으니 쉰 맛의 식초가 나온다. 식초는 쉰 맛이 아닌 신맛이니까 온도 관리가 중요하다.

여름에 곡물술을 안치고는 다음 날부터 관심을 갖는데, 바깥 온도가 26~30도 이상 오르면 술을 안친 용기를 집안에서 제일 시원하고 볕이 들

지 않는 곳에 둔다. 온도계를 준비해두었다 다음 날부터 술 속의 온도가 32도 정도 되면 얼른 큰 대야에 물을 받아 술통을 담가 온도를 내리거나 냉동실에 생수병을 얼려두었다 술통에 넣어 품온을 내린다. 그런데 얼린 생수병 같은 것이 술통에 들어가면 오염이 되는 수도 있으니 주의하고, 품온을 내리되 너무 차게 하는 것도 좋지 않다.

기본적으로 곡물이 당화되어 누룩이나 효모에 의해 술이 익는 과정에서 생기는 열이다. 그 열을 완전히 식혀버리면 익어가던 술이 발효를 더디게 하여 약한 술이 나오며, 초가 익더라도 산막이 생기거나 물이 되기 쉽다. 적당히 급한 열만 빼주고 그대로 술발효를 진행하는데, 품온 관리는 술 담그고 다음 날부터 3~4일이면 적당한 온도로 내려온다.

처음 온도 오를 때 술통을 만져보거나 젓기 위해 손을 넣어보면 술통 안이 뜨끈하여 깜짝 놀라게 된다. 그렇게 품온이 오르는 것은 당화가 이루어져 술이 잘 익는 상태이다. 술이 제대로 되지 않으면, 품온도 잘 오르지 않고 그냥 그대로 익거나 미지근한 정도만 오르다 만다. 그래서 술은 봄가을에 담그고 초는 여름에 이루라고 하는데, 이는 자체적인 품온이 올라도 전혀 걱정할 필요 없는 17~25도일 때는 편하게 술을 담글 수 있기 때문이다. 또 온도가 너무 낮아도 술이 잘 익지 않는다. 15도 이하로 내려가면, 자체 품온은 오르지만 어느 정도 실온도 맞아야 술이 잘 익어간다.

11월경부터 술을 담글 때는 술통을 따뜻한 이불 같은 걸로 감싸주면 좋다. 자주 술통을 만져보아 뜨끈해지면 얼른 이불을 걷으면 되는데, 온도계를 준비하여 술통과 이불 사이에 꽂아두고 온도 체크를 하는 게 좋다. 3,4일이면 급하게 오르던 품온이 서서히 내려가니 편하게 술을 익히면 된다.

🏺 도구 소독

  술을 처음 담그려고 준비할 때는 아기를 키우는 것처럼 청결, 위생, 소독 어느 것 한 가지를 소홀히 해도 안 된다.

  술을 담글 때 사용하는 대야, 주걱, 용기(항아리, 유리병, 친환경 PET통) 등은 마른 행주에 양조식초를 묻혀 닦은 다음 30도 이상의 담금주를 스프레이한다. 그런 후에 다시 마른 행주로 닦거나, 뜨거운 물을 부어 소독하여 물기를 제거한다. 그외 작은 도구들은 끓는 물에 소독하여 물기를 말려 사용한다.

1 유리병

  1ℓ 이하 꿀병 같은 것은 찬물에 처음부터 넣어 끓여 건져내 물기를 말려 사용하지만, 1ℓ 이상만 되어도 삶으면 병이 터져버리니 절대 주의한다.

  삶지 않고 끓는 물을 넣어 소독하면 어떤가? 그래도 터진다. 특히 겨울에는 병은 찬데 끓는 물이 들어가면 바로 터져버린다. 그럴 때는 병을 부드러운 수세미(아크릴 수세미)에 세제를 묻혀 살살 씻은 다음 잘 헹구어 물기를 닦는다. 그런 다음 독한 담금주나 양조식초를 종이컵 반 정도 부어 골고루 흔들기를 세 번 하고 버리고 다시 양조식초나 술을 부어 흔든 후 버리고 마른 행주로 닦아 잠시 두면 독한 술, 식초향이 날아가 술을 안치면 된다.

2 친환경 용기

  끓는 물을 붓거나 삶으면 바로 형태가 틀어져 사용할 수 없으니, 소독 방법은 유리병과 똑같이 하면 된다. 씻을 때는 쇠나 거친 수세미 사용은 금한다. 용기 안에 상처가 나면 그 속에 수많은 세균이 들어가 좋지 않으니 주의하여 씻어야 한다. 몇 번 사용하고 나면 다른 마른 나물이나 건재들을 넣는 용도로 쓰는 게 좋다.

3 항아리

항아리는 숨쉬는 용기라서 세제로 닦으면 숨구멍에 다 스며드니 절대로 사용치 않는다. 수세미로 잘 씻어 물기를 제거한 후, 큰 찜통에 물을 붓고 물이 끓으면 항아리를 엎어 20여 분간 증기소독을 해주거나 토치에 불을 붙여 골고루 안을 소독해도 된다.

짚이나 신문지를 태워 소독을 하면 안에 그을음이 잔뜩 생겨 다시 씻어야 하고, 물을 말리고 소독을 해야 하는 번거로움이 있어 권하고 싶지 않다. 항아리는 김치, 젓갈, 된장, 간장 등 음식물을 담았던 것은 절대 사용

용기 관리

식초를 담근 용기들은 직사광선을 피하고 습도가 높은 곳도 피한다. 특히 친환경 PET통은 직사광선이 나쁘다. 직사광선을 받으면 용기 재질에 있던 물질이 내용물에 빠져나오게 된다. 사용하기 편하고 세척하기 좋고 가벼워서 요긴하게 술도 안치고 초도 담그지만 직사광선에는 취약하다.

유리병도 햇볕이 바로 들지 않는 곳에 두고 초를 안치는 게 좋다. 편하게 사용하는 용기는 여러 가지 주의점만 잘 지키면 된다. 친환경 용기들은 씻을 때 긁히지 않게 해야 한다. 긁힌 부분에서 좋지 않은 물질들이 나와 수많은 세균이 증식된다. 긁히면 사용하지 말고 괜찮더라도 식초용으로는 쓰지 않기를 권한다. 항아리는 잘 소독해 물기 없는 상태로 바싹 말려두고 사용한다.

하지 않는다. 항아리에 밴 냄새나 성분 등으로 산막이 생기기 쉽다. 식초나 술을 담그다가 산패(술이 산화되어 맛이나 색이 변하고 불쾌한 냄새가 나는 일)를 하여 산막이 생긴 곳에는 다시 산막이 생기는 원인이 될 수도 있다.

4 발효조

스텐 발효조가 있다. 뚜껑에 가스가 나오는 관인 에어락이 달려 공기는 차단되고 가스는 배출이 되는데, 주로 와인이나 술을 담는다. 발효조 통은 스텐으로 되어 있는데 녹이 슬지 않는가 확인하고, 부드러운 수세미에 세제를 묻혀 씻는다. 세제가 남지 않도록 헹군 다음 말려 양조식초나 담금주로 소독을 하여 쓴다. 녹이 슬지 않도록 늘 마른 상태로 관리한다.

술 담그는 재료

술을 담그는 재료에는 원재료와 부가재료가 있다. 원재료는 각종 과일, 열매, 잎, 뿌리, 버섯, 전초와 각종 곡물인 멥쌀, 찹쌀, 현미, 보리, 수수, 좁쌀 등이 있고, 부가재료에는 물, 설탕(백설탕, 노란 설탕, 유기농 설탕, 사탕수수 원당), 올리고당, 조청, 꿀, 누룩(국산 금강밀 누룩이나 앉은뱅이 토종 누룩), 효모(반드시 활성이스트)가 있다.

1 누룩

천연발효식초용 생재 사용시는 생재의 10%를 넣는다. 곡물로 할 때는 쌀 1kg에 20%를 넣는다(발효를 위해 약간의 누룩을 추가해도 됨).

● 누룩 관리하는 방법

국산 금강밀 누룩이나 술 담그는 용으로 적당히 빻은 걸 사용한다. 인터넷에 국산 밀이나 앉은뱅이 누룩을 치면 전통적인 방법으로 만든 좋은 누룩을 파는 곳이 많이 나온다. 누룩은 판매할 때부터 적당히 말려 술이 잘 익게 하지만, 구입하면 바로 사용하지 말고 넓은 쟁반 같은 데 펴 낮에는 햇볕, 밤에는 이슬도 맞히면서 3~4일 정도 법제(法製, 정해진 방법대로 가공 처리하는 일)를 한다. 그러면 누룩의 잡냄새도 날아가고 누룩균 활성화에도 도움이 된다.

아파트에서는 어떻게 하나? 그냥 베란다에 두고 볕을 쬐도록 두어도 된다. 단, 비는 맞히지 말아야 한다. 너무 많은 양을 사서 남는 경우가 있다. 더울 때는 누룩에 각종 균이 많이 있어 잡균 침투에 약하니 잘 밀봉하여 냉장실에 보관하는데, 잡냄새가 들어가지 않게 한다. 필요한 만큼 꺼내어 법제를 하여 사용한다. 그대로 사용하면 찬 누룩균이 제대로 활성화를 이루지 못해 술이 잘 못되거나 약하게 익는다. 분명히 넣을 만큼 넣었는데 술이 잘 안 되거나 약할 때 이야기를 들어보면, 냉동실에 보관하여 누룩균이 다 소멸됐거나 냉장실에서 꺼내 바로 사용하거나, 여러 가지 음식 냄새가 다 배도록 하여 잡균이 침투되어 제대로 술을 이루지 못한 것이다.

시원한 계절에는 실온에 잘 밀봉하여 두고 써야 한다. 잘못하면 나방벌레나 쌀에 생기는 아주 작은 사슴벌레 같은 것이 생겨 누룩의 좋은 성분만 빼먹는다. 만약 벌레가 생겼다면, 넓은 쟁반에 부어두면 서서히 나간다. 다 잡아내고 쓰는데, 생긴 지 오래됐거나 너무 많으면 술 활성화에 모자라니 과감하게 버리는 게 좋다. 또 냉장고에 너무 오래 두었다 쓸 때는 며칠 법제를 하여 사용한다. 이렇게 철저히 관리를 해야 하는 이유는 좋은 술을 빚기 위함이다. 좋은 술은 바로 좋은 초로 이어진다.

천연발효식초, 곡물로 하는 모든 전통식초에 들어간다.

2 효모(활성이스트)

효모 넣는 양은 원재료 1kg에 0.1%, 즉 사과 10kg면 10g이다. 포도나 밀감, 사과 등이 친환경이거나 야생으로 자라 껍질에 효모가 많은 경우에는 약간 줄여도 괜찮다. 이럴 때는 껍질을 너무 박박 씻어 효모가 다 벗겨지지 않게 하고, 넣는 효모는 적당량만 사용한다.

효모는 반드시 활성이스트를 사용한다. 빵만 부풀리는 성분이 있는 이스트는 절대 술을 발효시키지 못하니, 대형마트나 인터넷에서 구입을 하되, 설명을 잘 읽어보아 술을 만들 수 있다고 쓰여진 것을 구입한다. 효모는 누룩처럼 대량으로 구입하면 안 된다. 한 봉지씩 구입을 하는데, 주로 사용하는 효모는 대형마트 제빵코너에 가면 '오*기 활성드라이 이스트'라고 씌어진 것을 산다. 50g 한 봉지면 사과 50kg을 할 수 있다. 연관된 여러 기관과 회사 연구실까지 전화하여 문의한 결과, 천연물질에서 추출하였다 한다.

효모에 대한 것은 내가 여기저기 알아보았지만 들은 답이 전부이다. 많은 먹거리에 들어가고, 술을 빚고 식초를 담그고 있어 나한테 식초 배우는 사람들도 효모로 하고 싶다면 담근 것을 전한다. 책에도 효모로 식초 담그는 배합률에 누룩과 효모 두 가지를 넣어 독자들이 선택하도록 하였다. 효모는 아주 오래 전부터 사용해왔다. 예전에는 술약, 생이스트라고 불렀는데, 나 역시 효모 넣은 식초를 잘 먹는다. 발효액이나 건지, 과일로 하는

경우 효모 사용을 즐기며, 쌀로 빚는 술에도 효모 사용을 많이 한다. 선택은 오로지 술을 담그는 목적으로 나는 두 가지를 함께 보고 넣고 싶은 것을 넣는다.

이스트는 개봉한 후에는 반드시 돌돌 말아 공기가 들어가지 않게 묶어 볕이 들지 않은 실온에 두고 사용한다. 개봉을 하거나 혹은 개봉하지 않은 거라도 유통기한을 잘 보고 사용해야 한다. 오래된 것은 활성화가 급격히 떨어지기 때문이다. 특히 개봉한 것은 유통기한이 서너 달 정도 남았더라도 버리는 게 좋다. 새것이라도 두세 달 정도 남은 것은 버렸으면 한다. 냉장고 보관은 절대 금물이다. 효모에 있는 성분이 줄어들어 술을 담갔을 때 활성화가 떨어져 약한 술이 되거나 술로 진행되지 않는 경우가 생긴다.

● 효모 넣는 곳

천연발효식초, 전통식초, 현미식초 등에 넣을 수 있다.

③ 누룩, 효모 활성화시키기

"효모나 누룩을 넣고 술을 담그는데 술발효가 제대로 안 되는 거 같아요." 공부하는 사람들이 술을 담그면서 많이 하는 질문 중 하나인데, 들어보면 온도가 낮은 시기에 그냥 효모, 누룩을 넣고 하여 그런 현상이 생긴 것이다. 대체로 그대로 재료 속에 있으면서 아주 천천히 발효를 하니 술이 천천히 약하게 익어간 것이다.

왕성하게 술발효를 해야 하는데 조용히 익어가니 효모, 누룩을 더 넣어야 하는 경우가 생긴다. 더 넣어도 그대로인 경우가 있고, 과하게 넣은 것은 술에 남고 초에 남으니 좋지 않은데, 그럼 어찌해야 하나?

그땐 활성화를 시켜 넣자. 활성화를 할 때는 효모나 누룩이 좋아하는 온도와 당분이 있어야 잘되니, 따뜻한 느낌이 나게 15도 정도의 물과 당분이 필요하다. 곡물로 하는 전통식초는 굳이 활성화를 안 해도 호화(糊化 : 녹말에 물을 넣어 가열할 때에 부피가 늘어나고 점성이 생겨서 풀처럼 끈적끈적하게 되는 현상)를 하는 시간이 있어 전혀 문제가 되지 않으니, 천연발효식초를 만들 때 한다. 천연발효식초를 하면 재료에 맞는 당분을 추가해야 한다. 재료와 설탕이 잘 녹으면 그 액을 조금 떠 15도 정도로 데워서 효모나 누룩을 넣어 스푼으로 살살 섞어 춥지 않은 곳에 둔다.

➡ 예를 들어, 밀감술을 담그기 전 밀감과 설탕을 넣어 나온 밀감즙을 5스푼, 미지근한 물(너무 뜨거우면 누룩의 효모가 죽거나 줄어듦)에 넣어 살며시 저어 따뜻한 곳에 두면 작은 발효로 누룩이 활성화된다. 그것을 준비된 밀감즙에 넣으면 술발효가 빨리 이루어진다. 즙 대신 설탕을 넣어도 된다. 당도가 높아도 제대로 활성이 안 된다. 누룩이나 효모는 단맛이 24브릭스 정도가 되어야 발효, 즉 활성화가 잘된다. 온도 역시 따뜻해야 잘되며, 서너 시간을 두면 서서히 활성이 된다. 효모는 '슉슉' 소리를 내며 부풀어오르고 누룩은 거칠게 부풀면서 갈라진다. 서로 완전히 다른 모습으로 활성화를 이루었다. 아주 간단하다. 그러나 이 간단함이 온도가 내려가는 계절에는 아주 중요하다.

누룩 활성화

　재료 위에 그냥 흩뿌려도 술은 되지만, 온도가 내려가는 시기면 더디 발효를 하므로 활성화를 시켜주면 훨씬 발효에 도움이 된다.

4 물

　물은 되도록 수돗물은 사용치 않는다. 부득이 사용해야 한다면 하룻밤 받아 가라앉혀 윗물만 끓여 식혀서 쓴다. 지하수나 우물은 아주 센물은 안 되고 음용수로 허가된 물만 사용한다. 모든 것을 다 걸러낸, 그야말로 물만인 정수기 물은 좋지 않다.

　생수는 사용해도 좋다. 경험이 적은 사람들이라면, 반드시 물을 끓여 식혀서 사용하는 것이 세균 감염을 막는 데 도움이 된다.

● 물을 넣어야 하는 재료

　천연발효식초 중 수분이 적은 과일, 열매, 뿌리, 버섯 등에 적당한 양을 넣어 술을 얻는다. 전통식초는 곡물에 수분이 없으므로 술을 얻기 위해 물을 넣는다.

5 당분 (설탕)

　천연발효식초를 할 때는 당분이 추가되어야 한다. 효모가 술을 만들기 위해서는 약 24브릭스 정도의 당도가 필요하다. 아무리 당도가 높은 과일이라도 24브릭스는 안 되니 알맞게 설탕을 넣는다. 각각 원재료의 당도를 체크하여 당분을 추가한다. 그러나 당도계의 가격이 비싸므로 굳이 없어도 과일마다 조금씩 다르게 당분을 추가하여 넣는다.

● 당분(설탕)의 양

당도가 전혀 없는 뿌리, 전초(약초나 야채의 줄기, 잎, 뿌리), 열매 등은 기본적으로 설탕을 20~24% 넣는다. 이런 재료들은 수분이 적어 술을 담그면 소량이고 재료의 성분이 추출되기가 힘들다. 물을 추가하여 재료가 적절히 잠기게 하여 성분 추출을 돕는다. 물을 넣을 때 술 양을 늘려 초를 많이 얻겠다는 생각을 가지면 안 된다. 물을 추가할 때는 반드시 설탕도 넣어 당도를 맞추어야 한다. 보통 물 양의 20%를 넣는데, 원재료가 수분이 적으면 물에 들어가는 설탕도 있으니 약간 줄여도 괜찮다. 그러나 너무 많이 줄이면 당도가 낮아져 알코올 생성에 좋지 않다.

➡ 예를 들어 곰보배추로 식초를 한다면

　　곰보배추 5kg / 설탕 24% / 물 4ℓ.

물 양의 20%인 설탕 800g을 추가하여 넣는데, 곰보배추에 대한 설탕 4% 정도는 줄여도 물에 들어간 설탕 양이 있어 당도가 적당하게 맞는다. 잎이나 뿌리도 마찬가지이다. 부피가 작은 재료라 설탕의 양을 20% 정도로 넣고, 수분이 없는 원재료라 물을 적당히 넣어주어야 재료의 성분과 맛, 향을 추출해내는데, 이럴 때는 반드시 물에 대한 설탕도 넣어준다. 만약 원재료에 설탕과 물만으로 효모를 넣어 술을 안쳤을 때 당도가 확 낮아지면 술이 제대로 익지 않는다. 술 도수가 아주 낮으면 원재료의 성분 추출도 미약하니, 꼭 설탕을 넣어야 한다.

➡ 설탕은 물 양의 20%가 적당하다. 이렇게 하면 대강 당도 24브릭스가 맞추어진다. 당도는 24브릭스가 좋고, 22~27브릭스까지 괜찮다.

● 당분을 정량보다 적게 넣으면?

설탕을 너무 과하게 넣으면 아예 술이 안 되거나 효모가 술을 만들고 당분이 남아 있기도 하다. 초를 담그면 초가 이루어지면서 생긴 유기산의 단맛과 과하게 남아 있던 당분이 같이 맛으로 남는다. 잘 맞추어 담근 식초는 당도 8~12브릭스까

지 유기산의 당분이 느껴지지만, 과한 당분이 남은 식초는 15~25브릭스까지 당분을 느껴 달콤새콤하여 먹기는 좋지만 당분을 피해야 하는 사람들은 주의해야 한다.

● 당분이 들어가면 좋지 않다는데?

설탕(당분) ⇔ 효모, 누룩의 먹이 ⇔ 알코올

효모의 먹이란? 바로 당분이다.

당분이 없으면 효모가 알코올을 만들 수 없기에 모자라거나 없는 당분을 설탕으로 보충해준다. 먹이로 쓰이는 당분, 즉 설탕을 적절하게 넣으면 효모가 당분해하여 알코올을 만들고 식초를 담글 수 있다. 술을 빚기 위해서는 적절한 당분을 넣어야 하는 이유이다.

▶ 사과로 한번 풀어보면

사과의 당도는 대강 13~14브릭스.

이때 보충해주어야 하는 당분은 사과 무게의 10%면 충분한데, 사과의 당도가 더 좋으면 설탕 양을 2% 정도 줄여도 된다. 사과를 잘게 잘라 설탕과 버무리면 사과즙이 나온다. 그 즙을 먹어보면 아주 달콤하며 맛이 좋다. 그런데 그 즙에 적절한 효모를 넣고 발효를 시킨 후 맛을 보면, 그렇게 달콤하고 맛있었던 사과즙이 어디로 갔는지 씁쓸하고 맹탕인 독한 술맛만 느껴진다. 설탕을 효모가 모두 당분해하여 알코올로 만들었기에 넣어주었던 설탕의 성분은 모두 사라진 것이다.

발효액이나 효소, 청을 담글 때 넣은 설탕은 넣은 만큼 당도로 남아 있지만, 술을 담그려고 넣은 설탕은 다 술이 되고 남아 있지 않다. 그래서 술을 담글 때 넣은 설탕은 크게 걱정을 하지 않지만, 시중에서 파는 홍초처럼 달콤하게 먹고 싶다면 당도가 약간 높게 여러 가지 당분을 첨가해 맛있는 식초를 만든다. 그러나 직접 식초를 담그면 되도록 적절한 양의 설탕을 넣어 술을 담그도록 한다.

➤ 적당량의 당분 추가는 누룩이나 효모의 먹이로 소비되어 술이 된다. 알맞은 설탕 추가로 쓴 술을 담가 초를 안치자.

설탕은 다 소비되어 없지만, 익은 술의 당도를 측정하면 9~13브릭스 정도의 당도가 나오는 걸 볼 수 있다. 설탕을 넣어 술이 되면서 누룩, 효모가 다 당분해하여 당도가 처음 맞춘 24브릭스에서 확 낮아져도 술 당도가 나오는 것은 당연하다.

● 당분 추가로 만들어진 술 당도는?

술을 안칠 때 당도를 22~24브릭스로 맞추었지만, 점점 술이 익어가며 당도가 낮아지다 술이 다 익은 후 8~13브릭스 정도로 나온다. 설탕이 조금 과했다면 18브릭스까지도 나온다. 또 건지나 발효액으로 당도를 잘 못 맞추어 담그면 20브릭스 넘게도 나오는데, 맛을 보면 달달한 약한 술이 되어 있다. 그런데 약한 술은 산막이 생기지 않나 싶지만 발효액, 건지들은 웬만해서 산막이 생기지 않는다. 이렇게 나온 당도는 설탕의 당도가 아닌 술 익는 데 필요한 당분이 되어 적절한 알코올 도수를 올린다. 쓴맛 나는 독한 술이지만 설탕의 당분은 술로 소비되었어도 술에서는 당분이 나온다.

● 당분이 낮은 술, 즉 6브릭스면 어떤가?

6브릭스가 아니더라도 더 낮거나 약간 높다 해도 별로 좋지 않다. 당분이 너무 모자라게 술을 담그면 술이 익어가다 며칠 만에 심한 산막이 생기는 현상이 허다하다. 효모나 누룩이 당분해하기에 모자란 당분은 급 술발효를 이루어 약한 술만 만들다가 사멸하면, 아주 낮은 알코올 생성으로 잡균을 이겨낼 힘이 없어 얼씨구나 하고 잡균이 번성하여 눈 깜박할 사이에 흉측한 산막으로 변한다. 내가 오래전 술을 담그다 생긴 현상을 보고 많은 고민과 생각 끝에 넣은 재료들을 분석했다. 그대로 산막이 되거나 초산발효 중에 물이 되는 것을 수십 차례 겪으며, 엄청난 술과 종초를 버려가면서 실험하고 경험을 한 결과 얻어낸 결론이었다.

식초에 대한 학문이나 이론으로는 어떤지 몰라도 정말 많은 것을 버려가며 나만의 이론이 확립되었다. 다른 것은 모르겠고 독자들에게 내가 겪은 그 상황을 전해 술을 담그면서 당분이 얼마나 중요한가를 알리는 것이다. 결국 나는 초가 익다 산패, 산막, 물이 되는 것은 당분이 원인이라는 것을 경험했다. 식초 학문을 하는 사람들이 보면 무슨 말인가 하겠지만, 수십 번 실험하고 경험한 끝에 나만의 결론을 내린 것이다.

현미로 술을 담가 당도를 재어봐도 8~11브릭스까지 나오는 것을 알 수 있다. 이 당도는 설탕이 아닌 효모, 누룩이 곡물을 전분 당분해하여 나오는 것이다. 설탕을 추가하여 담근 술은 설탕 성분이 사라졌다. 설탕은 술이 되는 먹이로 소비되고 알코올 도수 높은 술이 만들어져, 산도 높은 초를 이루는 기본이 되는 중요한 역할을 한다. 그래서 천연식초도 좋지만 천연발효식초를 하면 안전하다. 초를 이루기에 편하고 초를 얻는 양도 좋아 술을 할 때 적정량 넣는 설탕에 대해서는 너무 걱정을 안해도 된다. 단, 과하면 술이 되는 데 필요한 만큼 소비되고 남은 설탕은 잔당으로 남게 되니 절대 넘치게는 넣지 않도록 한다.

● 설탕 넣는 방법

원재료의 술발효를 돕기 위한 물에 추가로 설탕을 넣는 방법이다. 용기에 들어 있는 과육에 물과 설탕을 바로 넣어 저어 설탕 입자가 남지 않게 녹이거나, 처음부터 대야에 과육, 물, 설탕을 같이 넣어 완전히 녹여 재료에 부어주면 된다. 물이 설탕을 녹이고 녹은 단물이 과육에 들어가 수분을 추출한다. 당분이 과육의 모든 성분을 빨리 뽑아내는 역할을 하는 것이다.

사과 10kg에 설탕 10%를 넣고 누룩이나 효모만 넣고 기다리면, 녹는 시점이 오래 걸리고 과육이 잘 삭지 않는 경우가 있어 술발효에도 좋지 않았다.

🏺 설탕을 추가하지 않는 곡물 당분은 어디서 얻는가?

누룩이나 이스트(효모)의 먹이인 당분은 어떻게 하나?

곡물로 술을 하면 당분이 문제이다. 효모의 먹이가 당분이다. 과일이나 다른 재료들은 모자라는 설탕을 당분으로 넣어 효모가 당분해를 하여 알코올을 만든다. 그러나 곡물도 설탕을 넣어야 하는가 의문이 드는데, 곡물에는 탄수화물 전분이 바로 당분이다.

적당한 물을 넣어 술을 빚으면 누룩은 곡물의 전분을 당으로, 당은 바로 알코올이 된다. 그래서 일절 다른 당분이나 첨가물은 없어도 된다. 더러 엿기름이나 설탕을 추가하기도 하지만, 그건 담그는 사람들의 선택이다.

➡ 곡물로 술 담글 때 기본적인 재료~~ 곡물, 물, 누룩이면 충분히 술과 초를 담글 수 있다.

🏺 술 안치고 뚜껑은 어떻게 하나?

술을 안치고 나면 용기에 따라 다르게 뚜껑을 덮어주어야 한다. 술은 혐기성이라 공기나 산소를 싫어해 꼭 막아두는 게 좋은데, 효모나 누룩이 넣어준 당분과 기본적인 당분을 당화시키면 술이 되면서 이산화탄소가 밖으로 나오려는 현상이 생긴다. 이 가스 관리가 용기마다 조금씩 다르다.

1 항아리

위생비닐을 덮고 고무줄로 묶어 뚜껑을 닫아두는데, 숨을 쉬는 용기라 따로 가스가 나오는 구멍을 만들어주지 않아도 된다.

위생비닐이란? 어느 가정에나 있는, 음식을 덮는 친환경 비닐로 둥글게 말려 포장된 것을 말한다.

2 유리병

위생비닐로 덮고 고무줄로 묶은 후 반드시 바늘로 구멍을 한두 개 살짝 내준다. 유리병에 가스가 차 폭발하는 것을 막아야 하기 때문이다.

3 친환경 용기

유리병과 같이 해주면 된다.

4 술발효조

술발효조는 기본적으로 에어락(가스는 빼고 공기는 차단되는 술 전용 스텐 용기)이 있어 그대로 두면 된다.

5 숨쉬는 용기

유리병으로 나오는 숨쉬는 용기가 있다. 용량은 크지 않지만, 뚜껑에 가스를 배출하고 공기는 차단하는 기능이 있어 덮어두면 된다.

동백LEE TiP

반드시 뚜껑을 덮고 가스가 나오도록 관리해야 술이 되는가?

꼭 그렇지는 않다. 많은 사람들이 뚜껑으로 천이나 한지를 덮어 공기나 산소가 드나들게 하기도 한다. 다 개인의 선택이다. 술통은 추울 때는 따뜻한 실온에, 더울 때는 시원한 실내에 둔다.

가수(加水)란?

술을 담글 때와 초를 안칠 때 넣는 물이다. 가수란 물을 더한다는 말인데, 물을 어디에 더하는가?

1 술 담글 때 넣는 물

두 가지로 분류하는데, 술을 담글 때 모자라는 물이나 곡물에는 수분이 없으니 필수로 넣는다.

술을 담글 때 모자라는 수분을 대신하여 현미는 당연히 물을 넣고, 건재로 할 때는 물과 건재를 달여 술을 만드는 데 사용한다. 열매나 과일 등에 수분이 적을 때 적당한 물을 넣어 성분과 맛, 향, 색을 뽑아내는 데 도움을 준다. 생재라도 원재료가 액에 잘박하게 잠겨야 모든 것을 얻어내는데, 그 역할을 하는 것이 약간의 물 추가이다.

2 무조건 물을 넣는가?

아니다. 물은 마구 넣는 게 아니다. 원재료가 얼마나 되는가에 따라 달라진다.

⮕ 포도, 배, 수박, 토마토같이 과육이 완전 수분으로 되어 있는 재료는 절대 물을 넣지 않는다.

⮕ 수분도가 낮고 단단한 재료들은 발효액처럼 설탕을 넣어 담근다. 설탕의 부피로 액이 많이 나오는 것이 아니어서 성분 추출이 잘 안 되고 술도 아주 소량만 나와 걸쭉하거나 진득하기 때문에 적당한 물을 넣어준다.

바나나, 아로니아, 비파, 오디, 복분자, 꾸지뽕열매, 가시오가피열매, 수세미, 울금, 생강, 모과, 칡, 꽃사과, 산수유, 구기자, 마늘, 까마중, 작두콩 콩깍지, 산딸기, 산야초, 체리, 블루베리, 백년초, 탱자, 수분이 마른 수세미, 오미자, 참다래(키위), 하늘수박(하늘타리열매), 고추, 산사열매, 산머루, 초석잠 같은 재료들은 5kg 기준으로 물 3ℓ를 넣어주면 적당하다.

➜ 사과, 복숭아, 자두, 살구, 수액을 잔뜩 품고 있는 수세미, 매실, 감귤처럼 수분도가 높은 과일류는 5kg이면 1ℓ, 10kg이면 2ℓ, 20kg이면 3ℓ를 넣지만, 30kg 이상 생재 양이 많을수록 액이 잘 나와 푹 잠기게 되니 물이 필요없다. 자두나 복숭아 등 수분도는 높지만 섬유질이 많은 재료들은 꼭 물을 넣어야 좋다.

➜ 늙은 호박은 기본적인 수분도는 높지만 섬유질이 많아 5kg이면 3ℓ, 10kg 6ℓ, 20kg 6ℓ, 30kg 8ℓ씩 넣었더니 알맞았다. 특히 호박은 물을 적게 넣고 해보니 너무 걸쭉하고 진득한 술이 나왔다. 맑아지는 데 너무 오래 걸리고 탁해 물을 좀 넉넉히 넣어서 하게 되었다.

술을 담글 때의 물은 절대 과해서는 안 된다. 물을 추가할 때는 물의 양에 대해 20%의 설탕도 같이 넣어야 한다. 따라서 설탕을 꼭 넣어 과육에 추가한 당분에 물이 들어가 희석됨으로써 당도가 떨어져 술이 약하게 되는 것을 막아야 한다.

이 물 넣는 양은 내가 오랜 시간 수많은 식초를 담그며 터득한 것이다. 꼭 이런 양을 넣어야 한다는 게 아니라, 몇 배로 더 넣거나 아예 안 넣는 것은 담그는 사람들의 선택이다. 많은 식초를 얻고 싶다면 내 맘대로 얼마든지 넣어도 된다. 단, 실제로 경험한 나로서는 최상이었다.

🏺 술을 걸러 초를 안칠 때 넣는 물

가수를 하였을 경우 초산균이 초를 키우기에 최적인 알코올 도수는 6도이다. 알코올 도수가 높으니 물을 추가하여 낮추는데, 여기서 문제가 발생하기 쉽다.

술 도수를 어느 정도 알아야 가수를 하는데, 주정계 등을 사용하여 재면 정확하다. 인터넷으로 검색하면 적당한 것이 나오지만, 나는 일절 가수를 안 하니 주정계도 필요없고 옛 방식의 식초를 전하기에 사용하지 않는다.

1 주정계를 사용하면 확실하다

알코올 도수를 재고 물을 적당하게 넣어 6도로 맞추면 된다. 알코올 도수가 13도 나왔다면 술과 동량의 물을 섞으면 된다. 술이 5ℓ면 10ℓ로 늘어나 식초도 아주 많이 나오게 된다.

가수를 하여 온도 맞추고 산도 좋은 종초를 넣어 초산발효를 하면, 산도도 금방 오르고 초도 단시간에 익는다. 초색도 물을 동량으로 넣어서 맑고, 향도 맛도 많이 부드러우면서 산도도 잘 오른 식초가 된다.

→ 주의할 것은 산도 높은 종초를 넣고 온도가 맞아야 실패 없이 초가 되는데, 술 도수를 잘못 측정해 물을 많이 넣으면 알코올 도수가 너무 낮아져 실패하기 쉽다. 온도, 종초도 좋아야 함을 잊으면 안 된다.

아주 많은 사람들이 술을 담그되 거의 가수를 동량으로 하지만 철저한 측정이 필요함을 강조한다. 또 문제는 6도로 맞춘 술로 초를 하다 보면, 초는 금방 익고 맛이 들어가다 서서히 초맛이 밍밍해지고 맑은 물로 변하는 현상이 생긴다. 그건 온도, 물의 양, 종초 문제로 초가 익다가 초산균이 약한 술을 먹고 그만 사멸하여, 즉 굶어죽어 물이 되기 때문이다.

가수를 하면 술의 양이 늘고 초도 그만큼 많이 늘어, 얼마 안 되는 술로 많은 초를 얻을 수 있고 맑은 초색도 예쁘다.

그럼 알코올 도수는 12도, 물은 동량이 아닌 반으로 줄여 도수가 8~9도 정도 나오게 하면 어떤가? 조금 높은 알코올 도수이지만 종초 좋고 공기 중의 초산균이 들어가 초를 키우는 데 괜찮다. 초가 힘을 잃어 물이 되는 경우도 조금 줄어든다.

2 알코올 도수 10도에 동량으로 가수를 하면 어떤가?

4~5도 사이의 술로서 초산균이 활동하기에는 너무 낮아 번식을 할 수 없어 물이 되거나 산막이 생겨 실패를 하게 된다. 주정계를 샀지만 사용하기가 번거롭고 어려워 불편한 경우가 있다.

술을 안다면 소주잔으로 한 잔을 먹어보아 술 도수를 대강 가늠한다. 요즘 여자들이 맛있게 먹는 과일 소주와 비슷하면 가수를 하면서 맛을 측정하다, 생막걸리보다 약간 높은 정도면 좋다. 알코올 도수가 낮은 것 같은데 가수를 많이 하면 술을 다 버리게 되는 일이 생기니, 초를 안칠 때 주의해야 한다.

3 가수를 안하면?

가수를 안하고 원술 그대로 한다면, 알코올 도수가 초산균이 초를 키우기에는 힘들다.

술을 담글 때 술밥 찌기, 호화 과정 등에 문제가 생겨 8~10도 정도면 약간 높아도 온도와 종초만 좋으면 잘 익어 초가 나온다. 보통 술을 담그면 알코올 도수가 12~14도 정도 나오고 초산균이 높은 알코올 도수 때문에 초를 키우기에 버거워하는 현상이 생긴다.

즉, 10kg 몸에 50kg을 얹어놓은 것 같아 초를 키우기는 해도 속도가 아주 느리다. 독한 술이 공기 중에 접촉하여 알코올 도수도 약간씩 낮아지고 서서히 초를 키우는데, 오랜 시간이 걸려 초막이 생기고 초가 익어가다 초산균에 의해 점점 약해진 술이 기간이 늘어나면서 물이 되는 경우도 많이 생긴다.

술 그대로 하니 초도 양이 적고 초색도 탁하고 맛과 향이 아주 진한데, 문제는 가수를 많이 하였을 때와 같이 관리하기 어려운 현상이 생기기도 한다. 그러나 가수 안한 술이 무조건 실패를 하는 것은 아니다.

좋은 종초를 넣고 온도를 25도 이상만 유지하여 담그면 잘 익어 맛, 향, 성분 함량도 높은 식초가 나온다. '동백LEE의 곳간' 식초는 가수 없는 식초 담그는 것을 추구한다. 식초의 양은 가수하여 담근 것의 반밖에 안 되지만 일절 가수 없이 소량의 초만 뽑아낸다.

온도 역시 추우나 더우나 그대로 실온에 두면서, 단 종초로 현미이양주 식초를 쓰는 게 전부다. 초를 많이 하며 산도가 높은 초를 뽑아내면 공기 중에 초산균 밀도가 높아 초가 잘 익는다. 적은 양이지만 가수를 안하니 술 도수 걱정도 없고, 웬만한 도수면 종초 넣고 초산균에 맡겨둔다.

가수 없는 식초를 담그면, 첫 초막이 생기는 것도 계절이나 종초에 따라 조금씩 다르다. 모든 것이 맞으면 며칠 만에 초막이 생기고 초가 부지런히 익어 2~3개월 만에 완성되기도 하며, 3~4개월 만에 첫 초막이 생기고 1년이 걸려 초가 익기도 한다. 그러면서 물이 되기도 하고 성공하기도 하는데, 경험을 해 보면 100% 성공을 맛보게 된다. 거듭 말하지만, 가수는 선택이다.

→ 물을 추가하는 두 가지 공부를 하였다. 책을 보면서 식초 담그는 사람들이 개성에 맞게 선택하면 된다.

🫙 열탕(살균)하는 방법은?

열탕이란? 초가 다 익었을 때 하는 일이다.

초가 익어 병입하면 초산균은 미생물이라 계속 살아 있으면서 활동하는데, 술 한 방울도 없이 완벽히 초를 이루고 총산도도 적당히 올랐으면 그냥 실온에 두어도 물이 되거나 산패를 하지 않는다. 자칫 산도 약하고 자신이 없으면 열탕을 해두면 초산균이 다 소멸되고 없어 초가 물이 되거나 산패를 하는 확률이 낮아진다.

초산균이 살아 있는 채로 숙성을 시키거나 병입하면, 셀룰로오스도 생기고 술이나 초에 있던 전분질이나 초 자체의 당분인 유기산들이 초산균과 같이 활동을 하여 앙금들이 작은 덩어리로 떠다니는 불순물이 생긴다. 과산화 방지, 또한 초색이 탁해지는 것을 막기 위해서도 열탕처리를 한다.

열탕을 하면 초산균이 다 사멸되고 없어 초 그대로 유지가 된다. 단, 초산균이 없으니 종초로는 쓰지 못한다. 맛, 성분, 향에는 차이가 없는데 시중에서 파는 천연식초들은 초산균을 여과(미세한 필터로 걸러내기)나 열탕, 살균처리를 해서 나온다. 일부는 생식초 그대로도 판매를 한다.

→ '동백나태의 곳간' 식초는 여과, 살균 과정이 전혀 없는, 자연적으로 익어 불순물 같은 게 가라앉아 있다. 단, 시중에서 파는, 모든 처리 과정을 거쳐 나온 천연식초에도 침전물 같은 것이 가라앉아 있다. 그래서 설명서를 읽어보면, 괜찮으니 그냥 먹어도 된다고 쓰여 있다.

열탕(살균)하는 방법은 다음과 같다.

1 아주 높은 고온살균

가정에서는 할 수 없고 정확한 데이터에 의해 대규모 공장에서 사용한다. 135도에 2초간 살균한다.

2 고온살균

72도에서 12초간 살균한다.

3 저온살균

가정에서 쉽게 할 수 있는 63~65도 이하로 25~30분가량 살균하는 방법이다. 집에서 담근 천연식초를 살균처리하기에 좋다.

열탕을 할 때는 직접 초를 솥에 넣으면 앙금이나 전분질이 눌어붙어 초의 질을 떨어트리니, 속이 깊은 솥에 물을 넣고 낮은 삼발이를 넣어 식초병이 불의 뜨거운 열을 직접 받아 온도가 급상승하는 것을 막아야 한다.

병을 올려 뚜껑을 꼭 닫지 말고 살짝 덮은 다음, 불을 켜(절대 솥뚜껑은 닫지 말고 열어두어야 함) 온도계를 꽂아두고 물의 온도를 재어 70~85도 사이가 되면 불을 거의 끄다시피 낮춘다. 물의 온도는 낮아지고 식초병의 온도는 솥 안의 열로 높아지면서 63~65도까지 오르면 소독된 온도계를 꽂아두거나, 동그란 온도계면 병 입구에 올려둔다.

불을 끄고 그대로 두어 25~30분간 중탕처리를 하다 물에 꽂아둔 온도계가 60도로 낮아지면 식초병 뚜껑을 꼭 닫아 밀봉을 한 채로 자연스럽게 식혀 냉장고에 두고 먹는다. 집에서 살균한 식초는 되도록 냉장보관을 하는 게 좋다.

셀룰로오스

초막의 일종인 셀룰로오스는 화학식초 빙초산, 주정을 초산으로 만든 양조식초에는 생기지 않는다. 셀룰로오스가 생기려면 술이 약해야 한다. 셀룰로오스는 초가 되기에 부족한 술을 소비해 가다 결국 초산균이 먹을 술이 없으면 재발효를 하면서 낮은 술 속에 있는 양분을 먹고 만들어낸 효모 산막이나 불량막의 일종이다.

초가 익어가던 중에 생기는 초막 (문제가 되는 막)

주로 당분을 먹이로 하여 생기는 물질이다. 알코올과 초(유기산)의 당을 소비하며 자라는 덩어리로, 과일의 당분을 효모나 누룩이 당화시켜 술을 했을 때 제대로 익히지 못하여 당분이 남아 있게 된다. 알코올 도수가 낮으면서 남아 있던 당분과 약한 술을 먹이로 하여 마구 자란다.

왜 초의 당분이 먹이가 되는가? 맛을 보면 알 수 있다. 무조건 셀룰로오스가 생기는 것이 아니고 익어가다 생긴다. 초막이 생성되어 맛을 보면 그렇게 쓴맛이 나던 술이 초가 익어가면서 신맛과 달콤한 맛(각종 유기산)이 난다. 그런데 셀룰로오스가 심하게 생긴 후 맛을 보면 신맛은 물론 미미하지만 달콤하던 맛도 확 줄어들었다. 일부러 여러 차례 그런 상태를 만들어본 결과로 알게 되었다.

나는 스스로 겪어보아 모습이나 결과가 어떻게 나오는가를 알아야 했다. 공부로 익힌 이론이 아닌 수십 단지 술과 초를 아까워하지 않고 실험을 하며 버리는 것을 큰 공부며 경험으로 쌓았다.

알코올 도수가 약하면 술 속의 당도가 높아 생긴 셀룰로오스가 자라기 아주 좋은 상태가 되어, 초산을 이루면서 술과 당분만 소비하고 두터운 막을 만든다.

식초는 맛, 향도 좋지 않고 색도 탁하고 산도도 낮은 상태가 되며, 잡내가 나고 두터워지고 건드리면 밑으로 가라앉아, 술이 약해 힘없는 초에 기생하면서 잡균을 만들고 산패를 하게 되는 경우가 생긴다.

이 덩어리들은 초산에도 강하여 녹거나 사라지지 않고 그대로 두터워지며, 손으로 건져내면 거뜬히 올려질 정도로 힘도 좋고 잘 찢어지지도 않는다.

➔ 이런 현상을 막기 위해서는 누룩과 효모가 당분을 완벽히 당분해하여 알코올 도수를 올릴 수 있게 하고, 종초도 산도 좋은 것을 넣어 초가 빨리 잘 익도록 해주는 게 최선책이다.

약한 술은 약한 초를 만들고 약한 초는 온갖 잡균과 이런 덩어리 막들을 만드는 데 먹잇감으로 소비되기 쉬우니, 최고의 술을 담그도록 한다.

🍶 셀룰로오스는 어떻게 처리하나?

초막 덩어리들이 생기면 어떻게 해야 하는가 고민이 생긴다. 그대로 두면 점점 두터워지고 건드리면 가라앉아 다시 생기는데, 그렇다고 건져내면 끝인가? 아니다. 건져내면 또다시 생기고 초는 다 막덩어리로 나오게 된다. 걷어내고 열탕처리를 한 다음 초산균을 죽여 냉장고에 두고 먹으면 되는데, 아무래도 맛과 향이 별로이다. 그래도 애써 담근 초는 아깝고 막은 두텁고 어찌하나? 그럴 때는 소독한 소쿠리에 초막을 건져 소독한 유리그릇에 올려두면 천천히 초들이 다 빠져나온다. 뒤집어주면서 알뜰히 초를 걸러내면 얇은 덩어리만 남게 되어 5분의 4 정도의 식초를 얻을 수 있다. 나온 초들은 모두 다 살균하여 냉장고에 보관하고 빨리 먹는 게 좋다.

➡ 이걸 막기 위해서는 적절한 당분으로 알코올 도수를 올리고, 산도 높은 종초를 넣어 처음부터 힘 있는 초를 키워내야 한다.

🍶 감식초 셀룰로오스

주로 과일에 많이 들어 있는 당분을 소비하며 자라고 특히 감식초에 더 심하게 생기는데, 감은 자체의 당분과 효모로 술이 되므로 알코올 도수가

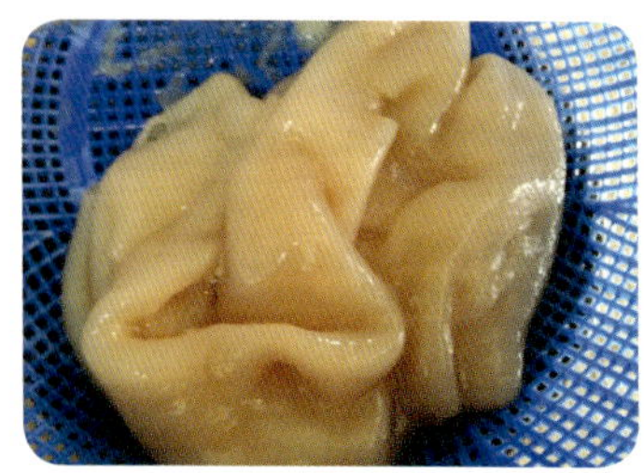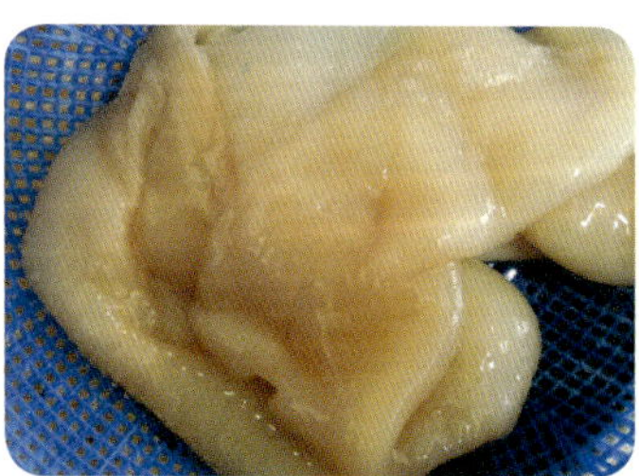

셀룰로오스와 걸러낸 초막

아주 낮아 총산도도 낮다. 초산균이 좋아하며 소비하여 초를 익히는데, 산소도 차단되어 있기에 총산도가 낮은 초가 된다. 총산도가 낮으니 당연히 셀룰로오스가 생기는데, 이때 생긴 초막은 약한 산도의 감식초를 보호하기 위한 것으로 보면 된다. 초가 익어 건지를 거르기 전에 무조건 건져내면 초가 다 줄어들어 남는 게 얼마 없다. 그대로 두어 초가 익었을 때 걸러 초를 병입하고 초막 덩어리들은 소쿠리에 밭쳐 알뜰히 받아내면 된다. 감식초를 담가서 두텁게 생긴 막이 나오면 잘못됐는가 싶어 버리거나 걱정을 많이 하는데, 정상적으로 초가 익어가는 과정이니 걱정 안해도 된다.

1 감식초 초막은 무엇인가?

천연식초인 감식초는 감의 당분과 껍질의 효모로만 이루어지기에 당연히 술이 낮고 효모가 모자라니, 감의 당분이 다 소비되지 못하고 잔당이 있다 (순수한 감의 당분). 술이 낮으니 산도도 낮다.

2 감식초의 초막도 불량인가?

초산균이 좋아하는 산소, 공기가 다 차단되기에 자체 효모, 당분으로만 이루어져 낮은 산도의 초가 나오는데, 그럴 때 그대로 노출되어 있으면 오염도가 높아 보호막인 셀룰로오스가 두텁게 생기면서 약하게 생성된 초를 덮어 잡균과 오염을 막아준다. 그 막을 살짝 걷어보면 맑은 초가 고여 있는 것을 볼 수 있다.

감식초의 막은 초산발효가 진행되는 중에는 생기지 않는다. 초가 다 익으면 서서히 덮이듯이 생기며, 그전에는 감들이 삭으면서 하얀 곰팡이 같은 것도 생기는 등 여러 가지 모습을 보인다. 막상 초가 익으면 건지는 다 가라앉고 맑은 초가 위로 차오르고 셀룰로오스가 두텁게 덮인다.

🫙 또 다른 셀룰로오스(정상적인 막)

술, 산도가 약하여 생기는 덩어리들이 있다. 하지만 초가 다 익어 산도도 적절히 올랐을 때 초산균이 살아 있는 생식초를 항아리나 입구가 넓은 유리 병 같은 데 숙성시키다 보면, 또 셀룰로오스가 생기는 것을 자주 볼 수 있다.

1 셀룰로오스가 전혀 생기지 않는 식초는?

이런 막은 화학식초 빙초산, 주정을 초산으로 만든 양조식초에는 생기지 않는다. 셀룰로오스가 생기는 데 필요한 영양분이 없기 때문이다. 일부에서 는 식초버섯이라고도 하고 초모라고도 불리는 막이다. 주로 당도가 높은 식 초에 많이 생기는데, 잔당이 남아 그 당을 먹이로 셀룰로오스가 생성된다.

2 용기에 따라 셀룰로오스가 다르게 생기는가?

입구가 넓은 항아리 같은 데 숙성을 시키면 초산균이 산소를 너무 좋아해 유입되는 산소를 차단하고 식초를 보호하고자 막이 생기기도 한다. 항아리 는 특히 숨을 쉬는 용기라 걷어내도 막이 계속 생기니 그냥 둔다.

유리병도 입구가 넓으면 그 넓이대로 투명한 막이 생기는데, 그대로 두면 두터워져 식초가 줄어든다. 그래서 입구가 좁은 병으로 옮기면 시간이 갈수 록 초산균이 줄어들거나 사멸되며 더 이상 생기지 않았다. 물론 더러 과일 식초를 입구가 좁은 와인 병에 병입하여 밀봉했는데도 생겨 건드리면 밑으로 가라앉는다.

이 포도식초는 천연발효식초로 2012년에 담아 2013 년 2월에 병입했고, 셀룰로오스가 병 입구 크기만큼

정상적인 식초 보호막인 셀룰로오스

생기다 건드리면 밑으로 가라앉기를 몇 번 하다 1년째 더 이상은 생기지 않는다. 10년을 두어도 그대로일 것 같다.

2013년 병 입구에 맞게 생긴 막이 2015년 봄부터 생기지 않은 포도식초

③ 더 이상 셀룰로오스가 생기지 않는 이유는?

초 속에 있던 초산균이 오랜 시간이 지나 거의 다 사멸되고 미량의 잔당도 다 사라져 생기지 않는다. 이 글을 쓰면서 포도식초를 열어 맛을 보니 처음 병입할 때의 산도 그대로 느껴지며 맛과 향도 그대로이다.

오래 숙성된 항아리들의 뚜껑을 열어보면 두껍게 생긴 막들이 덮여 있는데, 맛은 그대로인 농축된 식초들을 볼 수 있다.

막을 걷어보면 맑은 초가 살며시 보인다. 초맛, 향, 산도도 그대로면 굳이 일부러 걷어낼 필요가 없다. 다시 생기기 때문에 옆으로 살짝 걷고 (된장이나 고추장 떠먹듯이) 초만 떠서 먹으면 되는데, 잘못 건드리면 밑으로 가라앉고 다시 생기며 걷어내면 초가 푹푹 줄어든다. 보기 싫어 걷어내면 바로 버리지 말고 소쿠리에 받쳐 초만 걸러내고 버린다. 또 이런 초막 덩어리들이 영양분이 많을 거라 생각해 먹는 사람들도 있고 종초로 넣기도 하지만, '동백LEE의 곳간'에서는 무조건 버린다. 먹는 것은 본인의 선택이다.

몇십 년 전 할머니께서 막걸리 식초를 몇 단지 담가두고 드셨는데, 나를 보면 "성아, 이게 몬 줄 아냐?" 하고 초항아리들에 두껍게 생긴 막을 손으

로 걷어올려 보여주셨다. 징그러운 느낌이 있었다. 없는 것도 있고, 막 생긴 듯 얇은 것도 있고, 청포묵처럼 두꺼운 것도 있었다.

"느그 큰엄마가 막걸리로 잘 주물러 담았는가베. 달달하구로."

알아듣지도 못하는 말씀을 그리 해주셔서 눈에 익은 모양이다. 곡물도 당분이 있으니 초가 익으면 그런 막이 두텁게 생겨 있었다. 나도 경험하고 있는데, 물론 전부 다 생기는 것은 아니고 건드려 저어주면 마스크팩 같은 것이 쭉 찢어지면서 흐물거리는 상태로 떠 있다 가라앉는다.

④ 셀룰로오스 덩어리를 초산균으로 써도 되는가?

이 막을 종초로 넣으면 초가 잘 익는가 싶어 몇 번을 해보았지만 아니었다. 물론 되기도 하지만, 무엇이 종초 역할을 하는지? 그 막 덩어리에 품고 있던 잘 익은 초가 흘러나와 종초 역할을 한 것이지, 막 자체는 초산균이 아니었다. 물론 이론적으로 초막은 아니라고 기술되어 있다(식품과학기술대사전). 막 자체는 초산균은 아니라고 본다. 막의 초를 다 걸러내고 술에 넣었더니 그대로 있는 걸 몇 번 확인했다. 따라서 초가 다 빠진 막은 종초 역할을 못한다. 과일의 당도나 곡물의 당도에 따라 생기는 막으로서, 감식초처럼 술과 초산균에 맞게 익은 초에 남은 잔당을 영양으로 한 것이다. 이렇게 생긴 막은 불량 셀룰로오스하고는 다르다는 것을 알았다.

보호 초막을 살짝 걷어본 모습

'동백LEE의 곳간' 식초 단지 몇몇이 그리 되고 있다. 곡물로만 담은 과일식초에도 생기고, 현미식초 등 엿기름도 넣지 않은 현미의 당화된 당분으로만 담았는데도 그랬다. 결론은 셀룰로오스도 생기는 시점에 따라 구분되므로 다시 한 번 짚어보는 공부를 한다. 초가 익는 중에는 좋지 않았고, 초가 익은 후 막이 생기면 상관없었다. 막이 생겨도 초의 맛에는 차이가 없음을 식초를 담그다 보면 경험하게 되는데, '아, 그 말이 바로 그 말이구나.' 하게 된다.

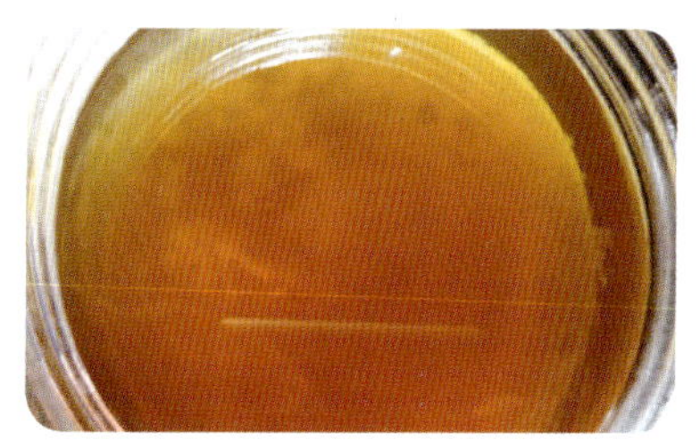

막을 건드리니 밑으로 가라앉는 모습

5 걷어낸 막을 먹는가?

먹는 사람들도 있다. 우유, 야쿠르트에 넣어 갈아먹거나 그냥 먹기도 한다. 비누 만들 때 넣는다고도 한다. 그러나 나는 먹지 않고 초만 받아내고 버린다. 먹든 안 먹든 그것은 그 막 주인의 선택이다. 내가 버리니 다 버리라고는 하지 않는다.

그래서 총산도가 잘 오른 식초의 경우 숙성 중에 생긴 셀룰로오스는 초를 보호하는 막이라고 생각한다.

오랫동안 온갖 식초를 담근 수많은 경험을 통해서 그런 모습을 많이 보고 현재도 그렇게 생각한다. 다 익어 숙성 중에 있는 초를 맛보았을 때 별문제가 없음을 확인했다. 또 나한테 식초 공부를 한 사람들로부터 책, 블로그, 전화, 방문, 카페 등을 통해 이런 질문을 많이 받았다.

"식초 맛은 변함이 없지만 셀룰로오스가 생겨 있는데 잘못된 것이 아니냐?" 식초만 완벽히 초를 이루고 적정한 산도가 올랐다면 너무 크게 걱정을 안해도 된다고 본다. 몇 년 지나면 더 이상 막이 생기지 않은 채 그대로 있는 것도 볼 수 있는데, 초산균이 오랜 시간 줄어들다 사멸되고 더 이상 생기지 않은 것이다. 그걸 보면 식초의 세계는 참 재미나며 무궁무진한 모습으로 우리 곁에 있다.

# 산막이 생기는 이유

산막은 술을 담가 익어가는 중에 생기는 것과 술을 걸러 초가 익어가는 중에 생기는 두 가지가 있다. 이런 막은 효모산막이라고 하는데, 주로 하얀 가루와 털이 숭숭 달리고 건드리면 하얀 곰팡이 가루가 날리면서 불독 얼굴처럼 쭈글거리는 주름이 있고 매캐한 냄새가 나면서 술이나 초 위에 두텁게 덮여 있다. 도구로 섞어도 물에 젖거나 가라앉지 않는 특이한 미생물 집단이다. 살며시 걷어내도 금방 더 많이 생기고 술과 초에 기분 나쁜 냄새를 품어 댄다.

→ 초가 익어가던 중 생기는 산막이 있는데, 초막에 대해 집중적으로 공부하면서 알아가도록 하자. 여기서는 술에 대한 문제를 공부한다.

🫙 술을 잘 담근다

산막의 주요 원인은 술을 잘못 담가 생기는 경우가 가장 많기 때문이다. 왜 술이 문제인지 책을 보면서 찬찬히 공부해 좋은 술을 담그도록 하자.

1 술을 담글 때 문제

당도가 부족하여 술이 약하게 되면 초산균이 먼저 초를 키워 산도를 올려 술의 초산도를 높여야 한다. 그런데 술을 담글 때 넣은, 미처 발효를 이루지 못하고 남아 있던 효모나 약한 술이 만든 젖산균이 약한 술 양분을 먹고 자리잡으며 정상적인 초막이 아니라 불량 초막인 산막을 만들어낸다.

즉, 약한 술이 초를 번식하다가 힘이 더 좋은 효모나 젖산균에 의해 산막이 형성된다. 그래서 넣어준 발효 매개체인 누룩이나 효모가 완전히 발효하여 술로 소비되도록 한다. 그런데 완전한 발효를 하는 주성분은 당분이니 적정한 당분으로 완벽한 술발효가 되도록 한다.

술이 잘못되어 약해지면 초를 키우다 점점 초산균은 늘어난다. 적당한 술이 더 있어야 완벽한 초를 이루는데, 술은 약해 모자라니 더 이상 초산활동은 할 수 없고 술통의 더욱 낮아진 술만 소비하다 초산균이 사멸하게 되는 현상(굶어죽는)이 생긴다.

술도 아닌 것이 어정쩡한 상태로 있으면서 잡균이 생기고, 술의 당분(천연발효면 원재료의 당분과 첨가된 당분, 곡물식초면 곡물의 당분)이 재발효를 하여 모든 양분을 소비하고 물이 되거나 위에 효모산막이 하얀 가루와 털이 달린 매캐한 향을 풍기며 생겨 있다.

많은 사람들이 살리고자 질문을 한다. 물론 병이 있으면 약이 있듯이 문제가 있으면 치료법도 있지만, 살려서 초를 키운다 해도 이미 산막의 향이 약한 초에 들어가 맛과 향, 산도를 해치므로 웬만하면 버렸으면 한다. 그런 말을 하면서, 얼마나 노심초사 초를 담갔을 텐데 미안한 마음이 많이 들었던 나 역시도 처음에 다 겪어 참 아팠던 기억이 있다.

➡ 술이 문제가 되어 생기는 산막은 술만 잘 담가도 해결된다.

② 온도가 문제다

산막의 원인 중에는 온도 문제도 있다. 온도가 너무 낮으면 초산균의 움직임이 느려져 술을 분해하여 초산을 키우는 힘이 약해 산도는 제대로 올리지 않으면서 술만 소비한다. 약한 산도의 초에 힘이 좋은 젖산균이 스물스물 자라고, 약한 술에 남은 당분과 양분을 먹고 약한 초산을 누른 후 자리를 잡아 초막은 밀어내고 그 자리에 하얀 가루가 득실거리는 산막을 만들어 덮어버린다.

온도가 너무 높으면 초산균이 높은 온도에 열상을 입어 힘을 잃거나 죽어버려 약해진 술이 남는다. 약한 술에는 당분이 남아 있다 잡균이 침투하여 당분과 술에 있던 양분을 먹이로 무럭무럭 자라 효모산막을 만들어낸다. 초를 키우는 온도는 25~30도가 제일 잘 익는데, 초산균이 사멸되는 높은 온도 시작인 33도를 넘지 않게 관리한다. 초산균이 느리게 활동하는 온도는 20도 이하로 보면 되지만, 33도 이상만 아니면 술 잘 담그고 종초 좋은 걸 투입하면 웬만큼 낮은 온도에도 초는 익는다.

③ 산소도 필요하다

산소는 초산균이 좋아한다. 호기성(세균 따위가 산소를 좋아하여 공기 중에서 잘 자라는 성질)이라 하여 천이나 한지를 덮어 공기가 들어가게 초를 익히는데, 공기 중 먼지에 붙어 있는 초산균이 들어가고 산소도 들어가 초산균이 숨을 쉬며 초를 익히는 힘이 되어준다.

그래서 초를 익힐 때는 공기 중 먼지에 붙은 초산균과 초산균이 좋아하는 산소 유입도 도와주어야 초가 무난히 잘 익는다.

4 당도가 낮을 때 생기는 문제

당분이 문제이다. 술이 되기에 적절한 당분이 필요한데, 천연발효면 생재와 모자라는 당분 추가(설탕), 곡물이면 전분질이 당화되어 당분이 되는 곡물의 씻기, 고두밥 찌기, 호화 과정(뒤에 자세히 공부함)과 중요한 물 배합률에 따라 좋은 술과 약한 술이 나온다. 추가된 당분과 곡물의 전분 당화가 모자라면 약한 술이 된다. 약한 술은 남아 있던 잡균들과 선점한 젖산균이 초가 익어가기 전에 떡하니 자리잡아 초산균이 세를 확장하지 못하게 막고 산막을 만들어낸다. 그래서 적절한 배합으로 술을 담가 효모나 누룩이 당분해하여 알코올 만드는 데 부족하지 않게 해야 한다.

5 당도가 높을 때 생기는 문제

천연발효를 하며 추가로 넣은 당분이 너무 많을 때도 높은 당분으로 효모나 누룩이 술발효를 제대로 이루지 못한다. 적정한 당분 지수는 최하 22브릭스에서, 적절 24브릭스, 최고 26브릭스까지인데, 그 이상이 되면 누룩, 효모가 당분해를 하기가 과하여 제대로 분해하지 못한 채 그대로 달달한 상태로 있거나 약하게 술을 만들다가 당분과 젖산균만 득실거리면서 산막이 생긴다.

곡물로 할 때도 당도가 좋은 술을 만들기 위해 물의 양을 적게 잡아 빨리 걸러 청주나 막걸리로 먹지만, 식초를 하는 술을 담글 때는 적당한 물을 넣어 곡물이 당화를 이루어 알코올 도수를 올리게 한다.

6 물이 문제이다

물도 약한 술을 만드는 원인이다. 많은 초를 얻기 위해 물의 양을 넉넉히 잡으면 당분과 누룩, 효모가 알코올 도수를 올리는 데 모자라는 술이 나온다. 따라서 종초를 넣어도 초산균이 자리잡기 전에 잡균이 침투하거나 젖산균이 힘을 합쳐 자리잡아 산막을 만든다. 경험이 적으면 물을 꼭 끓인 다음 식혀 사용해 잡균 침투를 막도록 하자.

초를 익히다 산막이 생기는 첫째 이유는 술이 문제인 것을 공부하였다. 술을 잘 담가 좋은 종초와 같이 초를 안쳐 술에 강한 초산균을 키워 자리를 잡아야 호시탐탐 맛있는 술과 영양분을 노리고 있는 젖산균과 잡균에게 술을 뺏기지 않는다.

만약에 산막이 막 생기려는 것을 발견했다면, 산도 좋은 싱싱한 종초와 가수하지 않은 술을 같이 빨리 넣어주어 살려도 괜찮다. 그러나 이미 덮여 버린 산막은 살려도 매캐한 냄새가 다 들어가 맛과 향이 좋지 않아 포기해야 한다. 산막이 생기는 걸 방지하기 위해서는 술을 잘 담그고 좋은 종초, 온도, 초막 관리를 잘해야 한다.

산도에 연연하지 않기

대체로 식초 담그면서 산도에 매달리는 경우를 많이 접한다. 감식초처럼 자연적인 초는 산도 낮은 것이 당연하기에 넘어가지만, 그것마저도 왜 낮아야 하는지 산도를 올리는 방법을 알려달라고 한다. 산도는 원재료의 특성에 맞게 술을 담가 초를 이룰 때 자연스럽게 생긴 유기산의 총산도인데, 그걸 올리는 방법을 알려달라는 것이다.

기본적으로 천연발효식초나 전통식초는 추가한 당분과 곡물의 전분이 누룩이나 효모, 즉 이스트가 분해하여 술이 되기에 술 도수도 높고 도수가 높으니 감식초처럼 자연적인 초와는 달리 종초를 넣어주므로 산도는 4 이상이 오른다. 기본적으로 판매되는 천연발효식초는 4.2 이상이면 판매를 할 수 있고 감식초는 2.6이면 가능하다.

그런 산도를 6~7 이상까지 올려, 최고의 식초라 하여 그렇게 담그고자 하는 분들이 많다. 6이면 시중에서 파는 양조식초인데, 가정에서 정상적인 과정을 거쳐 담근 식초는 4.5~5.5면 최고이다. 산도가 적당해야 먹기에 부드럽고 맛있다. 너무 높은 산도의 식초는 오히려 무리가 있을 수도 있으니, 물을 많이 섞어 먹어야 한다. 그러나 원재료의 맛과 향, 성분을 잘 살려 산도가 높게 나왔다면 참 맛있는 식초이다.

나 역시 자연스럽게 초를 키워 나오는 산도는 최하 4.5에서 거의 7까지 오른다. 일부러 그런 산도를 올리려고 하지 않았지만 초산균이 초를 키우기에는 많이 버거운 독한 술 그대로 가수 전혀 없이 산도 좋은 종초를 넣어 초를 담그니, 가수한 식초에 비해 석 달이면 익을 것이 6개월~1년이 걸린다. 식초 양도 가수한 만큼 늘어나는데, 원술 그대로라 초가 익으면 증발되고 얼마 안 되는 소량의 식초로서 산도가 높게 나온다,

술을 잘 담그고 산도 좋은 초산균이 풍부한 종초를 넣어 완벽히 초산발효를 시키면 4.5~7까지도 올라갈 수 있는데, 6까지 올릴 이유는 없다. 자연스럽게 잘 익은 초라면 7 이상도 넘어가지만 억지로 산도를 올리는 작업은 필요하지 않다. 그러지 못할 경우에는 산도가 낮게 나온다. 산도 올리는 방법을 알려달라고 하지만 술 잘 담그고 초산발효 잘하면 산도 6은 거뜬히 오르기도 한다.

물론 산도 올리는 방법은 아주 다양하다. 그냥 기본적인 재료만 넣어 담가 오른 산도면 충분하기에 내가 알고 있고 또 할 수 있다. 그러나 나의 책이나 블로그, 카페 등을 통해 공부하는 많은 사람들에게 다른 방법을 전하

는 것은 옳지 않다고 본다. 나 역시도 그런 방법을 택하면 쉽게 초를 이루고 많은 양의 식초를 마음껏 담글 수 있다. 그런데 나의 식초를 소중한 가족은 물론이고 어떤 사람이 먹을지 모르는 것이다. 가수도 하지 않은 원술 그대로 담그므로 식초도 아주 소량만 나오고, 색도 탁하고, 맛과 향이 진하지만, 작은 것을 얻어도 만족감으로 한다. 오랜 시간 자연적인 청징을 통해서 나오는 식초를 전하는 것이 나의 일이라 생각하고 천연발효식초, 전통식초 담그는 것을 지향한다. 지금도 힘들고 어려운 문제가 생기거나 조금만 마음에 안 들면 버린다. 물론 나도 마음만 먹으면 버리는 식초 하나 없이 금방 뚝딱 단시간 내에 가수까지 하여 많은 양의 초를 만들 수 있다.

뭘 못하겠는가? 많은 사람들이 자연적인 초를 익혀 판매도 하고 먹기도 하기에 나 역시도 상생하는 식초를 담근다. 높은 산도 자랑 말고 4.5 이상만 되어도 변하지 않는 초가 되니, 자연적 식초 담그기를 같이 공부하기로 한다.

산도 헷갈리게 하는 것도 있다

식초의 산도가 아주 높아 잘되었다고 일부를 떠먹으면서 숙성시키는 일이 있는데, 다 먹고 다시 먹으려 하였더니 초가 물이 되어 있는 현상을 접하게 된다. 분명히 신맛도 좋고 맛있었는데 무슨 일인가?

원재료에 기본적인 신맛이 있었던 것이다. 유기산의 신맛이 아닌 과일 산도로 인해 헷갈렸던 신맛이었다. 매실, 오미자, 오디, 산딸기, 산수유, 복분자, 참다래, 유자 등 신맛이 강한 열매나 과일로 술을 담가 초를 안치면, 얼마 안 되었는데 초맛이 깊게 들어 신맛이 나 병입을 하거나 뚜껑을 꼭 닫고 먹기도 하고 숙성을 시킨다. 그런데 얼마 후 열어 맛을 보면 밍밍한 게 물이 되어가거나 이미 물이 되어 있다. 왜 그런가? 아깝고 마음이 아주 아픈데, 우리가 속은 것이다.

자체의 신맛과 넣어준 종초로 인해 초가 익어가면서 금방 신맛이 많이나 근처에만 가도 향이 대단하다. 맛을 보아도 아주 시다. 그러면 다 익은 줄 알고 미처 초가 익지도 않아 술이 초통에 많이 남아 있어도 그걸 모른 채 뚜껑을 막게 된다. 초통에 남아 있던 술과 초산균이 더 이상 들어오지 않는 산소와 초산균 없이 술을 먹고 재산화를 하면서 물이 되는 것이다.

이런 재료로 초를 할 때는 초의 신맛과 재료 자체의 신맛을 잘 알고 물이 되지 않게 완벽히 초산발효를 하여야 한다. 초산발효는 그렇게 쉽게 끝내는 게 아니다. 원재료의 신맛에 속지 않도록 하자.

자체의 신맛을 초산으로 알고 많은 식초들을 먹는데, 그럴 경우 술 반 초 반이다. 금방 물이 되는 것을 경험하거나, 물은 안 되더라도 초산이 가지고 있는 풍부한 유기물질이 적거나 없는 초를 먹을 수 있으니, 재료의 성질을 잘 파악하여 초가 익어가는 것을 지켜보면서 먹자.

🏺 술 거르는 방법들

여러 가지 술을 담가 거를 때도 조금씩 다르다.

① 곡물로 술을 담갔을 때는 지게미에 술이 남아 있지 않게 꼭 짜내거나 지게미에 물을 조금 섞어 주물러 짜내고 나온 막걸리를 냉장고에 며칠 보관하여 먹는다.

2 발효액 건지로 하였을 때는 산야초나 단단한 열매면 무거운 것을 눌러서 꾹 짜고 무른 건지면 짜지 말고 걸러낸다. 발효액, 술건지는 나올 것 다 나온 상태니 걸쭉한 술이 안 되게 대강 걸러낸다.

3 생재로 하였을 때 과육이 무른 과일로 하였다면 술이 다 된 상태라 건지가 흐물흐물할 것이다. 소쿠리에 천이나 자루를 놓고 걸러내는데, 술 한 방울이라도 더 뽑으려고 누르거나 꼭 짜지 말고 3일 정도 두면 자연스레 술이 흘러나온다. 그런 뒤에 버리면 된다. 술을 거를 때 건지 상태로 두어도 상하지 않는가? 술을 품고 있는 건지라 아주 오염된 곳에 둔 것만 아니면 상하지 않으니 편하게 걸러내면 된다.

4 산야초같이 섬유질이 많은 것은 꼭 짜도 된다. 술이 다 익은 건지를 보면 성분이나 미약한 수분은 다 나왔지만 산야초 상태 그대로 있는 경우가 많다. 산야초 자체가 거칠어 손으로 꼭 짜거나 무거운 걸 눌러두면 푸석한 건지만 나오니 버린다.

5 야채들은 어떤가? 야채들은 섬유질을 많이 갖고 있지만 산야초와는 달리 약하다. 술이 되면 야채가 다 삭아 흐물거려 무른 과일과 같은 방법으로 술을 걸러야 한다. 짜면 물러진 야채술이 곤죽처럼 되어 아주 좋지 않다.

6 열매들은 어떤가? 과육이 단단한 열매는 술이 되어도 형태가 살아 있는 경우가 많으니 손으로 짜기 힘들다. 무거운 것을 올려 짜낸 다음 건지는 버리고 무른 열매들은 자연스레 짜내면 된다.

7 뿌리나 버섯 등으로 한 술건지는 그냥 두거나 무거운 것을 올려두면
금방 푸석해지며 술이 나온다.

술 잘 거르기

술을 원재료의 특성에 맞게 거르지 않았을 때 무른 재료로 걸쭉한 술이
나와 무른 초가 익으면서 문제를 일으켜 산막이나 물이 되는 경우가 있다.

과한 섬유질이 풀어져 술 자체를 진하게 하여 제대로 알코올 도수를 올
리지 못한다. 술도 약하고 식초도 약하게 익어가다 산도가 오르지 못하고
초산균은 그만 재발효를 하며 문제를 일으킨다.

그래서 섬유질이 많은 재료는 과육이 너무 뭉그러지지 않게 관리하여 술
을 담그고, 저을 때도 다치지 않게 하여 형태는 살아 있지만 과육은 다 나
온 건지로 있어야 한다. 술도 소쿠리에 밭쳐진 상태로 자연스럽게 걸러 원
재료가 물러진 맑은 술을 얻어낸다.

→ 어쩔 수 없이 연유 같은 술이나 걸쭉한 술이 나오면 바로 초를 안치지 말고 숙성(술 숙성에
서 공부함)하면 자연스럽게 맑아진다. 바로 담그고 싶으면 선택이지만 앙금 앉혀 초 안치
기를 권한다.

여러 가지 술 거르는 방법을 공부하였는데, 재료의 특성에 따라 방법이
조금씩 다르다는 것을 익히자.

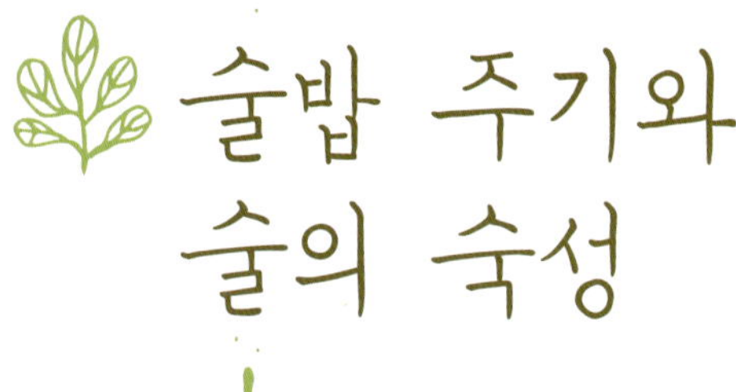

술밥 주기와
술의 숙성

술밥 주기(덧술, 초막의 새로운 먹이)를 공부해보자.

초가 잘 익어가다 어느 순간 초맛이 약해지고 밍밍하게 변해가며 실패하는데, 그런 현상을 조금이라도 늦추기 위해 초가 익는 중에 술밥 넣는 것을 자세히 공부하여 어떤 것을, 어떤 때 넣는지 알아보자.

초산발효 중 특히 시중 생막걸리로 식초를 하며 수많은 사람들의 실패를 대폭 줄인 것은 중간에 술밥을 넣어보라 권했기 때문이다. 실행한 사람들은 성공률이 크게 높아졌다. 그동안 종초를 만들거나 초를 익히다 실패한 사람들에게는 큰 도움이 될 것이다.

 술밥으로 가장 좋은 술

술밥으로 쓰는 술로 제일 좋은 것은 내가 담근 것을 떠두었다 넣는 것이 최고이다.

술을 담가 초를 안치면서 일부를 남겨 밀봉하여 숙성시킨다. 술이 5ℓ 나왔다면 가수하지 말고 원술 1ℓ는 볕이 들지 않는 시원한 곳에 둔다. 그리고 4ℓ를 초 안쳐(가수하는 분들은 하고) 초가 익어가며 첫 초막이 생기고 며칠 후 숙성시켜둔 술을 넣는다. 초막이 생기고 술이 약해지려 하면 반드시 술을 넣어 초산균이 새로운 도수 높은 술로 힘을 얻어 무난히 초가 익어 실패율이 낮아지게 한다. 다른 술보다 본래의 술을 넣는 게 좋다. 그러면 넣을 술이 없어 애타는 것도 방지할 수 있다. 초가 잘 익어 숙성한 술이 필요 없으면 익은 초를 넣어 따로 익혀 먹어도 된다.

숙성하는 술밥용 술은 절대 가수하지 말고 보관하며, 처음 시작하는 종초용 생막걸리로 하였다면 그 술을 다시 사서 넣으면 된다.

말 그대로 술에 밥을 준다는 것이다. 술을 담가 걸러 초를 안쳐 초산발효를 하는 도중 알코올 도수가 제대로 오르지 않은 술이나 가수를 너무 많이 하여 알코올 도수가 낮은 채로 초를 진행하다 보면, 어느 날인가부터 초막에 힘이 없고 밍밍해진다. 그것을 방지하기 위해 초막이 생겨 왕성해지기 시작하면 새로운 술을 덧술로 넣어준다. 종초와 공기 중의 초산균이 들어가 초를 키우다가, 약한 술을 소비하여 먹을 게 없을 때 싱싱한 새 술이 들어오면 알코올 도수가 올라간다. 먹이(술)가 모자라던 초산균은 새로운 먹이를 먹으며 다시 왕성한 초산발효를 하게 된다.

숙성시킨 술의 용도

① 종초는 모자라고 술은 익었을 때 넣으면 좋다

술은 익고 종초는 만들고 있는 중일 때 숙성한 술을 넣으면 좋다. 처음

시작하여 종초는 모자라고 술은 익어갈 때 어찌해야 할지 고민을 하게 된다. 그대로 두면 술이 상하지 않을까 걱정이 많았을 것이다.

이제부터는 걱정 뚝~~~ 술은 안친 지 4주 후에 걸러 나온 것을 숙성시키면 된다. 숙성이란? 걸러낸 술을 입구가 좁은 용기 같은 데 옮겨 뚜껑을 닫고 시원하고 볕이 들지 않는 곳에 두는 것이다.

각종 술 숙성시키기

2 종초를 넣어 직접 담근 술이 밍밍해질 때 넣는다

종초를 넣어 직접 담근 도수 높은 술로 초를 키우다가 중간에 술이 약해져 갑자기 밍밍해지는 순간이면 그때 술밥(덧술)을 쓴다.

단, 추운 겨울이라 초가 서서히 익어가며 알코올 도수만 낮아진 상태로 오랜 시간 초산발효한다면 새로운 술을 넣어 알코올 도수를 올려주는 것도 괜찮다. 서서히 온도가 오르는 계절과 맞아떨어지면 왕성히 초를 키우는 힘이 생긴다. 충분한 술이 있고 조금 넣고 싶다면 그래도 되는데 직접 담근 술도 가수를 많이 하여 중간에 초가 약해지려 할 때, 또는 가수하지 않아도 초가 약해지면 바로 술밥을 주면 된다. 또 직접 술을 담가 식초가 익는 도중 술밥이 필요한데, 같은 술은 없고 비슷한 것이 있어 맛에 지장이 없을 것 같으면 넣는다. 그러면 초산균에 힘(먹이)을 실어 식초가 무난히 익어 실패율이 낮아진다.

🫙 술밥을 주는 시기

초막이 물 위에 기름처럼 군데군데 떠 있으면 그대로 두고, 비단결같이 아주 얇게 초막이 살짝 덮이면 용기를 흔들거나 소독한 도구로 초막만 살짝 깨주다 일주일쯤 지나 술밥을 넣어준다.

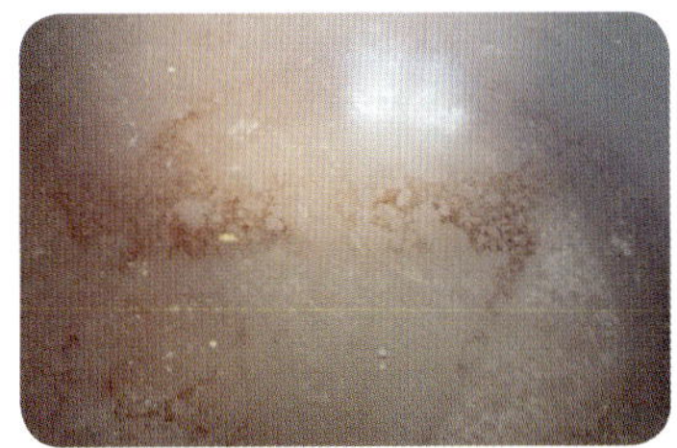

얇게 덮인 초막

초 키우다 술밥 주기

🫙 종초 추가해 넣기

초가 힘을 잃어가려 하면 술밥과 함께 종초도 넣어주면 좋다. 싱싱한 술의 양과 비슷하게 넣어주면 술밥만 주는 것보다 급격히 초가 익어가며 산도 좋은 맛있는 식초가 된다.

보통 술밥만 주지만, 만들어놓은 식초가 있다면(열탕처리 안한 생식초) 같이 넣어보자. 초막이 왕성하게 생기는 것을 볼 수 있다.

🍶 술 숙성, 무조건 두어도 되는가?

주의할 점이 있는데, 술이 완벽히 익었는지 확인해야 한다. 덜 익은 술을 뚜껑을 꼭 막아 숙성하면, 용기 안에서 나머지 술이 발효를 하며 가스가 찬다. 유리병이면 터져 깨지고 친환경 PET통은 빵빵하게 부풀면서 뚜껑이 팍 터져 오르게 된다. 그럼 덜 익은 술의 상태를 어떻게 알 수 있는가? 술속을 어떻게 판단해야 하는지 알아보자.

뚜껑을 열어보면 누구나 쉽게 알 수 있다. 술을 용기에 넣고 2~3일 후 뚜껑을 살며시 열었을 때 생수병의 새 뚜껑처럼 자연스레 열리면 가스가 차지 않은 상태이고, 피식 소리가 나면서 꼴록 하는 느낌이 나면 가스가 나오고 조금 팽창했던 용기가 제 모습으로 돌아오는 느낌을 받는다. 그때는 뚜껑을 확 열었다가 꼭 막은 뒤에 아주 살며시 비틀어 가스가 미세하게 나오도록 해주면 된다.

🍶 처음부터 뚜껑을 열고 천으로 덮어두면 안 되는가?

당연한 생각이지만 문제점이 있다. 알코올은 공기와 만나면 날아가 아주 조금씩 도수가 낮아진다. 오랜 시간 그대로 두면 도수가 낮아지니 아주 살짝만 열어 알코올이 많이 날아가지 않게 한다. 술의 숙성기간이 얼마나 되는가에 따라 알코올 도수가 적당히 낮아져 초를 안쳐도 잘 익게 된다.

그럼 어떻게 하나? 살짝 열어놓은 상태에서 15일 정도 지나 다시 뚜껑을 꼭 막아 2~3일 후 열어본다. 가스가 차는 것이 느껴지지 않으면 다시 꼭 막고 일주일 후 열어보기를 두세 번, 전혀 가스가 차지 않은 걸 확인하면 꼭 막아두고 숙성시킨다. 술발효가 완전히 끝나면 가스는 안 생기니, 그후에도 한 번씩 열어보아 상태를 확인한다.

유리병은 특히 더 신경이 쓰인다. 그대로 쩍 갈라지며 터지기 때문이다. 종초가 없이 숙성시켜 적절한 도수로 초를 안치려면, 도수는 조금 낮아도 좋지만 술밥용 술은 도수가 잘 오른 술을 넣어야 해서 숙성을 잘 해야 한다.

➜ 알코올 도수가 너무 높아 가수는 싫고 도수는 조금 낮추고 싶다면 이렇게 관리한 술이 알맞다.

뚜껑을 열어 가스가 차는 현상이 없을 때는 술이 완전히 다 익은 상태이다. 뚜껑을 꼭 막은 다음 자주 뚜껑 열어보기를 하여, 괜찮으면 그대로 종초가 완성되어 초를 안치거나 술밥으로 넣을 수 있다.

🏺 술은 언제까지 숙성시켜야 되는가?

잘 익은 술은 시원한 실온에 1년을 두어도 괜찮다. 얼지 않게 냉장보관을 하였다가, 술을 꺼내어 하루 동안 두어 냉기를 완전히 뺀 후 종초를 넣고 그냥 볕이 들지 않는 가장 시원한 실온에 두는 것이 좋다.

술을 완벽히 잘 담갔다면 변하지 않고 그대로 있는데, 숙성을 시키면서 맛이 더 깊어지기도 하여 초를 안쳐도 좋다. 알코올이 너무 날아가지 않게 잘 관리하면 언제든지 초를 할 수 있으니 걱정없다.

술을 안쳐서 거르면 약 11~14도 정도의 알코올 도수가 나온다. 예를 들어 13도라고 할 때, 술이 덜 익어 뚜껑을 살짝 열어놓고 3개월 숙성을 하였다면 용기에 따라 알코올이 날아가는 게 조금씩 다르지만, 생수병에 넣어둔 상태면 심한 변화 없이 도수가 약간 낮아져 있다. 초산발효에는 조금 높지만, 종초만 좋으면 아주 좋은 술 도수이다. 처음부터 뚜껑을 꼭 막아둔

상태면 알코올 도수는 거의 그대로 유지가 된다.

→ 단, 알코올 도수가 잘 나오게 술을 잘 담가야 한다는 것을 잊지 말자.

앙금은 어떻게 하나?

식초 공부를 했던 많은 사람들의 질문 중 한 가지. 술을 걸러 초를 안치거나 초가 다 익었을 때 앙금이 밑에 많이 가라앉는데, 어떻게 해야 하는가를 많이 묻는다.

그냥 버리자니 술이나 초에 앙금이 같이 들어 있어 너무 아까우니 방법이 없느냐고 하는데, 당연히 있다. 술과 초의 위쪽 맑은 것만 걸러내다 보면, 며칠을 두어 앙금층을 분리한다 해도 칼로 자르듯이 되는 게 아니기에 아까운 술과 초가 같이 들어 있다.

이럴 때는 생수병을 이용하자. 맑은 술과 초만 걸러내고 밑에 앙금과 섞인 탁한 술과 초는 생수병을 잘 씻어 물기 없이 바싹 말려 부어둔다. 맑은 것만 걸러내다 탁한 것이 보이면 두었다 붓고, 여러 병이면 남은 앙금들을 모아 한 병에 옮기면 맑은 술이나 초를 뽑아낼 수 있다. 양이 적어지면 작은 생수병으로 옮겨 정말 진득하고 걸쭉한 앙금만 남고 다 사용할 수 있다. 조금 귀찮은 듯해도 술이나 초가 낭비되지 않는 즐거움에 부지런히 하게 된다. 애써 담근 술과 초를 허실 없이 다 먹을 수 있는 방법이다.

시판 생막걸리로 종초 만드는 중 술이 없을 때는?

종초를 만들 때 시중 생막걸리로 하였고(알코올 도수 6도), 당연히 담근 술이 없으니 다시 막걸리를 사서 넣는다. 초막이 생기고 며칠 지나 술이 익다 약한 술을 소비한 초산균이 힘을 잃는 시기가 온다. 이때 생막걸리를 사다 냉기는 빼고 앙금은 버리고 초 용기에 담긴 술의 25% 정도를 넣어준다. 그러면 흐트러지던 초막이 다시 왕성해지며 부지런히 초를 익힌다. 실패를 줄이는 중요한 방법 중 한 가지이다.

초막

 **초막은 무엇인가?**

천연식초를 만들다 보면 반드시 만나게 되는 물질이다. 술을 담가 넣어준 종초와 공기 중의 초산균이 들어가 술을 소비하면서 초를 키우는 과정에서 초산균이 초를 익히면서 집을 지은 것이다.

초산균의 먹이는 술이다. 호기성으로 공기가 통하게 천이나 한지로 덮어두면 초산균이 들어가 초를 키우면서 초막을 만든다. 초산균은 혼자 살지 못해 공기 중 먼지에 붙어살다 술을 만나 술을 먹으면서 초를 키운다. 그런데 술 속에서도 혼자 살지 못해 붙어살 곳으로 초막을 짓는다. 그 초막은 초산균 자체의 보호막이며 집이다.

좋아하는 산소를 소비하며 큰 초산균은 세력을 넓히기 위한 현상으로 막을 형성하여 초를 익힌다. 처음 생긴 초막은 기름이 떠 있는 것처럼 군데군데 얇은 비단결처럼 보이다 초산발효가 왕성해지면 갑자기 짙어진다.

초막은 그물, 거미줄, 미로 등 아주 다양한 형태로 생기는데, 짙어지면

공기는 입자가 작아 들어가지만 큰 초산균은 들어가지 못해 더 이상 초가
익어가기 힘들게 된다.

초막 관리는?

초막 관리에는 두 가지 방법이 있다.

1 초막을 건드리지 않고 그대로 둔다

생긴 초막을 처음부터 끝까지 그대로 두면서 초를 익히기도 한다. 두텁
게 생겨도 사람마다 다 다르니 각자의 방식대로 한다.

2 초막을 깨준다

산소를 좋아하고 공기 중 먼지에 붙어다니는 초산균이 들어올 수 있게
초막을 깨준다. '동백LEE의 곳간' 초는 초막을 깨준다. 초막을 그대로 두
면 공기 중 초산균이 들어가지 못해 초가 익지 못한다.

③ 초막이 생기고 나면 초맛을 본다

초막이 생기고 그때부터 깨끗하게 소독된 수저로 한 방울씩 맛을 본다. 초막이 생김으로써 초가 익어가므로 초막을 지켜보며 철저히 관리해야 한다. 경험이 적으면 초맛을 모른다. 따라서 익어가기 시작하면 매일 맛을 보면서 초가 익어가는 것을 맛(관능)으로 익혀야 초막의 상태가 변하는 데 따라 익었는지 덜되었는지를 알게 될 것이다. 무조건 초막이 사라지고 나면 초가 다 익었겠지 하게 된다. 초맛도 모르는데 어찌 알겠는가? 하루하루 달라지는 초맛을 익히게 되면, 어느 날 갑자기 맛이 확 들었을 때 전날과 다른 것을 기억하고 다 익었는지 스스로 알게 된다.

④ 초막이 생겼을 때 주의할 점

초를 안치고부터 철저히 관리하는데, 초막을 깨주거나 맛볼 때 절대 침이 묻어 있는 도구를 사용하면 안 된다. 침은 바로 오염이기 때문이다. 초가 익어갈 때는 신생아 같은 상태라서 들여다보며 말하면 침이 튀어 오염이 되니 조심해야 한다. 초가 다 익어 산도가 적절히 오른 상태에서는 다소 안전하다. 식초가 살균, 소독을 하는 데 사용되기도 하여 미약한 오염이나 세균에 힘이 있지만 되도록 조심해야 한다. 이때부터는 잘 소독한 도구로 앙금은 절대 건드리지 말고 위 초막만 살살 저으면서 진하게 생긴 것을 깨준다. 흐트러진 초막 사이로 초산균이 들어가 조각난 초막에 붙어 다시 초를 키우기 때문에 완전히 사라지지 않게 한다.

⑤ 초가 다 익은 후에 생기는 초막은?

초가 다 익은 후에도 초막은 생긴다. 이 또한 정상적인 초막으로 셀룰

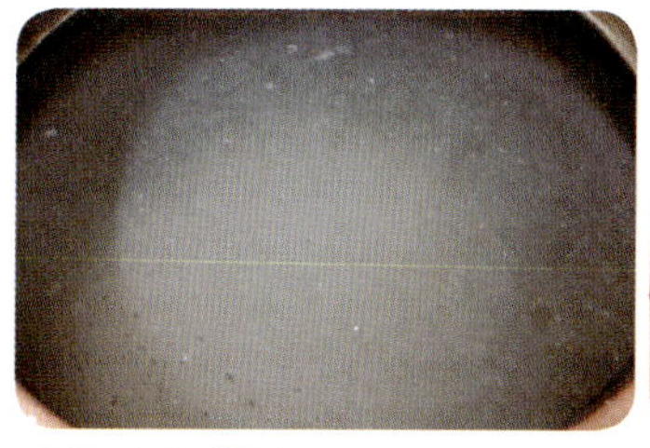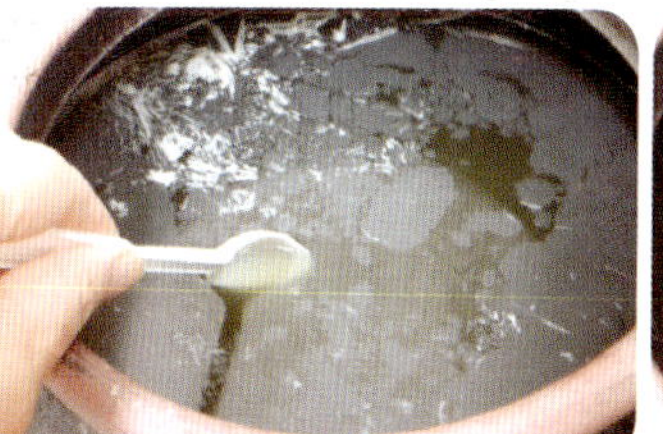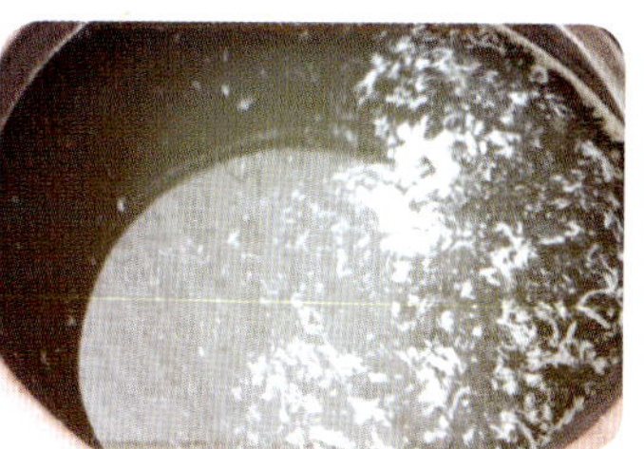

초막 저어 깨주기

로오스와 같은 모습을 한 '글루코박터 아세티'라는 물질로 되어 있다고 한다. 이 막은 초가 다 익은 후에 익은 초에 있는 당분을 소비하며 자라는데, 걷어내도 생기기를 반복하다 언제부터인지 막이 생기지 않고 맑은 초만 그대로 있다.

이유는? 막을 만들면서 남은 당을 다 소비하고 먹이인 당분이 없으면 사라진다. 초맛을 보면 산도 그대로지만, 당도는 숙성에 들어가기 전보다 훨씬 낮아져 유기산의 일종인 각종 산의 단맛이 나는 식초가 된다.

➔ '동백나EE의 곳간'에 있는 '백야초 현미식초'가 숙성에 들어가기 전 당도 26브릭스, 막이 생기고 1년 동안 세 번 걷어내고 당도 20, 지금 글쓰며 체크하니 16도가 나온다. 2년 반 만에 10도 낮아지고 부지런히 생기던 막도 그만 잠잠하다. 더 이상 생기지 않고 앞서 생긴 것만 항아리 중간에 보인다.

각종 식초들, 즉 현미식초와 2012년 흑초는 늘 덮여 있던 막들도 사라져 짙은 갈색 식초만 은은한 향과 간간한 맛을 뽐내고 있다. 각종 재료를 넣고 담근 전통식초, 천연발효식초들도 더러 막이 생겼었는데 오랜 시간이 지나니 먼저 생긴 막만 가라앉아 있다. 초가 익은 후에 생긴 막은 당분을 먹이로 자라다 당이 없어지면 사라진다는 것을 오랜 시간의 경험으로 알게 되었다.

초막은 다 좋은 것인가?

초막은 초산균을 늘리는 역할을 하지만 초산균이 술 속에 들어가지 못하게 하기도 한다. 따라서 초막을 그대로 두면 공기 중의 초산균이 들어가지 못해 초가 익지 못한다. 초산균은 초가 다 익으면 살균 및 소독을 할 수 있을 만큼 강하지만 미처 다 익기 전에는 작은 잡균 및 물 등 모든 것에 약하다. 또한 혼자 다니지 못하며 먼지에 붙어다니는데, 초막에 미세한 구멍이 있어도 공기는 입자가 적어 들어가지만 초산균 입자는 커서 제대로 들어가지 못한다. 그렇다고 얇은 초막이 생겼을 때 마구 휘젓거나 흔들어 완전히 없애서도 안 된다. 초산균은 술 속에 들어와 술을 먹고 부지런히 초를 키우면서 초막을 만들어 거기에 붙어서 산다. 그렇다고 그 집을 완전히 사라지게 하면, 다시 들어온 초산균이 집을 짓기 위해 술을 소비한다. 나중에 보면 술은 사라지고 물이 된다.

초막은 초산균의 재산이다

초가 다 익어 술이 줄고 초산균으로 가득 차면 더 이상 초막이 필요없어 사라지지만, 초가 익는 동안에는 관리를 잘해야 한다. 초막이 맑다가 어느 날 갑자기 짙어지면 초가 맛이 들면서 급 익어가는 것이다. 소독한 도구로 초막이 흐트러지게 살짝 저어 맛을 보면 그전에 비해 향과 맛이 확 달라진 것을 알 수 있다.

초막이 짙어질 때 관리가 소홀하면 두터워지면서 초산균이 더 많이 필요하다. 이 시기에 공기는 들어가지만 입자가 큰 초산균은 들어가지 못한다.

필요한 초산균이 없어 산막으로 변하므로 발견하는 즉시 고루 저어 초산균과 산소 유입을 도와준다. 산막이 생긴 식초는 냄새도 좋지 않고 산도도 낮아지니, 초막 관리를 철저히 하여 멋진 초를 이루도록 하자.

불량초막은 없는가?

1 효모산막

효모산막이라 하여 하얀 가루 같은 것이 초 위에 그득히 덮여 있으며, 털이 숭숭 달려 있기도 하다. 들여다보면 가루가 날리는 것 같고 매캐한 냄새가 나며, 검정색, 푸른색, 붉은색 등이 점점이 보이는 짧은 고양이털 같다.

이런 경우는 술이 약하게 되어 초가 익어가기 전에 산패하여 생기기도 하고, 용기나 주위환경, 습도, 오염에 의해서도 생긴다.

산도가 낮은 종초를 넣었을 때도 자주 생기는 현상이다. 아까워 여러 가지 처방을 하여 살린다 해도 이미 산막의 향과 맛이 들어 산도도 매우 낮고 맛이 없는 식초가 되니 미련없이 버리자.

 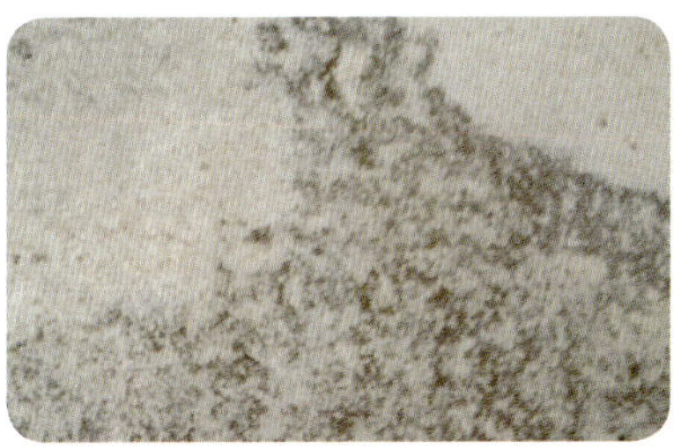

초산발효 중 생긴 효모산막

2 셀룰로오스

앞 셀룰로오스에서 집중적으로 공부를 하였으니 읽어볼 것.

이 막도 술이 약하거나 종초가 약하여 초가 제대로 익어가지 못해 생기는 불량초막이다. 초맛도, 향도, 산도도 낮은 초로 물이 되거나 산패하기 쉬운데, 산도가 낮아도 괜찮으면 초가 익으면 열탕처리를 하여 냉장실에 두고 빨리 먹는다.

초막은 언제까지 생기는가?

작은 초막들이 생기다 완전히 덮이면 살짝 흔들어 깨준다. 왕성한 초발효로 짙은 초막이 생기는데, 저어주다 보면 서서히 술은 줄어들고 초산균이 늘어나면서 초막도 줄어들기 시작한다. 흔들거나 저어주지 않아도 맑은 초가 초막 사이로 보이고, 그러다 초막이 완전히 사라지고 보란 듯이 식초가 나타난다.

술통에 있던 술을 초산균이 다 초로 만들었기에 초막을 만들어내는 먹이인 술이 없고 초산균만 술통에 가득하다. 더 이상 초산균이 들어가도 집이 필요없는 것이다. 온통 초산균으로 찼으니 술이 초가 되고 나면 초막이 저절로 사라진다. 부지런히 생기던 초막이 초산균의 집으로서 할 일을 다했기 때문이다.

→ 보관 숙성시키면서 먹으면 된다.

초막은 꼭 깨주어야 하는 것도 아니다. 나는 철저하게 초막 관리를 하며 식초를 하지만, 막이 두터워도 산막이 덮여도 전혀 손을 대지 않고 그대로 식초를 키우는 사람들도 있다. 선택은 담그는 사람들이 하는 것이다. 아무튼 내가 하는 방식을 책에 자세히 적는다.

식초 보관

🏺 식초를 담그면 병입하는 문제가 생긴다

　초산발효하였던 상태 그대로 두어야 하나? 병입을 해야 하나? 한다면 어떻게 하는가? 마개를 꼭 막는지, 열어두는지 궁금해한다. 식초를 담가 보관하는 방법도 각각 다르다. 내가 담가 숙성시켜 본 결과, 식초가 다 익었는지 그냥 육안이나 맛으로는 경험이 많지 않은 한 잘 판단이 서지 않는다. 경험이 적으면 더욱더 모를 수 있다.

　초가 다 익은 상태를 알기 위해서는 초막이 사라지고 맛이 깊게 들었을 때 일정한 수준의 산도(4.5 이상)가 되면 완성되었다고 판단한다. 그런데 산도계를 살려니 가격대가 엄청나고 시약을 사서 측정하는 것도 불편하면 대강 pH 테스트 시험지를 구하여 식초를 담가 숫자와 색으로 나타내는 pH 수치로 산도를 가늠하는데, 정확한 산도를 측정하기에는 다소 미흡하다. 그래서 그냥 맛을 보고 초막이 사라지는 시점에서 초가 다 익었다고 판단을 한다.

나도 수산화나트륨과 페놀프탈레인 지시약을 이용해 산도를 측정하지만, 그냥 초막과 맛으로 익었다는 것을 알게 된다.

나의 병입 방법

식초가 다 익었다고 판단하는 것은, 우선 초막이 사라지고, 맛을 보고 초를 안친 날을 계산하여 확인한다. 그렇게 초가 다 익은 것이 맛과 기간, 초막 사라짐으로 정해지면 산도 측정을 하거나 맛으로 판단하여 바로 병입을 하지 않는다. 혹시나 초가 덜 되고 남아 있던 소량의 술이 있다면, 초산 발효를 하게 해 초가 되는 시간을 주는 것이다.

그러면 초가 완벽하게 익어 그대로 항아리에 숙성을 시키면서 먹고, 양이 적으면 병입을 하여 둔다. 여태껏 병입을 하여 꼭 막아두었지만 한번도 말썽을 부린 적이 없었다. 일부러 병마개를 꼭 막고 5~7년을 두었던 것도 그대로이며 앙금만 좀 가라앉아 있다.

유리병, 친환경 용기일 때 두는 장소

잘 소독하고 바싹 말려 식초를 넣고 병마개를 닫는데, 여기서 중요한 문제가 생기기도 한다.

병에 95% 정도의 초를 채운다. 주둥이가 긴 병이라면 입구 가까이까지 채워 집안에 햇볕이 들지 않고 제일 시원한 곳에 둔다. 잘 소독된 용기에 넣고 병마개를 꼭 막아 잡균이나 증발을 막는다. 한 방울의 술도 남김없이 초를 키워 병입하여야 한다. 만약 술이 남아 있으면 병 안에 있던 초산균이 남은 술을 먹고 초산발효를 마쳐야 하는데, 한 번 더 발효를 하면서 초산균을 소비하여 물이 되기 쉬우며 가스가 생기면 폭발하기도 한다.

덜된 초를 병입하여 꼭 막아두었다 병이 터져 엉망이 된 경우를 많이 접해보았기에 꼭 완벽한 초산발효를 이루어야 한다.

항아리에 보관

항아리를 소독하여 물기를 완벽히 말린 후 잘 익은 식초를 넣고 한지 또는 천을 덮거나 위생비닐로 밀봉하여 뚜껑을 덮는다. 집안에서 제일 시원한 곳에 두면 된다.

초가 덜 익은 상태로 밀봉하거나 뚜껑을 닫아두면 재발효를 하여 물이 되기 쉬우니, 초 상태를 잘 보고 숙성시키면서 먹으면 된다.

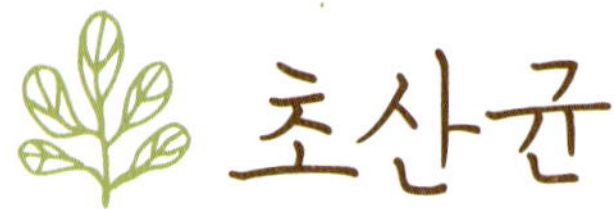

초산균

초산균이란 무엇인가?

초산균은 6~10도의 알코올이 생성된 술에 들어가 초를 키우는 균으로 혼자서는 살아가지 못하여 공기 중에 있는 먼지에 붙어산다. 가장 번식하기 좋은 알코올 도수는 6~7도 사이이다.

초산균이 잘 자라는 환경

술을 담가 한 번씩 흔들어주고 따뜻하게 해주면 잘 자란다. 그러나 그건 예전의 일이다. 우리 어머니들이 부뚜막에 식초병을 두고 초를 키울 때 환경적으로 조건이 맞아 무조건 식초가 맛나게 익었는데, 그 이유는 초산균이 많았기 때문이다.

옛날 부엌에는 항상 나무를 때서 음식을 하였기에 재가 부엌에 자욱하였고, 그 재에 초산균이 붙어 다녀 풍성하였으며, 부뚜막은 적절한 온기가 있어 식초병을 올려두면 맛있는 초를 키워냈다. 공기도 지금처럼 오염되지 않았고, 재가 날리는 부엌과 따뜻한 부뚜막은 초를 키워내기에 부족함이 없어 종초란 개념 없어도 초가 잘 익었다. 우리 어머니들은 음식을 할 때 식초병에서 초를 덜어내어 쓰곤 마시다 남은 막걸리가 있으면 부어주면서 초를 키웠다. 그러다 보면 술이 또 초가 되고, 그렇게 이어져 온 식초를 늘 먹곤 했다. 초산균은 공기 중 어디든지 먼지에 붙어 살아가고 있으므로 재가 날리는 부엌은 초가 익기에 최적이었다.

그런데 지금은 왜 식초가 잘 되지 않는가? 지금은 공기가 많이 오염되어 약한 초산균이 많이 줄어들었다고 한다. 공기가 탁하니 초산균이 붙어서 살아갈 깨끗한 먼지가 없다.

물론 재도 깨끗하지는 않다고 하겠지만, 재하고는 다른 개념인 오염된 공기 속의 먼지는 초산균이 붙어살기 힘들다. 그러다 보니 줄어든 초산균으로 예전처럼 초가 잘 익지 않아 꼭 필요한 존재가 된 것이 종초이다.

🏺 초산균은 어디서 얻는가?

초산균이란 일종의 미생물인데 그 미생물은 공기 중에 무수히 많다. 눈에 보이거나 만져지지도 않으며 혼자서는 공기 중에 살지 못해 어딘가에 붙어서 살아간다. 즉, 공기 중에 있는 먼지에 찰싹 달라붙어 다니는데, 그러다 술단지가 밀봉되어 있지 않으면 들어가 초를 만든다.

술로만 먹을 때는 밀봉해두면 들어가지 못하고, 술이 천이나 한지로만 덮여 노출되면 초산균은 먼지 등에 붙어 들어가서 시큼한 초를 만든다.

# 종초

　종초란 모초, 모균으로도 불리며 천연식초를 담그는 데 술을 걸러 초를 안칠 때 넣어주는 식초균, 즉 씨식초이다. 종초가 있으면 참 좋다. 초도 잘 익고 시간도 많이 단축되고 맛도 더 좋으며, 실패를 하는 경우도 줄어들게 한다. 무엇인가 조금 가지고 시작하는 것과 아무것도 없이 시작하는 것의 차이처럼, 종초를 술 양의 30% 정도 넣고 공기 중의 초산균이 들어가 초를 키우는 것과 종초 없이 공기 중의 초산균으로만 초를 키울 때의 경우가 그렇다.

종초 없이는 초가 익지 않는가?

　아니다. 종초 없이도 얼마든지 초는 익는다. 술을 배합률에 맞추어 잘 담그고 온도가 적절하면 초는 잘 익는다. 예전하고는 달라 공기도 많이 오염이 되어 초산균 수가 적고 온도도 늘 적당한 25~30도 정도를 유지하기가 어렵다면, 초가 익다가 산패하거나 물이 되기 쉽다. 이러한 조건만 맞으면 종초 없이 담근 술도 식초가 잘 익는다.

초가 익기 좋은 온도를 맞추어주면서 자연스레 익히는 곳도 많은데, '동백LEE의 곳간'은 춥거나 덥거나 그냥 그대로 자연상태로 식초를 한다. 사계절을 다 느끼고 크는 식초를 담그는 것이다.

종초는 어디서 구하는가?

종초는 막걸리를 담가 걸러두면 공기 중의 초산균이 들어가 초를 키운다. 이것이 바로 먹는 식초이며, 씨앗초인 종초로 쓸 수 있다. 그런데 무조건 초가 다 되는가? 많은 사람들이 인터넷과 책, 방송을 통해서 식초 담그는 방법을 배워 만들어보았지만, 거의 95%가 실패를 했다. 맛이 조금 모자란 듯하며 산도도 낮아 그만두는 경우가 많았다. 그 이유는 종초가 없어서이다.

종초란 개념 없이 식초를 담가 실패만 했는데, 종초를 알고부터는 성공률이 높아졌다. 많은 사람들이 종초 키우는 데 진력하며 맛있는 식초를 담글 수 있게 되었다. 물론 종초를 알고 있는 사람들도 있지만 모르는 사람들이 더 많다. 따라서 처음 담그는 사람들을 위해 종초의 중요성에 대해 공부해보자.

그러면 식초의 맛을 살리고, 실패와 시간 단축을 위한 종초는 어디서 구하는가? 고민하지 말고 이 책을 보면서 찬찬히 같이 만들기로 한다.

종초만 넉넉히 만들어두면 여러 가지 다양한 식초를 얼마든지 쉽게 만들 수 있으니, 무조건 책에 있는 맛있는 식초 글을 보고 종초부터 담그고 시작

하자. 천연발효식초를 담가 살균, 열탕, 여과처리 등 아무것도 하지 않은, 초산균이 살아 있는 생식초를 종초로 쓴다. 생식초를 종초용으로 판매하는 곳에서 사서 넣으면 된다. 그렇지만 얼마든지 직접 만들 수 있으니 찬찬히 시작해보자.

🏺 종초가 되기 위한 조건

1 술(직접 담근 막걸리)

직접 담근 막걸리가 있으면 좋은데 처음부터 담그기는 어려우니 시중에서 파는 생막걸리를 산다. 알코올 도수는 6도, 합성첨가제가 적게 들어간 것을 구한다. 6도는 초산균이 가장 쉽게 초를 익히는 최적의 술 도수이다. 그리고 유통기한이 너무 길지 않은 것, 즉 15일 이하를 구입한다.

2 생막걸리를 쓰는 이유

파는 술 중에 다른 술도 있고 알코올 도수 높은 것도 많은데, 왜 생막걸리인가? 생종초용으로는 쌀로 빚은 생막걸리를 사용하는 게 좋고, 시판되는 술 도수가 초산균이 초를 키우는 데 편하다. 술 도수가 그만큼 중요한데, 5도 아래면 초산균이 제대로 번식을 못하고 10도 이상이면 초산균의 번식이 느려지니 적당한 생막걸리를 사용한다.

➡️ 집에서 담근 술은 아주 좋다. 초도 잘되고 맛도 좋으며 산패나 실패율이 낮아진다('식초 담그기'에서 책과 같이 담그기로 함)

3 온도(종초 익히는 온도)

온도가 아주 중요하다. 생막걸리는 술 도수가 6도인데, 초산균이 초를 키우기에는 딱 맞는 술이다. 그러나 그만큼 힘이 없기에 공기 중의 초산균이 들어가 초를 익히다가 술만 먹고 산패를 하거나 물이 되는 경우가 허다하다. 그래서 종초 없이 종초를 키우면 실패율이 80~95%(시중 생막걸리는 더욱더) 되어 많은 사람들이 엄청난 술만 소비하고 종초를 얻지 못하는 중요한 한 가지는? 온도이다.

초는 추우나 더우나 익어가지만, 왕성하게 익어가는 시기는 여름이다. 보통 초산균이 좋아하는 온도는 28~32도이다. 물론 15~24도도 잘 익지만 온도가 낮으면 그만큼 초가 늦게 익는다. 초산균은 온도가 낮으면 소멸하지는 않지만 느리게 초를 익히며 잠자는 듯이 있는데, 10도가 못 되면 초산균이 힘이 없어 초를 키우는 데 많이 약하다. 그대로 가만히 있는 만큼 초가 더디 익는다. 그래서 초를 키우는 방은 28~30도로 온도를 설정하는 곳도 많다.

온도가 낮을 때는?

온도가 낮으면 초가 잘 익지 않는다. 낮은 온도와 낮은 술 도수로 인해 종초도 없는 술에 초산균이 들어와 초를 키우는 기간이 많이 걸리고, 그러다 보면 술은 소비되고 초산균은 늘지 못하여 물이 되거나 초산보다 먼저 자리잡은 젖산균이 산막을 만들어버린다. 종초는 가장 중요한 것이 온도이기 때문이다. 여름이면 실온에 두어도 괜찮지만, 20도 이하로 내려가면 인위적으로 보온을 해준다. 초 안친 용기를 냉장고 벽 열이 나오는 곳에 두

종초 보온하기

거나 보온밥통 옆에 두기도 하고, 보온재로 싸서 따뜻한 곳에 두고 온도가 내려가지 않도록 해준다.

→ 특히 시중 막걸리 6도 술로 종초를 키울 때는 더욱 온도가 중요하다. 30도 정도를 유지해야 덜 실패한다.

온도가 높을 때는?

온도가 높아야 초가 잘 익는다고 무조건 올려주면 문제가 생긴다. 33도 이상 오르면 초산균이 힘을 잃는다. 즉 화상을 입는 상태인데, 그러다 40도 이상 올라가면 초산균은 더운 온도에 의해 점점 줄어들고 45도 이상이면 다 사라지게 된다. 그래서 적정한 온도가 아주 중요하다고 볼 수 있다.

직접 담근 술로 초를 안쳤을 때는 조금 낮아도 익어가지만, 종초용으로 생막걸리를 사용할 때는 술 도수가 낮은 만큼 30도 정도면 적당하다. 속전속결로 초산균이 부지런히 초를 키워 약한 술만 소모되는 현상이 생기지 않게 하는 것이 성공으로 가는 지름길이다.

온도만 잘 맞추어주면 생막걸리는 한 달 정도면 잘 익는데, 먹기에는 이르지만 종초용으로 쓰는 데는 아무런 문제가 없다. 앙금을 넣지 않았다고 해도 술을 부어두면 다시 앙금이 조금 가라앉는데, 시간이 갈수록 진득하게 점성을 가지게 된다. 초가 익으면서 앙금 전분들이 약간은 다른 냄새를 풍기기도 하여 되도록 건드리지 않는 게 좋다. 소독한 도구로 앙금을 살짝 일으키는 정도로 건드려 눌러붙지 않게 하지만(마구 저으면 앙금의 점성 물질이 퍼져 익어가던 초가 진득하고 걸쭉해짐) 웬만하면 앙금은 적게 들어가게 하자.

온도 30도 정도로 유지하고 초막이 생긴 후 술밥도 넣어주고 나면 초가 본격적으로 익어간다. 신맛이 많이 감돌고 신 냄새도 풍긴다. 그리고 왕성한 초막을 만든다.

시간이 지나면 서서히 초막이 줄어들고 그 사이로 맑고 향긋한 식초가 보이기 시작하는데, 날마다 초맛이 다른 것을 알게 된다. 보통 온도 잘 맞추고 중간에 술밥을 한 번 넣어주면 양이 워낙 적으니 30일 정도면 종초로 쓸 수 있게 초가 익는다.

신맛이 강하고 식초 냄새도 많이 나는데, 산도계가 없으니 맛으로, 즉 관능으로 대강 알아보는 방법은 식사를 하고 반 숟가락 정도를 마셔보면 된다. 목이 칵 메며 저절로 머리가 흔들리면 4 이상의 초가 익은 상태로 보면 된다. 산도측정기로 정확한 도수를 알 수 있지만, 기계와는 정확도가 다르되 우리 입맛으로도 대강 알게 되며, 그것이 바로 우리 조상들이 맛을 보고 판단했던 식초 감별 방법이다.

종초용 식초 키우기는 단시간 내에 이루어야만 목이 칵 메는 맛있는 식초를 얻을 수 있다. 온도 조절을 잘 못한 종초는 서서히 익어가면서 두 달도 걸리고 그 이상도 걸리는데, 그렇게 되면 산패하거나 거의 물이 되기 쉬워 실패의 원인이 된다.

종초 없이 종초 만들기는 그만큼 힘들다. 그래서 95%까지 실패한다. 그렇다고 종초가 있으면 100% 성공할 수 있을까? 아니다. 50%의 확률인데, '온도'에 집중하여 초를 키우면 종초 없이도 성공률이 높아진다. 습도 높은 환경은 피한다. 습도가 높으면 초가 익어가다 산패를 할 경우가 많기 때문이다. 초가 익는 데 물기는 잡균이 증식하는 원인이기도 하다.

🏺 종초는 어느 정도 된 것이 가장 좋은가?

1 아주 오래된 것을 종초로 써도 괜찮은가?

종초로 쓰는 식초는 초산균이 살아 있는 생식초라면 무엇이나 가능하다. 단, 초산균이 얼마나 들어 있는지가 문제인데, 초가 다 익으면 뚜껑을 꼭 닫거나 병입을 하여 둔다. 더 이상 공기 중의 초산균이 들어갈 이유가 없고 산은 증발이 심하니 밀봉을 하여 공기와 차단시켜 익혀가며 먹는데, 밀봉된 식초는 시간이 가면서 초산균이 조금씩 줄어들게 된다.

오래되면 오래될수록 그 수가 줄어 미미한 초산균만 남게 되어 종초로 쓰기에는 조금 부족하다. 또 오래 숙성되어 맛과 향이 짙어지고 농축된 귀한 식초를 종초로 쓰기에는 아깝기도 하지만, 중요한 것은 초산균 수가 많이 줄어들어 있기 때문이다.

2 금방 초산발효를 마친 초는 어떤가?

초가 다 익어 상큼한 것이 나왔을 때와 왕성하던 초막이 서서히 사라지면서 마무리 초막이 조금씩 보일 때 초산균이 아주 많다.

초산균이 생기면 술을 소비하여 초를 익히는데, 초산균이 늘어나면 반대로 술은 점점 줄어들게 된다. 재미있게 말하면, 초산균이 술을 먹고 초를 만들어내어 술통 속에 술은 없고 초산균만 득실거리는 이때가 참 좋다.

금방 초가 익어 초산균이 많은 것도 좋지만, 초산균 자체도 힘이 넘쳐 종초로 술에 넣어주면 초가 익는 데 활발한 번식력을 갖게 된다. 즉, 초산발효가 90~95% 이상 진행된 것과 금방 다 익은 식초를 종초로 쓰면 초가 익어가는 데 큰 도움이 된다. 그래서 술을 담가 식초로 할 때는 오래된 것도 괜찮지만 아무래도 초산균이 듬뿍 들어 있는 상태의 초가 좋다.

🏺 종초는 어디에나 넣어도 되는가?

종초를 어디에 넣으면 좋은가 하는 질문을 많이 받았다. 수업을 하는 도중에도 많이 받은 질문인데, 종초는 만들고 있는 어떤 식초에나 넣을 수 있는 것과 술에 넣을 수 있는 것으로 나누어진다.

곡물로 담은 식초(멥쌀, 찹쌀, 현미 등)는 어느 술에나 넣어도 좋다. 사과로 담근 술에 종초로 현미식초를 쓴다면 사과식초에 현미의 성분이 들어간 식초가 나온다. 사과와 현미의 성분을 같이 섭취하게 되는 좋은 결과가 나오는 것이다. 또 막걸리식초를 발효액, 포도 등에도 넣는다. 현미와 마찬가지 원재료에 쌀의 성분이 들어간 아주 좋은 식초가 나오므로 어디에 넣든 곡물의 성분까지 포함된 식초를 얻을 수 있다.

→ 여기서 포도 천연발효식초를 담갔다.

종초로 어디에든 넣을 수 있나? 아니다. 물론 종초로는 최고겠지만, 포도식초에 좋고 또 비슷한 향과 색, 맛을 내는 술에 넣어야 한다. 굳이 넣자면 복분자, 가시오가피열매, 오디 같은 것이 좋다. 맛과 향은 조금 다르지만 종초로 넣고 싶다면 색이 비슷하니 그럭저럭 괜찮다.

만약에 사과술에 넣는다면 어찌 되겠는가? 사과술은 약간 노르스름하니 맑은데, 포도 종초를 넣는다면 사과색이 보라도 아니고 노르스름한 색도 아닌 것이 나오면서 맛과 향이 이상한 초가 나온다. 그래서 잘 생각해 서로 비슷한 것을 넣는 것이 좋다.

포도술에 종초가 사과밖에 없다면? 아주 나쁘지는 않은데, 사과의 색이 무난하니 포도식초 색을 변하게 하지는 못하고 맛과 향도 포도보다는 순해 괜찮다. 이런 방식으로 종초를 적당하게 넣으면 된다.

곡물로 담근 식초를 종초로 쓰고 나머지 식초들은 원술의 맛, 향, 색을 보고 넣을 종초를 구분하여 넣으면, 발효액, 건지로 담근 식초도 얼마든지 알맞게 쓸 수 있다.

🏺 술은 많고 종초는 모자랄 때

책을 보고 식초를 만들다 보면 욕심이 생겨 술을 여러 가지 담그게 되는데, 술은 많고 종초의 양은 적을 때 어찌하나? 그럴 때는 '식초 배양'을 하여 담그면 된다.

배양은 많은 술을 종초에 맞게 덜어내고 나머지 술은 숙성시켜두고 온도 잘 맞추어 빨리 초를 키워낸다. 그런 다음 다시 숙성시켜둔 남은 술에 넣어 초를 키우면 아주 적은 양으로 많은 술을 식초로 만들 수 있다. 단, 시간이 더 걸리지만 문제가 되지는 않는다. 술이 10ℓ 나오고 종초 1ℓ가 있으면, 3ℓ의 술을 초 안칠 수 있고 익어나오는 초는 4ℓ가 되니 숙성시킨 술에 초를 안치고도 먹을 식초가 남는다. 또 술 3ℓ, 종초는 1ℓ일 때 한 가지만 하지 말고 술을 1ℓ, 종초 330g씩 각각 나누어 초를 안쳐, 다 익으면 나머지 술에 넣어 초를 안치면 되는 것이다.

종초 키우기에서 온도를 28~30도로 잘 맞추고 양이 적으면 빨리 초가 익어 한 달이면 다시 초를 안칠 수 있는데, 주의할 점은 적은 술을 가지고 할 때는 용기가 너무 크거나 입구가 넓으면 좋지 않다. 술과 종초를 섞어 용기에 95% 정도 채워 잡균 침투나 증발이 심하지 않게 해주면 적은 양의 종초로 많은 식초를 할 수 있다. 따라서 배양법을 익혀두면 좋다.

종초 넣고 남은 술을 숙성시키는 방법을 참고하면 언제든지 종초를 만들 수 있으니 아무 걱정 없다. 나는 이 방법을 블로그나 카페에 올려 공부하러 온 사람들로부터 종초 걱정을 덜게 해줘서 고맙다는 말을 많이 들었다.

이 책에서는 술을 안치는 용기로 항아리와 친환경 용기인 PET병을 사용했다. 그러나 항아리에 하면 술이 익는 과정을 보여줄 수가 없어 잘 보이는 용기를 선택, 술을 안치고, 발효되고, 술이 익고, 술이 차오르고 하는 모습을 그대로 드러나게 했다.

제2장
식초 담그기

# 종초 만들기

 ## 종초 없이 종초 만들기

 **재료** 생막걸리 750㎖ 2병, 소독한 용기 2ℓ 1개, 면천 1장

>>> 초막이 생기고 나면 생막걸리 한 병(나중에 삼)
생막걸리는 주로 국*당고, 배*면주, 느린*(대형마트에 가야만 있음)와 송*섭
막걸리(지역 막걸리라 한 박스 900㎖ 20병씩 택배 판매)를 산다.

① 생막걸리는 되도록 합성첨가제가 들어 있지 않은 것을 산다.

생막걸리를 사다가 하루 동안 앙금을 가라앉혀 소독된 용기에 가만히

앙금 가라앉혀 용기에 넣기

붓는다. 쌀로 만든 생막걸리는 앙금이 많은데, 넣다가 뭉글거리는 앙금이 따라나오면 그만 넣는다.

2 앙금을 다 넣어도 되지만, 관리를 따로 해야 하니 되도록 넣지 않는 게 좋다. 생막걸리는 병당 750㎖인데 두 병이면 1.5ℓ, 앙금을 좀 남기면 약 1.3~1.4ℓ가 된다. 식초는 호기성이라 뚜껑을 천으로 해서 공기 중의 초산균과 산소가 들어가게 한다.
밀봉해두면 초산균이 들어가지 못해 초가 익을 수 없다.

술과 천 덮기

3 술을 부어놓으면 며칠 동안 위에 부글거리는 거품이 보이는데, 술 속에 있던 탄산 성분이 공기와 닿아서 생기는 일시적인 현상이니 걷어내지 말고 그대로 둔다. 종초용 술은 시중 막걸리의 도수가 6도라 초산균이 번식하기에는 참 좋으나 급 초산발효를 이루면서 술은 줄어들고 초가 늘어난다. 늘어나는 초산균이 초가 다 익도록 술이 있어야 하는데, 낮은 술 도수에 초산균만 왕성해지다 약한 술에 의해 더 이상 초를 이루지 못한다. 미처 다 익지 않은 초를 먹으면서 활동하다 결국 먹이가 없어 물이 되거나 산패를 하게 된다. 이걸 막기 위해 술밥(덧술)을 넣어주면, 술이 약해 힘을 잃어가던 종초

술 안치고 거품 생긴 모습

가 다시 살아나 왕성하게 초산발효를 한다. 이런 과정을 몰라 그냥 있으면 생막걸리로 종초 없이 초를 이루려다가 85~90%가 실패하게 된다. 술을 넣고 초막이 생기기 전까지는 절대 건드리지 말고 그대로 둔다.

4 초를 안치고 매일 들여다보면 며칠 지나 초막이 생기기 시작한다. 그대로 두었다가 초막이 비단결처럼 얇게 덮일 때 살짝 흔들면 막이 깨지면서 초산균이 들어간다. 초막을 그대로 두면 초산균이 들어가지 못해 초가 제대로 익어가지 못한다. 이때부터 초가 익어가는 걸 맛으로 익힌다.

5 초산균이 들어가 흩어져 있는 초막 덩어리에 붙어 부지런히 초를 키우고 초막을 만든다. 일주일 후 새로운 생막걸리 한 병을 사다 그대로 붓지 말고 하루 동안 실온에 두어 냉기를 뺀 다음, 초가 익어가고 있는 술과 같은 온도로 맞추어 넣어준다('술밥 주기' 참조).

→ 술밥(덧술)을 주지 않고 하면 95% 실패하고 술밥을 중간에 넣으면 실패율이 조금 낮아진다.

갑자기 냉장고에서 나온 술을 부어주면 초산균은 찬 술로 인한 갑작스런 온도 변화에 힘을 잃어버리기도 하니 주의해야 한다.

초막과 흔들어주기

초막이 생기기 전까지는 절대 흔들거나 젓지 말고 가만히 둔다. 진득해지거나 술이 탁해지기 쉽고, 막 지어진 초막이 있으면 사라져 초산균 집이 사라진다.

앙금은 가만히 두고 부어주면, 2,3일이 지나 다시 초산발효를 시작하고 왕성한 초막을 만든다.

6 온도가 30도 정도 유지되고, 초막이 생긴 후 술밥도 넣어주고 나면 초가 본격적으로 익어간다. 맛을 보면 신맛과 향이 감돌며 제법 식초 티를 낸다. 금이야 옥이야 키운 생막걸리가 다 익어 초막도 사라지고 노르스름한 맑은 초가 나왔다.

술밥 넣고 다시 생긴 초막

　산전수전 다 겪은(왜 이런 표현을 하는가 하면, 처음인 사람들은 경험해보면 알게 됨) 종초는 막걸리를 사다 귀하게 담근 식초를 종초로 다시 늘리거나 그냥 먹는다면 상큼한 향이 난다. 생막걸리에 들어 있던 당분으로 달콤새콤하고 맛이 부드러워 직접 담근 식초는 바로 먹거나 숙성시켜가면서 먹지만, 종초로 키우는 초는 바로 먹어도 괜찮다. 산도가 보통 4.5 정도 나오지만 초산균이 워낙 풍부할 때이니 종초로 가능하다. 종초는 냉장고에 넣지 않는다. 그냥 실온에 두어야 초산균이 활발한데, 낮은 온도에 두면 초산균의 움직임이 느려지며 잠을 자게 된다. 냉장고에 넣었다면 실온에 두어 초산균이 깨어나게 하여 종초로 쓰지만, 되도록 오래 두지 않는 것이 좋다.

🏺 종초 만들 때 보온하는 방법

종초를 만들 때는 온도가 가장 중요하다. 그만큼 온도 유지가 어렵다.
20도 이하면 종초 하자고 일부러 보일러를 틀 수도 없고. 어찌하나?
그럴 때 보온하는 방법을 공부하기로 한다.

재료 스티로폼 박스. 되도록 깨끗한 것. 오염이 될 수도 있다.
따뜻한 질감의 작은 담요나 수건, 뽁뽁이 비닐.

1. 2ℓ 병 한 개면 종초를 수건으로 감싸는데, 병 입구는 그대로 두어야 초
산균이 들어갈 수 있다. 병이 크면 작은 담요로 싸면 좋다.

2. 깨끗한 스티로폼 박스를 종초하는 병수와 크기에 따라 준비한다. 스
티로폼 박스가 깊으면 뚜껑을 조각내어 밑에 깔아 입구가 밖으로 조금
나오게 한 다음 병을 넣는다.
병이 들어간 자리에 공간이 남는데, 거기에 뽁뽁이 비닐이나 신문지를
살짝 구겨 빡빡하게 말고 여유롭게 넣어준다. 너무 빡빡하게 넣으니

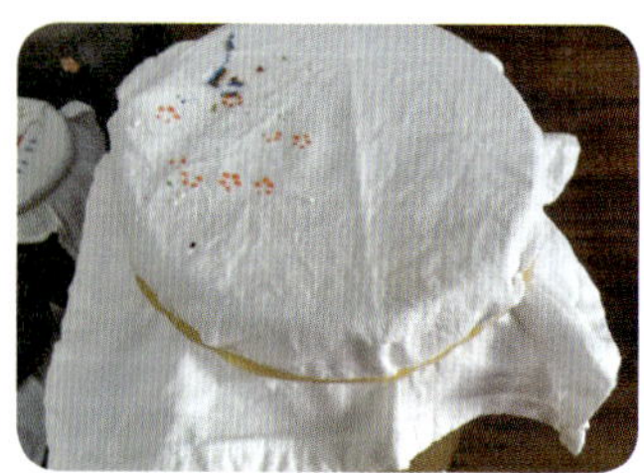

종초를 수건으로 싸주기

스티로폼 박스

오히려 온도가 낮아졌다.

병 입구만 나오게 하고 따뜻한 담요로 스티로폼과 같이 감싸주는데, 생막걸리로 종초 만드는 것은 온도 유지를 어떻게 하였는가에 성공 여부가 달려 있다. 따라서 28~30도로 유지하여 빨리 초를 익히도록 하자.

온도 유지를 위해 보온작업을 한 초를 일인용 전기방석에서 제일 낮은 온도로 하고 담요로 싼 스티로폼 박스를 그 위에 올려야 한다. 그러나 한 달 이상 계속 사용하니 늘 살펴보아 전기방석이 가열되거나 스티로폼 박스 안 온도가 32도가 넘지 않게 관리를 철저히 해야 한다. 전기방석은 화재의 위험도 있으니 굳이 권하지 않는다.

보온밥통 옆이나 냉장고 벽 열이 있는 곳에 두면(밥이나 반찬 등 냄새가 바로 들어가지 않는 곳) 좋다. 습도가 높은 곳은 피하고 온도 30도가 늘 일정하게 유지되어야 실패율이 낮다.

한 달~한 달 반이면 종초가 익는다. 온도 조절은 참 중요하다.

🫙 종초 넣고 종초 늘리기

종초를 만들었으나 양이 적어 많은 식초에 넣을 수 없으니 종초 늘리기에 들어간다. 생막걸리로 만든 종초는 오래 두면 술 도수가 낮아 물이 될 확률이 높으니 초산균이 왕성할 때 해야 좋다. 만들어진 종초는 중간에 술밥을 넣었다면 앙금을 제하고 2ℓ 정도이다. 2ℓ면 술 양의 30%, 즉 술 6ℓ 정도에 넣을 수 있어 종초를 만드는 데 성공하면 갑자기 많은 술을 담그게 된다. 초가 다 익으면 다시 술을 넣고 넉넉한 종초가 확보되어 한 가지씩 하고 싶은 재료를 가지고 식초를 할 수 있게 된다.

→ 계속 종초용 생막걸리를 사서 하지 말고 두 번째까지만 사도록 한다. 술 도수 걱정도 없고 오래두어도 무난한 식초를 얻기 위해 직접 막걸리를 담가서 하는 게 좋다.

막걸리도 책과 함께 천천히 공부하며 담그기로 한다.

재료

생막걸리 4병
만들어놓은 종초 1ℓ
3ℓ 용기 2개
면천 2장
초막이 생기면 넣을 생막걸리 2병(초막이 생기고 일주일 후에 삼)

---

1. 겨우 만들어진 종초는 생막걸리로 담가 오래 보관하지 못하니, 얼른 초 늘리기를 하여 초산균이 넉넉할 때 써야 한다. 잘못하면 물이 되어버릴 경우도 있다.

   담그는 방법은 아주 간단하다. 종초 없이 만드는 과정에서 만들어둔 종초를 넣어주면, 종초 없이 하는 것보다 그나마 실패율이 좀 줄어든다.

한 번에 다 해도 되지만 혹시나 실패할지 모르니, 술 2병과 종초 500㎖로 나누어 두 군데 담는다. 나머지 종초도 다 각각 담아둔다.

용기를 철저히 소독하여 막걸리를 넣고 종초를 술의 30%가 되게 넣는다. 용기는 술과 종초를 넣어 85~90%까지 담그는 게 좋다. 3ℓ 용기는 중간에 술밥으로 넣어줄 생막걸리를 계산한 것이다. 용기가 너무 커서 빈 공간이 많으면 증발도 많고 초산균과 같이 잡균도 번식하여 좋지 않다.

종초와 막걸리의 비율은 막걸리 1병 750㎖, 2병이면 1.5ℓ인데, 앙금을 조금 버리고 종초는 약 30%인 500㎖를 넣는다.

사온 생막걸리를 하루 동안 실온에 두어 냉기를 뺀다. 그런 다음 앙금은 남기고 만들어둔 종초를 넣는다.

초는 호기성이라 공기 중에 초산균이 묻어 들어가게 천이나 한지를 덮고 고무줄로 묶어준다. 여름이면 괜찮은데, 온도가 25도 이하로 내려가면 보온작업을 하여 초산발효를 하는 게 가장 빨리 잘 익고 실패율이

술에 종초 넣기

그나마 낮아진다. 아무리 좋은 종초를 써도 시중 막걸리는 온도가 제일 중요하고 술 도수가 낮아 얼른 초를 익혀주는 게 좋다.

되도록이면 30도가 좋은데 겨울에는 온도를 맞추기가 어렵다. 그렇다고 종초 때문에 방에 불을 30도가 되게 땔 수 없으니, 최대한 따뜻하게 하여 속전속결로 키운다. 며칠 동안 관찰하여 거품이 보이면 건드리지 않고 그대로 두며, 온도가 적당히 유지(28~30도)되도록 한다.

2. 따뜻한 곳에 둔 술을 매일 들여다보고 초막이 생기기 전까지는 가만히 둔다. 초막이 생기면 살짝 흔들어 깨주고, 만약 앙금이 아까워 다 넣었다면 위 초는 건드리지 말고 앙금만 잘 소독한 도구로 일으키듯이 3일에 한 번씩 저어준다. 초가 많이 익으면 앙금은 건드리지 않는다. 매일 초가 익어가는 것을 맛으로 느낀다.

첫 초막과 젓기 / 초막이 얇게 생기면 살짝 흔들어 깨주기

3. **온도 관리를 잘하여 빨리 초를 익혀내야 한다**

잘못하면 초가 익어가는 듯하다 물이 되기도 하고 산패가 된다. 초막이 생기고 일주일 후 술밥으로('종초 없이 종초 만들기'에서 공부함) 잘 익어가다 술이 약해지면서 밍밍한 맛이 나니, 산도 높은 종초를 넣지 않은 이상 50%는 물이 되기 쉬우므로 남겨둔 종초가 있으면 술밥과 같

이 조금 넣어준다.

술이 힘을 얻도록 냉장고에 보관한 종초는 매우 차니 반드시 몇 시간 냉기를 빼고 넣는다. 그러다 어느 날 갑자기 초막이 짙게 생기면 그때부터 소독한 도구로 위 초막만 저어주며 관리한다. 초막이 생기고 한 달 정도 지나면 점점 초가 맑아지며 노르스름하게 변한다.

초막 흔들어주기

술에 종초 넣기

4 맛을 보면 신맛이 강하면서 달콤하다

온도를 잘 맞추고 초막 관리를 잘하면 한 달~한 달 반이면 종초를 다 익혀낸다. 양도 적으니 잘만 키우면 아주 잘 익은 노르스름한 초를 얻을 수 있다. 기간이 조금 더 걸릴 수도 있으며, 다 익은 초는 걸러 다시 종초 늘리기나 담가놓은 술에 종초로 쓴다.

초산균이 좋아하는 온도보다 조금 낮으면 활동이 느려져 두 달 이상도 걸리고, 그러다 산막이나 물이 되기 쉽다.

종초 완성

마무리 공부

　　종초 없이 종초 만들기와 종초를 가지고 가장 중요하고 힘든 종초 늘리기를 책과 같이 하였다.

　　모든 조건을 잘 갖추었는데 성공 혹은 실패하는 사람으로 나뉘었다. 실패했을 경우 무엇이 잘못되었나를 복습해본다.

- 온도가 28~30도로 유지되었는가?
- 초가 되는 데 도움이 되는 생막걸리를 준비했는가?
- 초막 관리를 제대로 했는가?

다시 돌아보며 시작해보기로 한다.

 # 곡물로 술 담글 때

쌀 씻기

곡물로 술을 담글 때는 씻는 것도 중요하다. 쌀은 탄수화물 전분질이다. 쌀은 멥쌀과 찹쌀은 같은 방식으로 씻고 현미는 조금 다르게 씻는다. 그 전분이 당분이 되며 효모의 먹이로 당화가 되어 술이 되는데, 어떻게 씻느냐에 따라 술이 잘되기도 못되기도 한다.

벼를 도정하여 나온 쌀에는 약간의 지방질이 붙어 있는데, (자체의) 지방만 벗겨내고 전분질은 벗겨지지 않게 씻는다.

1 멥쌀, 찹쌀 씻기

쌀알에 묻어 있는 지방만 살짝 벗겨내고 전분질은 벗겨지지 않도록 부드럽게 살살 문지르듯이 씻는다. 뽀얀 쌀뜨물만 몇 번 헹구어 맑은 물이 나오게 한다. 박박 씻으면 쌀알의 전분질이 많이 벗겨져 당화가 된 당분이 모자

라 알코올 도수가 낮아진다. 뽀얀 물이 나오는 상태면 쌀알에 잡균 침투도 쉽고 술도 탁하게 되니 쌀을 씻는 데 주의를 기울인다.

2 현미 씻기

현미는 백세라 하여 백 번을 씻는 걸 말하는데, 그렇다고 백 번을 씻으면 전분질이 많이 나가니 의미를 달리하여 현미에 물을 잘박하게 넣고 손바닥 힘을 빼고 살살 문지르듯 골고루 비벼준다. 현미의 지방과 가루같이 붙어 있는 전분만 벗겨지게 한 후 맑은 물이 나오도록 몇 번 헹구면 된다.

3 보리, 잡곡 씻기

보리는 겉에 뽀얀 가루가 많이 붙어 있는데, 멥쌀과 같은 방법으로 씻으면 된다. 좁쌀, 수수 등 곡물은 쌀과 달리 뜨물이 많이 나오니 깨끗이 씻어낸다.

술밥 찌기

술밥은 여러 가지가 있다.

1 진밥

고두밥 찌는 게 힘들어 그냥 밥이 되었으면 물을 더 이상 넣지 않고 누룩을 넣어 버무린다. 술을 안치면 발효를 하면서 술이 고인다.

2 죽

죽을 쑤어서도 한다.

3 구멍떡

쌀가루를 반죽하여 도넛처럼 만들어 끓는 물에 삶아 둥둥 뜨면 건져내 식혀 누룩을 넣고 담근다.

4 백설기

백설기를 쪄서 뜨거운 물을 넣어 골고루 풀어 누룩을 넣어준다.

5 고두밥

밥을 물기를 빼고 시루에 쪄서 고슬고슬하게 찐다.

6 쌀가루에 뜨거운 물로 익반죽한 범벅

식혀서 누룩을 넣고 버무려두면 누룩이 곡물을 당화시켜 발효를 하면서 술이 고인다. 위의 방식은 식초를 하는 술밥으로도 쓰지만 대부분 맛있는 막걸리(백주)나 여러 가지 전통주를 담는 술밥으로 하고 있다.

➜ 식초용 술밥은 보통 고두밥을 많이 사용하며 이 책에 있는 멥쌀, 찹쌀, 현미들은 다 고두밥으로 하여 식초를 담갔다. 술을 빚어놓으면 현미술은 약간 묽은 것 같고 찹쌀은 약간 끈기가 나는 느낌이 든다.

🏺 멥쌀, 찹쌀 술밥 찌기

잘 씻은 쌀은 봄, 여름, 가을에는 8시간쯤 불린다. 겨울에는 10시간 불린다. 잘 불린 쌀은 소쿠리에 밭쳐 2시간 동안 물을 빼서 시루에 찌는데, 요즘은 번거로워 안이 깊은 찜솥으로 준비한다. 술밥이 쪄지는 시간이 길어도, 넣은 물이 다 없어져 타지 않게 불린 쌀을 올릴 수 있는 삼발이를 준비한다. 삼발이가 물에 닿으면 쌀을 올렸을 때 물에 잠기어 고두밥이 아닌 밥이 나

온다. 물에 잠겨 전분질이 빠져나가면 술이 익는 데 좋지 않으니, 삼발이 다리가 긴 것을 찜솥에 넣고 닿지 않게 물을 부어준다. 물기 빠진 쌀은 삼베자루나 부직포를 삶아 기름기 없이 세탁해 삼발이 위에 올려준다. 부직포나 삼베자루로 덮어 수증기가 쌀에 직접 떨어지지 않게 한다(현미도 같음). 뚜껑을 꼭 닫고 틈이 나지 않게 시루에 찔 때는 시루밥이라고 밀가루를 반죽하여 솥과 시루 사이를 막았는데, 요즘은 찜솥들이 워낙 잘 나오니 그렇게 안 해도 된다.

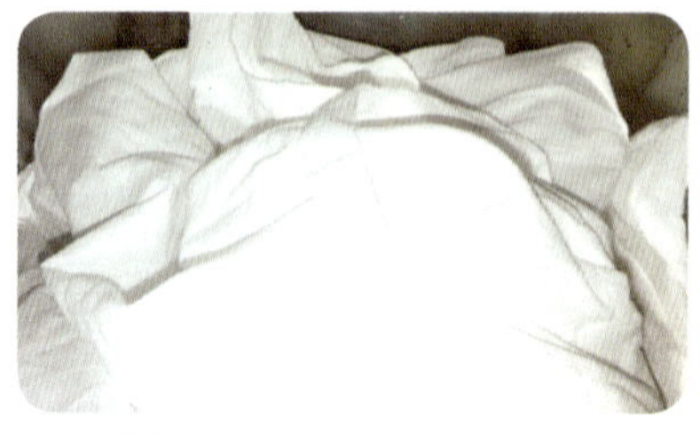

불린 쌀 찌기

센불로 김이 나오면 40분간 푹 찌고 불을 끈 다음, 20분 동안 뜸을 들여 뚜껑을 열고 큰 대야나 깨끗한 보자기를 펴서 빨리 식혀준다. 오래 식히면 잡균이 들어갈 수도 있고, 잘 쪄진 고두밥 표면이 바싹 말라 딱딱해진다. 여름엔 선풍기 바람에도 식히는데, 선풍기 날개 같은 데 먼지가 있으면 들어가니 깨끗하게 하여 식힌다.

🏺 술밥 찌는 솥과 삼발이

안이 깊은 찜솥. 보통 2kg까지 찔 수 있다. 각 가정마다 있는 곰솥이라고 하는 찜솥이다. 스텐 작업을 하는 곳에서 너비, 높이를 재어 다리를 길게 하여 맞추면 된다. 고두밥 찌는 솥은 가정에 있는 찜솥도 좋지만 이런 도구를 준비해두면 훨씬 수월하다.

깊은 솥은 식당에서 육수를 내는 데 쓰는 '스텐 국통'이라는 것이 있다. 30ℓ에서 150ℓ까지 있지만, 보통 가정에서 현미밥 1~3kg을 찌는 데는 곰솥이 적당하고 4~8kg까지는 70ℓ 스텐 국통이 알맞다.

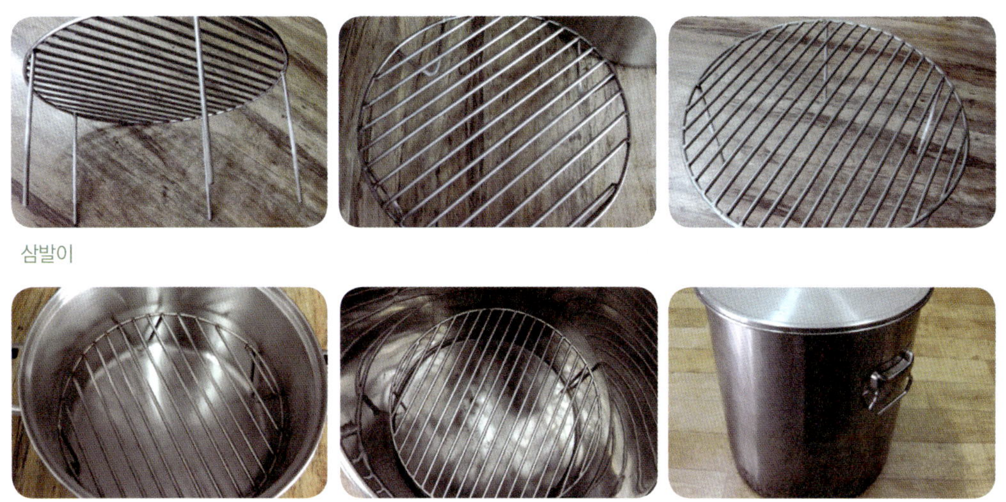

삼발이

곡물 2~3kg까지 찔 수 있는 스텐 국통

사진으로 보면서 고두밥 찌는 솥과 삼발이 다리나 크기를 공부하자.

🍯 현미 고두밥 술밥 찌기

잘 씻은 현미는 봄, 가을에는 10시간, 여름에는 8시간, 겨울에는 12시간 정도 불려준다. 불려진 현미를 소쿠리에 밭쳐 2시간 물을 뺀다. 그리고 밑이 깊은 찜솥에(현미는 오래 쪄야 하니 솥이 더 깊거나 물을 충분히 넣어주어야 함) 삼발이를 넣고 물이 닿지 않게 한 후 현미를 자루에 넣어 뚜껑을 닫고 센불로 찐다. 물이 끓어 김이 나오면, 1시간 찐 후 불을 끄고 뚜껑을 연다. 2kg이면 찬물을 종이컵 2컵 정도 골고루 뿌리고 주걱으로 위아래를 뒤집듯이 저어준다. 삼발이 밑에 물이 많이 줄었으면 자루를 들고 물을 더 보충하여 타지 않게 해준다. 다시 뚜껑을 닫고 1시간을 더 찐 후 불을 끄고 그대로 20분간 뜸을 들여 꺼내고, 대야나 베보자기에 펼쳐 멥쌀과 같은 방법으로 식힌다.

술밥을 잘 쪄야 한다

밥을 잘 지어야 술이 잘되는데 친환경 현미를 잘 씻어야 쌀알에 지방질은 씻겨나가고 전분질은 그대로 남게 된다. 그런 다음 물을 잘 빼주어야 쌀알에 수분이 적어진다. 술을 안치면서 넣어주는 물보다 많은 물을 품고 있지 않게 해야 한다. 가장 중요한 것

현미 고두밥

은 술밥을 잘 쪄야 한다. 고두밥이 설익으면 술이 되는 데 필요한 당분해가 어려워 약한 도수의 술이 된다. 술이 되면서 산막이 생기고 상하기도 하며, 너무 딱딱하게 쪄져도 술이 되는 데 부족하다. 현미 고두밥을 쪄서 입에 넣어보면, 표면은 살아 있는데 톡 터지면서 부드럽게 씹히면 잘 쪄진 것이다.

호화(술밥, 누룩, 물 섞는 과정)시키기

쌀을 잘 씻고 고두밥을 쪘으면 이제 본격적으로 술 만들기에 들어간다. 좋은 술을 담그는 중요한 호화 과정이다. 호화란 고두밥에 누룩과 물을 섞어 술을 빚는 작업인데, 그냥 간단히 고두밥에 다 넣어 버무려 술을 안쳐도 되겠지만 그렇지 않다. 술은 되지만 술맛, 술 도수, 초맛이 다르다. 호화는 고

고두밥에 누룩옷 입히기

고두밥 호화하기

호화 후 1차 발효 모습

두밥에 누룩을 먼저 넣고 옷을 입히듯이 골고루 섞어주는 것이다. 물을 고두밥이 잘박하게 잠길 정도로 넣고 골고루 섞은 후 손에 힘을 약간 주고 고두밥, 누룩, 물이 서로 엉겨 하나가 되도록 살짝 비비고 문대듯이 호화를 시킨다. 밥알이 부서지지 않게 찹쌀, 멥쌀은 25~30분 정도, 현미는 40분 동안 호화를 시키면, 1차로 가벼운 발효를 시작하여 작은 거품이 생겨 있다.

이 과정을 잘해야 고두밥이 효모에 의해 잘 삭아 당화가 되고 당분해가 쉬워진다. 많은 당분이 형성되어 맛있는 술이 되며 알코올 도수를 올리는 1차 작업이다.

🏺 위생비닐 뚜껑

'위생비닐 뚜껑'이란 소리가 술 안치면서 계속 나오는데, 무엇인가 익혀 설명이 없어도 준비하여 덮자. 술은 혐기성이라 공기나 산소를 싫어해 뚜껑을 꼭 막아두어야 한다. 그런데 유리병이나 친환경 통을 막아두면 술이 익으면서 생긴 이산화탄소로 인해 터질 확률이 높다. 따라서 집에서 쓰는 위생비닐을 몇 겹으로 덮고 고무줄로 밀봉하면 된다. 그리고 살짝 바늘구멍을 내 가스가 나오도록 해준다. 항아리는 굳이 바늘구멍을 안 내도 숨쉬는 용기라서 괜찮다. 호화된 술밥을 술통에 담고 위생비닐 뚜껑을 덮어 본격적인 술발효에 들어간다.

호화된 술 안치고 위생비닐 뚜껑 덮기

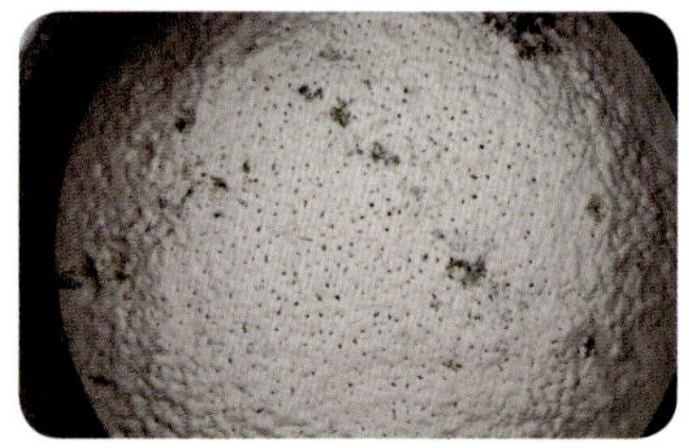 술이 익어가며 이산화탄소가 생성된 모습

누룩균의 당화작용으로 곡물의 당화가 알코올 발효와 같이 생기지만, 배합률을 잘 짜서 도수가 오르는 데 주의한다.

배합률의 온도가 맞으면 당화 비중이 커 다음 날부터 3~5일 정도 부글거리며 쉭쉭

술발효 중 생긴 이산화탄소가 나온 구멍

요란한 소리를 낸다. 위쪽에 거품이 부글거리는 것이 왕성한 술발효를 하고 이산화탄소가 생겨 위로 차오르는 것이 보인다. 술밥 위로 작은 구멍들이 보이는데, 누룩균이 당분해하며 효모 수가 늘어나 생긴 이산화탄소가 술밥 사이로 뚫고 올라온 모습이다.

➡ 술 안친 다음 날부터 효모가 급격히 곡물의 전분을 당화시키고, 용기 안에 있던 산소로 인해 왕성한 활동을 하며 생성된 이산화탄소가 증식하다 서서히 줄어드는 과정에서 알코올로 변환시키며 도수도 올리게 된다.

술발효 중 생긴 이산화탄소가 나온 모습

특히 활성이스트를 넣으면 누룩으로 한 것보다 다음 날부터 술이 마구 끓는 모습을 보이며 소리도 더 요란하게 발효를 한다. 그런 현상은 누룩보다 이스트에 효모 수가 많아 당분해를 더 높게 함으로써 많이 생성된 이산화탄소 때문이다. 누룩으로 술을 했을 때와 이스트를 사용했을 때의 차이

는 술 용기를 위생비닐로 덮어(술은 혐기성이라 산소를 싫어함) 술발효를 하는 모습을 보면 확인이 된다. 날이 갈수록(5~10일 정도) 당화 비중이 낮아져 위에 있던 곡물들이 서서히 밑으로 내려오고 위로 술이 차오른다.

이유는? 당분해가 서서히 끝나가며 잔뜩 차올랐던 곡물들이 술이 되면서 묽어져 이산화탄소가 거의 다 나가 곡물의 당화작용을 마치는 모습이다.

술이 다 익어 위로 차오른 모습

🍯 술 거르는 시기

술은 2주면 웬만한 술발효를 마치면서 알코올 도수를 적정선에 올려놓는데, 좀 더 두었다 4주 후에 거르면 그 사이에 미처 술이 되지 못하고 남아 있던 곡물의 당분이 나머지 발효를 하면서 술맛을 좋게 하는 역할을 한다. 4주 만에 거른 술은 이미 초산발효를 아주 미미하게 하고 있어 신맛이 돌면서 12~14도 가량으로 알코올 도수가 올라 쌉싸름하면서 단맛이 난다.

초를 안치기 위해 배합률을 짜서 담갔으므로 물도, 날짜도 달라 술로 먹기에는 좀 불편한 맛이다(신맛이 살짝 도는 술을 좋아한다면 위쪽 맑은 술, 즉 정종만 조금 떠 냉장고에 일주일 정도 넣어두었다 시원하게 먹어도 됨). 술을 거르는 시기는 위에 노르스름한 술이 고이고 밑에는 많이 삭은 모습을 한 곡물이 가라앉아 있을 때이다.

🍯 곡물로 술을 담글 때의 문제

곡물에 비해 너무 물을 많이 넣으면 안 된다. 곡물에서 나오는 당분은 정해져 있는데 물이 많아

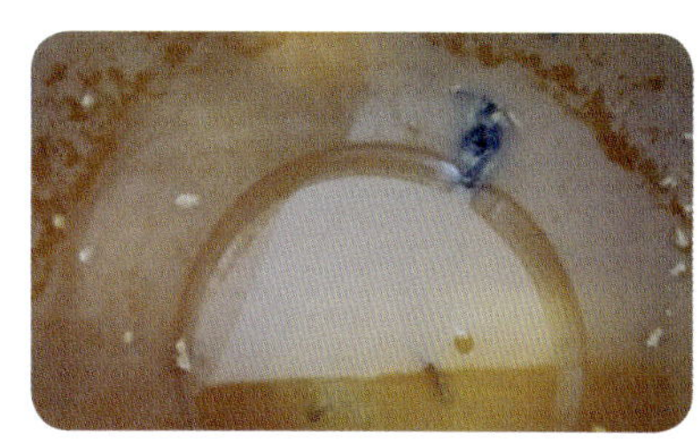

술이 다 익은 모습

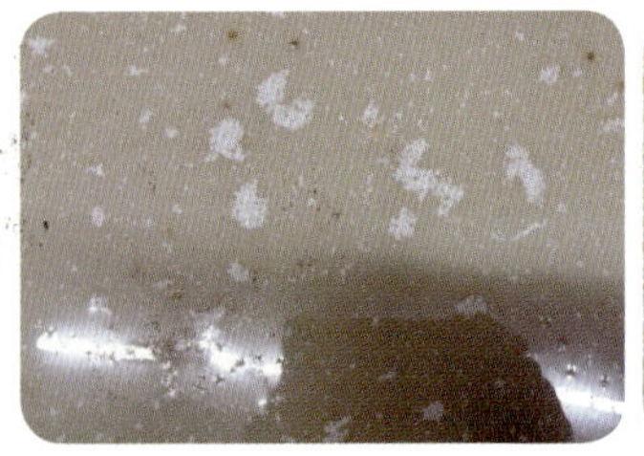

산막이 생기고 있는 모습

당도가 낮아져 술이 제대로 익지 않는다. 그러면서 효모산막이 생기고 썩어들어가기도 한다. 산막이 막 생기려 하는 것을 발견했다면 살려서 다시 술발효를 할 수 있지만, 늦어지면 온통 산막이 끼고 다시 살려내도 향이 고약하고, 탁하여 식초로 익혀도 향, 맛이 좋지 않다.

물론 술이 됐을 때 고약한 향, 탁한 술을 각각 필요한 첨가제를 넣어 몽땅 없앨 수도 있지만, 내가 그런 작업을 전혀 하지 않기에 적당한 재료의 배합률을 통해 그런 현상이 생기지 않게 하는 것이 중요하다.

만약 술이 잘못되어갈 때는 큰 공부와 경험으로 여기면서 아낌없이 버렸으면 한다. 잘 버리는 것이 좋은 초를 얻는 방법이다. 산막이 생길 정도로 좋지 않은 술은 아니지만 낮은 알코올 도수의 술로 초를 안치면 처음에는 잘 익어가는 듯하다 물이 되거나 효모산막이 생긴다.

🏺 곡물로 술을 안칠 때 누룩 배합률

예를 들어, 쌀 1kg : 물 두 배 2ℓ(kg) : 누룩 20% 200g이다. 쌀은 그대로인데 물을 더 넣으면 좋지 않으며, 누룩은 약간만 더 추가하면 괜찮은데 너무 많이 넣으면 술색이 좀 검으며 쓴맛과 함께 누룩 향도 많이 난다. 또한 술발효에도 지장이 있어 알코올 도수 오르는 데 문제가 생긴다.

 쌀막걸리 담가 종초 늘리기

식초를 담그는 과정으로 보면 곡물로 담그는 식초는 나중에 해야 되지만, 생막걸리를 또 사서 하기보다는 직접 담근 좋은 술로 종초 늘리기를 하기 위해 순서를 앞으로 당겼다. 막걸리는 설탕이나 다른 당분 없이 담근다. 전통술이니 식초도 전통식초가 나와 종초로 쓰고 맛있게 먹을 수 있는데, 양조식초로 반찬을 하다 막걸리식초로 해보면 새로운 맛에 놀라게 된다.

멥쌀, 누룩, 물이 어떻게 이런 맛이 나는 식초가 되는지 신비스러움을 느끼면서, 앞으로 담글 수많은 식초의 상큼하고 구수하며 감칠맛이 도는 매력에 빠지게 된다. 집에 담가놓은 발효액에 타서 먹거나 음식에도 여러 가지 방법으로 이용할 수 있는 본격적인 식초를 책과 같이 담가본다.

종초 만들기와 키우기를 통해 종초가 확보되면 다시 늘리기를 하는데, 생막걸리를 사서 하지 말고 직접 막걸리를 담가서 그 술로 종초 늘리기를 한다. 생막걸리를 사서 하면 쉽지만 오랫동안 보관하는 데 어려움이 있다. 직접 담근 술로 하면 술 도수도 좋고 술 자체에 힘이 있어 산도 잘 오르고 맛도 좋으며 종초로 쓰기에 참 좋다. 처음인 사람들은 어떻게 막걸리를 담그나 걱정이 앞서겠지만, 책을 따라서 그대로 하면 생각보다 어렵지 않음을

알게 된다. 현미로 해도 좋지만 시중 생막걸리는 멥쌀로 많이 한다. 멥쌀로 막걸리를 담가 식초를 하면 먹어도 맛있고 좋은 종초 역할을 하니, 현미는 뒤에서 천천히 공부하며 담그기로 한다. 막걸리는 부드러우며 감칠맛이 있어 식초를 하면 옛날 어머니들이 부뚜막에서 키웠던 향과 맛이 느껴져 아련한 생각에 잠기게 한다. 내가 천연식초 세계에 들어오게 된 이유도 어렸을 적에 할머니, 큰어머니, 어머니께서 담가 반찬을 해주셨던 그 맛을 잊지 못했기 때문이다. 그리움으로 천연식초책 두 권을 쓰게 된 것이다.

 종초용 쌀막걸리 담그기

준비물 멥쌀 2kg, 누룩 20%인 400g, 물 4ℓ(4kg), 용기 10ℓ

 친환경 쌀을 준비하여 멥쌀 씻기 방법대로 쌀을 씻고 물을 2시간 뺀다. 찜솥에 삼발이를 넣고 물이 닿지 않게 넉넉히 넣는다. 물기를 뺀 쌀을 삼베자루에 넣어 삼발이 위에 올린다. 물이 끓으면서 찜솥 안에 생긴

쌀을 불려 물기 빼고
자루에 넣어 술밥 찌기

수증기가 쌀에 닿지 않도록 삼베자루 남은 부분으로 덮어준다. 센불로 40분간 푹 쪄준다.

2 40분간 푹 찌고 20분 동안 뜸을 들인 다음 대야에 붓고 식힌다. 식은 밥에 누룩옷을 입히듯이 골고루 섞어준다. 물을 고두밥이 잘박하게 잠길 정도로 넣고(넣을 물의 반 정도면 됨) 골고루 섞는다. 손에 힘을 약간 주고 고두밥, 누룩, 물이 서로 엉겨들어 하나가 되도록 살짝 비비고 문대듯이 하는데, 밥알이 부서지지 않게 한다. 찹쌀, 멥쌀은 25~30분 호화를 시키면 1차 가벼운 발효를 시작하여 작은 거품이 생긴다. 고두밥이 효모에 의해 잘 삭아야 당화가 되고 당분해가 쉬워 많은 당분이 형성되어 맛있는 술이 된다. 알코올 도수를 올리는 1차 작업이다.

나머지 물은 조금만 남겨두고 다 넣은 다음 술밥을 소독된 술통에 담고 남겨둔 물을 대야에 넣어 묻어 있는 것을 씻어 골고루 섞어 본격적인 술발효에 들어간다. 뚜껑은 위생비닐을 덮고 고무줄로 묶어 밀봉하고 바늘구멍 한 개를 살짝 뚫어준 다음, 너무 덥지도 춥지도 않은, 볕이 들지 않는 곳에 둔다. 〈술이 되어야 초를 이룰 수 있다. ➡ '품온 관리'에 설명 있음〉

밥 식히고 누룩 호화시켜 용기에 넣기

3 다음 날 보면 본격적인 술발효를 하며 생성된 이산화탄소가 빠져나가기 위해 생긴 구멍들이 보이는데, 위아래를 뒤집듯이 골고루 잘 섞어준다(반드시 손과 팔을 깨끗이 씻고 잘 닦아 물기 없이 함).

저어주면 거품이 물씬 올라오며 본격적인 술발효를 시작한다. 이산화탄소가 올라오며 내는 소리와 거품들이 아주 요란하여 마치 시냇물 옆에 있는 것 같은 느낌이 난다. 술 안친 다음 날부터 3일 정도 후면 왕성한 술발효를 이루고, 4일부터는 조용한 보글거림과 함께 작은 기포가 올라온다. 밑에서부터 당화되는 술밥들이 보얗게 삭는 모습이 보이고 위에는 미처 삭지 못한 술밥들이 차올라 있어 섞어주면 골고루 삭는다. 술밥은 3일에 한 번씩 다섯 번 정도 젓고 그대로 둔다. 4주 후면 술이 다 익어, 술밥들은 삭아 밑에 가라앉고 노란 막걸리 청주가 고여 있다.

술은 2주면 거의 익지만, '동백LEE의 곳간'의 술은 4주(한 달) 후 거르기를 한다. 소독한 용기에 술을 거르는데, 자연스레 흘러내리게 하거나 술지게미에 물을 조금 넣어 주물러 막걸리를 만들어 술에 넣어 가수를 해도 된다.

술지게미에 물을 넣을 때도 알코올 도수가 어떻게 변할지 계산하며, 술에 가수를 할 때도 알코올 도수를 알고 적당하게 가수를 한다.

→ 가수에 대한 자세한 글은 1장 '식초를 담그기 전에 꼭 익혀야 할 것'에 있다. 가수에 대한 것은 언제나 본인의 선택이다.

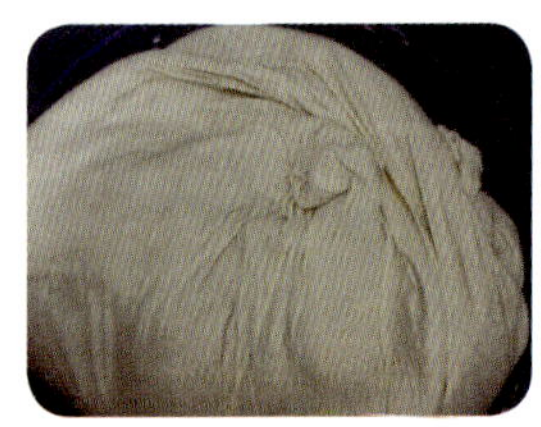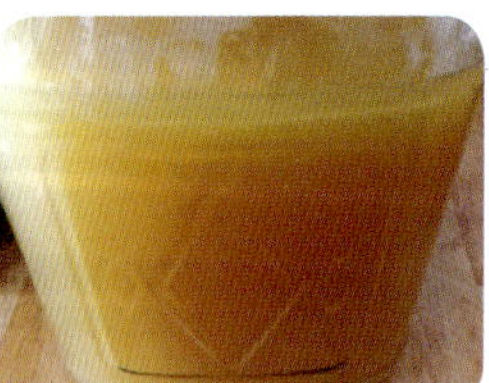

술 거르고 숙성시켜 초 안치기

막걸리는 꼭 짰더니 앙금이 많아 며칠 가라앉혀야 한다. 술과 종초가 85~90% 채워질 용기를 선택하여 소독하고 종초를 술의 양만큼 넣어준다. 초를 안친 통은 햇볕이 들지 않는 따뜻한 곳, 습도도 높지 않은 곳에 둔다. 종초는 반드시 산도가 4.5 이상이 되는 것을 넣어주어야 한다.

➡ 산도가 4 이하면 너무 낮아 종초로서의 역할을 제대로 못하여 초가 익어가는 척하다 물이 되거나 산패한다.

4 초를 안치고는 매일 들여다보면서 초막이 생기는가를 살핀다. 온도와 종초만 좋다면 3~10일 사이에 첫 초막이 생긴다. 물에 떠 있는 기름처럼 군데군데 보이는데 가만히 둔다. 초막이 술 위를 비단결처럼 얇게 덮으면 그때 술통이 크면 스텐이나 일회용 나무젓가락은 사용하지 말고 소독한 도구로 살짝 젓거나 작은 용기면 살짝 흔들어 초막이 완전히 사라지지 않게 깨준다. 그래야만 틈사이로 초산균이 들어가 초를 계속 키울 수 있다.

초막이 생겨 저어주고는 맛을 보면서 초가 익어가는 것을 익힌다. 얇게 생기던 초막을 저어주면서 초를 키우다 어느 날 갑자기 초막이 짙어지는 모습을 볼 수 있다. 그때는 소독한 도구로 술 위의 초막만 살며시 저어주는데, 앙금은 절대 건드리지 말고 초만 저어 초막을 깨준다. 진하게 생기던 초막이 서서히 사라지기 시작하면서 맛을 보면 초맛이 깊게 들었음을 알게 된다.

초막과 초 완성

산도 측정을 할 수 있으면 해보고, 초막이 사라질 때까지 초를 익혀 권말부록의 산도 측정 방법으로 측정하거나 맛으로 초가 익었음을 판단한다. 초를 안쳐 초막이 생기고부터 온도, 종초만 맞으면 2~3개월 정도면 4ℓ 정도의 초는 익어 종초로 쓰거나 가볍게 먹을 수도 있다.

술을 잘 익혀 도수를 오르게 하는 것은 술밥 찌기, 호화가 중요하다. 여기서 술 도수가 결정이 된다. 술밥을 잘 쪄 충분히 익으면 호화가 쉬우며, 곡물 당화가 잘되어 누룩이 알코올 전환에 필요한 당분으로 부족함이 없고 알코올 도수가 오르는 데 중요한 역할을 한다.

➡ 곡물로 술을 할 때는 공부한 것을 잊지 말아야 한다.

종초로 최고이며, 맛도 구수하고 새콤달콤한 식초가 된다. 종초로 바로 쓰면 초산균이 많아 다른 초를 부지런히 키울 수 있고, 병입하여 숙성시켜서 먹거나 바로 먹어도 맛있다. 다 익은 식초 보관법은 공부 글에 있으니 보면 된다. 숙성시키려면 잘 소독한 용기에 담아 시원하고 볕이 들지 않는 곳에 둔다.

➡ 제대로 술을 담그지 않았거나 초가 약하게 되어 3.5~4도 이하면 종초로 사용하기엔 너무 약하고 병입하면 초산균이 밀폐된 병 안에서 활동하다 물이 되기도 한다. 이런 현상을 방지하기 위해 열탕 처리하여 냉장실에 보관하면 부드러운 식초로 먹기에 괜찮다. 또 셀룰로오스가 생겨 초산균이 재산화를 이루어 물이 될까 걱정이면 열탕 살균을 한다. 종초로는 못 써도 물이 될 확률은 현저히 낮아진다.

산도가 4.5 이상 잘 나왔다면 실온에 두고 숙성시키면서 먹으면 된다. 또한 종초로도 사용할 수 있고, 열탕 살균하여 냉장보관해도 된다(종초로는 쓰지 못함). 늘 종초를 담가야 한다는 것을 잊지 말아야 하고 식초 종류를 늘리는 것은 불필요하다.

나와 가족에게 필요한 식초를 책을 보며 정하거나, 없는 것은 비슷한 재료들이 있으니 응용하여 담가 몇 가지라도 완벽한 식초를 만들어 먹으면 그것이 최고이다. 그러면서 색다른 것은 조금만 만들어 나누어 먹으면 되니 책에 있는 것 다해야지 하는 욕심은 갖지 말자. 내가 수백 가지 식초를 담근 것은, 각각 다른 재료들의 특성을 익히고 경험하여 식초를 알고자 하는 사람들에게 책, 수업, 블로그, 카페 등 어디서 들은 것이 아닌 내 경험을 그대로 전하기 위함이다. 내가 경험도 하지 않은 것을 전하면 오류도 있을 수 있고 나를 믿고 공부하는 사람들에게 도리가 아니기에 내가 해본 것만을 적는다. 욕심으로 수많은 식초를 하지 않으니, 이 책을 보는 사람들은 절대 많은 종류를 담그지 않았으면 한다.

# 발효액 천연발효식초 담그기

　예전부터 우리나라 산과 들에서 나는 재료들을 설탕과 버무려 발효액(효소, 청)을 담가 건강음료로 많이 먹어왔다(통칭 '발효액'이라고 함).

　집집마다 최소한 매실 발효액 정도는 기본이고 수십 가지를 담가두고 여러 가지 방식으로 먹는다. 당도가 높아 잘 먹지 않고 방치해두기도 하는데, 당도 걱정 안하고 맛있게 먹을 수 있는 발효액 식초를 담가보자.

　발효액 식초는 가장 기본적인 식초로서 누구나 있는 재료로 얼마든지 할 수 있는데, '잘 모르겠다. 식초는 어렵다'며 포기하고 있다. 이제 그 방치되고 달달한 애물단지 발효액을 멋지게 변신시켜(식초 공부 끝나고 갖가지 먹는 방법도 사진과 글로 자세히 올렸음) 먹기로 한다.

　발효액 천연발효식초는 경험이 적거나 처음 입문한 사람들이 종초 만들기를 하여 준비해놓고 다른 욕심 없이 가장 먼저 시작하기를 권하는데, 그 이유는?

　발효액을 담그며 적당한 설탕을 넣고 잘 저어 발효시키면 미량의 알코올 성분 5~20%가 생성된다. 설탕의 양을 많이 줄이면 알코올 수치가 10~20% 생성된다. 술을 마시지 못하는 사람들이 발효액을 먹으면 취한 느낌이 난다는 것은 당연하다.

그렇게 생성된 알코올이 조금 있어 술을 하면 더 잘된다. 기본적인 당분이 있으니 따로 추가할 필요도 없고, 재료 손질 같은 것도 없이 그냥 발효액만 있으면 쉽게 된다.

발효액 중에도 특별히 잘되는 것이 있다. 즉, 오미자, 오디, 복분자, 포도, 산수유, 가시오가피 열매처럼 기본 산도가 있어 신맛이 감도는 것, 곰보배추, 쇠비름. 산야초, 울금, 생강, 매실 등도 다 잘된다.

* 발효액으로 할 때는 물, 효모(활성이스트), 누룩, 종초가 필요하다.
* 어떤 물을 쓰는지, 효모와 누룩은 어떤 것을 쓰는지 공부하였으니 참조하자.
* 가장 중요한 발효액과 물의 배합률에 대해 알아보자. 발효액을 담글 때 설탕의 배합률이 집집마다 다른데, 기본적으로 계산하여 배합률을 짠다.

사과를 예로 들어보자.

사과 1kg, 설탕 1kg을 잡으면 발효액이 되었을 때 보통 50~55브릭스가 나온다. 사과의 당도가 높을수록 수치가 높다.

술을 담그기 위한 당도는 24브릭스라고 공부했으니 그 당도를 맞추려면 물을 넣어준다.

당도계가 있으면 물을 조금씩 넣어가며 맞추면 되지만 없어도 된다. 기본적으로 계산하여, 설탕과 1:1로 넣은 것일 경우 발효액 2ℓ면 물도 2ℓ 넣었을 때 24~28브릭스 정도 나오는데, 이 정도까지는 괜찮다. 당도계 없이 무조건 물을 많이 넣어 너무 낮은 당도보다는 좋다.

주의할 점은 사과처럼 수분이 많은 열매로 하였을 경우는 자체의 수분이 설탕의 농도를 떨어뜨려 당도가 조금 낮게 나오기도 한다. 따라서 어떤 재료를 써서 담갔는가(수분의 함량, 자체 당도)에 따라 사과처럼 수분이 많은 재료인 발효액은 2ℓ에 물은 1.7~1.8ℓ로 약간 줄여준다.

설탕의 양을 줄여서 넣었을 때는? 양을 줄인 만큼 당도가 낮아지니 물의 양도 줄인다.

- 사과 발효액(설탕 동량의 경우) / 발효액 2ℓ : 물 1.7ℓ
- 사과 1kg, 설탕 700g / 발효액 2ℓ : 물 1.5ℓ
- 사과 1kg, 설탕 500g / 발효액 2ℓ : 물 1ℓ

이런 계산법으로 물을 넣으면 당도가 22~28브릭스 정도까지 나오며, 술이 되었을 경우 당도가 8~13브릭스 정도 나온다.

- 발효액으로 할 때는 기본으로 올린 양을 보고 계산을 하여, 모든 재료를 조절하면 된다.
- 뿌리나 수분이 없는 재료로 시럽을 만들어 액을 뽑았을 경우는 좀 다르다.

재료의 수분도가 낮아 시럽을 만들 때 물과 설탕을 1:1로 담그기에 당도가 좀 높아 55브릭스 정도 나오니, 물의 양을 조금 늘린다. 즉, 시럽 넣은 발효액 1ℓ에 물 1ℓ를 넣으면 당도가 22~28브릭스 정도 나오게 된다.

시럽을 넣었는데, 왜 당도가 다른가? 재료가 잎, 뿌리, 전초처럼 생재이

며 약간의 수분을 품고 있다면 수분 농도로 인해 당도가 조금 다르게 나온다. 생재가 수분이 좀 많으면 사과 같은 열매처럼 물을 배합하면 된다.

물을 너무 많이 넣으면 당도가 낮아 술이 약하게 되고 초도 약하고, 물을 너무 적게 넣어 당도가 높으면 효모가 당분을 먹이로 술을 만든다. 당분은 당화를 시켜 술을 만들기 힘들어 그대로 당도 높은 물과 효모가 들어간 발효액으로 남아 있다.

그래서 발효액으로 술을 할 때는 물의 농도 맞추기가 중요해 이것만 잘하면 나머지는 아주 쉽다. 적당한 효모나 누룩만 투입하고 나중에 술이 되었을 때 종초를 넣어 초를 안치면 되기 때문이다.

➜ 누룩이나 효모(활성이스트) 두 가지가 있어 식초 담글 때마다 배합률을 짜면서 그 양을 적어놓는데, 절대 두 가지 다 넣지 말고 한 가지만 고르거나 준비되어 있는 것을 넣는다.

누룩이나 효모는 적당량을 넣는다. 술이 더 잘되게 하려고 너무 많이 넣으면, 당분을 술로 만들고 그대로 남아 있게 된다.

➜ 발효액으로 하는 식초의 기본은 거의 같다.

물 조절만 잘하면 방식은 같으니, 발효액이 수십 종이라도 응용을 하여 담가보자.

오디 발효액
천연발효식초 담그기

오디 발효액을 담가 100일 후 걸러보자. 건지를 꼭 짜서 맑은 오디액은 걸러두고 앙금 부분이 많은 오디 발효액으로 식초를 담가보자. 또 거른 지 오래된 발효액도 언제든 식초를 할 수 있다.

오디 생재로 식초를 하면 더러 문제를 일으키는 경우가 있는데, 발효액으로 하면 거의 초가 잘 익는다. 오디 자체에 산도가 조금 있고 발효액을 담그면 5~20%의 알코올이 생겨 술이 잘 익는다. 초 역시 잘 익는 발효액이니, 간단하고 맛있는 오디 발효액으로 공부하면서 초를 담가보자.

- 오디 발효액 2ℓ　　■ 물 2ℓ　　■ 용기 5ℓ
- 누룩을 넣으려면 종이컵 한 컵 못 되게 넣는다.
  (효모를 넣고 싶다면 차 한 스푼 반 정도)
- 4주 후 술이 익으면 술 양의 30% 종초

효모 넣어 술 안치기

오디 발효액 대부분은 설탕과 동량으로 담근 가정이 많아 발효액 기준으로 잡아 담그기를 한다.

설탕을 동량으로 담가 오디 당도가 좋지만 열매 크기가 작아 수분도가 낮으므로 동량으로 물을 넣고 효모(활성이스트) 2g을 뿌려준다.

위생비닐로 덮고 고무줄로 밀봉한 다음 바늘구멍 한 개를 내어 여름이면 실온, 추워지면 따뜻한 곳에 술을 안친다.

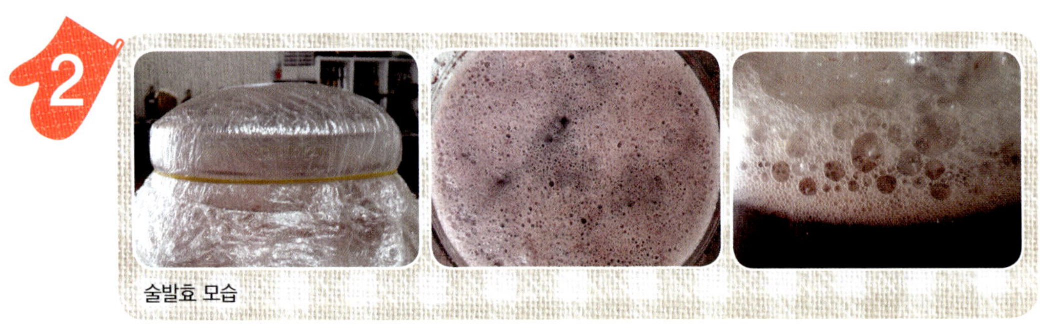

술발효 모습

술을 안치고 3일째에 누룩이 당분을 당분해시키며 알코올로 변환되느라 생성된 이산화탄소가 위로 오르는 성질로 비닐을 부풀린다.

바늘구멍이 있어 미세한 가스가 나오니 병이 터지는 일은 생기지 않고, 생재와 달리 미세한 거품발효를 하면서 술발효를 한다. 누룩과 효모로 한 술발효 차이는 건드리지도 않았는데 누룩 덩어리들이 저절로 오르락내리락하다 술이 어느 정도 익으면 그런 모습은 사라진다. 또한 효모로 하는 술은 '슉슉, 잘잘잘' 소리를 내면서 하얀 거품을 표면에 만든다.

초막   식초 완성

　며칠 거품 술발효를 하다 잠잠해지면서 마무리 술발효를 하고 알코올 도수도 올린다. 4주 후 술을 다시 한 번 걸러 종초를 술 양의 30%를 넣고 초를 안친다.
　뚜껑은 천으로 덮어 공기 중의 초산균이 들어가게 하여 술을 초로 익힌다. 종초가 좋으면 보통 3~7일이면 첫 초막이 보이는데, 얇게 덮이면 손으로 용기를 살짝 흔들어 초막을 깨주어 틈사이로 초산균과 산소가 들어가게 해주고, 이때부터 맛을 보며 초맛이 드는 것을 알아간다. 얇은 초막을 하루에 한 번씩 금만 가게 깨주며 들여다보면, 어느 날 갑자기 짙은 초막이 생긴다. 소독한 도구로 앙금은 두고 위 초만 조금 세게 저어 막이 많이 흐트러지게 하며 초를 키우고, 병 테두리에 술이 튄 곳은 초막이 붙어 지저분하지만 닦아내지 말고 그대로 둔다.
　두 달 후부터 서서히 초막이 사라지기 시작하고 맛을 보면 상큼한 향과 새콤달콤한 식초 맛이 난다. 약 석 달 후 식초가 다 익으면 초막은 사라지고, 술을 안치고 4개월 정도면 맛있는 오디 발효액 식초가 익어 나온다.

- 물을 섞으면 당도 → 26브릭스
- 술이 익은 당도 → 14브릭스
- 초 다 익은 후 당도 → 12브릭스

당도가 발효액으로는 적당하게 나왔다. 당도를 맞추고 효모를 적절히 투입하면 술이 잘 익는다. 그러면 총산도와 맛이 좋은 오디식초가 된다. 발효액 식초들은 산도가 4.5 이상은 나오는 좋은 초인데, 병입하여 실온에 두거나 열탕 살균하여 냉장실에 두고 먹어도 된다.

그것은 초가 완전히 익었을 경우이다. 덜 익은 초를 병입하면 물이 되기 쉽고, 열탕처리하면 맛이 싱겁고 깊은 맛이 없다.

누구나 다 4개월 만에 초가 익지 않는다. 그렇다고 내가 식초를 잘 담가서가 아니다. 나도 6개월 걸릴 때도 있는데, 재료에 따라 온도가 중요하게 작용하기에 식초가 익는 것은 조금씩 다르다. 어떤 때는 두 달 만에 초가 다 익기도 한다.

발효액 식초는 식초가 쉽게 잘되면서 맛도 신맛보다는 달콤함과 새콤함이 더 강하다. 열탕처리를 안하면 종초로도 쓸 수 있으며 먹고 싶은 대로 먹어도 좋다. 부드럽고 처음 먹는 사람들에게 알맞은 식초이다.

열탕처리를 안한 생식초로 두면 어디에 넣는지 구분하는 글이 1장의 '종초'에 있으니 잘 읽고 익혀두었다 적절히 사용한다.

칡 발효액
천연발효식초 담그기

칡으로 발효액을 담가두었다. 2012년에 생각보다 액이 적게 나오기에 시럽을 하여 칡의 성분을 뽑아내기로 했다. 칡같이 수분이 적은 재료는 설탕으로 시럽을 만들어(물 1ℓ : 설탕 1kg) 칡에 부어주면 되는데, 시럽 대신 배처럼 수분이 많은 과일을 설탕과 같이 넣어주어도 된다.

오랫동안 묵혀둔 발효액으로 책을 쓰기 위해 식초를 담근다. 칡 발효액은 쓴맛이 강해 맛이 없어 천대를 받았지만 식초로 했을 때는 부드럽고 쓴맛도 감칠맛이 되어 훨씬 먹기 좋다. 칡 발효액과 같이 물에 타서 먹으니 먹을 만하다.

발효액 당도는 52브릭스로 꽤 높아 물을 동량으로 섞으니 26브릭스 정도 나왔다. 오디는 효모로 담갔으니 칡은 누룩으로 담가본다.

- 칡 발효액 : 1ℓ
- 물 : 1ℓ
- 누룩 : 10%지만 너무 많으니 줄여서 종이컵 반 컵 못 되게 약 50g
- 종초 : 술이 익었을 때 술 양의 30%

술 안치기

칡 발효액에 정한 물을 넣고 골고루 섞어 누룩을 위에 골고루 뿌려준다.

술 담그고 젓기

다음 날 골고루 저어 누룩이 발효액에 섞이게 하고는 그대로 둔다.

가스는 나오고 공기는 차단되는 용기라 나는 뚜껑을 꼭 닫았는데, 일반 용기라면 위생비닐을 덮어준다.

온도가 내려가는 시기면 따뜻한 곳에 두고, 늦은 봄, 여름, 이른 가을까지는 실온에 두어도 술이 잘 익는다.

술발효 모습

효모를 넣은 것과는 다르게 잠잠하게 술이 익으면서 누룩만 오르락내리락하여 술이 진행되고 있다는 것을 보여준다.

술 걸러 초 안치기

한 달 후 술이 다 익으면, 술이 되고 남은 누룩 찌꺼기들을 고운 천에 한 번 걸러 소독한 용기에 넣고, 종초를 술 양의 30%를 넣고 초를 안친다(가수를 하여 술을 안치기도 하는데, 그것은 본인의 선택임).

온도와 종초만 좋으면 초는 잘 익는다(종초가 없으면 따뜻한 곳에 두고 초를 익힘). 발효액에 기본적으로 알코올과 발효된 당분이 있어 웬만하면 실패율이 낮다. 첫 초막이 생기면 그대로 두고, 얇게 덮이면 살짝 흔들거나 살살 저어준다. 이제부터 맛을 보면서 초를 키운다.

초막과 식초 완성

초가 익어갈수록 초막은 짙어지는데, 소독한 도구로 약간 힘있게 저어주어 짙은 초막을 깨준다.

짙은 초막이 서서히 사라지면 초맛도 깊이 든다. 어느 날 초막은 사라지고 맑은 초가 나오면 향도 진하고 맛도 깊은 초가 나온다.

보관법 공부한 것을 참고하여 관리하고 맛있는 발효액 식초를 먹으면 된다.

- 칡 발효액 당도 → 52브릭스

- 물을 섞으면 당도 → 25브릭스

- 술이 다 되어 초를 안치기 전 당도 → 13브릭스

- 초 익은 후 당도 → 11브릭스

- 발효액으로 식초를 하면 당도 → 11~15브릭스

당도 높게 술을 했다면 가끔 20브릭스 이상도 나오는데, 홍초처럼 먹기는 좋으나 당도가 높은 음식을 섭취하기 불편한 사람들은 조심해서 먹어야 한다.

새콤달콤하니 발효액과 같이 물에 타서 먹으면 좋다. 샐러드나 나물무침에 다른 당분 대신 식초만 넣어도 신맛과 단맛을 다 느낄 수 있다.

당도가 발효액으로는 적당하다. 발효액 식초는 두 가지로 마무리하는데, 방식은 거의 같다. 이 두 가지 방식으로 수십 가지 발효액 식초를 하면 된다.

• 중요한 점!

2ℓ 기준 발효액을 담글 때 설탕을 몇 % 넣었나 계산하여, 동량인가, 또는 1.7ℓ, 1.5ℓ, 1ℓ인가를 알아서 물을 넣으면 된다.

효모나 누룩은 정확하지 않아도 크게 상관없는데, 너무 적게 넣어 술발효를 모자라게 하거나 너무 많이 넣어 술에 남게 하면 안 된다.

두 가지 가지고 어떻게 다른 발효액을 하나 고민할 필요가 전혀 없는데, 위에 공부하는 글들만 잘 읽고 그대로 하면 맛있는 발효액 식초를 먹을 수 있다.

➡ 그래도 나는 레시피를 잘 짤 수가 없다 하면, 검색창에 블로그 '동백LEE의 곳간'으로 들어와 질문하면 언제든지 답을 얻을 수 있다.

 # 발효액 건지로
천연발효식초 담그기

발효액을 거르고 나면 건지가 남는다. 꼭 짜야 하는 재료도 있는 반면 섬유질이 많은 재료는 꼭 짜면 안 된다. 섬유질들이 진득하게 흘러내려 발효액도 걸쭉해 좋지 않다. 아까운 건지를 버리지도 못하고 붙들고 있기도 뭐한 것을 발효식초로 탄생시켜 보자.

발효액 건지는 원재료와 설탕으로 발효 숙성 중에 발효액처럼 알코올 성분이 5~20% 정도 들어 있어 경험이 적은 사람이나 초보자가 하기에 참 좋다. 종초를 먼저 만들어두고 늘려가며 건지가 나올 게 있다면 버리지 말고 식초를 담그자.

🍶 건지 식초 담그는 과정은?

건지로 하는 식초는 발효액과 같이 간단하게 할 수 있는데, 번거로운 과정이 다 생략되고 물, 효모, 누룩만 있으면 된다.

발효액은 당도를 맞추기 위해 설탕을 얼마나 넣었는지 체크해야 하지만 건지는 다르다. 건지 당도가 얼마나 되는지 알 수도 없어 그런 절차가 생략되므로 물의 양에 대해서도 신경 쓸 필요가 없다. 발효액을 다 뽑아내기 위해 압축기로 짜내면, 푸석한 건지가 수분이 거의 없이 나온다. 그런 건지로 식초를 담그면 원재료의 성분과 영양, 당분 등이 다 빠져나가 별로 좋지 않은 식초가 나오게 되니 피한다. 식초용으로 쓸 건지는 소쿠리에 꼭 짜거나 무거운 걸 올려 많이 짜내지 않은 것이 좋다. 자연스레 액을 받아내고 건지에 액이 축축하게 적셔져 있는 것으로 한다.

발효액을 걸러낸 건지를 꼭 짜면 남는 것이 없다. 이렇게 나온 건지는 액을 촉촉히 품고 있어 원생재의 성분, 맛, 향이 들어 있다. 생재보다는 못하지만 발효액으로 하는 것과 거의 비슷하고, 술을 담을 용기에 넣어두면 건지에 남아 있던 발효액이 통 밑에 고이는 것을 볼 수 있다.

당분도 품고 있고 알코올도 조금 생성되어 있는 건지는 매실이나 돌복숭아처럼 발효액을 걸러내고 과육이 쪼그라들어 씨앗에 붙어 있다. 건지는 아주 대량이 아니면 식초를 해보아야 별로인데, 씨앗만 크게 드러난 상태라 당분이나 성분도 얼마 없다. 또 사과나 살구, 자두, 포도, 복숭아처럼 과육이 다 뭉그러져 있는 것도 좋지 않다.

물론 건지가 꼭 짜지지 않아 액은 많이 품고 있지만 그대로 술을 하면 섬유질이 풀어져 진득해진다. 초를 만든다 해도 걸쭉하고 많이 탁하며, 부드러운 과육인 만큼 성분도 거의 빠져나가 있다. 좋은 것은 오미자, 복분자, 오디, 생강, 울금 등 과육이 조금 단단하고 입자가 거친 종류들이 술을 담가도 맑고 잘 걸러진다. 발효액을 걸러내도 상태가 괜찮으며 산야초들도 좋다.

술 담근 후 나온 건지는? 더 이상 무언가를 할 수 없는 건지가 되었으니,

밭이 있다면 거름으로 쓰면 좋다.

🏺 건지 양이 너무 적은데 할 수 있나?

건지는 너무 적으면 좋지 않다. 좀 넉넉해야 당분이나 맛, 성분이 제대로 나오고 맛도 좋은데, 발효액을 담그고 남은 건지가 너무 적으면 버리기는 아깝고 어떻게 할까? 건지가 적으면 모아둔다. 발효액을 걸렀던 통에 그대로 걸러놓으면 대체로 상하지 않고 있다.

건지는 한 가지로만 해야 하나? 아니다. 위 글에 건지의 양이 적으면 모아두라고 했는데, 늘 같은 건지가 나오는 게 아니니 양이 적은 것들은 모아두었다가 어느 정도 쌓이면 식초를 만든다. 색다른 식초가 되어 맛도 좋다.

➡ 건지가 유난히 쓰거나 향이 너무 강하고 맛도 없는 종류들이 있다.

주로 양파, 개똥쑥, 알로에, 무, 쇠비름, 생강같이 개성이 강한 재료들은 너무 많이 넣지 말고 약간만 섞는다. 특히 양파나 무는 별도로 하거나 넣지 않는데, 발효된 향이 별로여서 맛이 좋지 않았던 경험이 있다. 몇 가지, 아니 수십 가지를 섞어도 좋다. 적은 양이 모여 식초 한 통을 할 수 있겠구나 싶을 때 하면 된다. 맛있는 열매들만 모으면 골고루 섞인 향과 맛에 새로운 경험을 하게 된다. 주의할 점은 없는가? 물을 건지 부피에 맞게 넣고 효모나 누룩은 건지 무게에 맞게 넣고 술을 담가 걸러 초를 안치면 된다. 그런데 건지를 꼭 짜지 않고 물을 너무 많이 넣어 당도가 낮아지거나, 너무 적게 넣어 당도가 높아지지만 않는다면 술도 잘되고 초도 잘 익는다.

➡ 발효액 건지로 하는 식초는 아주 간단하다. 물 조절을 잘하여 이제는 건지를 버리지 말고 응용하여 식초를 담가 먹자.

오미자 발효액 건지
천연발효식초 담그기

담그기

술 안치고 효모 넣기

오미자는 발효액을 하면 열매가 푸석해지면서 성분과 과육이 많이 빠져나오고 색도 많이 바래 있다. 그래서 오미자는 액을 충분히 품은 상태로 식초를 해야

준비물

- 오미자 발효액 건지 5kg ▪ 물 : 잘박하게 ▪ 용기 : 10ℓ
- 효모(활성이스트) : 0.1% 5g, 누룩을 넣고 싶으면 10% 500g
- 종초 : 술이 다 익고 난 후에 술 양의 30%

맛과 성분, 향을 즐길 수 있다.

건지에 액을 품고 있는 상태로 걸러 무게를 단다. 오미자 건지의 무게가 몇 kg인지 알아야 효모나 누룩을 넣는 양이 나온다.

무게를 달고 소독한 용기에 담은 다음, 물을 건지가 잘박하게 잠길 정도로 넣는다. 푹 잠겨 건지가 보이지 않게 하면 당도가 낮아지고 술 도수가 약해져 산패하기 쉽고, 너무 적게 넣어도 당도가 높아지니 주의한다.

오미자 건지에 물을 넣고, 하루에 두 번씩 3일 동안 깨끗이 씻은 손을 술통에 넣어 건지와 물이 골고루 섞이도록 저어준다. 당분과 성분이 골고루 나오도록 하여 오미자 물을 만든다. 이때 당도를 재어 22~27브릭스 정도면 좋은 상태이고, 그보다 낮으면 발효액을 넣어 당도를 올리고 높으면 물을 조금 더 넣어 당도를 맞춘다. 오미자 물이 나왔으면 효모를 건지 위에 슬슬 뿌려준다.

뚜껑은 위생비닐로 덮고 고무줄로 밀봉한 다음, 바늘구멍을 한 개 내어 온도가 내려가는 시기이면 따뜻한 곳에 두고 괜찮으면 그냥 실온에 두면 된다.

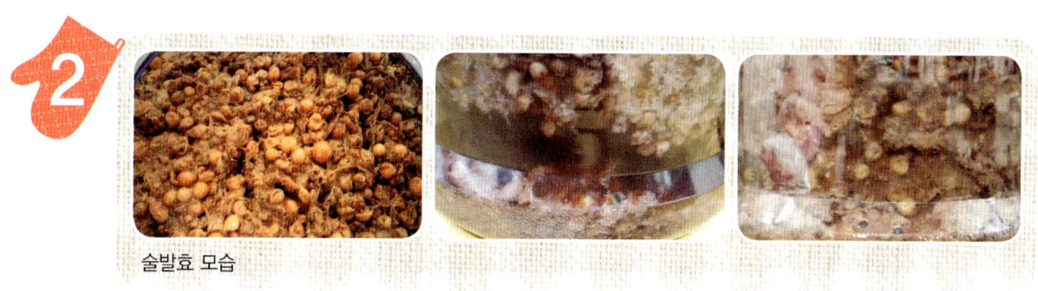

술발효 모습

다음 날 효모가 골고루 섞이게 저어준다. 누룩이 있던 부분에는 작은 발효가 일면서 거품들이 보인다.

골고루 섞인 효모가 건지에 우러난 당분을 먹고 부지런히 술을 익히면서 왕성한 술발효를 한다.

오미자 건지는 술발효를 하면서 위로 차오르는 성향이 있어 용기가 넉넉해야 넘치지 않는다. 보통 2주 정도면 술이 익지만, 술발효를 완전히 하도록 4주 동안 시간을 준다.

술 거르기와 초 안치기

한 달 후 술이 다 익었다. 위생비닐을 열어보면 독한 술냄새가 난다.

부풀어올랐던 건지들도 대부분 가라앉고 술이 차올라 있는데, 소독한 통에 소쿠리와 베보자기를 받치고 걸러 오미자를 품고 있던 술을 다 뽑아낸다.

술 거른 건지는 버리고, 소독한 용기에 오미자술과 술 양의 30% 종초를 넣고, 뚜껑은 한지나 천으로 덮어 따뜻한 곳에 두고 초산발효를 한다.

종초가 없으면 그대로 해도 되는데, 따뜻한 곳에 두어 초산균이 들어가 열심히 초를 키우게 한다. 종초 없이 하면 시간도 많이 걸리고 실패율도 높지만, 무조건 안 되는 것은 아니니 해본다.

초와 술 숙성

　초를 안치고 며칠 후부터 들여다보며 초막이 생기는가 본다. 첫 초막이 기름처럼 떠 있으면 두고 보다 비단결처럼 아주 얇아지면 그때부터 초막을 깨주면서 맛을 본다.

　다음 날 보면 또 초막이 생겨 있는데, 흔들거나 살짝 저어 공기 중의 초산균과 산소가 들어가 술을 먹고 초를 키우게 한다. 맛이 조금씩 달라지며 신맛과 달콤함이 서서히 생성되는 것을 오감으로 알 수 있다.

　곱던 초막이 환경에 따라 짙어져 놀라게 된다. 술통 안에 술이 많이 줄어들고 초산균이 그만큼 생기면서 초막도 왕성하게 생겨 짙어지는데, 그때부터는 소독한 도구를 가지고 앙금은 건드리지 말고 초막만 휘휘 저어 더 짙어지지 않게 한다. 그대로 두게 되면 두터워지면서 초산균이 들어가지 못해 효모산막이 되는데, 향과 맛, 산도가 낮은 초가 되면서 물이 되기 쉽다.

　짙었던 초막이 서서히 줄어들면서 맑은 초가 나온다. 보통 초가 다 익으려면 용량에 따라 다르지만 3~4개월이면 맛있게 익는다. 건지로 하면 생재로 하는 것보다 맛, 향, 색이 부드러운 식초가 된다.

　오미자 건지 술은 약 10ℓ 정도 나왔지만, 3ℓ만 초를 안치고 나머지 술은 숙성시켜 두었다 식초가 익으면 몽땅 넣어 초를 키울 것이다. 그리하면 종초를 얼마 안 가지고 초를 키우는 배양 방식으로 좋다. 종초가 넉넉하면 바로 초를 안쳐도 되고 적으면 이 방법이 좋다. 나 역시 종초로 쓸 식초는 많지만 배양하여 넣으려 일부만 하여 초를 키웠다.

- 술 안칠 때 당도 → 28브릭스
- 술이 익고 난 후 당도 → 14브릭스

건지나 발효액으로 하면 당도가 약간 높은 식초가 나오는데, 음식에 다른 당분을 줄인 다음 쓰고, 물에 타먹어도 좋다.

다 익은 초는 바로 먹어도 되고, 병입하거나 초통 뚜껑을 닫는다. 꼭 완벽한 초산발효를 해주어야 도중에 물이 되거나 산패를 하지 않는다.

건지 식초는 간단하게 할 수 있는 이점이 있어 건지 나올 게 있으면 꼭 해보기를 권한다. 발효액과 함께 물에 섞어 먹는다. 발효액으로 같은 종류의 식초를 해둔 게 있으면 종초로 넣어 두 가지 다 식초를 하면서 먹기도 한다.

양파 발효액 건지
천연발효식초 담그기

양파 발효액을 담그고 거른 건지로 식초를 담근다.

바빠서 발효액을 담그지 못하여 책을 쓰기 위해 발효액 담근 분한테 양파 건지를 건져 달라 하여 식초를 했다.

건지로 식초를 할 때는 꼭 짜서 푸석한 상태가 되면 좋지 않다. 발효액으로 나가고 거기다 꼭 짠 건지는 마치 마른 나뭇가지 같아서 쓸모가 없기 때문이다. 걸러서 통에 담으면 밑에 액이 조금 고이는 정도로 있어야 건지가 품고 있는 액과 고인 액으로 식초를 했을 때 성분도가 좋은 것을 얻을 수 있다.

양파 건지는 대강 거르기만 해도 즙을 그대로 품고 있어 다른 재료에 비해 식초를 하는 데 유리하고, 또 양파 생재로 하는 것보다 발효액, 발효액 건지로 하는 게 맛도 부드럽고

- 양파 발효액 건지　　■ 물 : 건지가 잠길 정도
- 누룩 : 넣으려면 건지 무게의 10%
  (효모는 0.1%를 넣는데, 두 가지 중 한 가지만 넣음)
- 용기 : 발효액 건지는 좀 넉넉한 용기를 준비한다.
- 종초 : 술 양의 30%

초도 잘된다.

양파는 특이한 향이 너무 강해 술을 담가 익을 때도, 초가 익을 때도 가까이하기 어려워 대체로 한구석에서 한다. 해보면 진짜 냄새가 고약하다는 것을 알게 될 것이다.

건지로 식초를 담그는 것도 방식은 똑같고 재료만 달라지니 간편하다. 발효액을 거르고 나온 아까운 건지는 버리지 말고 양이 적으면 섞어 하고 적당하면 한 가지로 담는데, 첨가되는 물의 양은 정해진 것이 없고 건지가 잘박하게 잠길 정도나 24브릭스가 되게 넣으면 된다. 누룩이나 효모는 건지 무게에 따라 적절히 넣으면 된다.

건지 식초를 할 때 가장 중요한 것은 적당한 '물'을 넣는 것이다. 물만 잘 넣으면 술이 잘되고 술이 좋으면 초도 잘 익는다.

담그기

물 넣고 저어주기

양파 발효액 건지를 만져보아 축축하고 건지 사이로 액이 약간씩 보이게 걸러 소독한 용기에 담는다.

물을 넣어가며 고루 저어 건지가 잘박하게 잠기게 되면 물을 그만 넣는다. 그런 다음 하루에 몇 번씩 저어 건지에서 양파액이 나오게 한다.

당도계가 있으면 23~25브릭스 사이로 당도를 맞추고, 없다면 건지가 잠길 정도로만 하면 술이 된다. 너무 달달한 맛은 술이 되는 데 무리가 있으니 적절히 맞춘다.

누룩 넣고 젓기

술발효 모습

물에 단물과 맛이 우러나오면 건지 위에 누룩이나 효모 중 한 가지만 넣는다. 위생비닐 뚜껑을 덮는다. 온도가 낮은 시기면 따뜻한 곳에, 적절한 시기면 실온 에 두고, 다음 날 뿌려준 누룩이 고루 섞이게 저어주고 다시 뚜껑을 덮어 술발효 에 들어간다.

술 거르고 초 안치기

건지 술발효는 다른 술보다 건지를 위로 밀어올리는 현상이 심하니 넉넉한 용 기에 담는다. 서너 번은 저어 성분이 고루나오게 한 뒤 한 달 후에 술을 익혀낸다. 고운 천에 술을 거를 때 건지가 물러 술이 자연스레 흘러나온다. 그 술을 받아 소독한 용기에 종초와 같이 넣고 천을 덮어 술발효를 하는데, 나는 나온 술 그대로 다 하지 않고 일부만 덜어내어 초를 안친다. 그 초가 익으면 나머지 술에 다시 초를 안친다.

발효액 건지는 웬만하면 초를 잘 익혀낸다. 초막이 생기면 살짝 깨 초산균이 활발히 초를 키우게 돕고, 온도는 생막걸리로 키우는 종초처럼 28~30도가 아닌 20도 이상만 되면 된다. 적은 양을 덜어내어 담그면 초가 더 빨리 익으니 초막관리를 잘하여 맛있는 초를 담그자.

발효액 건지로 초를 하면 생재로 하는 것보다 더 달콤하다. 24브릭스를 맞추어 술을 안쳤다 해도 건지 속에 품고 있던 당분들이 천천히 우러나 초가 익으면 유기산의 단맛까지 포함되어 달콤새콤한 식초가 나올 것이다. 이런 건지나 발효액 식초는 먹기가 좋아 음료로 이용되고, 단맛과 신맛이 같이 들어가야 할 음식에 이 식초 한 가지만 넣어도 맛을 낼 수 있다.

기본적으로 생재와 설탕으로 1차 발효를 하여 5~20% 알코올이 생성됨으로써 술이 잘 되고 초도 맛있게 익으니, 물 조절만 잘하여 담그면 아까운 건지도 살리고 달콤새콤한 식초도 얻을 수 있다.

영귤청 발효액 건지
천연발효식초 담그기

　나의 친한 친구가 비타민이 풍부한 열매이니 피로할 때 뜨끈하게 차로 마시라고 영귤 한 박스를 사서 안겨준다. 자꾸 뭔가 갖고 오면 절대 안 본다 해도 막무가내로 좋은 책 써달라며 가냘픈 팔에 들고 오면 내 가슴이 저려 뭐라 말이 안 나오지만, 다섯 배나 굵은 나의 팔을 밀어낸다.

　영귤 5kg에 설탕 1.8kg를 넣어 한 달 만에 영귤청을 고운 천에 거른다. 액이 다 빠져나가기 전에 걸러낸 건지를 가지고 식초를 담근다.

　발효액 건지만 식초를 하는 게 아니다. 이렇게 응용을 하여 청을 담그고 남은 건지로도 얼마든지 할 수 있다. 버리기 아까운 건지들은 물 조절만 잘하면 조금은 부드러운 식초를 얻어 청이나 발효액에 타서 먹는 즐거움이 있다.

　담그는 방식은 똑같으니, 요즘 유행하는 영귤청을 담가 건지째 끓여먹는 것도 좋지만 식초로 담가서도 먹자.

- 영귤청 건지　　· 물 : 건지가 잠길 정도　　· 누룩 : 건지 무게의 10%(효모는 0.1%)
- 용기 : 넉넉한 것　　　　　　　　　　　　· 종초 : 술 양의 30%

술 안치고 누룩 뿌리기

영귤을 얇게 저며서 설탕에 절여 대략 한 달 후에 거른다. 청은 따로 보관하여 따뜻한 물에 타먹고 건지는 무게를 달아 소독한 용기에 넣는다. 건지가 잘박하게 물을 넣고 몇 시간 동안 서너 번 저어 당도를 재니 13브릭스이다.

영귤청을 하려면 영귤 5kg, 설탕 5kg을 해야 하는데, 설탕을 너무 적게 넣어 당도가 낮으면 설탕 약 600g을 더 넣어 녹여주면 23브릭스 정도가 된다. 설탕 입자가 없는 걸 확인하고 위에 누룩을 고루 뿌려준 다음 위생비닐 뚜껑을 덮어준다.

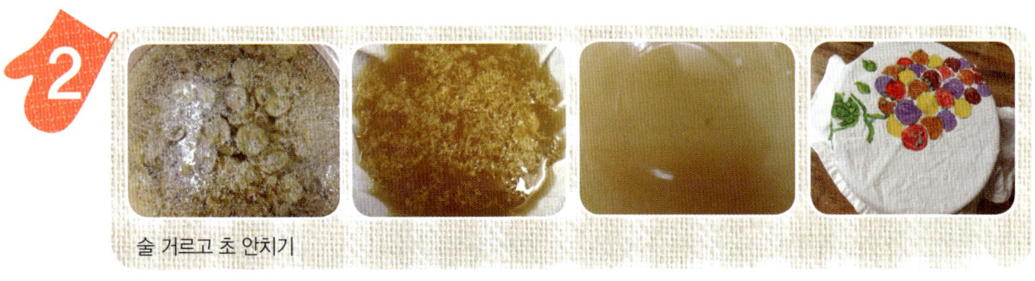

술 거르고 초 안치기

다음 날 고루 섞어주고 다시 뚜껑을 덮어 2,3일에 한 번씩 서너 번 저어주면 술이 잘 익는다.

한 달 후 술을 걸러 술 양의 30% 종초와 함께 소독한 용기에 넣는다. 천을 덮어 공기 중의 초산균이 들어가 같이 초를 키우게 해준다.

영귤청 건지 초

영귤청 술은 향기로운 냄새를 풍기며 초를 익혀간다.

영귤이 나오는 때와 술을 담가 초를 안치는 때는 온도가 낮은 시기이니 따뜻한 곳에 둔다. 초를 익히면 얇은 초막이 생기면서 맛을 보게 된다. 그러는 사이 부지런히 상큼한 초를 만들어낸다.

영귤은 유자처럼 산도가 높은 열매라, 잘못하면 자체의 신맛으로 착각해 초가 덜 익었는데 먹게 되는 수가 많다. 열매의 신맛과 초산의 신맛이 다른 것을 초막이 생기면 맛을 보며 익혀 초가 다 익은 것을 맛으로 알아가자.

지금까지 건지 세 가지로 식초 담그는 것을 공부했다. 건지로 하는 식초는 쉽고 무리 없이 잘 익는데, 물 조절만 잘하여 물에 녹은 당도만 좋으면 술, 초 다 잘 익어 편하게 얻을 수 있다. 하지만 생재와는 달리 낮은 성분이라 향, 맛, 초산의 성분으로 맛있게 먹고 이웃과도 나누는 식초, 살균하지 않으면 비슷한 술에 종초로 쓰고 가볍게 먹는 식초라는 것을 알아야 한다.

맹물에도 당도 맞추고 누룩이나 효모를 넣으면 술이 되고 종초 넣으면 초가 되지만, 우리가 취하고자 하는 식초는 사람의 몸에 도움이 되는 것이다. 초를 얻기 위한 많은 과정이 있고 오랜 시간 기다린다는 것을 잊지 말고 좋은 재료로 멋진 식초를 담가 세상에 전하고 먹도록 하자.

# 과일, 열매로 천연발효식초 담그기

종초를 만들고 쉬운 발효액과 건지로 술을 담그고 초를 하는 공부를 했으면, 이젠 산과 들에 있는 맛있는 과일과 열매로 본격적인 식초 담그기를 한다. 식초는 많은 종류를 했지만, 누구나 쉽게 구하고 많은 사람들이 좋아하는 원재료를 선택하여 천연발효식초 글을 꾸몄다.

감식초처럼 감만 용기에 담아 자연적으로 초가 익게 한 천연식초는 과일의 당분과 껍질의 효모만으로 하여 산도가 낮은 부드러운 식초가 나온다. 그러나 재료에 따라 잘못하면 실패하거나 물이 되는 경우도 있는데, 성공하면 부드럽고 먹기 편한 식초가 된다.

주로 하는 게 감이고, 포도, 사과, 밀감 등 수분이 많은 재료를 선택한다. 껍질째 써야 하니 친환경이나 자연적으로 익힌 과일을 이용한다. 껍질에 묻은 효모를 이용하여 초를 익힐 수 있다.

과일에 당도와 효모가 충분해 천연식초가 되는 데 무리가 없다. 그래서 아주 많은 사람들이 하는 천연발효식초 방식으로 공부하고 그것이 끝나면 곡물과 같이 하는 전통식초를 공부하기로 한다.

식초를 하려면 일단 술을 담그는데, 발효제로 여러 가지가 있다. 와인으로 담가 술을 먹고 식초를 담그는 와인 효모와 술을 담가 초를 익히는 효모(활성이스트), 누룩이 있다.

과일, 야채, 열매 등으로 와인을 담글 때는 와인 효모, 효모 영양제 투입과 다른 첨가물이 필요하다. 즉, 와인 효모는 레드, 화이트 와인 등 포도나 사과 같은 모든 과일로 와인을 할 때 넣는다. 와인 효모로 담근 것은 알코올 발효가 좋고 재발효에도 왕성하다. 편하게 사용할 수 있으며 포도주를 만드는 데 많이 쓰인다. 보통 술이 잘 익는 온도인 18~25도면 와인이 익으며, 알코올 발효가 뛰어나 도수도 급격히 올리는데, 거의 16~18도 정도까지 올라간다고 한다.

→ 술 10ℓ 담그는 데 2.5g이면 충분하다.

🫙 아황산염

방부제의 한 종류이다. 과일, 야채로 술을 담글 때 자르거나 갈고, 껍질을 벗기는 공정에서 급속히 원재료의 갈변화가 일어나는데, 영양, 색, 맛, 향에 지장을 주는 효소산화를 막기 위한 다양한 방법 중 가격도 낮고 넣기에 편한 물질이다.

아황산염을 넣으면 박테리아 증식을 막아 술이 되기 전에 부패되는 확률을 낮춘다. 오랜 기간 보관 숙성하여 먹고 산화가 되지 않는 와인을 만들려면 필요한 보존제로 넣는다.

➡️ 넣는 양은?

과다 사용이나 용량을 초과하여 넣으면 좋지 않다. 술 10ℓ 기준으로 1g 정도만 넣어야 한다.

🍯 인산암모늄

효모 영양제이다. 먼저 과즙에 넣어 영양을 준 후 몇 시간 있다가 와인 효모를 넣어주는 방식이다. 이 영양제를 넣지 않으면 발효가 제대로 이루어지 않는다.

➡️ 과일이나 과즙 10ℓ에 2~2.5g 소량만 넣어야 한다.

🍯 소르빈산염

와인이 익어가면서 당분은 줄어들고 알코올 도수가 올라갈 때, 독한 와인 말고 부드럽고 달콤한 와인을 먹고 싶다면 넣는 효모 활동을 정지시키는 첨가제이다. 소르빈산염을 넣으면 효모 활동이 중지되면서 죽어버려 술 발효를 멈추기 때문이다.

➡️ 넣는 양과 시기

와인 10ℓ에 3g을 1차 술발효가 끝나는 시점, 또한 와인을 완성하여 병입할 때 넣어 술 재발효가 생기지 않게 한다.

이외에도 와인을 담글 때 넣는 첨가제들이 있다.

➡️ 와인을 담가 술로 먹고 식초를 담그기도 하지만, 식초용 술을 담글 때는 그냥 효모나 누룩만 넣어도 된다. 와인으로 먹으려면 와인 효모와 첨가제를 넣어 담그는 것이 좋다.

‘동백LEE의 곳간’은 발효제로 누룩, 효모 외에 다른 첨가제가 들어가는 술을 담그지 않으므로 첨가제 공부는 이것으로 마친다.

효모와 누룩으로 천연발효식초 담그기

과일과 열매로 술을 담가 식초를 만들 때는 천연식초, 천연발효식초, 전통식초 등 세 가지 방법으로 나눈다. 천연식초는 공부했고, 이번에는 천연발효식초이다.

천연발효식초를 할 때는 과일이나 열매 같은 생재를 기본으로 하고 첨가하는 것이 있다. 즉, 수분이 적은 재료에 필요한 ‘물’, 당분 24브릭스를 맞추기 위한 ‘설탕, 꿀, 조청, 올리고당’, 술발효를 위한 ‘효모, 누룩’이 필요하다. 누룩, 효모 중 한 가지만 골라 술발효제로 넣어야 한다.

과일의 당도에 따른 설탕 추가 방식

당도계가 있으면 과일의 당도를 체크하고, 보통은 대강 계산을 하여 넣으면 된다. 품종에 따라 조금씩 다르지만, 기본적으로 나온 당도를 보고 당분 추가를 하자.
- 아로니아 : 16~18브릭스
- 사과 : 평균 12~16브릭스
- 포도 : 캠벨 14.8~18브릭스, 세레단 20~22브릭스, 거봉 18~20브릭스
- 밀감 : 13~15브릭스
- 자두 : 11~13브릭스

- 체리 : 12~13브릭스

- 보리수 : 12~13브릭스

- 꾸지뽕열매 : 18~20브릭스

- 배 : 13~15.5브릭스

- 키위 : 14~15브릭스

- 블루베리 : 14~15.8브릭스

- 복숭아 : 12~14브릭스

- 오디 : 15~16브릭스

- 오미자 : 12~13브릭스

- 복분자 : 11~16브릭스

- 매실 : 6~8브릭스

- 살구 : 12.5~20브릭스

➜ 시기와 환경, 토양에 따라 조금씩 차이가 난다.

이렇게 당도를 알아본 것은, 약간의 낮고 높은 오차가 있지만, 과일이나 열매로 식초용 술을 할 때 적당한 당도를 맞출 설탕 추가를 위해서이다. 모자라는 당분으로는 보통 설탕을 이용하니 설탕을 기준으로 하여 넣는 양을 계산한다.

예를 들어, 14브릭스의 캠벨 포도라면 설탕을 10% 정도 넣으면 된다(포도 10kg에 설탕 1kg). 20브릭스의 세레단 포도는 설탕 4%이다(세레단 10kg에 설탕 400g).

이런 기준으로 설탕 넣는 양을 정하면 22~27브릭스까지 나오는데, 생재 당도에 따라 차이가 나 1~2% 줄여도 된다.

너무 낮으면 알코올 도수가 낮아 술이 좋지 않고, 너무 높으면 술이 잘 안 되거나 당도 높은 술이 나와 식초 유기산이 아닌 당도가 높은 식초가 나온다. 물론 당도 높은 식초가 나오게 홍초 방식으로 담그는 사람들도 있지만, 되도록 적절한 당분을 추가하여 식초에 과한 당분이 남지 않게 넣는다.

천연발효식초는 당도와 효모, 누룩을 추가하여 담갔으므로 술의 도수도 11~14도까지 나온다. 술 도수가 높은 만큼 총산도 역시 천연식초보다는 높게 나온다.

술을 담가 당분을 효모가 완전히 소비하여 술을 만들도록 배합률을 잘 짠다. 유기산이 풍부하고 산도 역시 적절히 올라, 열탕 살균처리를 안 하고도 오랜 시간 숙성을 시켜 먹는 식초, 알맞은 재료에 종초로 사용하는 식초를 만들자.

🍶 각종 재료 첨가하는 비율

내가 담근 재료 중에는 자연산이 많아 당도나 비율이 조금 다르지만, 배합률은 시중에서 쉽게 구하는 원재료를 기본으로 하여 누구나 시장에서 사서 담그는 것으로 하였다. 재료마다 특성은 조금씩 다르지만 방식은 거의 같으니, 책에 있는 것이 아닌 재료들로 할 때는 응용하여 나만의 맛있는 천연발효식초를 담그자.

과일 종류들은 누룩을 정량으로 하거나 약간 줄여 넣는다. 몇 가지 열매와 과일은, 전통 방식으로 설탕 없이 현미로 담근 식초가 있으니 천연발효 방식으로 담가 경험을 쌓고 전통 방식으로도 담가보자.

아로니아 천연발효식초 담그기

아로니아(블랙 초코베리, 킹스베리)는 맛을 보면 시큼하고 떫다. 타닌 성분이 많은 열매라 당도는 최고 18브릭스가 되어도 생과로 먹으면 너무 맛이 없고 목으로 넘기기도 힘들다. 이 타닌 성분이 식초가 되는 데 조금 불편하다. 그래서 아로니아 농장을 하는 지인이 몇 군데 보내어 실험을 했지만 다 식초가 되지 않는다고 하여, 내게 아로니아를 보내왔다.

아로니아에 설탕과 누룩을 넣은 천연발효식초와 현미와 누룩을 넣은 전통식초 두 가지를 다 성공하여 식초를 보내드렸다.

아로니아는 처음이고, 또 타닌 성분이 전통식초인 현미로 당화시켜 술이 되는데, 밥알이 잘 삭지 않아 애를 먹었다.

- 아로니아 : 5kg
- 설탕 : 15% 750g
- 물 : 3ℓ. 물에 대한 설탕 20% 600g
- 누룩 : 10% 500g(효모를 넣고 싶다면 0.1%인 5g을 넣는데, 아로니아 술발효가 더디니 2g 정도 추가해도 좋음)
- 용기 : 15ℓ(아로니아의 부피가 있고 술이 되면서 거품발효를 하니 용기는 넉넉한 것으로 준비함)
- 종초 : 4주 후 술이 다 익고 난 후에 술 양의 30%

천연발효식초는 너무 탁하고 떫은 맛이 느껴졌는데, 올해는 처음과는 조금 다른 방식을 이용하여 식초의 향, 성분 추출, 맛이 극대화된 식초, 모두 맛있게 먹을 수 있는 아로니아 천연발효식초를 담그게 되었다.

두 번째 아로니아 식초를 담그면서 아로니아를 보내준 농장에서 천연발효식초 담그기 체험수업을 해주었으면 했다. 그래서 70여 명을 대상으로 아로니아를 가지고 식초를 담그는 이론공부와 체험수업을 했다. 그래서 몇 달 후에는 회원들도 초가 잘 익어가는 소식을 전하고 있다.

이 책을 보고 식초를 담그는 사람들이 늘어나 아로니아 농가가 판로 걱정 없이 농사를 짓기를 바란다. 또한 식초를 할 수 있는 다른 작물들도 식초 담그기 농장 체험에 적극적으로 나서 농가와 소비자가 상생하는 방법을 찾아보았으면 좋겠다.

이런 농장 체험수업은 농촌에서 농사를 짓지만 간단한 먹을 방법 외에는 판로가 없어 적체되는 현실을 타개하는 방법이 되고 있다. 농가 살리기 운동으로 식초를 할 수 있다니, 많은 사람이 체험수업에 참가하고 판로가 넓어지는 결실을 이루었으면 좋겠다.

아로니아는 생과로는 먹기 힘들지만 가공을 하거나 여러 가지 방법으로 맛있게 먹을 수 있다. 그중 최고가 식초를 담그는 것이다.

농장 체험수업

아로니아는 기본 당도는 높지만 설탕을 적절하게 넣지 않으면 타닌 성분 때문에 술이 잘 안 된다. 부피도 많으며 과육을 적당히 갈아서 해야 하는데, 물이 적으면 팍팍하여 술이 잘 안 되니 조금 넉넉히 넣는다.

이제 식초 담그기에 들어가 보자.

짙은 보라색이 진주처럼 빛난다. 맛을 보면 정말 떫다. 그런데 식초가 되면 환상적이다.

아로니아는 열매를 달고 있는 작은 줄기가 붙어오는데, 그것을 굳이 잘라버리지 않고 그대로 큰 대야에 물을 많이 넣고 휘젓듯이 골고루 두 번 정도 먼지만 씻어낸다. 보통 약을 안 치고 키우므로 껍질의 효모가 씻겨나가게 할 필요는 없다. 씻은 아로니아는 몇 시간 물을 빼준다. 물이 많이 묻어 있으면 오염될 수가 있다.

열매는 생각보다 수분이 적고 타닌 성분으로 되어 있어 조직이 매우 단단하고 섬유질도 많다. 그대로 하면 수분이나 성분 추출이 잘 안 되고 술을 담가 거르려 하면 열매가 그대로 있는 것이 아주 많아, 술이 밍밍하고 향, 맛, 성분 추출도가 낮다. 처음부터 적당히 갈아 열매를 터트려 담으면 그나마 조금 있는 액도 거의 나오고 모든 성분이 그대로 추출된다.

믹서에 넣을 물('가수'에서 공부함)과 아로니아를 넣어 갈거나 큰 대야에 아로니아, 물, 설탕을 넣고 도깨비방망이로 갈아도 된다. 그냥 술을 담글 소독한 용기에 물을 적당량 넣고 도깨비방망이를 돌려주면 간단하다.

술 안치고 저어주어 술발효시키기

너무 곱게 갈아 죽이 되지 않게 한다. 믹서를 할 때 넣고 남은 물에 설탕을 녹여서 부어주거나 바로 물과 설탕을 넣어 설탕 입자가 남지 않도록 골고루 녹인다. 다 녹은 걸 확인한 후 누룩이나 효모를 위에 골고루 뿌려주고 위생비닐을 덮는다. 고무줄로 밀봉하여 바늘구멍 한 개 살짝 내놓는다. 온도가 낮은 시기면 따뜻한 곳에 두고 술발효를 시키는데, 20도 이하가 아니면 그냥 실온에 두어도 된다. 온도가 22도 이하로 떨어지는 시기이면 누룩이나 효모를 활성화시켜 넣는다.

다음 날 위에 뿌려준 누룩을 저으면 누룩이 닿았던 부분은 벌써 술발효를 하면서 거품이 부글거린다. 3일에 한 번씩 세 번 정도 저어주면 왕성한 술발효를 하며 비닐이 가스 때문에 부풀어오른다.

술 걸러 초 안치기

4주 후 술이 다 익으면 거르기를 한다.

아로니아 술찌꺼기는 무거운 것을 올리거나 꼭 짜서 액을 다 뽑아내도 된다. 걸러서 나온 술이 곱다.

처음 술을 안칠 때는 설탕이 들어갔으므로 달콤하고 맛있었던 액이 쓰고 독하여 단맛이 전혀 없는 독한 술만 남았다. 누룩이 당분을 분해시켜 술이 됐기 때문이다.

걸러낸 술을 소독한 용기에 담고 종초로 현미이양주식초를 술 양의 30%를 넣는다. 초를 안치고 호기성인 초산균과 초산균이 좋아하는 산소가 들어갈 수 있게 한지나 천으로 뚜껑을 덮어 따뜻한 곳에 두고 초산발효에 들어간다.

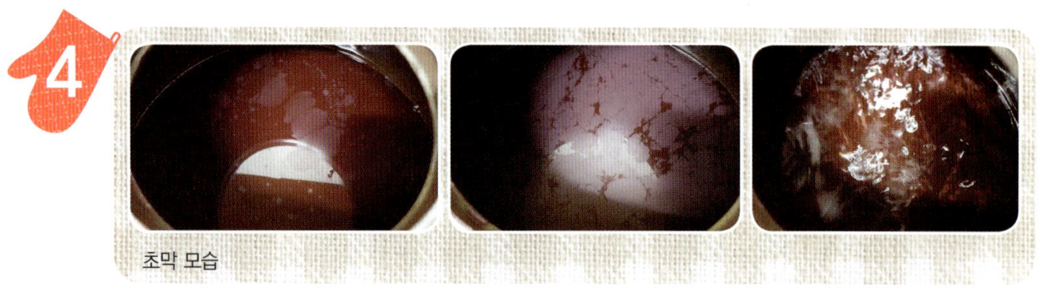

초막 모습

온도나 환경, 종초에 따라 다르지만, 초를 안치고 3일 만에 초막이 기름이 물에 떠 있는 것같이 생긴다. 이때는 가만히 둔다.

첫 초막이 생긴 지 이틀 후면 초막이 얇게 다 덮인다. 그대로 두면 초산균이 들어가지 못하기 때문에 용기가 적으면 잡고 살짝 흔들어 깨고 한 방울씩 맛을 보며 초맛을 익혀간다.

항아리가 커서 소독한 도구로 살살 위 초만 가만히 저어 깨주면 초막이 흩어지며 밀린 덩어리들이 보인다.

초막은 한 번만 생기고 마는 게 아니고 저어 흐트려놓아도 계속 들어간 초산균과 초 용기에 있는 초산균이 초막 덩어리들에 붙어 초를 익히면서 만들기를 계속한다. 매일 보며 초막이 생기면 깨주고 초맛이 달라지는 걸 느낀다.

식초 완성

온 집안에 향긋한 식초향이 진동하더니 드디어 초막이 사라지고 초맛도 상큼하게 다 들었다.

어떻게 단정하는가? 초맛을 매일 보면 막이 줄어들면서 달라지는 맛을 알게 되고 막이 사라지고 난 후 갑자기 맛이 확 드는 것으로도 알 수 있다. 더 두고 보아 초막이 안 생기고 신맛이 강하면 초는 다 익은 것이다. 산도 측정을 해보면 알 수도 있지만, 번거로워 하기 힘들 수도 있어 초막과 맛으로 판단하면 쉽다.

초를 안치고 넉 달 만에 초막이 다 사라지고 아로니아초가 다 익었다. 타닌 성분이 초를 익히는 데 방해가 되는데, 무난히 이겨내고 빨리 초를 키웠다. 높은 산도와 좋은 종초의 힘은 역시 대단했다. 종초가 좋으면 초도 잘 익고 시간도 단축되고 초맛도 좋게 나오니, 많이 만들어두고 초를 하면 안전하다.

• 아로니아식초 → 당도 9.5브릭스

• 산도 → 5

항아리 뚜껑을 꼭 막아두거나 입구가 좁은 병에 병입을 해도 된다. 산도가 약하게 나왔거나 초산균이 살아 있어 재산화발효를 하여 물이 될까 걱정되면 열탕, 살균하여 냉장실에 두고 먹어도 된다.

술이 완전히 사라지거나 잔술의 농도가 0~3%가 되도록 초발효를 시켜 병입은 그리 급하지 않다. 증발, 잡균 침투가 걱정되어도 초가 잘 익어 산도만 높으면 웬만한 균이 들어와도 산은 다 이겨낸다.

아로니아는 다른 재료와 달리 과육도 단단하고 타닌 성분도 많아 초가 쉽게 익지 않지만, 배합률만 잘 짜고 종초를 산도 높고 좋은 걸로 넣으면 아무런 방해도 받지 않고 무난히 잘 익는다.

아로니아 고유의 색이 조금은 옅어졌지만 아름다운 보라색을 지니고 태어난다. 사실 식초는 색에 연연하지 않는 게 좋다. 색을 그대로 유지하려면 첨가제 같은 것을 술에 넣어주면 되지만, 굳이 색을 유지할 필요가 없으므로 조금 옅어져도 괜찮다. 처음 나온 초의 색도 세월이 가면 또 변하지만 아름답고 감사하다.

과일이나 열매 등 거의 비슷하지만 특성과 당도, 수분 상태에 따라 다르게 담가야 한다.

공부하는 글을 숙지하면 몇 가지 올려둔 과일과 열매를 기본으로 세상의 모든 과일, 열매를 할 수 있으니 책과 같이 아로니아식초를 담가보자.

친환경 포도
천연발효식초 담그기

포도로 천연발효식초를 담그자. 포도만 용기에 넣어 오랫동안 두면 식초가 되기도 하는데, 이것이 감식초처럼 바로 천연식초이다.

천연식초는 포도 100%로 담근 식초이다. 몇 년이 걸리기도 하고, 산도 부드럽고 맛있지만, 더러 성공하기도 하고 실패하기도 하는 방식이다. 당분과 누룩이나 효모를 넣어 담그는 방식인 천연발효식초는 천연식초보다 빨리 되고 산도도 높게 나온다.

포도로 식초를 할 때는 다른 생재처럼 기본 당도를 알아야 한다. 포도의 종류나 계절에 따라 당도가 조금 차이가 나니 알맞게 넣으면 된다. 보통 14.8~20브릭스 정도 나오니 당

- 포도 : 10kg(포도송이에서 줄기는 버리고 떼어낸 알의 무게)
- 설탕 : 7% 700g(포도 당도가 높음)
- 효모 : 0.1%인 10g
- 누룩 : 보통 10%지만 줄여서 800g(누룩과 효모 중 한 가지만 골라서 넣기)
- 용기 : 15ℓ(포도는 거품 술발효를 심하게 하니 조금 큰 용기를 준비함)
- 종초 : 4주 후 술이 다 익고 난 후에 술 양의 30%

도계가 있으면 체크를 하여 추가하는 설탕의 양을 조절하면 된다.

야생포도와 세레단 포도는 설탕 추가에 차이가 있다. 포도 세 가지를 담가보았다.

1 캠벨 포도

여름에 친환경 캠벨 포도를 주문했는데 너무 좋지 않은 포도가 와, 좋은 재료로만 담그는 내게는 맞지 않아 미련 없이 다 버리고 다시 어렵게 친환경 캠벨 포도를 구하여 담갔다. 당도는 15브릭스가 조금 넘고, 약간 새콤하며 달콤한 아주 좋은 상태였다.

→ 이때 설탕 추가는 8~9%, 즉 포도 10kg에 설탕은 800~900g만 넣으면 충분하다.

2 야생 캠벨 포도

여름에 산언저리에 포도밭을 친환경으로 하다 포기한 자연 그대로 방치된 포도인데, 참 어렵게 구하여 담은 식초이다. 산에 있다시피 한 밭이라 온갖 산짐승과 벌레들이 드나들었다. 반은 산주인인 동물들에게 주고 남은 거 겨우 따서 판매를 하는 것으로, 포도송이가 듬성듬성 달려 있고 알도 옅은 보라색이나 빨가스름한 상태이다. 신맛이 강하여 그냥 먹기에는 맛이 없지만 와인이나 식초를 하면 최고인 포도였다.

겨우 50kg을 구하여 10kg은 설탕 5%만 넣어 담가 1년 후에 개봉하여 먹었는데, 그 맛이 일품이었다. 식초를 하려 당도를 재니 13.5브릭스 정도라 설탕 추가는 10%, 즉 포도 10kg에 설탕 1kg를 넣었다.

3 세레단 포도

이 포도는 포도 중에서 제일 늦게 나오는 것이다. 10월 말에 구입하여, 봄에 약을 한 번 치고는 일이 있어 전혀 밭을 돌보지 못한 멋진 포도를 가지고 식초를 했다.

온도가 서서히 내려가고 추운 지역이라 서리도 맞아 포도의 당도가 아주 높다. 당도 체크를 하니 20브릭스가 나왔다. 꼭 당분 추가를 하지 않아도 되지만, 처음 식초를 하거나 경험이 적은 사람들이 안전하게 하도록 4%의 설탕, 즉 포도 10kg에 설탕 400g을 추가로 넣었다. 이렇게 설탕은 원재료의 상태에 따라 추가하는데, 효모나 누룩이 술을 잘 익게 하는 먹이가 되어 좋은 술이 된다.

당도계가 없으면 설탕을 어떻게 넣는가? 포도의 종류에 따라 위의 세 가지 차이를 보고 넣으면 된다. 보통 캠벨 포도로 많이 하는데, 맛을 보고 신맛이 많으면 10%, 달콤하면 9% 정도 넣으면 좋다. 단맛이 아주 많으면 조금 더 줄여도 된다.

포도와 설탕이 추가되어 즙을 냈을 때 당도가 23~25브릭스까지 나오면 술이 되는 데 문제가 없다.

동백LEE Tip

누룩, 효모 넣기

포도는 껍질에 하얀 가루가 보이는데 당도가 높을수록 많이 붙어 있다. 싹싹 씻어내지 말아야 한다. 이유는 포도 껍질에는 효모가 많이 붙어 있기 때문이다. 그 효모를 다 벗겨주듯이 씻지 않아야 술이 되는 데 큰 도움이 된다.

친환경 포도, 자연 방치 포도면 흐르는 물에 먼지만 씻어 껍질에 많은 효모, 누룩을 이용한다. 포도 10kg면 기본 효모를 넣으려면 10g, 누룩을 넣으려면 1kg이지만, 줄여도(효모 8g, 누룩은 700g) 술이 잘 익는다. 그냥 잘 재배한 포도라면 효모 10g, 누룩을 넣으려면 800g만 넣으면 된다. 누룩을 1kg 다 넣으면 부피가 있으므로 조금 줄인다.

기본적인 포도술 담그는 공부를 했다. 포도 종류 세 가지를 다 담갔지만 가장 보편적인 캠벨 포도로 식초를 담가보자.

  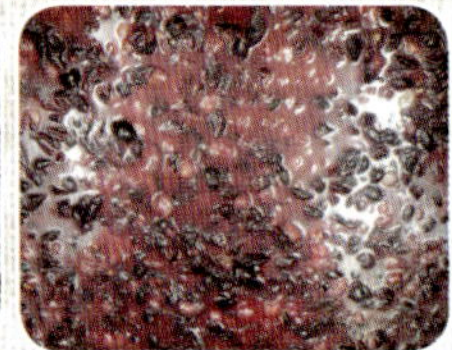  

알 터트리고 누룩 넣기

친환경이나 야생포도면 흐르는 물에 먼지만 씻고, 양조식초를 푼 물에 잠시 담갔다가 씻어 물기를 뺀다. 물기가 많으면 오염이 되기 쉽다.

물기를 뺀 포도를 줄기에서 알만 떼어내어 대야에 담고 포도알을 터트린다. 포도알 그대로 하면 제대로 삭지 않아 술이 되어도 과육을 품고 있는 일이 많다. 따라서 터트리듯이 주물러준다.

포도알을 다 터트렸으면 소독한 용기나 발효조(술 익히는 통)에 포도와 적정량의 설탕을 넣고 입자가 남지 않도록 골고루 섞어 녹여준다(주로 사탕수수 원당을 사용하지만 백설탕, 유기농 설탕을 사용해도 좋음).

설탕이 완전히 녹은 걸 확인하고 나면 위에 누룩을 골고루 뿌려준다.

  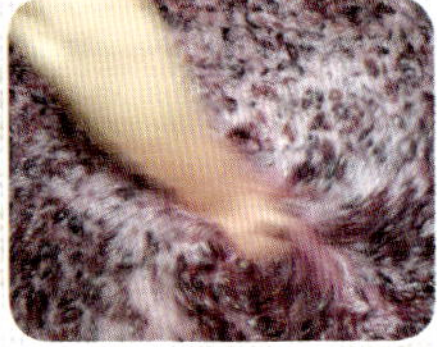 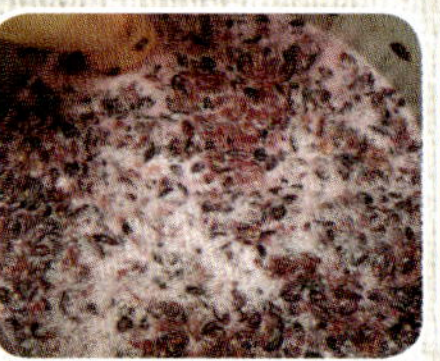 

누룩 젓기와 술발효 모습

누룩이나 효모 중 한 가지만 골라 넣고, 공기를 좋아하지 않으니 위생비닐을 덮고 고무줄로 묶어준다. 바늘구멍을 내어 볕이 들지 않는 실온에 둔다.

다음 날 손을 소독하거나 도구를 소독하여 뿌려준 누룩을 위아래로 섞어준다. 손을 넣어보면 누룩이 닿은 부분은 술발효를 하면서 거품이 보인다. 저어주고 나면 왕성한 술발효를 하는 것이 보인다. 다시 뚜껑을 닫고, 3일에 한 번씩 세 번 저어준다.

며칠 후 다시 저어주려고 보면 포도 과육이 삭으면서 바랜 껍질들이 떠 있는데, 골고루 저으면 술이 되어 군데군데 고이는 것을 볼 수 있다.

술 거르고 초 안치기

술은 2주면 어느 정도 익어 있지만, 더 두면 점점 건지가 밑으로 가라앉으며 술이 고이기 시작한다. 4주 후면 건지가 밑으로 완전히 가라앉고 술이 다 차오른다. 그러나 꼭 건지가 밑으로 다 가라앉으면서 술이 익는 것은 아니다. 위에 건지가 떠 있으면서 술이 익기도 하니 걱정하지 않아도 된다.

포도는 술만 잘 담그면 씨앗과 포도의 얇은 피막만 남으므로 10kg을 담가도 건지는 한 그릇 정도만 나오니 꼭 짜도 된다. 걸러낸 포도주를 소독한 용기에 담고 종초를 술 양의 30% 넣어준다.

종초로 포도식초를 담가둔 것이나 맛, 향, 색이 비슷한 것이면 넣어도 된다. 곡물로 담근 식초가 있으면 마음 놓고 넣는데, 나는 종초로 현미이양주식초를 넣지만 비슷한 종류를 넣어도 된다는 것을 전하기 위해 가시오가피열매, 복분자, 포도 천연발효식초를 섞어 넣었다.

뚜껑은 한지나 천으로 덮어 공기 중의 초산균이 들어가게 한다.

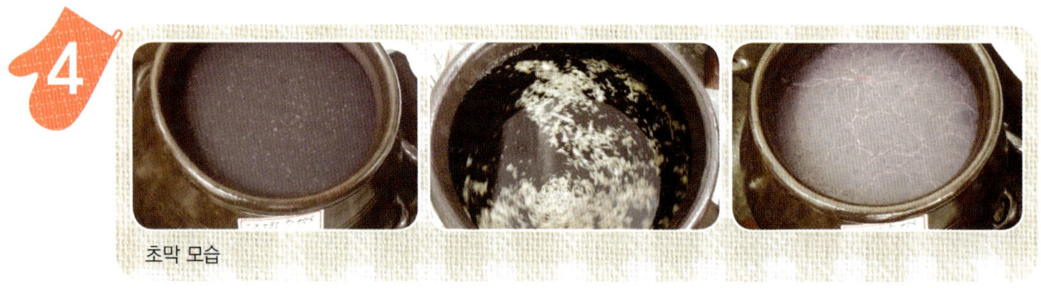

초막 모습

종초가 좋고 온도가 25도 정도가 되는 시기라 초가 부지런히 익는다. 초막이 생겨 아주 얇게 완전히 덮이면, 용기를 살짝 흔들거나 소독한 도구로 초막이 흐트러질 정도만 깨주고 맛도 꼭 보아 초맛을 익힌다.

위의 사진은 포도식초가 익어가면서 초막이 생기는 모습이다.

식초 완성

드디어 식초가 다 익었다. 초를 안치고 다섯 달 만이다.

초막이 여러 모습으로 변하면서 초가 익는 것을 눈으로 알려준다. 맛을 보면서 익히면 초막이 사라짐과 동시에 갑자기 맛이 확 든 것을 알 수 있다.

- 포도 당도 → 17브릭스
- 설탕 넣고 저어주면 당도 → 24.5브릭스
- 술 담그고 10일 후 당도 → 10브릭스

- 술 걸러 초 안칠 때 당도 → 8.5브릭스

- 초 다 익고 난 후 당도 → 7.5브릭스

  (당도가 낮게 나온 식초인데, 술이 당화를 잘하여 당분 소비를 완전히 한 것 같다.)

- 산도는 수산화나트륨, 페놀 지시약으로 측정 → 5.5

종초만 잘 만들어두고 책을 보며 포도식초를 진행하면 금방 성공한다. 종초가 없으면 그대로 해도 초가 익지만, 더디 익거나 실패를 하기도 한다. 포도는 기본적인 산도가 있어 웬만하면 맛있는 초로 익는다.

➡ 종초가 덜 익어 준비가 안 되면 어찌하나?

미리 공부한 대로 숙성시켜 종초가 익으면 언제든지 술을 넣어 초를 안치면 된다. 초가 다 익어 초막이 사라져도 혹시 술이 남아 있을지 모르니, 숙성기간을 두면서 초를 완벽히 익혀 병입을 하거나 뚜껑을 닫으면 된다.

초는 느림의 미학이다. 술을 잘 담그고 종초 등 초가 잘 익을 수 있는 조건과 환경을 마련해주어야 한다. 스스로 잘 크지만 8천 번 가량 사람의 손길이 필요하다. 술이 제대로 익지 못하였다면 진행 중에 물이 되거나 산패하거나 산도가 낮은 초가 나올 수 있으니, 늘 눈길과 손길로 만져주자.

배, 토마토, 수박 같은 수분으로 된 과일로 초를 할 때는 물을 전혀 넣지 않고 당도에 따라 설탕을 추가하여 포도와 같은 방식으로 담그면 된다.

사과 천연발효식초 담그기

사과를 가지고 식초를 한다. 당도는 12~16브릭스이다. 같은 과일이지만 나름대로 개성이 있어 방식과 배합률은 다소 달라진다.

아로니아는 과육을 대강 갈아서 해야 좋고, 포도는 알을 터트리고, 사과는 갈아서 즙으로 하고 대강 파쇄를 하거나 얇게 잘라서도 한다. 보통 잘라서 하는데, 이 사과식초도 마찬가지다.

사과는 늦여름부터 나오는데 약간 당도가 낮고, 늦가을에 나오는 사과는 당도가 높다. 당도를 알아야 하는 이유는, 앞서 공부했듯이 당도 24브릭스를 맞추기 위해 추가하는 설탕의 양을 조절해야 하기 때문이다.

- 사과 : 10kg(씨 부분은 빼고)
- 설탕 : 10%인 1kg
- 물 : 2ℓ. 물에 대한 설탕 20% 400g
- 용기 : 15ℓ
- 누룩 : 10%인 1kg이지만 조금 줄여 800g
- 효모 : 0.1%인 10g(누룩과 효모 중 한 가지만 골라서 넣기)
- 10kg에 레몬을 세 개 정도 넣으면 사과의 산화 갈변을 막아주지만, 나는 사과식초에서 레몬향이 나는 게 싫어 거의 넣지 않는다.
- 종초 : 4주 후 술이 다 익고 난 후에 술 양의 30%

늦여름에 먼저 나오는 사과의 당도와 늦가을 제일 나중에 나오는 사과의 당도가 차이가 나 굳이 당도계가 없더라도 설탕 넣는 양을 조절하게 됐다.

모든 술은 당분을 효모나 누룩이 당분해시켜 나온 결과물인데, 그만큼 당분의 농도가 중요하다. 너무 많이 넣어 원재료 외에 추가된 당분이 술에 남지 않게 하고, 너무 적게 넣어 효모나 누룩은 남았어도 당분이 모자라 술 도수가 약하지 않게 한다.

→ 보통 설탕 추가는 여름부터 초가을까지는 설탕 10%면 거의 맞고, 늦가을 사과의 맛이 절정일 때는 8~9%만 넣어도 술이 잘되었다.

사과식초를 할 때 조금 추가되는 것이 있는데, 물이다. 30kg 이상 대량으로 할 때는 물이 없어도 되지만 그 이하면 물을 조금 추가한다. 물은 술의 양을 늘려 초를 많이 뽑는 것이 아니라 설탕을 녹여 성분 추출을 돕기 위해서이다('가수'에서 공부한 것 참조). 물을 넣고 물에 대한 설탕도 넣어 당도를 맞춘다. 누룩을 넣으려면 3~4일 전에 미리 법제시켜 두고, 효모를 넣으려면 제조 날짜가 빠른 제품, 유통기한이 많이 남은 것을 사용한다. 쓰고 남아 냉장보관한 것이 있다면 공기에 노출된 기간이 많으므로 바로 버리고 다시 사서 준비한다.

담그기

사과 자르고 누룩 뿌려주기

친환경 사과를 구하여 흐르는 물에 부드러운 수세미로 골고루 씻어, 물기를 제거한 다음 씨앗은 빼내고 얇게 저민다.

잘게 자른 사과를 용기에 조금씩 넣고 정량의 물에 설탕을 녹인 시럽을 넣는 작업을 반복한다. 용기 뚜껑을 덮어 이틀 동안 아침저녁으로 골고루 저어 사과에서 액이 나오게 도와주고, 이틀 후 사과 위에 누룩을 흩뿌려주고 온도가 낮은 시기에는 활성화시키면 발효가 더 잘된다.

뚜껑은 용기에 따라 다르게 한다.

누룩 저어주기

다음 날 보면 사과즙에 누룩이 젖어든 것을 볼 수 있는데, 누룩이 닿았던 부분은 이미 술발효가 진행되고 있다.

뿌려준 누룩이 사과 속에 골고루 섞이도록 위아래를 뒤집어주고 뚜껑을 덮어준다. 3일에 한 번씩 세 번 정도 골고루 저어주면 맛있는 사과술을 익힐 수 있다. 저어줄 때 항상 소독한 도구를 쓰거나 손과 팔을 깨끗이 씻어 물기 없이 해야 한다.

일주일만 지나도, 뚜껑을 열고 무심코 얼굴을 넣으면 독한 술냄새에 코가 찡하면서 정신없는 느낌을 갖게 된다.

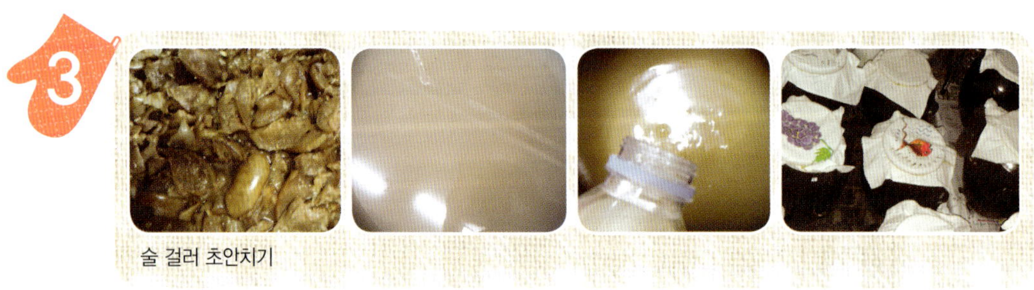

술 걸러 초안치기

2주면 술이 다 익지만 4주 후에 거르기를 한다. 술 거르는 시기가 되면 건지가 밑으로 가라앉아 술이 차올라 있다. 위에 일부 떠 있으며 갈변된 상태에서 건지 사이로 술이 고여 있는 것을 볼 수 있다

술이 들어갈 만한 용기를 소독하고 소쿠리에 자루나 베보자기를 깔고 다 익은 술을 부어준다. 사과 과육이 물러져 있으니 자연스레 걸러낸다.

거른 술은 소독한 용기에 담고 종초를 술 양의 30% 넣는다. 뚜껑은 한지나 천으로 덮어 햇볕이 들지 않고 온도가 적당한 곳에 두고 초를 안친다.

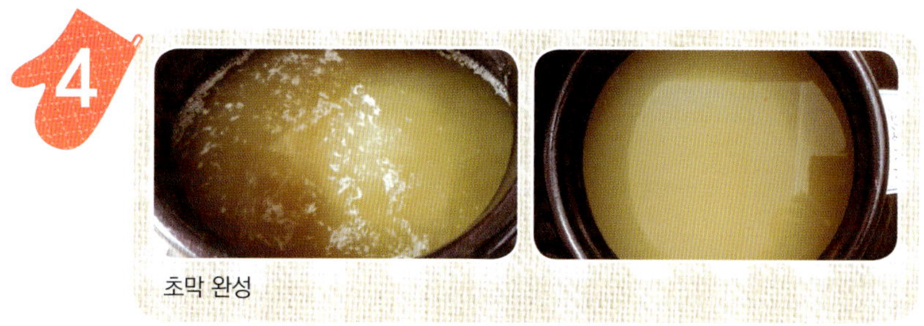

초막 완성

서서히 초가 익어가면서 일주일 후에 첫 초막이 생기면 맛을 보아가며 초막 관리를 해준다.

술을 안치면 온도가 내려가는 시기와 맞물려 초산균 활동이 느려질지 모르니, 되도록 따뜻한 곳으로 옮겨 초를 키운다. 초막이 얇게 덮이면 그때부터 살짝 깨주거나 흔들어준다. 초막이 다 사라지지 않고 초산균이 다시 집을 짓는 터가 되어 알코올 도수를 낮추는데, 소모되지 않고 초를 익히는 먹이가 될 수 있게 하면 초산균이 왕성히 활동하여 초를 익히는 데 도움이 되게 한다.

사과술을 담그고 초를 안친 지 8개월 만에 완벽히 익었다. 보통 가수를 하고 따뜻하게 해주면 3~4개월 만에도 익지만, 가수를 전혀 안하는 '동백LEE의 곳간'은 독한 사과술을 그대로 하고 온도 조절을 전혀 하지 않으니 늦가을부터 시작하여 영상 7~8도인 상태로 실온에 있고, 봄을 거쳐 초여름에야 긴 여정을 마

친 초가 나온다.

거의 사계절을 두루 거친 사과의 농도가 높으니 향이 아주 진하다. 그야말로 사과 한입을 베어먹는 맛을 느낄 수 있다.

- 사과 당도 → 약 14브릭스
- 설탕 추가하고 당도 → 25브릭스
- 술 담근 지 일주일 후 당도 → 15브릭스
- 술 익은 후 당도 → 10브릭스
- 초 익은 후 당도 → 8브릭스
- 산도 → 4.9

이 사과식초는 오랫동안의 초산발효를 마치고 8개월 동안 숙성까지 거쳐 바로 뚜껑을 덮었는데, 증발이 심해져 줄어든다. 뚜껑을 닫고 다시 숙성을 시킨 지 1년, 농축된 짙은 향이 나고 색은 노르스름했다가 짙은 노란색으로 변해간다. 맛도 깊고, 향은 조금 흐트러졌으나 깊은 향이 배어 있는 처음 산도 그대로 유지된다. 맛으로는 신맛이 더 강한 것 같은 느낌이다.

사과식초는 포도와 같이 천연발효식초의 꽃. 필수로 담가두면 가장 손쉽고 맛있게 먹을 수 있는 아름다운 물이다. 식초가 이루어지면서 말썽도 거의 안 부리고 자체의 약한 신맛으로 초가 익어 맛을 내는 데 한몫한다. 책을 보고 같이 담가보기로 한다.

자두 천연발효식초 담그기

당도는 11~13브릭스. 친환경으로 자연적인 농사를 짓는 과수원에서 6월 20일에는 잘 익은 매실을 따고, 자두가 익으면 싸게 구입하여 식초를 한다.

일반 자두보다는 크기도 작고 색도 인물도 못생겼지만 그냥 옷에 닦아 먹어도 되는 최고의 자두이다. 신 과일을 못 먹는 내가 먹을 수 있도록 달콤하게 느껴지는, 식초를 하는 데 딱 좋다.

자두, 복숭아는 보편적으로 당도가 낮은데, 초가 익으면서 은근히 문제를 일으키는 경우가 많은 과일이기도 하다. 초가 무난히 되기도 하지만 더러 산패를 하는 확률이 높아 술을 담글 때 주의를 기울여야 한다.

과일이라도 어쩌면 종류마다 그렇게 다르게 초를 만드는지, 책과 같이 담가보면 알게 되

- 자두 : 10kg
- 설탕 : 10% 1kg
- 물 : 2ℓ. 물에 대한 설탕 20% 400g
- 용기 : 15ℓ
- 누룩 : 10% 1kg이지만, 너무 많으니 700g(효모는 0.1% 10g)
- 종초 : 4주 후 술이 다 익고 나서 술 양의 30%

는 신기한 일이다.

자두는 한입 베어 물면 과즙이 입안에 가득할 정도로 수분이 많아 술이 많이 나올 것 같지만 막상 담가보면 그렇지 않다.

왜? 복숭아, 자두, 사과, 포도를 과즙으로 내면, 사과, 포도는 과육이 거의 맑은 즙으로 나오지만 복숭아, 자두 같은 과일은 실 같은 섬유질이 늘어나기도 하면서 걸쭉하여 즙도 적고 끈끈하다. 이런 섬유질들이 약간의 점성 질감을 갖게 하고 연유 같은 술이 나오기도 해, 초를 익히면 쉽게 이루지 못한다. 산막이 생기는 현상이 나타나기도 한다.

그러나 적당한 배합률에 따라 술을 담그고 산도 높은 종초를 넣으면 초가 얼른 익는다. 초산균이 늘어나면 섬유질을 모두 삭혀 맑은 초로 익어간다.

자두는 껍질이 단단하여 그대로 하면 과육이 제대로 녹아나오지 못하고, 너무 뭉개듯이 주무르면 과즙에 섬유성질이 늘어난다. 따라서 껍질을 살짝 터트리기만 해도 술이 익으면서 과육이 다 녹아나오고 나름 맑게 나온다.

자두식초는 온도가 알맞은 때에 담그기 때문에 무난히 초산발효를 한다. 여자들에게 딱 좋다는 자두로 식초를 담그자.

담그기

자두 터트리고 누룩 밀봉하기

　자두는 양조식초 물에 잠시 담가 씻는 것이 좋지만, 친환경 방치 자두라 흐르는 물에 헹구듯이 씻어 물기를 뺀다.

　자두에 준비한 물과 설탕을 넣고, 설탕도 녹이고 자두알을 껍질만 한쪽을 터트리듯 하여 소독한 용기에 담는다.

　자두에 누룩을 살살 뿌려주고 위생비닐 뚜껑을 하여 볕이 들지 않는 실온에 둔다.

다음 날 젓기 / 술발효 모습들

　다음 날 뿌려준 누룩을 위아래로 뒤집듯이 골고루 섞어주면, 배합률이 맞아 이틀째인데 왕성한 술발효를 한다. 자두는 유달리 거품발효가 심하니 넉넉한 용기를 준비해야 한다. 3일에 한 번씩 세 번은 저어주자.

　술 안치고 3일째 '차르륵, 슉슉' 요란한 소리를 내며, 가스가 위로 나오려고 자두 사이를 비집고 다니고 하얀 거품들이 요동을 치면서 건지는 위로 뜨고 탁한 술이 밑에 고인다. 10일 후 극성스럽게 익어가던 술이 잠잠해진다. 코를 대보다 놀라 넘어질 뻔한다. 술이 익어갈 때 직접 느껴보자.

술 거르고 종초 넣고 초 안치기

4주 후 건지는 밑으로 가라앉고, 술은 위로 차오르고, 과육은 이미 다 삭아 형태만 남고 자두 조각들이 술 위에 떠 있다. 술냄새와 발효된 자두 향이 기분을 상쾌하게 해 괜히 즐겁다. 건지를 자연스럽게 걸러 초 안칠 준비를 한다.

종초는 현미이양주식초를 넣고, 뚜껑은 한지나 천으로 덮어준다.

식초 완성

여름이라 초가 잘 익을 것이다.

자두를 살짝 터트려준다. 과육이 뭉개지지 않아 약간 탁한 듯 맑은 술이 나와, 연유처럼 흐르는 느낌이 없어 초는 무난히 익을 것이다. 자두는 초막이 좀 세게 생긴다. 섬유질이 술 속에 남아 있어 과한 영양분으로 초산균이 맛있는 술과 같이 섭취하고 초막도 짙게 만들어낸다. 그대로 두지 말고 살짝 깨주면서 싱싱한 초산균이 계속 들어가 초를 익히게 해준다.

첫 초막이 생기면 얇게 덮이도록 두었다 살짝 깨주고 맛을 보면서 초를 키운다. 서서히 초가 익어가는 모습을 초막으로 보자.

3개월 만에 자두식초가 익었다. 술색보다는 조금 옅어졌지만, 자두의 붉은색이 약간 감돌면서 향이 진하고 맛도 자두 본연의 신맛과 유기산의 신맛이 어울린다. 여자들에게 더욱 좋은 식초이다.

그대로 더 숙성시켜 남아 있을지 모르는 술을 완벽하게 초로 익힌다. 까다로운 자두지만 무난하게 익은 초가 대견하다.

- 자두 당도 → 13브릭스

- 설탕, 물 넣고 섞어 녹인 후 당도 → 25브릭스

- 술을 담그고 3일 후 당도 → 18브릭스

- 술 담그고 10일 후 당도 → 14브릭스

- 4주 후 술 걸러 초 안치기 전 당도 → 10브릭스

- 초산발효 끝나고 당도 → 9브릭스

- 산도 → 5.7

술이 탁하여 초도 맑지는 않다. 그래도 처음 술을 안칠 때보다는 많이 맑아졌는데, 더 맑은 초를 얻으려면 얼마든지 방법이 있다. 처음부터 물을 넉넉히 넣고 술을 익혀 초를 안치면서 가수하면 더 맑고 고운 초가 나온다.

물이 많이 첨가된 초는 당연히 맑고, 초를 안치기 전 술에 1g만 넣어도 금방 맑게 되는 첨가제도 있지만 그냥 한다. 그래도 걱정이 없는 것은 시간이 가면서 초가 점점 맑아질 것이기 때문이다. 초에 있던 섬유소, 누룩의 입자가 밑에 다 가라앉아 맑은 초를 얻을 수 있는 것이다.

자두술을 하면서 과육 형태가 유지되게 저어주고 술도 자연스레 걸러내면 걱정이 없다.

자두의 과육에는 섬유질이 많아 산막이나 물을 잘 만들고, 과일이라 초가 익는 초반 산도가 적당히 올라가도록 좋은 종초를 넣어 온도가 알맞은 상태로 빨리 초를 익혀낸다.

처음에는 까다로운 듯해도 특성만 알면 맛난 초로 보답하니, 여름에 자두 천연발효식초를 꼭 만들어보자.

야생살구 천연발효식초 담그기

살구 당도 12~20브릭스.

한여름 살구가 분향을 풍기며 익어간다.

살구는 맛과 향이 뛰어나 식초로 하면 그 맛을 오래도록 즐길 수 있으니 조금씩이라도 담가보자.

거창의 아름다운 부부가 산으로 다니다가 생열매가 익어가면 자연산 살구도 보내주고 오미자도 보내주어 귀한 자연산으로 식초를 하는 기쁨을 얻고 있다. 이 살구도 높은 산에 다니다가 보이는 것을 보내준, 그야말로 보물 같은 것이다.

인물은 시중에서 보는 살구와는 비교가 안 될 정도로 아주 작고 못난이다. 영국 만화에 나오는 빨강머리 앤처럼 주근깨가 송송 박히고 온갖 날짐승과 벌레들이 먹은 상처도 있는,

- 살구 : 5kg
- 설탕 : 10% 500g
- 물 1ℓ. 물에 대한 설탕 20% 200g
- 누룩 : 10% 500g이지만 줄여 400g(효모를 넣고 싶다면 5g)
- 용기 : 10ℓ. 술발효를 심하게 한다.
- 종초 : 4주 후 술이 다 익은 다음에 술 양의 30%

상품으로 보자면 버려야 하는 것이지만 나에겐 최고의 살구이고 보물이다.

당도 역시 자연산이라 맛도 없어 그냥 먹지 못하는 살구지만, 향 하나만은 정말 뭐라 표현이 안 되게 온 집안에 감돈다.

쉽게 시중에서 구할 수 있는 살구로 식초를 하면 당도도 좋고 맛도 좋으니 준비하여 담그면 된다.

살구는 과육이 물러 잘못하면 걸쭉한 술이 나오기 쉬우니, 반을 가르거나 잘게 자르면 좋지 않다. 그렇다고 살구 그대로 하면 껍질이 질겨 과육을 제대로 뽑지 못하니, 잘 드는 칼로 몇 군데 칼집을 내어 담그자. 과육이 술로 나오면서 죽처럼 되지 않아 맑은 술을 얻을 수 있다.

살구는 즙이 풍부한 과일이지만 섬유질이 많다. 물을 조금 추가하여 설탕이 잘 녹고 성분 추출이 잘되게 한다. 살구 양이 30kg 이상이면 과즙 추출이 좋으니 물을 안 넣는다.

살구는 식초가 잘 되는 재료이니 책과 같이 하면 성공할 확률이 높다. 싱싱한 살구가 나오면 담가보자.

담그기

야생살구 씻기

칼집내기

대야에 설탕 녹여 덮어두기

야생살구는 껍질 표면에 솜털들이 많은데, 혹시 알레르기 반응이 심한 사람들은 흐르는 물에 살살 씻어 물기를 제거한다. 과육이 뭉개지지 않게 껍질 표면에 칼집을 낸 다음 정량의 물에 설탕을 녹여 붓고 잘 섞어준다. 바로 통에 넣지 말고 대야에 초파리가 들어가지 않게 위생비닐로 덮어 하루에 두 번씩 저어 살구의 과육이 자연스레 나오게 도와준다.

대야에 액 나오고　　　누룩 넣고　　　밀봉하기

밑에 겨우 보이던 과즙이 다음 날 많이 나왔다. 물 추가가 안 됐으면 과즙이 아주 조금 보일 듯 나오고, 칼집을 안 낸 살구 그대로 했어도 적게 넣은 설탕에 겨우 절여지는 상태일 것이다. 그래서 물을 소량 넣는 것은 술 양을 늘리려는 게 아님을 알 수 있다.

술을 많이 뽑아 초를 잔뜩 얻고 싶다면, 물을 20ℓ 넣은들 누가 뭐라 하겠는가. 하지만 이 책으로 공부하여 식초를 담근다면, 물은 넣지 않거나 최소한 술 발효만 돕는 기준으로 넣자.

설탕이 다 녹았으면 소독한 용기에 넣고 누룩을 뿌려 위생비닐 뚜껑을 덮어 둔다. 과즙이 풍부히 나오고 당분 추가로 누룩이 왕성한 술발효를 하는 모습을 거품으로 볼 수 있다.

다음 날 저어주기　　　왕성한 술발효

3일에 한 번씩 세 번 저어주기를 한다.

살구술이 익는다고 발효하는 모습이 너무 멋지다. 그렇게 왕성한 발효를 해야 추가된 당분을 모두 소비하여 잔당이 없다. 알코올 도수가 높아져 술도 좋고 초도 잘 익고 맛도 최고이다.

술 걸러 앙금 안치기 / 초 안치기

4주 후 술이 다 익었다. 살구가 과즙은 다 빠지고 형태만 남은 채 술 밑으로 가라앉고 일부만 둥둥 떠 있다. 거르기를 할 때이니, 자루에 넣고 3일 동안 그대로 두어 자연스럽게 술이 흘러나오게 한다.

걸러서 나온 술 그대로 초를 안치지 않고 며칠 두어 앙금을 가라앉히면 맑은 술이 나온다. 종초 30%를 넣어 천이나 한지를 덮은 다음, 볕이 들지 않는 실온에 두고 초를 안친다.

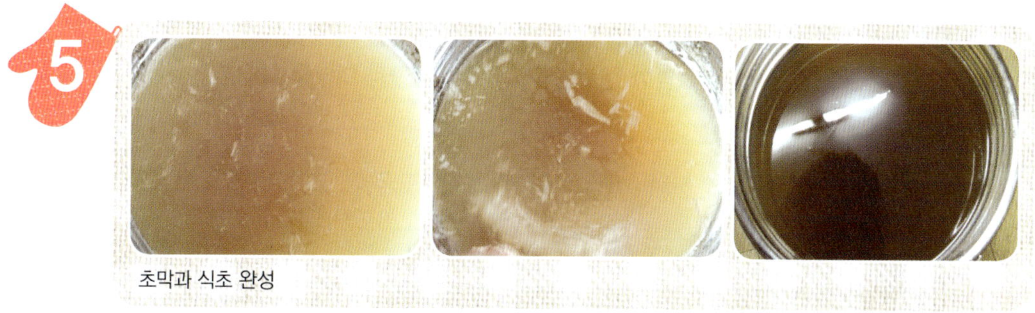

초막과 식초 완성

초를 안치고 3일 후 첫 초막이 아주 얇게 생기고부터 맛을 보면서 초를 익힌다. 여름이라 온도가 30도를 넘나드니 일주일 만에 짙은 초막이 생겼다. 왕성한 초산발효를 하여 초산균이 술을 줄게 하고 초가 점점 차면서 초막도 짙어진다. 초맛도 깊어져 신맛이 강해진다.

용기가 적으니 살짝 흔들어 초막을 깨 싱싱한 초산균을 들여보내 초가 더 잘 익게 도와준다.

석 달 만에 살구식초가 다 익었다. 부지런히 생기던 초막도 깨끗하게 사라지고 색도 맑고 곱게 나왔다. 맛을 보니 목이 따가울 정도로 산도가 높고 향기롭고 달콤했다. 유기산의 달콤함이라 당분하고는 다르다.

살구가 여름에 나오고, 술 익고 초 안치고 초 익는 시기가 더운 때라 빨리 익었다. 역시 초산균은 아군인 종초의 힘을 받아 온도, 공기 중의 초산균과 더불어 향기로운 초를 빨리 익혀냈다.

맛을 보거나 산도 측정을 하여 4.5 이상이 나왔다면 조금 더 그대로 둔다. 초산발효를 마무리하여 병입을 하거나 뚜껑을 닫아둔다.

산도가 약하게 익은 초라면 물이 되기 쉬우니, 열탕, 살균처리하여 냉장보관한 다음 빨리 먹는다. 산도가 낮다고 실망하기보다 다음에 더 잘 담그면 된다. 산도가 낮은 초는 부드러워 먹기에 좋으니 맛있게 먹으면 된다.

오미자 천연발효식초 담그기

오미자 당도 12~13브릭스.

오미자는 세 가지 방식으로 초를 한 것을 올리니, 각자 편한 방식으로 오미자 식초를 담그면 된다.

· 오미자 발효액을 거르고 나온 건지

· 오미자 생재로 담근 천연발효식초

· 오미자에 찹쌀을 넣어 담근 전통식초

천연발효식초의 백미인 오미자로 식초를 담근다.

5가지 맛과 진한 향을 지닌 오미자는 식초를 하는 사람은 누구나 담가먹고 싶어하는 재료이다.

- 오미자 : 10kg   · 설탕 : 15% 1.5kg
- 물 : 6ℓ. 물에 대한 설탕 20% 1.2kg
- 누룩 : 10% 1kg이지만 줄여서 850g(효모를 넣으려면 10g)
- 용기 : 25~30ℓ
- 종초 : 4주 후 술이 다 익고 난 다음 술 양의 30%

맛도 좋지만 열매 자체의 신맛이 강해 초가 잘 익는 재료이다. 오미자는 껍질이 질긴 듯해도 부드러워 알맹이가 달린 송이째 그대로 담근다. 담그는 것도 수월하고, 당도만 잘 맞추고 술이 잘 익도록 하여 초산발효를 하면 다른 재료들보다 초가 빨리 익는 즐거움을 맛본다.

거르기를 할 때도 과육은 부서져 있지만 꼭 짜서 술을 다 받아내면 된다.

담그기

오미자는 무른 감이 있어도 되도록 잘 익은 것을 구하면 당도가 조금 더 높고 맛도 좋다. 물에 담그거나 박박 씻으면 오미자즙이 많이 빠져나가니, 흐르는 물에 송이 윗줄기를 붙들고 살랑살랑 흔들듯이 씻는다.

이와 같이 과육이 터지지 않게 씻어 물기를 뺀다. 대야에 오미자물, 설탕(색상을 위해 백설탕 사용)을 넣는다. 설탕을 완전히 다 녹여 용기에 담아도 되지만, 이번에는 바로 오미자와 설탕을 한 켜씩 넣어 그 위에 물을 붓고 몇 시간 후에 골고루 섞는다. 어느 쪽이든 편한 방식을 골라 설탕을 다 녹인 후 누룩을 뿌려주고 (효모를 넣는다면 누룩과 마찬가지로 뿌려줌) 위생비닐 뚜껑을 한다.

  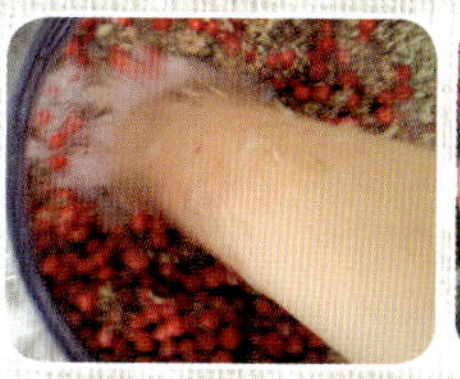 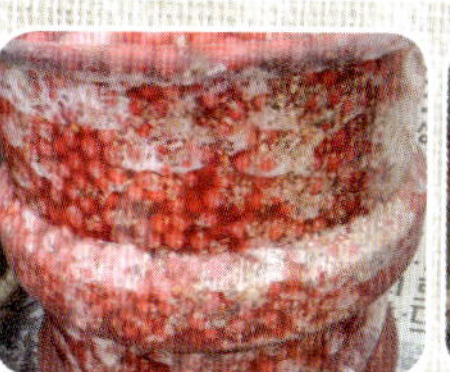 

다음 날 젓기　　　　　　　　　　　술발효 모습

다음 날 보면 오미자즙에 누룩이 젖어 있고, 일부 술발효를 한다고 비닐이 살짝 부풀어 있다. 넣은 누룩이 골고루 섞이게 위아래로 뒤집듯이 섞어준 다음, 다시 위생비닐을 덮어두면 온도도 좋은 계절이라 술이 잘 익는다.

블로그나 공부하는 사람들이 한눈에 알 수 있도록 잘 보이는 용기를 사용하여 담갔다. 오미자술이 얼마나 왕성히 술발효를 하는지 보자. 술발효는 술을 담그고 5일 정도 진행하다 잠잠해지는데, 3일에 한 번씩 세 번은 뒤집어준다.

술 거르고 초 안치기

4주 후에 술 거르기를 한다. 사진으로 볼 수 있듯이 오미자의 형태는 있지만 만져보면 푸석하고 빈 깍지만 잡히는데, 과육은 술에 다 녹아 일부는 가라앉고 일부는 둥둥 떠 있기도 하며 빨간 술이 차 있다.

베보자기에 거른 다음 무거운 것을 눌러 꼭 짜낸 오미자술이다. 소독한 용기에 오미자술을 담고 종초로는 현미이양주 전통식초를 넣는다. 현미의 영양이 풍부한 종초가 오미자식초의 성분을 더 극대화시켜줄 것 같아서이다.

뚜껑은 한지나 천으로 덮은 후 고무줄로 묶어 볕이 들지 않는 실온에 두고 초를 안친다.

초막과 식초 완성

오미자초가 익어간다. 초막도 곱게 생기고 오미자의 신맛과 함께 초산의 신맛이 어울려 더 새콤하다. 첫 초막이 듬성듬성 생기다 얇게 덮이면 가만히 깨준다. 마구 흔들거나 저어 다 사라지지 않게 하고, 반드시 맛을 보면서 초맛도 익힌다. 생기던 초막이 서서히 사라지고 갑자기 오미자 초맛이 진해진 느낌이 든다. 며칠을 두고 보아 더 이상 초막이 생기지 않으면 초가 완전히 익은 것이다.

환경에 따라 다르지만 3~4개월이면 익는데, 가수를 안한 술이라 6개월 동안 초산발효를 시켰다. 신맛이 강한 열매고 산도도 6이나 나와 초산발효 중에 증발도 많아 1ℓ 정도는 공중에 빼앗긴 것 같다.

마무리 공부

잘 익은 오미자 과육으로 하면 향, 맛도 좋고 과즙도 풍부하다. 맛있고 색, 향도 진한 오미자식초가 되어, 가족과 함께 먹고자 하는 사람들을 위해 긴 숙성에 들어간다. 바로 먹으면 향과 맛이 상큼하고 신맛도 산뜻한데, 1년 이상 숙성하여 먹으면 처음처럼 맑은 향이 아닌 진한 향이 나고 맛도 농익은 맛으로 묵직하며 신맛도 그윽하며 깊다. 다 취향 따라 먹으면 된다.

여기서 중요한 것은 오미자열매 자체의 산도이다. 초맛을 보면서 초를 익히다 보면, 얼마 안 되었는데 강한 신맛을 느껴 초가 다 익었다고 보는 경우가 많다. 절대 속으면 안 되고 잘 판단하여 제대로 초산발효를 해야 한다. 잘 익어가던 초를 속아서 병입하여 물이 되었다는 말을 많이 들었기 때문이다. 끝까지 방심하거나 급하면 물이나 산막을 만나게 되니, 느림의 미학인 본질을 이해하면서 식초를 키우기로 하자. 이 방법으로 꾸지뽕, 꽃사과, 산사, 다래 같은 열매들로 식초를 하면 된다. 아주 많은 종류가 있지만 다 옮길 수 없으니, 이 자료를 기본 삼아 각종 열매로 식초를 하면 된다.

친환경 매실 천연발효식초 담그기

매실 당도 6~8브릭스.

친환경 방치 황매실로 식초를 한다. 앞에서 다룬 자두랑 같은 농장에서 자란 것이다.

초여름 비가 살며시 내리는 날, 농장에서 카페 회원들에게 마음대로 따가라고 하여 즐겁게 점심도 해먹으면서 매실을 직접 따왔다.

친환경 매실

준비물

- 황매실(청매실) : 10kg
- 설탕 : 17% 1.7kg
- 물 : 2ℓ. 물에 대한 설탕 20% 400g
- 용기 : 20ℓ
- 누룩 : 10% 1kg이지만 조금 줄여 800g(효모를 넣고 싶다면 10g)
- 종초 : 4주 후 술이 다 익고 나서 술 양의 30%

따서 익힌 게 아니라 나무에서 익은 거라 황매실은 만지면 몰랑하고 인물은 역시나 아주 못난이로 작고 주근깨가 있다.

직접 따서 식초를 한다 하니 즐거움이 상승한다. 좋은 기운이 많이 들어가 식초가 익으면 맛과 성분도 좋으리라 기대를 한다.

열매로 담그는 식초 중 매실은 가정에서 상비하는 매실 발효액과 같이 담가두면 가족들이 요긴하게 먹을 수 있다.

매실은 따는 시기에 따라 당도와 구연산이 풍부하여 신맛도 조금 차이가 나지만, 기본적인 배합률로 하면 무난히 초가 익는다. 6월 중순 넘어 딴 다 익은 황매실 향은 행복한 향이다. 당도가 낮아 설탕의 양을 조금 더 늘리고 잘 씻어야 한다. 매실 꼭지는 반드시 이쑤시개로 빼내야 한다. 그냥 하면 잡냄새를 만들기도 한다.

담그기

매실 씻고 설탕, 누룩 넣고 술 안치기

매실은 친환경이면 흐르는 물에 헹구듯이 씻고, 아니면 식초를 탄 물에 잠시 담갔다 씻어 물기를 빼둔다.

이쑤시개로 꼭지를 파내고 대야에 넣은 다음, 설탕 시럽을 섞는다. 매실 과즙이 많이 나오면 용기에 넣거나, 바로 용기에 넣고 설탕과 물을 넣어 과즙을 빼내거나 하면 된다.

발효조가 크고 매실이 많아 바로 용기에 넣어 설탕, 물을 섞는다. 설탕을 완전히 녹인 후(양이 많아 3일 동안 설탕을 녹임) 누룩을 위에 골고루 뿌려준다.

뚜껑은 위생비닐을 덮어 술발효에 들어간다.

다음 날 젓기 / 술발효 모습

다음 날 골고루 저어주는데 누룩이 매실즙에 젖어들고 있다. 섞는다고 손을 넣으니 벌써 술발효를 하고 있다.

이미 매실은 과육 추출을 하면서 쪼그라들어 있고 액이 많이 나왔다. 술이 익고 있는 것이다. 3일에 한 번씩 골고루 매실 과육이 추출되게 저어준다. 매실은 탈색이 되면서 과육은 많이 빠지고 풍선같이 빵빵하다.

→ 처음 담글 때는 발효조 공간이 넉넉했는데, 엄청난 술발효를 하면서 넘칠까 걱정이 된다. 발효조 뚜껑을 걷어내고 대형 비닐 봉투를 덮어준다.

술발효를 하면서 이산화탄소가 생성된다. 술이 어느 정도 익어 가스가 생성되지 않는 시기까지 재미나고 적나라한 모습을 보자.

이렇게 왕성한 술발효를 하면 알코올 도수가 꽤 높게 나온다. 처음 설탕을 버무려 매실즙을 맛보면 달콤했는데, 술이 잘 되어가면서 쓰기만 할 뿐 단맛은 사라지고 없다.

비닐봉투 발효 모습

술 걸러 초 안치기

분꽃 같은 향을 풍기던 매실술, 4주 만에 거르기를 한다. 매실 껍질이 쪼그라든 것, 통통한 것이 있지만 만져보면 '피식' 하고 바람 빠지는 소리가 난다. 형태는 있지만 과육은 이미 다 추출되어 남은 게 없다.

가득 찬 건지를 걷으니 매실향이 진한 술이 보인다. 한 스푼 맛을 보니 독하고 쓰기만 한데, 이게 과연 맛있는 초가 되려나 싶다. 그러나 익어가면서 놀라운 식초로 변신을 하게 된다.

양이 워낙 많아 베자루에 넣고 3일 동안 그대로 술을 받아냈다. 걸러진 매실 술을 소독한 용기에 넣고, 종초로 현미이양주 전통식초와 작년에 담근 매실식초를 같이 넣어 초를 안쳤다.

뚜껑은 한지나 천을 덮어 초산균이 들어갈 수 있게 한다.

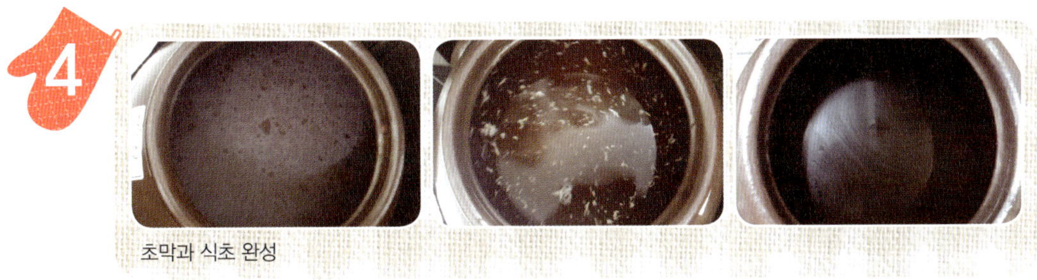

초막과 식초 완성

초를 안치고 3개월 만에야 첫 초막이 생겼다. 시기도 더운 여름이라 초가 잘 익을 것 같지만 매실은 더디 익는다.

좋은 종초를 넣고 자주 들여다보면 익을 것 같지 않은 초가 고운 초막을 만들고 익어간다. 맛을 보면 쓴맛과 매실의 기본적인 신맛이 강하다. 약간의 초산 맛, 즉 감칠맛도 난다. 초막이 가볍게 다 덮이면 살짝 젓거나 용기를 흔들어 초막을 깨준다. 첫 초막 생기고부터는 초가 부지런히 익어간다.

하루가 다르게 쓴맛은 줄고 상큼한 초맛이 강해진다. 한 달이 지나니 왕성하던 초막이 서서히 줄어든다.

초 안치고 5개월 후 초막이 다 사라지고 맑은 초가 보이면서 그윽한 향이 풍긴다. 쓴맛은 사라지고 매실향과 맛을 그대로 품은 초가 나왔다. 커다란 항아리 두 개에 매실 식초가 가득 찼다. 바로 먹거나 필요한 사람들에게 나가는 게 아니라 1년 동안 숙성을 시킨 후 내놓아 깊은 맛을 전할 것이다.

초가 다 익으면 바로 먹어도 되지만, 산도가 낮게 나왔다면 냉장실에 두고 먹거나 살균, 열탕을 하여 초산균을 없애 물이 되지 않게 하여 부지런히 먹으면 된다.

- 황매실 당도 → 7브릭스

- 설탕을 다 녹인 후 매실즙 당도 → 26브릭스

- 술 안치고 3일 후 당도 → 24브릭스

- 4일 후 당도 → 15브릭스

- 7일 후 당도 → 13브릭스

- 12일 후 당도 → 10브릭스

- 술 거른 후 당도 → 10브릭스

- 초 다 익고 난 후 당도 → 9.5브릭스

매실은 초가 참 잘 익을 것 같은 열매이다. 그러나 실상은 그렇지 않다. 너무 신 열매라 신맛이 너무 강해 초를 안쳐도 첫 초막이 생기는 기간이 많이 걸리기도 한다.

좋은 종초를 넣었어도 2~3개월은 되어야 초막이 보이는 특성을 자주 겪었는데(특히 가수를 하지 않으니 더 걸렸음), 초막이 생기기만 하면 그때부터 초는 부지런히 익어간다.

초막이 왕성하게 생기며 맛도 하루가 다르게 익어 쓴맛이 강했던 술이 점점 줄고 상큼한 식초로 익는다.

매실식초를 하면서 당분을 많이 추가하는 이유는, 매실 자체가 당도가 낮기도 하지만 워낙 신 열매라 당분이 모자라면 술발효가 잘 안 되어 약한 술이 나오기 때문이다.

➡ 그런데 설탕 넣고 누룩이나 효모를 넣으면 거품발효를 많이 하여 술이 잘 익는 것이 아닌가 하지만, 매실은 발효액을 하여 설탕을 많이 넣거나 적게 넣어도 거품이 부글거리는 특성이 있다. 자칫하면 설탕이 모자라 부글거리는 것을 보고 술인 줄 알게 된다.

나 역시 술을 잘 담가 초를 안쳤는데, 초가 익어가다 물이 되는 현상을 겪었다. 천연발효식초는 설탕 추가는 필수이나 원재료의 당도를 알고 알맞게 넣어 알코올 도수 높은 술을 담그자.

➡ 미리 공부를 했지만, 원재료 자체의 신맛(구연산, 비타민 C)에 속지 말자.

매실이 워낙 신 열매라 초를 안치고 초막이 생긴 지 얼마 안 되었어도 맛을 보면 아주 시다. 그 맛을 초가 다 익은 신맛인 줄 알고 용기 뚜껑을 덮거나 병입을 하고 먹다가, 다시 먹으려 열어보면 물이 되는 경우가 아주 많다.

초산의 신맛이 아닌 매실의 신맛에 속기 쉽다. 초막이 생기고 맛을 보면서 매실의 신맛과 초의 신맛을 구분하여 익혀야 실패를 하지 않으니, 신 열매로 식초를 할 때는 반드시 신맛을 익혀두는 걸 잊지 말아야 한다.

복분자 천연발효식초 담그기

복분자 당도 12~16브릭스. 개인적으로 복분자식초를 좋아한다. 맑은 유리병에 든 것을 보면 너무 매력적이라서 가시오가피열매식초와 같이 참 좋아한다.

복분자는 식초를 하는 데 딱 좋아, 종초만 좋은 것을 넣으면 초가 금방 잘 익고 실패할 확률도 거의 없는 열매로서 누구나 별문제 없이 초를 얻을 수 있다.

중요한 것은 복분자열매가 씨앗이 많이 있어 보기보다 즙이 많이 안 나온다. 적당한 물 추가가 필수이며, 당분도 나오는 곳마다 약간씩 차이가 나지만 기본적인 양을 넣으면 맛있는 초를 익힐 수 있다.

나오는 시기도 술을 담그고 초를 안쳐 익어가기에 좋은 계절이라, 초겨울이면 다 익은 초를 맛볼 수 있다.

복분자나 오디 같은 열매는 과육이 약해 채취하여 급속냉동을 한 상태로 보내와 조금

- 복분자 : 5kg(당도가 아주 좋음)
- 설탕 : 13% 650g
- 물 : 3ℓ. 물에 대한 설탕 20% 600g
- 용기 : 10ℓ
- 누룩 : 500g(효모를 넣고 싶으면 5g)
- 종초 : 4주 후 술이 다 익고 나서 술 양의 30%

문제가 있다. 생과면 소쿠리에 넣고 물을 뿌리듯이 먼지를 씻어내야 하는데(물에 담그거나 손으로 헹구듯이 씻으면 복분자 과즙이 많이 나오니 주의), 냉동한 것이 오면 실온에 두어 냉기를 완전히 뺀 다음 담가야 한다.

복분자는 해동되면서 과즙이 물로 나와 형태가 줄어든다. 그런 걸 씻는다면 풀어진 과육이 물에 다 씻겨 당도, 성분, 맛, 향이 다 빠진 상태가 된다.

당도도 좋지만 적당한 당분을 추가하여 알코올 도수가 적절히 오르도록 도와주고, 열매들은 과일과 다르게 물을 넉넉히 넣어주어야 한다. 아로니아, 오미자에서 공부했듯이 복분자도 적당한 물을 넣어야 술이 되고 술의 양도 얻을 수 있다. 오디, 가시오가피, 구지뽕 같은 열매들은 거의 다 같은 양으로 물을 넣어주면 되니 한번 공부한 것을 잊지 말고 술을 안친다.

배합률을 짤 때 원재료 비율은 처음 하는 사람들이 쉽게 할 수 있도록 양 조절을 했는데, 더하고 줄일 때 기본에 맞추어 계산하여 넣자.

담그기

복분자 과육 / 누룩 / 술발효

냉동상태로 온 복분자는 실온에 두고 완전히 해동한다.

해동된 복분자를 소독한 용기에 담고 정량의 설탕, 물을 넣고 골고루 저어주면, 과육이 부드러워 과즙이 잘 나와 금방 액이 고인다.

설탕이 다 녹은 것을 확인하고 누룩을 골고루 위에 뿌린 다음 위생비닐 뚜껑을 해준다.

다음 날 술 젓기 / 술발효

다음 날 위아래로 저어주어 누룩이 골고루 섞이고 복분자도 잘 섞이게 한다. 3일마다 세 번 저어 술발효를 시킨다. 왕성한 술발효를 해야 알코올 도수도 잘 나오고 술맛도 좋아, 식초도 맛있고 안전하게 익는다.

술 거르고 초 안치기

약 한 달 후 복분자 건지가 밑으로 다 가라앉고 술이 차오르면 거른다. 복분자 건지는 꼭 짜도 된다.

짙은 보라색 술이 나왔다. 복분자술을 소독한 용기에 넣고 현미이양주 전통식초로 한 종초를 술 양의 30% 넣어, 복분자에 현미의 성분이 첨가된 식초를 담근다. 뚜껑은 천이나 한지를 덮어 초산균이 들어가게 해준다.

조막 모습

복분자는 초가 잘 익는 열매이고 더운 시기라 초를 안치고 3일 만에 초막이 곱게 생겼다. 살짝 흔들거나 가볍게 저어 초막이 깨지는 정도로만 관리하며 맛을 보기 시작한다. 곱던 초막이 갑자기 짙어지면 소독된 도구로 휘휘 저어주면서 짙은 초막을 깨준다. 짙어진 초막과 함께 초맛도 깊어진다. 새콤하면 향이 더 좋아지면서 맛이 들어간다.

식초 완성

초를 안치고 3개월 만에 초막이 사라졌다. 맛을 보니 상큼한 신맛과 아련한 달콤함이 우러나면서 복분자의 향이 발효된 향으로 나왔다. 바로 먹어도 될 정도로 맛있다.

식후 원액을 한 모금 먹어보니 역시 복분자는 식초로 먹을 때 가장 맛있다는 느낌이 든다.

→ 열매 자체의 맛을 신맛과 구별해야 하는데, 초막이 생기고부터 맛을 보며 익히면 구별할 수 있으니 속지 않게 초가 다 익은 것을 확인한다.

마무리 공부

초는 맛있게 익었지만 먹는 것을 자제하고 오래 숙성시켜 농축되고 깊은 식초의 맛을 즐기려 한다(상큼한 향, 맛이 좋으니 바로 먹고 싶으면 먹어도 됨).

숙성은 뚜껑을 꼭 닫거나 병입을 하여 두는데, 산도가 약하게 나왔다면 살균, 열탕을 하여 먹으면 된다. 산도가 왜 낮게 나왔는지 한번 돌아본다. 재료 준비에 미흡함이 없었나, 배합률은 맞추었나, 술을 제대로 담았나, 종초가 조금이라도 문제를 일으키지 않고 된 산도가 좋은 것인가, 초막 관리를 잘하였나, 온도가 낮지 않았나(냉동과라 겨울에도 할 수 있음)를 점검한다. 그러면 다음엔 산도 좋은 식초를 마음 놓고 실온에 두고, 종초로도 사용할 수 있는 식초를 얻을 것이다.

야생오디 천연발효식초 담그기

오디로 식초를 담근다. 자연산 오디를 따러 가자는 연락을 받았다. 도시에서 벗어난 나지막한 산중턱에 자연적으로 뽕나무가 자라 열린 야생오디다. 재배오디보다는 크기가 작고 당도도 약간 낮으며 조금 더 신맛이 나는 오디다. 하지만 재배오디로 해도 아주 맛있는 오디식초가 되니, 쉽게 구할 수 있는 것을 준비하자.

오디가 나오는 것은 온도가 오르는 시기라 주문하면 거의 금방 따서 바로 급냉을 하여 보낸다. 물에 씻으면 오디의 성분, 맛, 색이 다 씻겨나가니 그대로 한다. 생과 그대로 구입해, 꼭 씻고 싶다면 물에 넣어 휘저어 먼지만 털고 얼른 건지는데, 그래도 오디물이 빠지니 주의한다. 오디만 하면 발효액처럼 설탕을 많이 넣어 녹은 부피로 오디액이 많이 나오지만, 술은 설탕 양이 소량이라 정말 적게 나오고 걸쭉하며 성분 추출도 다 되지 않으니, 물을 적당량 추가하여 담근다.

- 오디 : 5kg
- 물 : 3ℓ. 물에 대한 설탕 20% 600g
- 누룩 : 10% 500g(효모를 넣고 싶으면 0.1% 5g)
- 종초 : 술 양의 30%
- 설탕 : 12% 600g
- 용기 : 10ℓ

담그기 

오디 따기

생과 누룩

술 안치기

오디 당도는 환경, 온도, 토양에 따라 약간씩 차이가 나며 같은 밭이라도 조금씩 다르다. 식초를 할 때의 당도는 평균으로 하여 설탕 추가를 한다.

오디는 무른 열매라 따가지고 오는 동안에 통 속에서 물러져 즙이 흥건한 상태니, 씻지 않고 그냥 한다.

오디를 용기에 담고 설탕과 물을 넣어, 설탕이 녹도록 잘 저어준다. 오디 과육이 뭉개지지만 억지로 알을 터트릴 필요는 없다.

설탕 입자가 없으면 누룩을 위에 뿌려주고 위생비닐 뚜껑을 덮어준다.

다음 날 누룩 젓기 술발효

다음 날 골고루 저어주고 3일에 한 번씩 세 번 저어준다.

오디는 작은 거품들을 만들면서 술을 익힌다.

술 익어 거르고 천 덮어 초 안치기

4주 후 술발효가 끝나 떠 있던 오디는 가라앉고 술이 차오른다. 오디 건지는 술을 많이 품고 있어 무거운 것을 눌러 짜낸다. 진득하거나 점성이 없는 술이 나온다.

걸러낸 술은 소독한 용기에 담고, 오디식초를 종초로 넣어 초를 안치고 뚜껑은 초산균이 들어가게 천이나 한지로 덮어준다.

초막 모습   식초 완성

3일 후 초막이 생겼다. 넣어준 종초는 산도가 좋고 온도도 여름이 시작되는 시기라 초가 빨리 익는다.

첫 초막은 그대로 더 두고 보다, 얇게 덮이면 흔들거나 소독된 도구로 금만 가게 깨준다. 다시 들어오는 초산균이 초를 키우는 집이 되도록 초막이 완전히 사라지지 않게 관리하고, 한 방울씩 먹어 초맛을 익힌다.

3개월 만에 다 익어 향기롭고 맛있는 초가 되었다. 다 익은 초지만 병입하거나 뚜껑을 닫지 않고 좀 더 두면서 남은 술이 없도록 해준다.

오디는 열매 자체의 신맛과 당도도 적절히 있어 배합률만 맞추어 술을 담그면 초가 맛있게 익는다. 그러나 오디의 신맛과 초산의 신맛을 헷갈리면 안 된다.

오디가 오면 맛을 보아 신맛을 기억하고 초가 익어가면서 생기는 초산에 의한 신맛을 구별하여 진정한 신맛의 초를 익혀야 한다. 잘못하면 신맛에 속아 초가 다 익은 줄 알고 병입을 하거나 뚜껑을 닫아 물이 되는 경우가 많다.

오디는 초가 잘 익을 것 같지만 유난히 문제를 많이 일으키는 열매이기도 하다. 초막 관리를 조금만 소홀히 하면 금방 두터워지고, 잡맛이 생겨 산도가 낮아지거나 물이 되기도 한다. 초가 잘 익다가 갑자기 물이 되니, 중요한 술 담그기를 잘하여 좋은 초를 얻도록 한다.

슈퍼복분자, 야생오디
천연발효식초 담그기

　냉동실이 비좁아 뭐가 이리 들어 있나 뒤지다가 봄에 야산에서 딴 오디랑 고은 이가 준 슈퍼복분자 작은 통들을 발견했다. 꽁꽁 언 채 있는 것을 우유랑 갈아먹을까, 달여서 진액으로 먹을까 고민하다 얼마 안 되니 두 가지를 섞어 식초를 담그기로 한다.

　식초는 꼭 한 가지로만 담그지 않고, 양이 적을 때는 향, 맛 등 성향이 비슷한 재료들은 몇 가지 섞어 해도 된다. 오디랑 슈퍼복분자는 거의 비슷한 맛, 향, 색이라 서로의 맛을 크게 해치치 않고 맛있게 먹을 수 있다. 두 가지 성분을 섭취하는 것이 가능하니 새로운 맛을 즐겨보자.

　슈퍼복분자는 1kg를 받았는데 한 주먹 집어먹어 800g으로 보고, 야생오디는 2.2kg, 합해서 약 3kg가 된다. 각각은 적지만 같이 하면 충분히 식초가 나오는 양이다. 다 냉동과라서 실온에서 자연적으로 해동시키고, 냉기가 완전히 빠지면 분량의 설탕과 물을 넣는다. 물은 식초 양을 많이 뽑기 위함이 아니라 성분 추출을 원활히 하기 위한 것이니,

- 냉동 슈퍼복분자, 냉동 오디 : 두 가지 합해 3kg로 잡아 배합률을 짰다.
- 설탕 : 열매의 13%　　　· 물 : 2ℓ. 물에 대한 설탕 20% 400g
- 누룩 : 10% 300g(효모를 넣고 싶으면 0.1% 3g)
- 용기 : 10ℓ　　　· 종초 : 술 양의 30%

적정량을 넣어 술발효도 돕고 적당한 술도 나오게 한다.

방식은 앞서의 식초들과 다를 바 없으니 쉽게 담글 수 있을 것이다.

담그기 

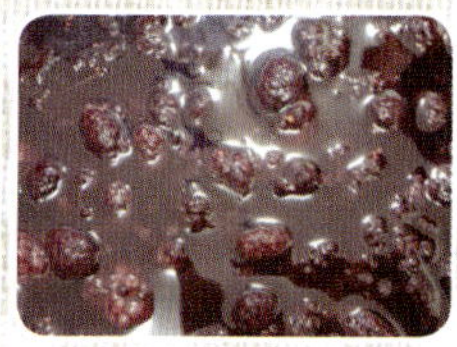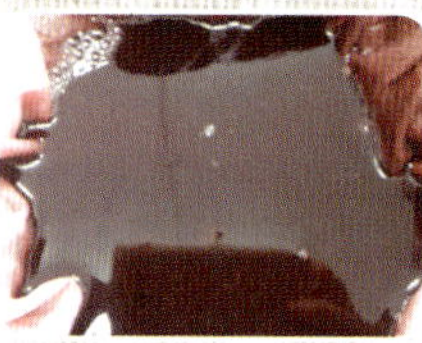

술 담그고 걸러 초 안치기

냉동 열매들은 자연해동시켜 그대로 하는데, 씻으면 냉동된 과육이 흩어지면서 성분이 물에 다 나온다. 해동하면 과육들이 물러지며 진액을 품고 나와 흥건하니 버리지 말고 다 넣는다. 냉기가 완전히 빠지면 열매를 소독한 용기에 담고 설탕, 물을 넣어 깨끗한 손으로 설탕을 녹이면서 과육을 살짝 집었다 놓으며 터트려준다.

누룩을 넣고 위생비닐 뚜껑을 덮어준 다음, 다음 날 고루 섞어 다시 뚜껑을 덮고 2,3일에 한 번씩 서너 번 저어주면 술이 잘 익는다.

한 달 후 걸러 건지는 살짝 짜 소독한 용기에 담고, 술 양의 30% 종초를 넣어 천을 덮고 초를 안친다.

초막 모습

야생오디, 슈퍼복분자로 초를 안치고 3일 후부터 초막이 생긴다.

여름에 냉동실에 두었다, 10월에 술을 담가, 11월에 식초를 안친다. 온도가 내려가는 시기라 오디는 약간 문제를 일으키기도 하지만, 복분자는 웬만하면 초를 잘 익히는 열매이다. 둘 다 적당한 신맛이 있어 초가 하루가 다르게 익는데, 초막이 생기면 꼭 맛을 보아 눈으로는 초막, 입으로는 맛을 익혀 초가 익어가는 걸 확인한다. 초막이 아주 얇게 덮이면 소독한 도구로 살짝만 저어 틈이 생긴 곳으로 초산균이 들어가 부지런히 초를 키우도록 해준다.

초는 술 담그기, 가수, 종초, 온도에 의해 익는 맛과 기간이 달라진다. 겨울이라 춥지만, 초 안치고 두 달이면 초막이 서서히 사라지고 맑은 초가 보인다.

맛을 보니 완전히 익은 초맛이 상큼하고 향기롭다. 야생오디와 슈퍼복분자가 섞여서인지 두 가지 맛이 나는 듯하여 아주 맛있다.

작은 항아리에서 쏟아내는 향이 넓은 실내를 다 장악하여 글을 쓰고 있는 공간을 향긋함으로 채운다. 먹지 않아도 먹은 듯 몇 시간 맡으니 피곤함이 느껴지지 않고 상쾌하다.

밤에 잠도 안 자고 온 종일 책상 앞에 노트북 두 대를 놓고 몇 달째 글을 쓰지만, 아직 몸살도 앓지 않고 정진 중이다. 기분인지는 모르지만 다 식초 덕분이고, 이 향기로움도 한 몫을 한 것 같다. 추운 겨울에 초 안치고 두 달 만에 완전히 익혀냈는데, 양이 많았으면 더 오래 걸렸겠지만, 아무래도 양이 적으니 초 익는 기간이 줄어들었다.

온도가 영상 10~15도, 술은 가수를 안 한 독한 술 그대로인데 이렇게 빨리 초를 익혀낸 것은, 술을 완벽히 담갔고 종초가 좋아서이다. 그래서 빨리 아무런 문제 없이 초를 키워낸 것이다. 식초는 종초 없이도 얼마든지 초를 잘 익혀내지만 종초를 넣으면 식초 맛이 확실히 좋고, 익는 기간도 단축되며, 문제가 생기는 경우도 거의 없다.

발효액과 달리 소량의 설탕을 넣었어도 누룩이나 효모가 다 소비하여 술이 된다. 당분에 대해 아주 민감하지 않은 한 맛있는 천연발효식초를 담가먹고, 곡물로 당화시킨, 설탕 한 알 들어가지 않은 전통식초도 담가 식생활에 이용하고, 이렇게 적은 양의 원재료가 있을 때 섞어 해도 된다는 것을 전한다.

야생유자 천연발효식초 담그기

　나의 가냘픈 여친이 친환경 참다래 한 박스 10kg을 사다 주며 "선생님, 비타민 C 듬뿍 드시고 힘내서 글쓰세요." 하며 안겨주더니, 영귤 한 박스도 가져오고, 며칠 후 야생유자 한 박스도 차 만들어 따끈하게 먹으라고 안겨준다. 받은 유자는 차보다 식초를 담가 나누어 먹어야겠다.

　유자가 야생이라 흐르는 물에 먼지만 살살 씻은 다음 껍질과 과육은 넣고 씨는 꼭 빼낸다. 유자 자체가 신맛이 강하고 약간 쓴맛이 나는데, 씨앗은 더 심해 버리고 한다.

　유자는 설탕을 많이 넣은 청으로 만들어 신맛과 쓴맛을 조금이라도 눌러주는 단맛으로 먹는다. 식초는 설탕이 적게 들어가 신맛을 누르기엔 부족하지만, 술이 되고 초가 익어가면서 생기는 60가지 이상의 유기산 단맛이 자연스레 잡아 유자 본연의 신맛과 쓴맛을 부드럽게 만들어줄 것이다. 그래서 유자청도 좋지만 지나친 당분 걱정 없이 유자가

- 유자 : 5kg
- 물 : 2ℓ. 물에 대한 설탕 20% 400g
- 누룩 : 10% 500g(효모는 0.1% 5g)
- 설탕 : 15% 750g
- 용기 : 10ℓ
- 종초 : 술 양의 30%

지니고 있는 영양소와 성분을 취할 수 있고 자연 생성된 유기산, 필수아미노산을 섭취할 수 있는 유자식초를 담가야겠다. 나의 가냘픈 여친은 유자식초를 담가 내가 먹기 바라며 가져온 거지만, 나는 그녀와 이쁜 동생에게 주기 위해 식초를 담근다.

　가수 없이 담근 진한 식초를 늘 먹을 수 있도록 그녀들에게 주는 것이 나의 기쁨이다. 내가 90살이 되면 그녀들 둘은 80이 넘지만 나를 업고 춤을 추겠다고 약속하여 나는 굳게 믿고 있다. 나를 업어주기를.

　아름다운 유자. 약간의 쓴맛은 돌겠지만 감칠맛으로 전해질 것이고, 그런 맛조차 좋은, 향기로운 야생유자식초를 담근다.

담그기

야생유자 씻고
자르고 술 안치기

　재배유자라면 베이킹파우더, 식초 등에 담갔다 깨끗이 씻고, 야생유자는 흐르는 물에 씻어 물기를 말려 껍질은 잘게 자르고 과육은 터트려 씨를 빼내어 준비한다. 소독한 용기에 유자를 넣고 정량의 물과 설탕을 녹여 시럽과 유자를 고루 섞어준다. 또 그냥 소독한 용기에 유자, 설탕, 물을 바로 넣어 잘 섞으면서 설탕을 녹여도 된다.

　➔ 5년 전에 야생 유자청을 10통 담가 나누어 먹고 두 통 남아 있던 것 중 한 통을 넣었는데,

뚜껑을 열어보니 숙성된 깊은 맛과 향이 너무 좋아 유자식초 설탕을 100g 줄이고 5년 묵은 유자청을 넣었다.

만약 집에 잘 안 먹는 유자청이 있다면 설탕 양을 조금 줄여 식초를 만든다. 먹지 않는 유자청도 식초로 하니 여러모로 좋은데, 유자청의 양에 따라 설탕을 줄이면 된다. 설탕이 다 녹으면 누룩이나 효모 중 한 가지를 위에 골고루 뿌려주고(온도가 낮은 시기이니, 경험이 적으면 활성화시켜 넣으면 발효가 더 빠름) 위생비닐 뚜껑을 덮어준다.

술발효 모습

다음 날 뿌려준 누룩이나 효모를 고루 섞어 술발효를 돕고 다시 뚜껑을 덮는다. 2,3일에 한 번씩 서너 번 저어주면 술이 잘 익는다.

술 거르고 초 안치기

한 달 후 술이 다 익어 유자 건지는 밑으로 가라앉고 향기로운 노란 유자술이 차올랐다. 고운 천에 술을 거르고 건지는 살짝 누르듯이 짜내어 버리고, 소독한 용기에 유자술, 종초를 넣어 초를 안치고 천을 덮는다. 초산균이 들어와 넣어준 종초와 같이 초를 키우게 한다.

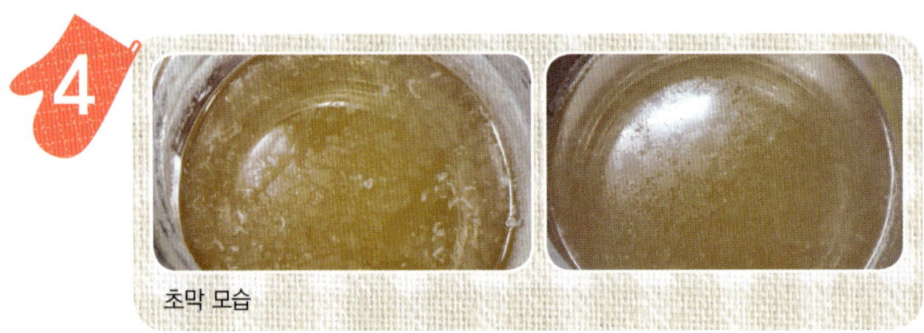
초막 모습

초를 안치고 3일 만에 첫 초막이 생기고 초는 부지런히 익어간다. 점점이 떠 있으면 그냥 두고, 살짝 흔들거나 소독한 도구로 금만 가게 젓는다. 다시 들어온 초산균이 집 삼아 초를 키우게 하고 맛을 보며 초 익어가는 것을 지켜본다. 초막은 다른 식초보다 적게 생기며 곱게 익어가는데, 이는 신맛의 농도가 높아서이다.

나는 오래 숙성된 유자청을 넣어 설탕을 조금 줄인다. 숙성된 유자로 인해 초가 더 향기롭게 익어간다. 먹지 않는 유자청이 있다면 식초 담글 때 넣어보자.

유자식초는 함정이 있다. 초막이 생기고 얼마 안 되었는데도 사라지는 경우가 많은데, 맛을 보면 신맛이 많이 나서 초가 익은 줄 알고 먹거나 병입을 하게 된다. 신맛이 강한 열매라 초막이 생겨 맛을 볼 때부터 초가 익은 것 같은 맛이 날 것이다.

보통 유자식초를 담가 조금 덜어내어 먹다가 다시 먹으려 하면 물이 되어 있다는 글들이 많았다. 그렇게 유자의 산도에 속지 말라 해도 막상 익으면 먹고 싶어서인데, 물어보면 100% 유자의 엉큼한 신맛에 속아 애써 담근 식초를 술 반, 초 약간인 것을 조금 먹다 버리게 되는 것이다. 그래서 책 여기저기에 완벽히 초를 익혀서 먹어야 된다고 강조하니, 유자의 신맛이 아닌 초산의 신맛을 알아가는 능력을 기르자.

보리수열매
천연발효식초 담그기

보리수 당도 12~13브릭스. 보리수열매로 식초를 담가보자.

보리수는 보기에는 인물이 훤하여 맛도 좋겠지 싶어 먹어보면 떨떠름하고 단맛도 약하다. 또한 과육을 씹으려 하면 열매에 비해 큰 씨앗이 턱 들어 있어 생으로 먹기에는 좋지 않다. 실제로는 보리수열매 당도가 13.5~15브릭스로 높지만 특유의 떫은 타닌 성분으로(아로니아와 비슷함) 단맛을 잘 느끼지 못하고 맛이 없다. 하지만 여러 가지 성분이 뛰어나 설탕을 넣어 발효액을 담그면 단맛이 들어 맛있게 먹을 수 있다. 식초를 담그기에는 더할 나위 없이 좋은 열매이다.

식초가 되면서 생긴 유기산의 달콤함과 초산의 맛이 기가 막히게 어울려 없어서 못 담그는 열매가 된다. 보리수열매도 타닌 성분이 많아 초가 익는 데 문제를 일으키는 성질이 있는데, 술만 잘 담가 초를 안치면 걱정할 필요가 없다. 담글 때는 과육이 워낙 단단

- 보리수열매 : 5kg
- 물 : 2ℓ. 물에 대한 설탕 20% 400g
- 누룩 : 10% 500g(효모를 넣으려면 5g)
- 종초 : 4주 후 술이 다 익고 나서 술 양의 30%
- 설탕 : 12% 600g
- 용기 : 10ℓ

해 그대로 하면 술이 되어도 열매가 형태 그대로 있는 것이 많다. 따라서 과육을 일일이 터트려야 하는데, 손이 아플 정도로 단단하다. 성분을 다 뽑아내려면 필요한 수고이다. 믹서로 드르륵 갈면 되지 싶어도 가운데 딱딱한 씨앗 때문에 갈 수도 없다.

당도가 높아 설탕 추가를 줄이면 되겠지만, 타닌 성분으로 술이 되는 데 방해를 받지 않으려면 충분한 설탕을 넣는다. 과즙도 씨앗 부분이 많아 적게 나오니 물을 추가하여 준다.

담그기

보리수열매 씻어 터트리기

설탕 녹이기

초여름에 나와 성분이 뛰어나며, 자연 방치된 상태로 자라는 나무의 열매라 흐르는 물에 헹구듯이 씻어만 주어도 된다. 열매가 잘아 따기도 힘들고 잎도 같이 들어가는데, 굳이 골라내지 않고 넣어 같이 씻어 물기를 빼준다.

대야에 담고 손으로 열매 터트리기를 하는데, 제법 단단해 힘을 주어야 잘 터진다. 터트린 열매에 정량의 물, 설탕을 넣어 설탕 입자가 남지 않게 녹여 용기에 담는다.

누룩 넣고 비닐뚜껑 덮은 후 술발효

누룩을 위에 뿌리고 위생비닐 뚜껑을 한다.

다음 날 골고루 섞어 누룩이 보리수 성분을 추출하고 술이 잘되게 한다. 3일에 한 번씩 세 번 저어준다. 보리수는 자잘한 거품발효를 한다.

술 거르고 초 안치기

4주 후 술발효가 끝나 보리수 특유의 향을 풍기며 쓴 술이 나왔다. 술을 안치고 맛을 보았을 때 설탕 추가로 단맛이 돌았는데, 그 맛은 어디로 갔는지 없다.

열매가 워낙 단단해 잘 터트렸어도 그대로 있는 것들이 제법 보인다. 술이 맑아 보이지만 거르기를 하면서 꼭 짜면 탁한 것이 나온다. 일주일 후 침전된 앙금을 걸러내 본격적인 초산발효에 들어간다. 천으로 덮어 초산균과 산소가 드나들도록 해준다. 초색을 전하고자 유리병으로 바꾼다.

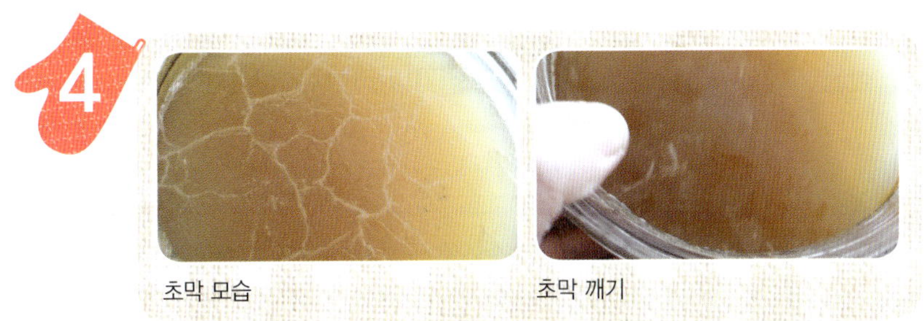

초막 모습   초막 깨기

초를 안치고 온도가 좋으니 3일 만에 첫 초막이 생기고, 보름이 지나면 초막이 짙어진다. 초산균이 들어가기 좋게 흔들어 막을 흐트려주고 맛을 본다.

맛 익히기는 식초를 만드는 데 아주 중요하다. 집에서 산도를 측정할 수도 없고, 초맛도 모르면 내 초가 익는지 상하는지도 모르니 꼭 맛을 보자.

식초 완성

일찍 초막은 생겼지만 막상 초가 다 익기는 4개월 만이다. 타닌 성분이 많은 열매라 초막을 오래도록 끌고 다니다, 이윽고 초막이 사라지고 초가 노랗게 익었다.

초반에 탁했던 술이 초가 익어갈수록 맑아지면서 고운 색을 냈다.

마무리 공부

떫은 맛이 강한 맛없는 보리수열매가 변신을 했다. 밍밍하고 쓴맛만 났던 술도 달콤함과 새콤함이 생성되어 맛이 기가 막히다.

늦게 열리는 토종 보리수는 알은 잘아도 달콤하여 맛있는 것도 있는데, 같은 보리수라도 종자에 따라 타닌 성분도와 맛이 다르다. 타닌 성분에 의해 초가 익더라도 산도가 낮게 나오는 경우도 있으니, 효모나 누룩의 먹이가 모자라지 않게 당분을 추가하고, 충분한 술 발효를 시키고, 좋은 종초를 넣어 초산발효를 시키자.

자칫하면 산패하거나 물이 되기 쉬우니, 산막, 산패는 아니라도 만약 산도가 낮아 걱정이면 열탕처리하여 초산균을 사멸시킨다. 냉장실에 두고 먹거나 그대로 냉장보관하며 부지런히 먹도록 한다.

➡ 초가 익어가는 중에 산도는 오르지 않고 술이 약해지면, 다른 술을 담근 것이 있으면 얼른 술밥을 준다. 그리하여 힘없이 익어가는 초에 싱싱하고 도수 높은 술이 들어가 초산발효를 할 수 있게 도와준다. 담근 술이 보통 11~14도이니 맛을 보고 약 25% 정도 추가한다. 종초도 있으면 조금 추가한다. ~~약 25% 추가.

술이나 종초가 없으면 그대로 초산발효를 시켜, 산도는 약하지만 마무리 초를 잘 익혀 먹으면 된다. 중요한 것은 술을 잘 담그면 초산발효 역시 잘된다는 것이다. 잊지 말자.

다이어트 바나나, 여자의 과일 자몽 천연발효식초 담그기

바나나 당도 23~26브릭스, 자몽 당도 10~10.8브릭스.

다이어트 식초로 유명한 바나나식초는 아주 초간단으로 담글 수 있다. 바나나, 흑설탕, 양조식초를 1:1:1로 하여 며칠 지나면 먹을 수 있다. 바나나의 당도가 높은데다 흑설탕을 동량으로 넣으니 당도가 아주 높다. 거기에 양조식초를 동량으로 넣으면 달콤하고 새콤하여 맛이 참 좋다.

→ 중요한 것은, 동량으로 넣은 설탕의 당분은 어디로 갔는가, 양조식초를 그렇게 음료처럼 먹어도 되는가가 문제이다.

- 바나나 : 5kg
- 설탕 : 7% 350g
- 물 : 2.5ℓ. 물에 대한 설탕 20% 500g
- 자몽 : 2kg. 자몽에 대한 설탕 10% 200g
- 용기 : 10ℓ
- 누룩 : 10% 700g인데 양이 많아 600g(효모 0.1% 7g) 꼭 두 가지 중 한 가지만 넣어야 한다.
- 종초 : 술 걸러 술 양의 30%

양조식초는 조리를 할 때 소량 첨가하여 밥과 다른 음식과 같이 희석된 것을 섭취하는 양념용인데, 바나나와 설탕을 단시간에 추출한 식초로 먹는 것은 많이 불편하다. 다이어트 식초인데 녹기만 했을 뿐 그대로 있는 설탕을 고스란히 섭취하는 것이 된다.

양조식초와 흑설탕을 너무 많이 먹는다면 어떨는지에 대해서는 여러 가지 이야기가 있으니, 이 책을 본 독자들은 다이어트에 짱이라는 진정한 바나나 천연발효식초를 만들어보기로 한다.

거기에 여자들의 과일, 다이어트 과일이라 불리는 자몽까지 넣어 담그면 바나나, 자몽이 들어간 식초가 완성된다. 설탕을 넣기는 하지만 설탕 걱정 없고, 유기산이 풍부하고, 미네랄, 필수아미노산이 철철 넘치는 다이어트 식초를 담그는 공부를 해보자. 종초를 넉넉히 준비해두면 얼마든지 맛나고 건강 넘치는 식초를 만들 수 있다.

수입산 과일이라 잘 씻어야 한다. 바나나는 무른 과일이니 뭉개지지 않도록 준비하고, 자몽은 껍질은 벗겨내고 과육만 적당히 자른다. 비율은 상관없이 넣어도 된다.

> 단, 설탕을 넣을 때 바나나의 당도(고당도라 23브릭스)를 고려해야 한다. 바나나가 완전히 다 익어 주근깨가 생겨 있으면 5%, 싱싱한 상태면 10%면 충분하다. 대강 7~10%에서 맛을 보고 넣는다. 자몽은 10.5브릭스 정도이다. 13%로 맞추어 넣되 바나나의 당도가 있으니 조금 줄여도 된다. 자몽만 하면 14%, 바나나와 같이 하면 10%로 줄여 넣어도 된다.

흑설탕과 동량으로 담근 식초의 달콤함이 없어 아쉬우면 각각 3%씩 설탕을 추가하면 된다. 하지만 다이어트와 건강을 위해서는 당분이 사라진 유기산의 식초를 먹자.

바나나는 수분이 적으니 성분 추출을 위해 물 추가는 필수인데, 1kg에 물 500㎖를 잡으면 적당하다.

> 자몽을 곁들인다면 수분이 많으니 물은 넣지 않아도 된다. 자몽만 한다면 물 추가는 약간 필요하지만, 바나나에 물 추가가 있으니 더 이상 넣지 않는다.

자른 과일에 누룩 뿌린 후 뚜껑 덮기

바나나는 껍질에 묻어 있는 이물질이 손에 닿지 않도록 벗겨 용기에 반을 잘라 넣는다.

자몽은 껍질 벗기기가 힘드니 식초물에 잠시 담가 씻어 알맹이만 용기에 넣는데, 무게는 바나나, 자몽의 알맹이로 잰다.

설탕을 물에 녹여 위에 가만히 붓고, 바나나가 으깨지지 않게 저은 후 누룩을 위에 뿌려준다. 위생비닐을 덮어 온도가 낮은 시기면 따뜻한 곳에 두고, 22도 이상이면 볕이 들지 않는 실온에 둔다.

다음 날 젓기 / 술발효

다음 날 위에 뿌린 누룩이 섞이게 저어주고, 뚜껑을 덮고 3일에 한 번씩 저어준다. 곱게 발효를 하면서 넣어준 당분을 먹이로 누룩이나 효모가 술을 만든다.

술 거르기　　　　　　　　　　　　　　초 안치기

　술을 안친 지 4주면 거르는데, 이 술은 3주 만에 걸렀다. 술 거를 때 꼭 짜지 말고 자연스레 흘러내리게 하면 된다. 소쿠리의 건지를 흔들어 뒤집어주면 품고 있던 술이 거의 다 나온다. 1주 빨리 걸러도 술발효를 워낙 잘해서 괜찮다.

종초 넣고 천 덮기　　　　　　　　　　초막 모습

　거른 술을 소독한 용기에 담고 종초를 넣어준 다음, 초산균이 들어가도록 천으로 덮어 초산발효에 들어간다.
　바나나, 자몽 향이 살짝 나며 쓴맛만 있는 술이 열흘쯤 되면 초막이 생기고 부지런히 초가 익어간다. 살짝 흔들어 초막에 금이 가 초산균이 들어가도록 깨주고 맛을 보며 초맛을 익힌다.

자몽바나나 천연발효식초

3개월 지나 초가 다 익었다. 양이 적으니 초도 빨리 익는다. 상큼한 두 과일의 향이 은은히 나는, 다어어트와 여성에게 최고인 식초가 탄생된 것이다.

달콤함은 설탕 동량에 양조식초로 담근 것에 비하면 아주 미미하지만 건강한 식초의 탄생이다.

건강미 넘치는 식초가 탄생되었다. 유기산의 단맛 약간과 초산의 상큼한 맛이 배어나온다. 이 식초는 많이 담가 숙성시키지 말고 바로 먹으면 된다.

식초, 설탕, 바나나를 동량으로 하여 일주일 만에 침출시켜 먹는데, 천연발효로 담근 이 식초도 상큼할 때 먹으면 더 맛있다. 먹으면서 바로 또 술을 안치고 술이 익으면 먹고 있는 식초를 종초로 넣어 초를 만들면, 듬뿍 넣은 설탕 걱정 없이 언제나 먹을 수 있다.

천연발효로 하면 일은 조금 번거롭겠지만 천연발효식초가 주는 60여 가지 유기산, 필수아미노산, 미네랄을 고스란히 섭취하고 바나나, 자몽의 성분을 그대로 다 먹을 수 있다. 잠시 수고하여 자랑스러운 나만의 식초를 만들어 먹기 바란다.

다 익은 초는 산도가 좋으면 4.5 이상이다. 실온에 두고 먹으며 종초로 쓰고, 4도 이하면 냉장실에 두어 초산균 활동을 억제시켜 먹고 종초로는 쓰지 못한다.

열탕, 살균처리를 하여 초산균을 완전 사멸시켜 냉장실에 두고 먹는다.

처음이 어렵지, 종초만 잘 키워놓으면 언제든지 맛있는 식초를 키울 수 있으니 시작해보자.

다이어트 바나나, 항산화 아로니아 천연발효식초 담그기

이번에는 다이어트에 좋은 바나나에 항산화 물질이 듬뿍 든 아로니아를 첨가해 두 가지 성분을 섭취하는 식초를 담가본다.

바나나식초 열풍은 오래 전부터 대단해 많이 만들어 먹지만, 양조식초를 이용해 며칠 만에 그 많은 설탕과 함께 먹어야 하는 독자들은 종초를 만들어두고 내 손으로 진정한 천연발효식초를 담가 당분 걱정 없는 최고의 식초를 담가 먹도록 하자.

이 식초는 이쁜 며느리, 곧 둘째아기 뽀송이가 산후조리를 끝내고 체중관리에 들어갈 때 먹고 다이어트에 도움이 되었으면 하는 마음으로 담그는 것이다.

바나나식초를 앞에서처럼 담가 잘 익혀먹고 있다면, 또 술을 담가먹고 있는 바나나식초를 조금 넣어 다시 초 익혀먹으면 언제나 다이어트에 좋은 식초를 먹을 수 있다.

- 바나나 : 총 4.5kg(알맹이만)
- 아로니아 진액 : 1ℓ
- 현미술 : 1ℓ
- 용기 : 10ℓ
- 종초 : 800g

➥ 술이 없으면 생수를 끓여 식힌 물, 누룩이나 효모를 꼭 넣고, 발효액(복분자, 오미자, 오디, 매실 등)을 설탕 대신 넣는다. 발효액이 없으면 설탕을 바나나 무게의 7%, 누룩 10%(효모를 넣으려면 0.1%), 종초는 술 양의 30%를 넣는다.

바나나만 가지고 하는 것도 좋지만, 여러 가지 필요한 재료를 추가하여 담글 수 있다. 이제부터는 통상적으로 만든 바나나식초가 아닌 발효된 식초를 건강하게 먹기로 하자.

이번에는 바나나에 아로니아를 첨가하는데, 생열매, 건조한 가루, 아로니아 발효액, 아로니아식초 등 집에 있는 것을 넣어주면 맛과 향, 성분이 더 높아진다. 없다면 준비되는 다른 것으로 넣어도 된다. 꼭 아로니아로 해야 하는 것은 아니다.

바나나는 섬유질이 워낙 많은 과일이라 삭으면 수분이 좀 생기긴 해도 술이 되기에는 많이 모자라 적당한 물이 필요하다. 물과 효모 대신 현미술 익은 것이 있으면 소량 넣고, 없으면 생막걸리(유통기한 15일 이내 것)를 앙금 빼고 넣고 누룩, 효모 중 한 가지만 약간 넣어준다.

담그는 방식은 형식에 매이지 말고 나한테 있는 술, 종초, 발효액 등을 당분, 효모로 사용해, 그야말로 홈메이드 바나나식초를 간단하게 담근다. 나 역시 바나나만 구입하고 있는 재료인 아로니아, 사탕수수 원당 18%를 넣고 한 달 동안 저어주며 뽑아낸 진액을 당분으로 넣고, 현미술은 늘 있으니 몇 바가지, 종초로는 아로니아식초를 넣었다. 바나나는 술이 익고 있는 중간에 두 번 더 추가하여 술을 익혔는데, 바나나 양은 준비되는 대로 하면 된다.

담그기 

아로니아 진액, 현미술 넣고 술 안치기

바나나는 껍질 벗기는 손이 과육에 닿지 않게 벗겨 소독한 용기에 2.7kg 넣고 현미술, 아로니아 진액을 넣는다. 일회용 장갑을 끼고 과육이 물러지지 않게 세 토막 내어 진액, 술과 살살 섞는다. 그런 다음 위생비닐 뚜껑을 덮어, 겨울이면 따뜻한 방안에 둔다.

바나나 2차 900g 추가하기

이틀 후 아주 잘 익은 유기농 바나나가 있어 한 송이 사다가 알맹이만 900g 잘라넣었다. 먼저 발효 중인 것과 섞어 다시 뚜껑을 덮어두었다.

아로니아 진액 첨가 / 바나나 3차 추가

잘 익은 바나나만 보면 괜히 욕심이 나 또 한 송이 구입했다. 알맹이만 900g 잘라넣어 고루 섞어 술발효를 시켰다. 이미 술발효를 한다고 보글거리며 익어 가는 술이라 추가해도 괜찮다. 다른 과일 같으면 추가 당분이 들어가야 하지만, 바나나는 워낙 당도가 높아 안 넣어도 된다. 걱정되면 약간의 발효액이나 소량 의 설탕을 넣어도 된다.

술발효 모습

현미술이 효모가 되어 술발효를 하고 있다. 바나나는 섬유질이 많아 잘못하면 걸쭉한 술이 나온다. 따라서 과육이 물러지지 않게 가만히 섞어주면 나름 맑은 술이 나온다.

며칠 후 바나나술의 뚜껑을 열어보니 독한 술냄새가 난다. 현미술 알코올 도수가 높은 것과 아로니아 진액도 설탕 양을 대폭 줄여 알코올이 많이 생성된 것을 넣었으니, 술은 예상보다 빨리 독한 술로 익어나온다. 술은 거르지 않은 채 아로니아 천연발효식초 800㎖를 넣은 후 천으로 덮어 마무리 술발효와 초산발효를 동시에 해준다.

종초를 넣으면 저어주지 않고 따뜻한 곳에 둔다. 보글거리며 술발효를 하고 짙은 초향이 풍기는 아로니아 닮은 맑은 식초가 익어간다.

20일 지나 건지를 걸러 소독한 용기에 담아 나머지 초산발효를 하면 되는데, 이미 초가 익어가는 중이라 초막도 금방 생긴다. 온도만 적절하면 지금 담근 방식으로 두 달 후쯤 다이어트에 좋다는 바나나아로니아식초가 나올 것이다.

이 바나나식초 글을 보면 많이 의아해할 것이다. 당도, 효모, 종초를 어떻게 저리 맘대로 넣어 식초를 담그는가?

한 가지씩 풀어본다.

'당도'는 바나나, 아로니아의 당도가 높고 진액을 뽑으려 소량 첨가된 당분이 들어 있어 충분하다.

'효모, 누룩'은 잘 익은 현미이양주를 효모로 쓴다. 이미 도수 높은 술, 아로니아 진액도 소량 넣은 설탕으로 알코올이 생겨 술냄새가 나기 시작한다. 물 넣은 것보다 바나나 성분 추출도 잘하여 빨리 독한 술로 익어나온 것이다.

'종초'는 한 달 후 술을 걸러 넣는다. 여러 가지 여건으로 술이 독하게 익어 날짜상으로는 이르지만, 종초를 넣어도 괜찮고 초 익는 시간도 많이 단축된다.

바나나의 많은 섬유질로 술이 제대로 나오지 않겠지만, 추가한 재료들이 바나나의 성분 추출과 과육을 삭혀 술로 변하는 데 큰 역할을 한다.

식초는 특별한 재료가 없다. 이런 식초를 담가 전하는 것은 '동백LEE의 곳간'처럼 내가 가진 재료를 응용하는 것을 보여주기 위해서이다. 발효 과정을 거쳐 성분이 추출되고 유기산이 생성된 식초는 최고의 장인이 만든 고가의 식초보다 더 멋지다.

쉽게 구하는 일상적인 재료로 생각지도 못한 식초를 탄생시키는 것은 이 책을 본 사람들의 몫이다. 나만의 식초 담그기를 해보자.

종합과일 냉장고 정리
천연발효식초 담그기

집집마다 냉장고에 보면 사다 놓고 먹지 않은 채 여기저기 까만 봉지 속에 시들어가는 과일들이 더러 있다. 먹자니 맛이 없을 듯하고 버리려니 아깝다. 특히 명절에 갑자기 많이 생긴 과일이 다 먹지 못한 채 있으면 더 고민이다. 그러나 이젠 고민을 하지 말자. 식초를 담그면 되는데 무슨 고민이 되랴. 적은 양이면 몇 가지로 담가야 되니 더 귀찮아 하기 싫지만, 있는 대로 마구 넣어서 하면 된다. 내 마음이니까~~~

여러 가지 과일이나 오이, 당근, 가지, 파프리카도 있다면 1~2개 정도 넣어도 좋다(많이 넣으면 야채 맛이 강해서 좋지 않음). 종초만 준비되어 있다면 냉장고 정리도 할 겸 식초를 담그자. 하지만 결과는 영양이 풍부한 맛있는 종합과일 식초 탄생의 기쁨이 생긴다.

과일은 아무거나 좋다. 토마토가 있다면 조금만 넣고, 포도, 사과도 좋고, 수박이 있다면 별도 추가 물을 넣지 않아도 된다. 수박 자체가 물이니까.

- 각종 과일 : 약 5kg (밀감, 바나나, 골드키위, 사과, 포도, 단감, 홍시, 당근 1개)
- 설탕 : 10% 500g　　　효모 : 5g(누룩을 넣는다면 400g)
- 물 : 2ℓ. 물에 대한 설탕 20% 400g
- 용기 : 10ℓ　　　종초 : 술을 걸러 술 양의 30%

계절에 맞게 넣는데, 주의할 점은 설탕 넣는 양의 조절이다. 고당도, 저당도 과일이 섞이고 야채도(조금만) 넣는다면 보통 설탕 10%를 잡으면 간단하다. 단단한 과일이나 야채는 잘게 자르고 무른 과일은 과육이 다치지 않게 껍질만 터트려 넣고 하면 된다.

추석이 지나고 한 달, 이쁜 며느리가 맛나다고 한 박스 사서 준 골드키위가 몇 개만 겨우 먹고 냉장고에 있고, 사과 두 개는 구석에서 뒹굴고(과일을 거의 안 먹음. 맛없다고 생각해서), 감식초 견본으로 보내온 자연 방치 꼬맹이 단감, 바나나는 아침에 고구마랑 우유에 갈아먹는 것, 포도식초 40kg 담그고 조금 먹을까 하고 남겨둔 지 20일 지난 포도, 밀감도 마트에서 할인해준다고 덥석 사다 놓고 늙히고 있는 것, 물러지고 있는 홍시…….

"다 나와!" 해서, 냉장고에 당근 한 개가 있기에 같이 담근다.

담그기

과일들을 벗겨 용기에 넣기

잘 씻어 물기를 뺀다. 밀감은 껍질을 버리고, 포도 등은 과육만 살짝 터트리고, 홍시는 껍질을 벗기고, 당근은 통째로 얇게 슬라이스하는 등 준비하여 소독한 용기에 넣는다.

설탕 넣고 젓고
효모 뿌리고
뚜껑 덮기

설탕과 정량의 물을 넣고 골고루 섞어 설탕가루가 남지 않게 녹여준다(시럽을 만들어 넣어주어도 됨).

효모를 위에 골고루 뿌려주고 위생비닐 뚜껑을 한다. 실온이 20도라 따뜻한 방안에 두고, 다음 날 골고루 섞이도록 한 번 저어준다.

술발효 모습

3일에 한 번씩 골고루 저어주기를 세 번 한다. 술 익는다고 하얀 거품발효를 부지런히 하는 모습이다.

초 안치고 천 덮기

이 술도 3주 만에 걸렀다. 꼭 짜지 말고 자연스레 흘러내리게 거른다.

거른 술에 종초 30%를 넣고 천으로 덮어 계절에 맞게 온도를 적당하게 하여 초산발효를 한다.

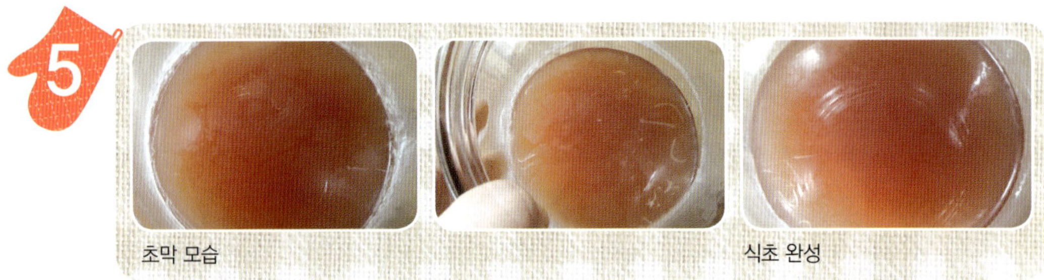

초막 모습　　　　　　　　　　　　식초 완성

초막이 곱게 생겼다. 초막 관리를 철저히 하여 초가 잘 익도록 도와주면서 맛도 보아 오감으로, 초막으로 초가 익는 것을 알아가자.

맛있는 종합과일 천연발효식초가 나왔다. 여러 과일향이 섞여 풍부한 느낌과 맛도 색다르지만 상큼하다.

야채를 많이 넣으면 맛이 좀 안 좋다. 왜? 야채는 발효되면서 물러져 냄새가 좋지 않고 액이 탁하다. 그래서 양이 많지 않게 한 개 정도만 넣어 영양분을 섭취하게 한다.

오래 먹지 말고 상큼한 향과 맛을 즐기도록 4~5kg 정도만 담근다. 냉장고에서 자리만 차지하는 시든 과일로 담그면 된다.

과일식초들은 오래 숙성시키면 처음의 상큼한 맛이 사라지고 농익은 향과 맛이 난다. 따라서 가볍게 담가 음식이나 음료로 편하게 먹으면 된다.

복숭아(천도복숭아) 천연발효식초 담그기

복숭아 당도는 12~15브릭스.

복숭아는 식초를 하면 맛도 좋지만 향이 은은하다. 솜털이 있어 잘 씻어내야 복숭아 알레르기에 민감한 사람도 먹는 데 불편하지 않다.

껍질째 해도 좋지만 잘 벗겨지는 상태면 겉껍질만 벗겨내도 된다. 천도복숭아(털이 없이 매끈하니 씻기만 함)나 단단한 복숭아면 크게 몇 조각만 내도 되고, 무른 복숭아면 씨앗만 빼서 준비한다. 복숭아는 종류에 따라 과육 상태가 달라 자르는 방법도 조금씩 다르다. 복숭아도 섬유질이 많은 과일이라 술을 담그면 술 속에 섬유질이 남아 곱게 걸러도 탁하다. 과육이 무른 복숭아가 뭉개지듯이 하면 술이 진득하며 걸쭉하게 나오기도 하니 주의해야 한다.

술이 되면 탁하여 초 안쳐도 될까 싶은 생각이 든다. 한 달 정도 숙성을 시켜 앙금(섬

<table>
<tr><td rowspan="5">준비물</td><td>• 천도복숭아 : 5kg</td><td>• 설탕 : 10% 500g</td></tr>
<tr><td>• 물 : 2ℓ. 물에 대한 설탕 20% 400g</td><td>• 용기 : 10ℓ</td></tr>
<tr><td colspan="2">• 누룩 : 10% 500g인데 약간 줄여 400g(효모를 넣고 싶다면 0.1% 5g)</td></tr>
<tr><td colspan="2">• 종초 : 술을 거른 후 술 양의 30%</td></tr>
</table>

유질)이 어느 정도 가라앉으면 초를 안쳐도 된다. 바로 초를 안쳐도 초가 익으면서 조금씩 맑아진다. 나는 1년을 숙성시켜 초를 안쳤는데, 술을 오래 두어도 보관만 잘하면 초 익는 데 무리가 없다는 것을 자주 경험했다. 복숭아도 어떤가 해보니 문제없이 초가 익는다.

섬유질이 많은 과일이라 탁한 초가 나오기도 하지만 초를 숙성시키면 점점 맑아진다. 식초가 탁하면 탁한 대로 먹어도 되니 걱정할 필요가 없다. 물론 가수하여 두 배로 늘어나면 당연히 맑아지고, 또 술을 단시간에 맑게 하는 첨가제 한 방울이면 깨끗해지지만, '동백LEE의 곳간' 초는 그냥 그대로 하는 것이 원칙이므로 탁한 초를 늘 감사해하고 뿌듯하게 생각한다.

담그기

천도복숭아 잘라
용기에 넣고 술이나 물 넣기

복숭아는 씨를 빼낸 무게로 정한다. 썩거나 물러진 부분은 잘라내야 잡맛이 나지 않는다. 잘 씻어 물기를 제거하고, 과육의 특성에 따라 잘라 소독한 용기에 담고 물을 넣거나 시럽을 만들어 넣어 설탕 입자가 하나도 남지 않게 저어준다.

복숭아가 섬유질이 많아, 술을 하면 생각보다 적게 나오는 경우가 있다. 나는 물 대신 현미이양주(효모 역할도 함)가 언제나 많이 있으므로 현미술 2ℓ를 떠서 넣었다. 현미술은 없고 술을 넣고 싶다면 생막걸리로 대신해도 되지만, 그냥 물을 넣어도 충분히 맛있고 좋다. 이렇게 물 대신 담근 막걸리로 가수 안한 것이나 시중에서 파는 생막걸리를 넣어도 된다.

복숭아가 많으면 큰 대야에 설탕과 물을 다 넣어 녹인 후 2,3일 두었다 용기에 넣으면 편하다. 사진에 보면, 욕심스럽게 복숭아 다 넣고 시럽을 넣은 다음 저어준다고 생고생했다. 5~10kg면 바로 용기에 넣어도 된다.

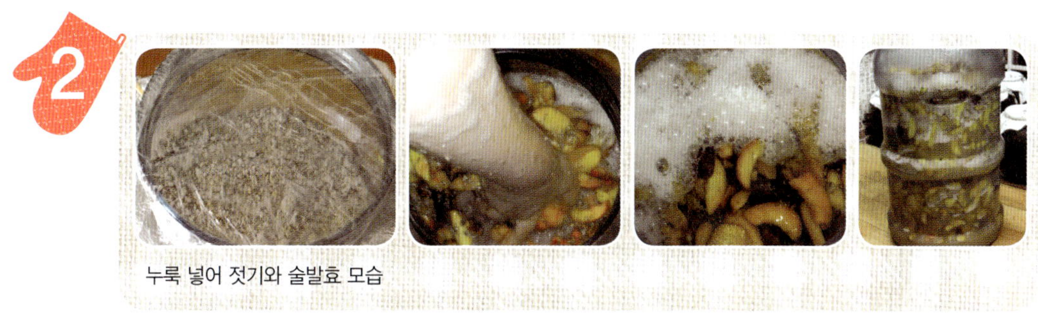

누룩 넣어 젓기와 술발효 모습

복숭아에서 액을 추출해낼 수 있게 설탕과 물, 복숭아를 골고루 섞어준다. 과육이 무르면 뭉개지지 않게 조심스레 다루고, 단단한 과육은 술이 익어가는 상태가 아니라서 부드럽게만 섞어주면 괜찮다.

설탕 다 녹이고 액이 나왔다면 누룩을 위에 골고루 뿌려준 다음, 위생비닐 뚜껑을 한다. 복숭아식초 담글 시기는 여름이라 볕이 들지 않는 실온에 둔다.

다음 날 소독한 손으로 위에 있는 누룩을 복숭아와 골고루 섞어준다. 누룩이 닿았던 부분은 하루 만에 발효를 하여 거품이 부글거린다.

3일에 한 번씩 세 번 저어주고 그대로 둔다.

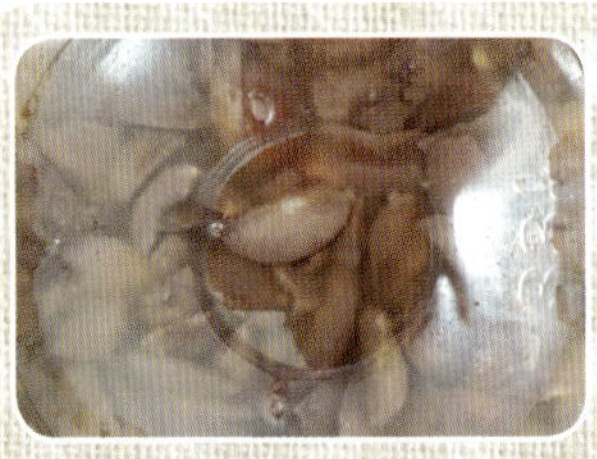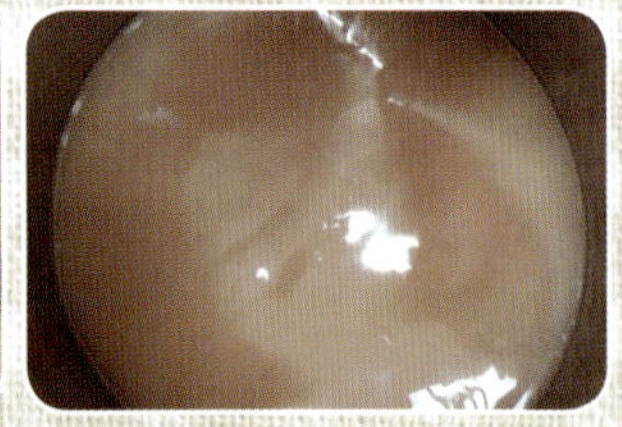

술 거르고 병입해 숙성하여 초 안침

4주 후 술이 익었다. 건지는 밑으로 다 가라앉고 맑은 술이 보인다. 냄새를 맡으니 코가 찡하고 저절로 뒤로 물러나게 된다.

술을 거르며 절대 꼭 짜면 안 된다. 무른 과육은 물론이고 천도복숭아처럼 단단한 과육도 술이 익으며 섬유질이 풀어져 물러졌기 때문이다. 자연스레 술을 받는데, 양이 많으면 3일을 두고 걸러낸다. 분홍빛을 띤 약간 탁한 술이 나왔다.

나는 1년 동안 숙성시켜 종초 30%를 넣고 초를 안쳤다. 복숭아식초를 안친 옆에 가면 그윽한 향이 풍긴다.

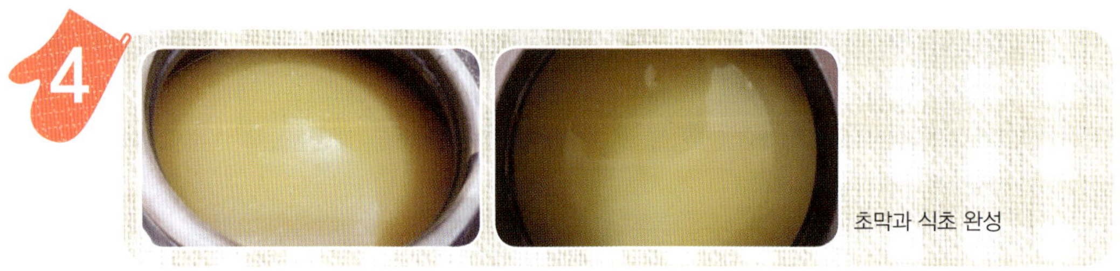

초막과 식초 완성

복숭아식초는 잘 익는다. 초막도 잘 생기고, 맛을 보면 하루가 다르게 익어가는 것을 알 수 있다. 갑자기 짙은 초막이 확 끼기도 하는데 조심해야 한다. 그때를 놓치고 초막을 깨주지 않으면 바로 산막으로 가는 경우가 허다하고 물이 되기 쉽다. 물론 초막에 전혀 손대지 않고 초를 하는 사람들도 많다. 막이 두터워져도 좋다고 한다. 나는 깨주면서 두터워지지 않게 관리를 해준다. 그런 시기만 잘 넘기고 초막 관리만 잘하면, 온도도 좋고 술이 좋아 초가 무난히 익는다.

초막이 생기면 맛을 보아가면서 초를 익힘으로써 나의 초가 어떤 상태인가를 알도록 한다.

초막이 생기다 서서히 사라지면서 맑은 초가 보인다. 복숭아 껍질은 붉지만 속은 노르스름하여 초도 약간 분홍빛이나 노란색으로 나온다.

- 복숭아 당도 → 12.5브릭스
- 설탕, 물을 넣고 복숭아 과육이 나온 후 당도 → 25브릭스
- 술 안치고 일주일 후 당도 → 15브릭스
- 20일 후 당도 → 11브릭스
- 초 다 익은 후 당도 → 10브릭스
- 술 거른 후 당도 → 10브릭스
- 2년째 숙성 중인 식초 당도 → 8브릭스

앙금이 많을 것이다. 술거르기에서 공부한 것을 기억해 앙금에서 술과 초를 다 걸러내자. 종초로 현미이양주 전통식초를 넣어 과일에 없는 곡물의 영양을 추가했다. 종초로는 담가둔 막걸리가 있으면 넣고, 다른 생식초가 있다면 색, 맛, 향을 보고 알맞게 넣으면 된다.

복숭아 같은 식초는 숙성시키지 말고 먹기를 권한다. 오래되어 숙성을 시키면 향과 맛이 발효된 진한 맛이 나서 처음의 상큼한 맛은 기대하기 어렵다. 특히 섬유질이 많은 과일일수록 더하다. 바로 갈변되기도 하고, 산도는 그대로지만 맑아졌다가 탁해지면서 탁한 향이 나기도 한다. 물론 초 성분에는 상관이 없다지만, 맛과 향이 달라지는 경우가 허다하니 맛나게 먹자.

복숭아식초 주의점

복숭아는 다른 과일들처럼(자두, 살구 등) 초가 잘 익어가다 술 속에 과한 섬유질이 녹아 있어 초가 익는 데 방해를 한다. 산패나 산막 같은 게 생기기 쉽고 초막도 아주 짙게 생기는 경향이 있다. 초산균이 술과 술 속에 있는 영양분을 먹고, 초가 익는 데 섬유질이 너무 과한 영양을 주기 때문인 것이다. 지나친 양분이 짙은 초막으로 나타나니, 이럴 때는 소독한 도구로 휘휘 저어주면서 탁한 초막이 흩어지게 한다. 오래 숙성을 시켜 되도록 맑은 술로 초를 안치거나 초막 관리를 잘하여 맛있는 복숭아식초를 먹자.

야생밀감 천연발효식초 담그기

밀감 당도 13~15브릭스. 야생밀감을 가지고 천연발효식초를 한다. 껍질째 먹어도 되는 밀감이라 다 넣어서 술이 되기 좋은 당도 24브릭스에 맞게 설탕을 소량 넣어 담근다.

배합률에는 누룩과 효모 두 가지를 올리는데, 넣고 싶은 것 중 한 가지만 골라 넣는다.

술발효를 위해 너무 많은 양의 누룩이나 효모를 넣는 것은 오히려 초반 급발효를 이루고 알코올 도수 올리는 데 크게 도움이 안 되니 적정한 양을 넣는다. 두 가지 다 넣고 싶다면 각각의 양을 반으로 줄여 같은 방식으로 한다(즉, 10kg 사과면 누룩 1kg, 효모를 넣는다면 10g인데, 반반씩 하여 누룩 500g, 효모 5g을 넣음).

이 비율은 밀감뿐만 아니라 다른 천연발효식초를 하는 방식이니, 모든 첨가되는 재료는 정량을 지켜 술에 과하게 넣은 재료가 소비되지 못하고 남는 일이 없게 한다.

→ 친환경, 야생과일들은 자연효모가 껍질에 많이 붙어 있으니(배, 복숭아 등 제외), 누룩이나 효모의 양을 약간 줄여도 된다.

- 밀감 : 5kg   - 설탕 : 10% 500g   - 용기 : 10ℓ
- 누룩 : 500g이나 약간 줄여 400g(효모를 넣으려면 5g)
- 종초 : 술 양의 30%

야생 친환경 밀감이면 껍질에 있는 자연효모가 다 씻겨나가지 않게 살짝 헹구어주고, 아니면 베이킹파우더, 식초 등을 넣어 깨끗이 씻는다.

담그기

밀감술 안치기

밀감을 씻어 물기 빼고 소독한 용기에 넣는다. 정량의 설탕과 섞어 고루 저어주면 터트린 밀감에서 금방 액이 나오는데, 설탕 입자를 다 녹인 후 위에 누룩이나 효모를 고루 뿌려주고 위생비닐 뚜껑을 덮어준다.

다음 날 고루 섞고, 2,3일에 한 번씩 서너 번 저어주면 혼자 술을 익히고 술이 차오르게 된다.

술 걸러 초 안치기

왕성한 술발효를 하면서 빡빡하게 떠 있던 밀감 건지들이 한 달이 지나니 대부분 가라앉고 노르스름한 밀감술이 차오른 것이 조금 떠 있는 건지 사이로 보인다. 고운 천에 걸러 술 양의 30% 종초와 함께 소독한 용기에 넣고 천을 덮어 초산발효에 들어간다.

　밀감이 나오는 계절은 가을이다. 술을 담그고 걸러 초 안치면 온도가 내려가는 시기니 따뜻한 곳에 두고 초산발효를 해준다.

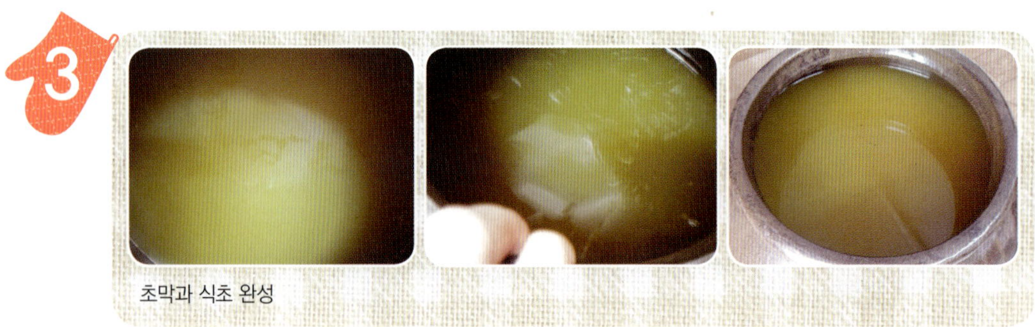

초막과 식초 완성

　온도가 낮아 초 안치고 11일 후에 첫 초막이 생겼는데, 자연스러운 온도에 초를 키우다 보니 실온은 영상 7~10도를 유지하고 있다. 그래도 술만 잘 익히고 종초만 좋으면, 온도를 올려 따뜻하게 키우는 것보다 느리지만, 무난히 초를 키운다.

　나는 가수하지 않고 알코올 도수 높은 그대로 하여 더 늦게 초가 익는다. 온도가 낮고 술 도수가 높으면 초산균 활동이 느려져 술만 깨작깨작 먹다가 술 소비만 하고 물이 될 확률도 있는데, 추위도 이기고 강하게 크라고 그냥 둔다.

　초막이 아주 얇게 덮이면 소독한 도구로 금만 가게 저어 초산균이 들어가게 한다. 너무 휙휙 저어 초막이 다 흩어져 사라지게 하면 초산균 집이 없게 되니 앙금은 건드리지 말고 가만히 저어 맛을 본다. 밀감식초가 익어가는 것을 눈과 맛으로 익힌다.

　첫 초막이 생기고 4개월 만에 맛을 보니, 밀감향 그윽하고 상큼한 식초가 되었다. 바로 용기 뚜껑을 닫거나 병입하지 않고 한 달을 더 두어 잔술이 남지 않게 한다. 초산균이 들어가 술을 완전히 초로 변환시키게 시간을 준 것이다.

초가 다 익어나오면 산도 측정을 하거나, 할 수 없으면 맛을 보아 머리가 저절로 흔들리고 목이 매캐하면 약 4.5 이상은 나왔으니 병입하거나 용기 뚜껑을 꼭 닫아 숙성시키며 먹어도 된다. 초는 깨끗이 익었지만 맛이 부드럽고 신맛이 순하면 산도가 약한 상태니, 그대로 두면 초산균이 약한 초에 있는 섬유질(영양분)을 먹고 재발효를 하며 초를 다 먹어치운다. 더 이상 먹을 것이 없으면 맹물이 되니, 중탕하여 초산균을 사멸시킨 후 냉장고에 두고 먹으면 안전하다. 단, 종초로는 쓸 수 없다.

밀감처럼 맛있는 과일로 담근 식초들은 오래 숙성시키면 처음의 상큼하고 발랄한 향은 점점 줄어들고 깊어진 식초 향이 나온다. 취향대로 바로 먹거나 숙성시켜 먹되 너무 오래두면 처음과 다르니 선택하여 먹으면 된다.

그러나 원재료의 성분과 영양은 변함없이 식초에 남아 있으며 숙성될수록 식초의 가치는 높아지니, 상큼함, 깊은 맛 등 먹고 싶은 대로 먹도록 하자.

감식초 담그기

감식초는 3년 전부터 담그지 않아 사진은 없지만 그동안 담가오면서 겪은 것을 글로 전한다. 감식초는 담그는 방법도 아주 간단하고 모든 사람들이 쉽게 담그는 식초라서 글을 전하지 않았다. 그런데 요즘 젊은 사람들이 감식초를 담그고 싶어서 간단하게 감식초 담그는 것, 문제가 생기는 현상, 처리방법 등을 같이 공부해본다. 실제로 담그다가 감식초가 변하는 모습에 놀라 많은 양을 버리는 일이 다반사이기 때문이다.

감식초는 식초의 네 가지, 즉 천연식초, 천연발효식초, 전통식초, 양조식초 중 가장 우선인 천연식초에 들어간다. 천연식초는 원재료만으로 식초를 담그는 것이다. 설탕, 효모, 누룩, 곡물이 전혀 첨가되지 않은 순수한 원재료의 당분, 껍질에 생성된 효모로만 식초를 하는 방식이다. 그래서 아주 수월하게 담그는 식초인데, 기본에 당분이 약하거나 효모 양이 적으면 산도가 약한 식초, 부드럽고 순한 맛의 식초가 나온다.

천연식초를 담그는 재료들은 수분이 많고 큰 과일들이다. 그래야 자체적인 수분과 당도가 맞아 자연스레 초가 익는데, 주로 많이 담그는 과일들은 천연식초의 꽃인 감식초가 우선이다. 그 다음으로는 포도가 잘된다.

- 감(땡감, 홍시, 단감, 잘 익은 감)
- 위생비닐
- 소독한 용기
- 뚜껑

그런데 이 두 가지를 천연식초 방식으로 담갔을 때 산도와 맛이 차이가 나는 현상이 생긴다. 까닭은? 감은 주로 다 익은 홍시나 땡감, 잘 익은 맛있는 것으로 담그고, 포도는 잘 익은 것으로 담근다. 감은 포도보다 당도가 낮고, 감 껍질에 효모가 많다고 하지만 포도 껍질에 하얀 가루가 보이는 것은 다 효모이다. 포도가 효모 양과 당도가 감보다 훨씬 높고 많다 보니 알코올 생성에서 더 높게 나온다. 또한 포도 자체의 신맛이 좋아 산도 측정을 하면 포도가 감보다 높다. 따라서 신맛이 더 강한 식초가 나오게 된다. 감은 포도처럼 신맛이 없는 과일이라 맛으로도 다르게 나오는 것이다.

이것을 보면 원재료의 특성에 따라 신맛, 산도가 조금씩 다르다는 것을 알게 되고, 당도가 만들어내는 알코올 도수에 따라 다르게 나오는 것도 알게 된다.

이 책은 어려운 용어나 단어가 들어가지 않으므로 누구나 읽어보면 감식초 담그는 데 큰 고민을 하지 않아도 될 것이다. 다만 사진이 없어 보여주지 못하는 것을 유감스럽게 생각하며, 이제 감식초를 담그는 방법을 공부해보자.

담그기 

일반적으로 식초를 담글 때는 배합률이 있어 재료의 특성에 따라 여러 재료들을 적당하게 계량하여 담그는데, 감식초 같은 천연식초는 배합률이 전혀 필요 없이 그냥 담그면 된다. 감식초를 담그는 방법은 여러 가지가 있는데, 주로 담그는 두 가지를 전한다.

되도록 자연스럽게 자란 감을 마른 행주로 껍질에 묻은 먼지만 닦아낸다. 꼭지 밑에 까맣게 이물질이 묻어 있을지 모르니 떼어내고 닦는다. 깨끗한 감이면 꼭지째 그대로 하고, 부득이 약을 좀 친 감이면 흐르는 물로 껍질에 묻은 효모가 없어지지 않게 살살 씻어 물기를 완전히 제거하고, 꼭지 관리를 하여 담그면 된다.

껍질의 효모로 알코올이 생성되는 것이니 주의해서 씻거나 닦아준다.

✱ 홍시는 그대로 하고, 땡감은 잎이 거의 떨어질 때 따서 손질해 자연스럽게 홍시처

럼 익힌다. 그런 다음 독한 담금주 같은 걸 뿌려 소쿠리와 용기를 소독하고 용기 위에 소쿠리를 올려 익은 땡감을 붓는다. 벌레가 들어가지 않게 덮어서 며칠 두면 감 껍질에 붙은 효모와 같이 감물이 흘러나온다. 그 감물을 다시 소독한 용기에 넣고, 항아리면 위생비닐을 덮은 후 고무줄을 묶어 밀봉하고 뚜껑을 덮어 실온이나 밖이나 어느 곳에 두어도 된다.

유리병은 발효하면서 뚜껑 관리를 잘못하면 터질 우려가 있으니, 친환경 용기와 같이 위생비닐을 덮고 바늘구멍을 두세 개 내어 볕이 들지 않는 실온에 둔다. 익은 홍시가 수분이 많이 생성되어 그대로 담가도 되지만, 감물만 받아 담그는 방식이다.

❊ 홍시, 땡감, 단감, 잘 익은 감 모두 다 껍질을 손질하여 소독한 용기에 90% 정도 차곡차곡 넣고 위생비닐을 덮어 밀봉한다. 항아리면 뚜껑을 덮어 어느 곳에 두어도 되고, 유리병이나 친환경 용기는 감을 넣은 다음 위생비닐을 덮고 바늘구멍을 두세 개 낸 후 볕이 들지 않는 곳에 두면 된다.

이것은 감식초를 담그는 가장 흔한 방식이다. 관리는 다른 식초와 똑같이 하는데, 술을 저어주고, 걸러서 종초 넣고, 초 안치는 과정이 모두 생략된 채 그냥 두면 된다. 그런 다음 최소 6개월~1년이 지난 후 뚜껑을 열어보면 당도가 아주 낮고 초가 덜 익어 감이 물러지는 모습만 보이지만, 당도와 효모가 많았던 감은 술이 빨리 익고 초산발효도 잘 일어 초가 다 익어 있다. 따라서 감식초는 보이지 않고 셀룰로오스만 두텁게 덮여 있는 모습을 볼 수 있다.

늘 감식초를 담가 당연한 현상이라는 걸 아는 사람들은 "잘 익었네." 하겠지만, 경험이 적은 사람들은 잘못된 줄 알고 버리는 일이 허다하다.

감식초는 그냥 용기에 담아두면 다른 식초들보다 여러 모습으로 변화한다. 궁금하여 한 번씩 뚜껑을 열어보거나 친환경 PET통에 한다면 항아리와 달리 잘 보여 알 수 있는데, 깜짝 놀라 "이게 왜 이래." 하며 성급히 버리게 될 정도로 보기 좋지 않게 익어가는 경우가 허다하다.

주로 감 위에 여러 가지 색의 뜸팡이가 피어 있기도 하고, 색이 칙칙하게 변하고, 감에서 나온 효모들이 하얗게 떠 있으며, 썩은 것 같은 감들이 조금씩 보여 모르면 무조건 버리게 된다. 그러나 감식초는 그렇게 고운 황금색 감이 삭아 과육이 저절로 나와 술이 되고 껍질은 바래, 누구에게나 썩은 것같이 보인다. 그대로 손대지 않고 진행시키면 되는데, 한 번 저어주어 밑의 감이 저절로 삭아 감식초가 되어가는 모습을 볼 수 있다.

그 시기를 지나면 생겼던 뜸팡이가 줄고, 감들이 서서히 밑으로 가라앉아 알코올이 생성되고, 산도 약한 초를 익힌다. 그때 다른 식초들처럼 약한 술이나 초가 만드는 셀룰로오스가 아니라 약한 산도의 초가 익어간다. 잡균의 침투를 막고 약한 술과 초가 날아가지 않게 보호하는 셀룰로오스가 생성되어, 처음엔 아주 얇게 덮이다 점점 아주 두터워져 제법 묵직한 막덩어리들을 보인다.

이럴 때도 감식초 특성을 모르면 상했나 싶어 버리는 경우가 아주 많다. 이젠 버리지 말자. 감식초에 생기는 당연한 막으로 필수적이기도 하다.

다른 첨가제를 넣어 알코올 도수를 올리고 산도가 높게 나오는 천연발효식초를 담갔다면 잘 생기지 않지만, 천연식초 방식은 자연스런 현상으로 그냥 둔다. 감을 안치고 6개월~1년 후에 두터운 막이 생겼다면 산도가 약한 초지만, 다 익은 초로 판단하고 그대로 1년을 더 두었다 막을 살짝 들고 숙성된 감식초를 덜어내 먹는다. 그냥 고운 천에 감식초를 몽땅 걸러내면(셀룰로오스도 같이) 약간 탁한 듯 연하게 노르스름한, 향, 맛이 순한 감식초가 나온다.

어린 감식초는 식성에 따라 바로 먹어도 되지만, 소독한 용기에 넣고 천으로 덮어 뚜껑을 하거나 유리병이나 친환경 용기는 뚜껑을 슬쩍 얹어두면 더 숙성되면서 색, 맛이 짙어져 감향이 은은히 풍기는 부드러운 감식초가 된다. 3년 이상 숙성시키면 짙은 갈색으로 변한다. 간단하면서 좋은 감만 준비되면 누구나 쉽게 담가 3년 정도 묵히면 산도도 낮아 부드러운 식초를 먹을 수 있다.

질문 감식초 위에 두터운 초막이 생김

답 감식초는 초막이 더 두텁게 생기며 자연스런 현상이다. 초가 어느 정도 익었을 때 생기며 걷어내도 또 생긴다. 고운 천에 걸러 어린 초는 소독한 용기에 넣어 1~2년 더 숙성하여 먹고 막은 소쿠리에 받아 품고 있는 초를 걸러낸다.

질문 감식초도 종초가 필요한가?

답 감식초는 종초가 없어도 된다. 감 자체의 당도와 껍질에 있는 효모로 식초를 만드는 것이다. 많은 양의 감을 용기에 넣어 일 년 정도 밀봉해 두면 모자라는 당도와 효모지만 어우러져 약한 술을 만들고 산도 2.2~2.6의 약한 초를 만들어내어 부드러운 식초가 된다. 천연발효 방식으로 식초를 하면 당분과 효모를 추가하여 담가 한 달 만에 술을 거르고 종초 넣어 초를 안치면 6개월 만에 초가 익어 나온다. 산도 역시 4 넘는 초가 나오지만 감식초는 거의 천연식초로 담그는 방식을 취한다. 그래서 감식초는 더 두터운 셀룰로오스가 생기는데, 지극히 정상적이다. 이제는 상했나 하여 놀라지 말기 바란다. 막을 그대로 버리면 초 버리는 것과 같으니 걸러내 쪼그라든 막만 버린다.

질문 감식초도 종초로 사용할 수 있는가?

답 감식초도 종초로 사용할 수는 있다. 낮은 당도, 자체적인 효모로만 술과 초가 되어 산도가 낮아 종초로 쓰기에 좋은 산도인 4.2 이상인 초가 자연적으로 담은 식초로서는 나오기 어려우므로 종초 역할을 하기에는 조금 약하다는 것은 알고 하자. 특별한 방식으로 산도를 올려 4.5 이상 나오고 살균이나 초산균을 사멸시키는 작업을 안한 식초면 종초로 사용해도 된다. 그러나 자연적인 천연식초 방식으로 담근 초를 종초로 사용하여 거의 실패를 한 사례도 있으니 감식초를 종초로 쓰기 전에 산도 측정을 하여 사용하기로 한다.

→ 그럼 포도를 껍질의 효모, 자체 당도로만 담근 천연식초는 종초로 쓰기에 어떤가? 당연히 괜찮
다. 포도는 감보다 당도가 높고 효모 역시 더 많이 붙어 있어 좋은 산도가 나오기 때문이다. 그
만큼 식초를 하는 데 당분과 효모의 역할이 아주 중요하다는 것을 알게 된다.

질문 감식초 익어가는 항아리에 매실발효액 건지 넣어도 된다 해서 넣었다가 얼마 지나
건져내어 들여다보니 이상한 덩어리들이 뭉쳐 떠 있다.

답 매실발효액 건지를 감식초에 넣기도 한다는데 그건 매실발효액 건지에 있는 당분이
감식초 당분을 보충해주는 역할을 하고 매실이 들어가 초의 신맛을 내는 데 도움이
될까 하여 넣을까 생각하고 있었다. 그러나 매실발효액 건지를 넣으려면 술 익는 중
간에 넣지 말고 처음부터 넣고 담그던지 그냥 감만 하는 게 좋다. 매실발효액 건지
넣고 하면 당분, 신맛이 들어 맛은 더 있지만 잘 생각해 담그도록 한다. 감식초는 감
자체만으로 식초를 만들어도 충분하다는 것을 알자.

질문 아주 오래 전에 물러 터진 감을 고무통에 담아 그냥 두었다 열어보니 하얀 덩어리들
이 덮여 있어 걸렀는데, 시큼한 맑은 식초가 되었다. 먹어도 괜찮은가?

답 하얀 덩어리는 감식초에 당연히 생기는 막이며 밑에는 초가 익어 있다. 맑은 초만 걸
러 입구가 작은 용기에 옮겨 먹어도 된다.

질문 감식초를 걸러 병입했는데 용기가 빵빵해져 터질 거 같아 걱정이다.

답 병마개를 살며시 열어 가스를 빼준다. 아직 초가 덜 익어 술이 남아 있어 가스가 차
는데 초가 다 익으면 그런 일은 없다. 병마개를 꼭 막았다 살짝 비틀어 가스가 나오
도록 하거나 천을 덮어 초산발효를 더해준다. 가스 차는 건 공기가 통하게 숙성하면
초도 익어간다. 시간이 지난 후 병마개를 막았다가 며칠 후 열어 가스 찬 것 같지 않
으면 초가 익은 것이니 꼭 막아두고 숙성시킨다.

# 야채로 천연발효식초 담그기

야채를 가지고 식초를 담가보자. 우리 곁에는 온갖 야채들이 있다. 음식으로 다양하게 해먹지만, 식초로는 크게 사용하지 않는 재료이다.

천연발효식초 재료는 무궁무진하여 식용 가능한 것은 무엇이든지 할 수 있다. 주위에서 늘 접하는 야채도 좋은 재료가 될 수 있다. 식초를 만들면 야채의 농축된 성분을 자연스레 섭취하는 것이 가능하며, 음식 만들 때 양념으로 사용하면 참 좋은 식초가 된다. 야채의 종류는 무엇이든지 다 된다.

각종 야채의 특성을 살려 식초를 담그면 야채의 성분과 영양이 고스란히 녹아난 아름다운 물을 얻을 수 있다. 과정도 과일로 담그는 방식과 비슷하게 진행되어 그리 어렵지 않다.

야채식초는 단품으로도 할 수 있고 여러 가지를 섞어서도 할 수 있는데, 줄기, 뿌리, 잎 등 야채의 전초를 다 섭취할 수 있다.

그러나 문제가 있다. 과일도 섬유질이 유난히 많은 것으로 담그면 술이 탁하게 나오는데, 야채는 더욱 심하다. 야채 자체가 섬유질이 많으므로 술을 하면 효모, 누룩이 발효를 하면서 섬유질을 녹인다. 그것이 야채 자체를 다 물러지게 만들어 술 자체가 곤죽이 되므로 거르기도 힘들게 된다.

이런 현상을 막기 위해서는 야채가 싱싱하고 친환경으로 노지재배, 자연재배를 한 억센 것으로 한다. 그것은 쉽게 물러지지 않으면서 성분 추출도 좋아 술이 되었을 때 형태가 살아 있을 정도이다. 단단한 야채 상태로 담그면 걸쭉한 술이 되는 것을 막을 수 있다.

그렇다고 완전히 맑은 술이 나오는 것은 아니다. 섬유질로 이루어진 야채로 담근 술이라 탁성은 있으니 바로 초를 담그면 안 된다. 한 달 정도 앙금을 가라앉혀 초를 안치면 숙성이 되면서 탁성이 조금씩 풀리고 어느 정도 맑은 술이 된다. 초가 익으며 앙금과 섬유질이 가라앉아 맑은 초로 익어간다.

야채 종류의 거칠고 부드러운 상태에 따라 술의 탁성이 달라지는 걸 알고 담그자.

식초는 열을 가하지 않은 본연의 야채 성분을 섭취할 수 있어 좋지만 탁성이 문제이다. 물론 술을 맑게 하고 점성을 떨어뜨릴 수 있는 첨가제 한 방울이면 해결되지만, 내 방식이 아니기에 오랜 시간 숙성을 하고 탁한 대로 먹는 것을 택하는데 문제는 초맛이다.

야채가 발효된 향과 맛은 과일과 다르다. 각 가정에서도 야채가 오래되어 물러진 경험이 있을 텐데 그 냄새가 아주 고약하다. 상한 것은 아니지만 발효되어 다른 원재료와는 달리 색다른 향이 난다. 야채들로 발효액을 담가도 비슷한 냄새가 나니 큰 문제는 아니라고 본다. 특히 쇠비름 같은 야초는 발효액을 해도 냄새가 나니, 식초는 야채 본연의 향과 맛을 고스란히 담고 태어난다. 맛있는 발효액이나 음식에 소스 양념으로 사용하여 먹는다.

야초나 야채로 술을 안칠 때는 자르지 말고 되도록 통째로 하여, 칼 단면이 닿거나 잘려진 부분에서 섬유질이 되도록 많이 나오지 않게 해준다. 술이 익으면 성분 추출을 위해 물을 적당히 추가하는데, 향과 맛을 위해 수분이 많은 과일을 조금 넣으면 물의 양도 줄일 수 있고 영양과 맛도 더 좋다. 또 야초나 야채로 술을 담가 거를 때 주의가 필요하다. 절대 꼭 짜지 말고 자연스레 3,4일 동안 거르고, 그래도 술을 품고 있으면 나올 만큼 나온 상태로 보면 된다.

이제 야초나 야채를 이용하여 식초를 담가보자.

→ 세상에 모든 식초를 다 담글 수는 없다. 내가 성공과 실패를 거듭하며 담근 식초들이 엄청나다. 나만큼 온갖 식초를 다 담근 사람도 별로 없을 듯하다. 그래서 어떤 재료든지 어떻게 하면 초가 되는지 알게 되었다. 그만큼 엎어버린 식초가 많다는 것인데, 많은 실패를 경험함으로써 다양한 식초를 담글 수 있고 성공을 하게 된 것이다. 이 책에 실린 식초들은 비슷하므로 한 가지를 보고 다양하게 응용하여 담그면 된다. 그래도 책에 없는 재료로 하고 싶은데 술 배합률을 알고 싶다면, 검색창에 '동백LEE의 곳간'을 치면 블로그로 바로 들어올 수 있다. 어디서든지 글을 쓰면 꼭 보고 답을 해드린다.

케일
천연발효식초 담그기

케일은 벌레가 아주 많이 꼬이는 야채이다. 영양과 성분이 아주 좋으니, 벌레들도 좋은 건 알아서 무한대로 달려들어 잎과 줄기를 초토화시킨다. 그래서 케일은 어쩌다 약을 치기도 한다지만, 식초를 담그는 재료는 친환경이나 자연재배한 것이 좋다.

야채지만 섬유질이 단단하고 거치니, 잘게 잘라 질긴 섬유질을 끊어 성분과 영양이 잘 나오도록 작업해주는 게 좋다. 칼로 잘게 자르거나 믹서에 물을 조금 넣고 대강 자른 케일을 담은 다음 몇 바퀴만 돌리면 자잘한 조각이 되어 나온다.

상추같이 부드러운 야채는 갈면 점성질이 심하니 술이 절대 안 되고, 신선초, 샐러리같이 섬유질이 많은 야채들은 대강 갈아서 하자. 케일은 섬유질이 많아 수분도가 낮으니 물은 필수로 추가하여 술을 담그기로 한다.

술발효를 위해선 누룩을 넣는데 정량을 넣고, 효모면 약간만 추가한다. 거친 야초나 야

- 케일 : 5kg
- 물 : 3ℓ. 물에 대한 설탕 20% 600g
- 종초 : 술 거른 후 술 양의 30%
- 누룩 : 10% 500g(효모를 넣으려면 0.1% 5g인데 1g 추가해 6g)
- 설탕 : 22% 1.1kg
- 용기 : 10ℓ

채는 섬유질 밀도가 높아 술로 성분을 뽑아내려면 왕성한 술발효가 필요한데, 거친 야채는 술이 익는 데 무리가 있어 아주 약간만 더 넣어주자. 단, 부드러운 야채나 야초는 정량을 넣는다.

담그기

케일을 잘라 용기에 넣고 누룩 넣기　　　　　　　　다음 날 젓기

케일은 자연재배로 키운 것을 구했다. 벌레 구멍이 숭숭 시원하게 뚫려 있는 것인데, 없으면 식초 물에 담가 몇 번 씻어준다. 물기를 제거하고 잘게 자르거나 믹서에 물을 넣고 드르륵 갈아 소독한 용기에 담고 설탕을 넣어 설탕 입자가 남지 않도록 녹여준다. 누룩을 넣고 위생비닐 뚜껑을 한 후, 다음 날 골고루 저어주면서 술발효를 시킨다.

술발효 모습

술 거르기

3일에 한 번씩 세 번 저어주면 혼자서 술을 익힌다. 4주 후 술이 다 익어 건지는 밑으로 가라앉고 맑은 술이 보인다. 베보자기에 넣고 걸러주는데, 케일은 거친 야채라 짜주어도 되고 맑은 술을 얻고 싶다면 자연스럽게 이틀 정도 두면 거의 다 나온다.

야채 특유의 색으로 술이 나왔다.

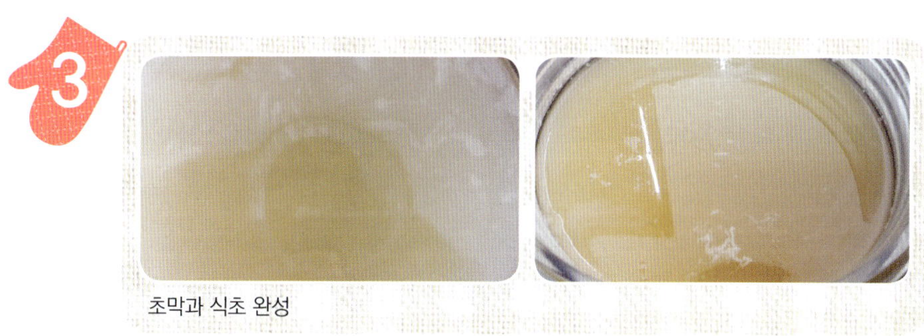

초막과 식초 완성

야채라 섬유질이 많아 탁한 술이다. 한 달을 숙성시켜 앙금을 가라앉혀 술 양의 30% 종초를 넣고 초를 안친다. 뚜껑은 천으로 덮어 공기 중의 초산균이 들어가게 한다. 초를 안치고 한 달 후 초막이 생겨 얇게 덮이면 살짝 흔들어주거나 소독한 도구로 살짝 깨 금만 가게 한 후 초산균이 들어가게 해준다.

초막이 서서히 줄어들고 초맛이 깊이 들더니 4개월째에 초가 다 익었다. 3개월쯤이면 다 익지만 그대로 두어 술이 남지 않도록 초산발효를 하고, 그후로도 한 달을 더 두었다 병마개를 닫았다.

케일은 술은 탁하지만 초가 익으면서 빠르게 앙금이 가라앉고, 물처럼은 아니지만 투명한 초로 얇은 보호막을 생성하며 식초가 익었다. 이 막은 두터워지면 건져내 초를 받아낸다. 그러기를 몇 번 하면 당분 먹이가 없고 초산균도 사라져 맑은 초로 있을 것이다.

케일 역시 야채라 야채 특유의 발효된 향과 맛이 난다. 야채식초를 해보면 향과 맛이 별 차이가 나지 않는 것을 알 수 있다. 술발효를 하면서 야채들이 물러지며 나는 냄새이다.

야채식초의 재료들은 무궁무진하다. 당근, 가지, 청경채, 시금치 등 내가 하고 싶고, 집에 넉넉히 생겼는데 먹기는 힘들고, 그럴 때 종초만 준비되어 있으면 얼마든지 할 수 있다. 잘 담가 음료로는 맛이 모자라지만 맛있는 발효액과 같이 타서 먹으면 야채의 성분이 농축된 성분을 섭취할 수 있다.

맛과 향이 별다른 야채식초를 조금 더 맛나게 담가서 먹고 싶다면, 담그는 시기에 흔한 과일을 추가해보자. 과일의 향과 맛이 배어나와 맛있게 먹을 수 있고, 과일의 성분도 같이 먹어 참 좋다. 배합률만 잘 짜 좋은 술만 담그면 술 따라서 좋은 초가 탄생한다.

야채는 당도가 거의 2~3브릭스 정도라, 알맞은 설탕 추가와 액 추출과 술을 얻기 위한 물 추가만 잘하여 누룩이나 효모를 넣고 술을 담그면 된다. 무엇이든지 적당한 양의 첨가로 좋은 식초를 이루자.

여러 가지 야채
천연발효식초 담그기

야채나 야초로 식초를 할 때는 단품으로 할 수도 있고 여러 가지 섞어도 좋다. 집에 있는 재료, 혹은 많이 생겨 다 먹을 수 없는 재료인데 말려서 묵나물을 할 수 없는 것은 모아서 식초를 만들자.

작은 텃밭을 한다면 나누어먹고도 남는 야채들이 골고루 있을 것이고, 약도 뿌리지 않은 친환경 야채라 최고일 것이다. 한 가지 맛으로도 하고 여러 가지 개성 강한 야채를 섞어 다양한 맛을 한번에 즐기는 것도 영양, 성분면으로 좋고, 조금씩 있는 재료를 각각 하는 것보다 편하다.

웬만큼 거친 재료면 잘게 자르고, 부드러우면 그대로 한다. 섬유질이 다 녹아나 탁도 높

- 야채 : 쇠비름(향, 맛이 강하므로, 있다면 조금만 넣음)
  고구마 줄기, 상추, 상추 꽃대와 줄기, 청경채, 명월초(당뇨초),
  케일, 토마토 등 총야채 5kg
  (천도복숭아, 포도, 참외는 별도로 무게를 달아 설탕 10% 넣기)
- 설탕 : 22%(야채만의 무게)　　　· 용기 : 10ℓ
- 물 : 3ℓ(수분이 많은 과일을 넉넉히 넣는다면 물의 양을 줄임). 물에 대한 설탕 20% 600g
- 누룩 : 500g(효모를 넣으려면 5g)　　· 종초 : 술 양의 30%

은 술을 얻을 수 있다. 적당량의 물도 추가하여 성분을 추출하고 술을 뽑아내는 데 도움이 되도록 한다. 재료들의 당도가 2~4브릭스 정도라 24브릭스로 맞추기 위한 설탕도 넣는다.

야채가 발효된 독특한 맛, 향이 나서 달콤하고 상큼한 식초를 기대하면 실망한다. 딱 생야채 무른 향을 내는데, 조금 고급지다고나 할까 그렇다.

야채를 생즙 낸 것 그대로, 거기에 발효된 맛이 첨가된 요상스러운 식초지만, 성분과 영양에서는 최고인 식초이다. 야채 먹기 싫은 사람도 이 식초로 양념을 하여 성분 섭취를 하자.

 냉장고에 있는 과일들을 첨가하면 맛이 좋아지니 넣어보자. 각각 준비되는 야채들이 다르지만 방식은 같다. 총량을 5kg으로 잡았는데, 야채 부피가 많아 무게가 더 나가면 계산을 하여 배합률을 짜면 된다.

담그기

각종 야채들

야채는 자연재배나 친환경이면 흐르는 물에 두세 번 씻고, 아니면 양조식초

물에 담가 몇 번 씻어 물기를 뺀다.

설탕물을 넣어 숨죽여 용기에 넣고 누룩 넣기

야채들은 5kg이라도 부피가 많아 좁은 용기에 설탕과 물을 넣고 저으면 풋내도 심하고 녹이기도 힘들다. 큰 대야에 물기 뺀 야채를 넣고 물에 설탕을 녹여 살며시 섞어 몇 시간 두면, 야채의 숨이 죽으면서 즙이 많이 나온다.

대야에 뚜껑을 닫고(없으면 위생비닐로 덮어줌), 이틀 후에 야채가 완전히 숨이 죽어 부피가 푹 줄었을 때 소독한 용기에 담고 누룩을 골고루 뿌려 뚜껑을 덮어준다.

다음 날 누룩 젓기

술발효 모습

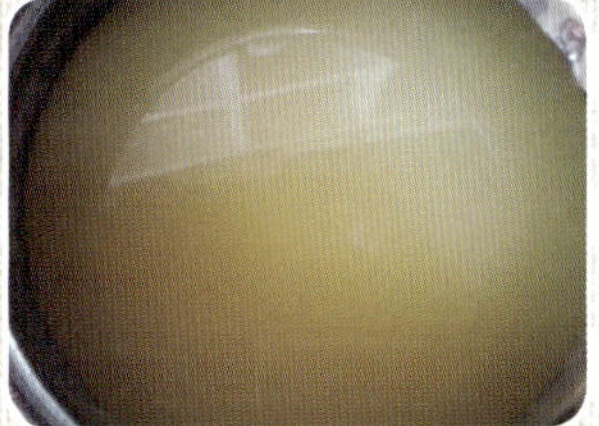

초 안치기

다음 날 누룩과 야채를 섞어 성분이 골고루 나오게 해준다. 누룩이 뿌려진 부분은 왕성한 술발효를 하고 있다.

3일에 한 번씩 세 번 저어주면, 저 혼자 술발효를 하면서 용기에 꽉 찼던 야채들로부터 섬유질이 빠져나와 가벼워지면서 위로 뜨고 술이 밑에 고인다.

4주 후 술이 다 익었다. 한창 술이 고일 때의 맑았던 술색이 섬유질이 다 빠져나온 후로 탁해지고 건지도 탈색되어, 모든 수분을 다 뽑아낸 껍질만 남은 형태가 되었다.

소쿠리에 베보자기를 깔고 술을 부어 자연스레 나오게 한다. 건지는 절대 꼭짜지 말고 3일 동안 술을 다 뽑아내자. 바로 초를 안쳐도 되지만, 술이 탁하니 숙성 겸 앙금 안치기를 위해 소독한 용기에 넣는다.

한 달 후 종초를 술 양의 30%를 넣고 천으로 덮어 공기 중의 초산균이 들어가 초가 잘 익도록 한다.

야채식초 완성 뚜껑 닫기

초를 안치고 6개월 후 다 익었다. 아주 독한 야채술이 나왔지만, 가수는 한 방울도 하지 않는다는 내 신조로 인해 오랜 시간이 걸렸다.

생각대로 발효된 야채 특유의 맛과 향이 풍기는 산도 좋은 식초가 나왔다. 증발이 심해 위생비닐을 덮어 밀봉하고 항아리 뚜껑을 덮어 긴 숙성에 들어간다.

• 야채 설탕과 섞여 나온 즙의 당도 → 26브릭스
• 술 담그고 일주일 후의 당도 → 17브릭스

- 10일 후 → 14브릭스

- 야채술을 초 안치기 전 당도 → 10브릭스

- 식초가 다 익은 후 당도 → 10브릭스

야채식초를 담가서 바로 먹기보다는 몇 달 숙성시켜 먹으면 더 맛나고 향도 부드러워진다. 탁도가 높고 앙금도 내려앉아 완전히 맑은 초는 아니지만, 어느 정도 투명한 식초를 얻을 수 있다.

처음부터 술을 안칠 때 물을 더 많이 넣고 술이 익었을 때 동량 또는 어느 정도 가수하면, 탁도가 아주 낮은 맑은 초, 양도 두 배는 얻을 것이다. 그러나 소량의 식초를 얻더라도 성분도가 높은 초를 얻기 위해 원액 술로 했기 때문에 익는 기간도 많이 걸렸다.

배합률을 잘 짜 술을 담고 종초 역시 산도 좋은 것을 넣어 온도만 잘 맞으면 초는 잘 익는다. 따라서 야채식초를 담가 농축된 야채의 성분과 천연발효식초의 성분을 섭취하자.

# 기능성 식초 담그기 1 (천연발효식초)

　기능성 식초는 산과 들에 있는 약초와 야초, 야채로 담가 건강에 필요한 성분을 용이하게 섭취하여 도움이 되도록 한다.

　세상의 모든 먹거리 원재료들이 건강에 도움을 주는 기능을 갖고 있지만, 그중에서 야채로도 먹지만 다른 성분으로 섭취하는 재료들을 가지고 식초를 담근다(1에서는 천연발효식초 방식으로 담근 것, 2에서는 전통식초 방식으로 담근 것을 전함).

　즉, 상황버섯, 천마, 겨우살이, 홍삼 등 쉽게 먹을 수 없는 재료로 내 몸에 필요한 성분이 담긴 초를 담그는 것으로 분류했다.

　담그는 방법도 재료에 따라 다르게 하며, 첨가되는 재료도 방식도 다르게 하여 더욱 극대화된 기능성 식초를 담글 수 있도록 했다. 그러니 책을 따라 식초를 담가 필요한 가족이 있다면 약초에 담긴 기능을 섭취하고 맛도 즐기기로 한다.

　절대 꼭 짜지 말고 자연스레 3,4일 동안 거르고, 그래도 술을 품고 있으면 나올 만큼 나온 상태로 보고 버린다.

뿌리, 줄기, 나무, 버섯, 겨우살이 야초 자체는 당도가 거의 없다시피 해 곡물로 당화시키거나 설탕을 넣어야 한다. 곡물로 하면 되지만 몇몇 야초나 야채들은 부드러운 성질이 있어 곡물로 하였을 때 거의 녹은 섬유질로 술이나 초가 너무 걸쭉하다.

물론 동량의 물을 부으면 조금 나아지지만, 가수는 안 하는 식초를 담기에 곡물 대신 설탕을 첨가한다. 설탕을 넣어 담글 때는 당분이 문제인데, 당분 섭취가 곤란한 사람들이 먹어야 할 때는 기능이 약해지는 게 아닌가 싶을 것이다.

맞는 말이다. 그렇다면 기능성의 재료 양에 따라, 추가된 물에 따라 들어간 설탕은 무엇인가?

맞다. 하지만 초가 되기 전 술이 되려면 누룩이나 효모의 먹이로 당분이 필요한데, 야초에 없는 설탕이 바로 먹이(당분해)가 되어 당분은 술이 되는 데 다 소비된다.

그러면 초가 다 익은 후에 느껴지는 단맛은 무엇인가?

설탕의 당분이 아닌가 하겠지만, 그것은 각종 유기산의 단맛이니 안전한 단맛이다. 술을 안치면서 과하게 넣지만 않는다면 당은 거의 알코올 도수를 올리고 술이 되는 데 소비되니, 술이 되는 데 필요한 양만 넣어 잔당이 남지 않게 한다.

기능성 식초의 중요한 점은 초의 완성도이다. 술을 담가 초를 안친 후 익어 완성되면 병입하여 먹게 된다.

초가 익어가면 술은 줄어들고 초막이 늘어난다. 초막은 초가 다 익으면 없어지니, 술이 완전히 사라지고 초가 익으면 먹으면 된다. 하지만

50~70%만 익어도 초막이 사라지는 경우도 허다하다. 초막이 사라지면 어느 정도 초맛이 나므로 초가 익은 줄 알고 야초 넣은 식초 기능을 섭취하기 위해 먹는데, 아주 중요한 문제가 생긴다.

초에는 30~50%의 술이 남아 술 반 초 반인 것을 먹게 되는 일이 생기는데, 기능성 식초를 먹는 사람들이 가장 피해야 할 것은 술이다. 그런데 모르고 식초를 장복하면 좋지 않다. 누구나 완벽한 초를 먹어야 하지만, 건강에 주의해야 할 사람들은 특히 초를 잘 익혀 먹어야 한다.

잘 모르는 경우는 어떻게 하나? 초막이 없다고 바로 먹지 말고, 좀 더 숙성시켜 남은 술이 다 사라지고 초로 익도록 한 다음 먹는다. 식초는 느림의 미학이다. 서두르기보다는 천천히 사람에게 들어오는 시간을 주어, 초 같은 술보다는 초로 배를 채우고 무장한 식초를 기다려보자.

부드러운 야초나 야채로 기능성 식초를 하려면, 책을 보고 주의점과 관리에 대해 자세히 익혀야 더욱 좋은 초를 얻을 수 있다. 기능성 식초는 필요한 사람들이 절실함을 가지고 먹는 식초이다. 그 절실함에 한몫할 것을 식초를 담그는 사람으로서 굳게 믿는다.

까마중열매(용규) 천연발효식초 담그기

까마중열매 당도 11~12브릭스. 까마중열매로 천연발효식초를 한다.

까마중열매는 반드시 까맣게 익은 것으로 식초를 담가야 한다. 파란 것이나 조금이라도 덜 익은 것은 독성이 있다. 열매를 가지고 무엇인가 할 때는 주의를 기울여야 한다. 특히 식초는 잘 익은 열매가 아니면 담그지 말아야 한다. 잎이나 줄기, 뿌리도 괜찮다고 한다.

까마중열매식초는 필요한 사람들이 그 성분을 취하기 위해 담그는 것으로서, 맛과 향이 아주 뛰어난 기능성 식초이다.

보랏빛 진주같이 알알이 예쁜 열매이다. 마땅한 군것질이 없던 어렸을 때 산과 들에 지천으로 널린 먹을 수 있는 풀과 꽃, 열매들을 따먹었는데, 그 시절 먹던 것 중 한 가지가 바로 까마중열매이다. 맛이 시큼하면서 약간의 단맛이 날 듯 말 듯한 열매인데, 그 어떤 식초보다 색이 곱고 초도 말썽 없이 잘 이루어져 아주 매력적이다. 까마중열매는 알이 단단한 듯해도 자연산이면 터트릴 필요 없이 그냥 담가도 성분이 잘 추출된다.

- 까마중열매 : 5kg
- 물 : 3ℓ. 물에 대한 설탕 20% 600g
- 누룩 : 10% 500g(효모를 넣으려면 5g)
- 설탕 : 13% 650g
- 용기 : 10ℓ
- 종초 : 술을 걸러 술 양의 30%

술을 거르면서 알을 만지면 피식 하면서 술만 쑤욱 나오는데, 재배는 알도 크고 껍질이 두텁고 과육이 단단하므로 믹서에 갈거나 손으로 알을 터트려야 성분이 잘 나온다. 무거운 것을 올려놓거나 서서히 흐르게 하여 술을 걸러낸다.

술이 되면 까마중 과육이 녹아난 앙금이 있는데, 며칠 두면 용기 밑에 걸쭉하게 남으니 걸러내면 된다. 그렇다고 앙금이 모두 사라지는 것은 아니다. 물론 초를 안쳐 다 익으면 술에 남은 과육과 약간의 섬유질로 앙금이 있으니 숙성시켜 걸러내면 된다. 까마중열매는 수분 포함도가 높지만, 그래도 물을 조금 추가하여 담가야 성분 추출이 된다.

담그기

까마중열매 씻고 물기 빼기

용기에 열매와 누룩 넣고 뚜껑 덮기

까마중열매는 안과 밖이 다 보랏빛으로 안토시아닌이 풍부하다. 자연산과 재배가 있는데, 재배가 알이 더 굵고 당도도 조금 더 높다.

흐르는 물에 헹구듯이 씻어 물기를 제거한다. 나는 재배로 하여 믹서에 대강 갈아 알들이 많이 보이지만 용기에 담는다. 양이 많으면 대야에 정량의 설탕과 물을 넣으면 설탕 녹이기가 편하고, 양이 적으면 통에 바로 넣어도 된다.

설탕이 완전히 녹으면 누룩을 위에 골고루 뿌려주고 위생비닐 뚜껑을 덮어준다.

다음 날 젓고 술발효시키기

다음 날 누룩을 골고루 섞어주면 왕성한 술발효를 해서 거품이 부글부글하다.
뚜껑을 다시 닫고 3일에 한 번씩 세 번 저어준다.

   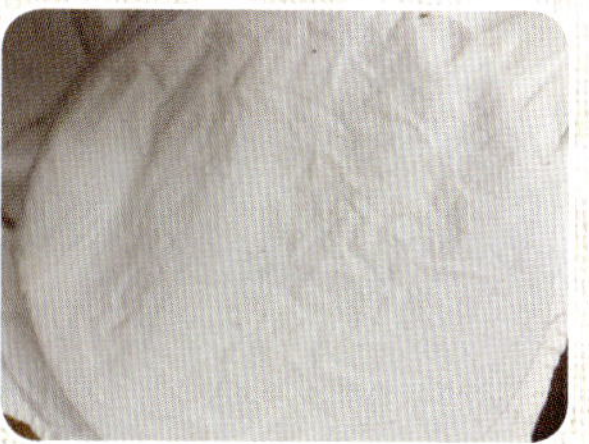

초 안치고 천 뚜껑 덮기

4주 후 다 익어 열매가 거의 가라앉고 일부만 떠 있으며 술이 가득 차올랐다.
소독한 용기에 종초를 넣고 뚜껑은 천이나 한지로 덮어 초를 안친다.

초막 모습   앙금 안치기   식초 완성

초를 안치고 7일 만에 초막이 생기고 5개월 후 초가 다 익었다. 까마중열매식
초는 익으면서 강한 향을 풍기는데, '무슨 냄새지?' 하고 의식이 될 정도로 맛나

게 익는 열매이다.

초를 걸러 병입하는데 사포닌 거품이 많이 생긴다. 앙금을 가라앉히려고 입구가 좁은 생수병에 며칠 두었다 보관용 병으로 옮겼는데, 색이 참 곱다.

까마중열매식초는 참 맛이 좋다. 내 취향이겠지만 색과 향, 맛이 달아서 먹어보면 알게 되는 열매이다.

식초도 별문제를 일으키지 않고 익는데, 열매의 신맛이 딱 적당해 초를 익히는 데 방해도 하지 않고 껍질에 효모도 많이 있어 술이 잘되고 초도 잘 익는다. 단, 양이 많지 않다면 항아리(농축된 발효 맛이 배어나옴)가 아니라 입구가 좁은 병에 보관하면 맛의 변화가 심하지 않은 채 먹을 수 있다.

향과 맛이 탈색된 느낌을 갖지 않으려면, 보관을 잘해야 맛있는 식초를 오래도록 즐길 수 있다.

작두콩 콩꼬투리
천연발효식초 담그기

작두콩이라고 아주 큰 콩이 있다.

2년 전 블로그를 보고 연락해온 어른이 계셨다. 비염과 알레르기가 심한데, 검색해보니 작두콩식초가 좋다고 해서 먹고 싶다는 것이다. 그래서 작두콩 발효액과 작두콩식초를 보내드렸더니, 일부러 나를 주려고 텃밭에 작두콩을 심어 속이 꽉 찬 것을 보내주셨다. 감사함에 다시 식초를 보내드리고, 올해도 역시 8월 말경에 싱싱한 작두콩 콩꼬투리를 보내주셔서 여러 가지 식초를 보내드렸다. 좋은 마음은 돌고 도는 것 같다. 10kg 한 박스에서 5kg은 차를 만들고 나머지는 식초를 하는데, 다 익으면 또 맛을 전할 것이다.

콩 자체가 영양이 높고 꼬투리도 영양과 성분이 좋아 꼭 필요하여 먹고자 하는 사람들을 위해 기능성 식초로 담근다.

아마 콩 종류 중에는 최고로 큰 콩인 듯한데, 주로 조림을 하거나 밥에 넣어먹는다. 너무

준비물	
▪ 작두콩 콩꼬투리 : 5kg	▪ 설탕 : 22% 1.1kg
▪ 물 : 3ℓ. 물에 대한 설탕 20% 600g	▪ 누룩 : 10% (효모 0.1%)
▪ 용기 : 15ℓ	▪ 종초 : 술 양의 30%

커서 다소 징그럽지만, 밤맛이 나는 맛있는 콩으로 영양도 풍부하고 성분도 아주 뛰어나다.

식초를 담그는 것은 콩알이 아닌 콩이 다 여물기 전의 꼬투리로, 그것으로 차도 만들고 발효액도 만들고 식초도 할 수 있다.

콩이 다 커서 여물면 메주콩 깍지처럼 바싹 마른 껍질만 남아 안 된다. 콩은 다 컸으나 여물기 전 완전 풋콩인 상태로 해야 수분도 나오고 성분과 영양이 풍부한 식초를 얻을 수 있다. 시기를 맞추어 사야 스펀지처럼 폭신거리는 속살이 들어 있는 것을 구할 수 있다.

시기는 8월 말부터 9월 중순이면 알맞고, 더 지나면 콩이 익어 속살이 다 말라버린 것이 나오게 된다. 콩은 먹고 껍질만 차로 만들어 먹을 수 있는데, 차 역시 속살이 있을 때 해야 더 맛있다.

작두콩 콩꼬투리는 엄청 커서 아이들 팔뚝만하고, 풋콩이지만 단단하여 자르기가 좀 힘들다. 슬라이스를 할 수 있는 채칼로 자르면 쉽게 되고, 잘 드는 칼을 사용해야 힘이 덜 든다. 대량으로 차를 만드는 곳은 작두로 잘라서 한다.

발효액으로 하면 설탕 때문에 부피가 있어 액이 적당히 나오지만, 술은 설탕의 양이 적어 액을 뽑기가 힘들기 때문에 적당한 물과 당도를 위해 설탕을 넣어 24브릭스로 맞춘다.

담그기

작두콩 콩꼬투리 자르기

보내온 콩꼬투리는 자연재배로 키운 것으로(친환경으로 키운 작물이라고 함) 흐르는 물에 아크릴 수세미로 살살 문질러 씻어 물기를 닦는다. 잘 드는 칼로 섬유질을 끊듯이 얇게 자르는데, 그래야 단단한 껍질에서 성분을 추출하기가 쉽다.

콩꼬투리 안에 여물지 않은 콩들이 있고 꼬투리 살이 두둑하고 속살도 다 차 있는 모습인데, 이런 상태인 것으로 해야 성분 좋고 영양 높은 식초가 나온다. 잘못 사면 콩은 들어 있지만 살이 전혀 없이 꼬투리만 있으니, 잘 알아보고 구한다.

젓고 누룩 넣고 뚜껑 덮기

소독한 용기에 넣고 물에 설탕을 녹여 붓고 잘 섞는다. 설탕 입자가 남지 않게 녹인 후 누룩을 위에 골고루 뿌려주고 위생비닐 뚜껑을 덮는다.

다음 날 젓기　　　　　　발효 모습

다음 날 위에 있는 누룩을 고루 섞어주면 이미 발효를 이루어 거품이 많이 보인다. 다시 뚜껑을 덮고, 3일에 한 번씩 세 번 저어주고는 그대로 둔다. 작두콩은 유난히 거품발효를 심하게 하여 넉넉한 용기를 준비해야 하는 재료이다.

술이 워낙 많으니 거르는 걸 잊고 있다가 5주가 넘어 찾아보니, 용기에 가득 찼던 건지는 밑으로 가라앉고 노란 술이 차올라 있다. 거르면서 맛을 보니 신맛이 많이 난다.

건지는 꼭 눌러 짜내는데, 얼마나 잘 삭았는지 단단하던 꼬투리가 물렁하고 콩알도 만지니 푸석하다. 이렇게 잘 삭아야 술에 모든 영양분이 몽땅 나온 상태가 된다. 식초로 익혀먹으면 그 성분을 고스란히 섭취할 수 있다.

거른 술은 콩꼬투리에 섬유질이 많아 앙금이 많고 탁하다. 며칠 가라앉혀 종초를 넣어 초를 안친다. 천이나 한지를 덮어 공기 중의 초산균이 들어가 종초와 같이 초를 익히게 한다.

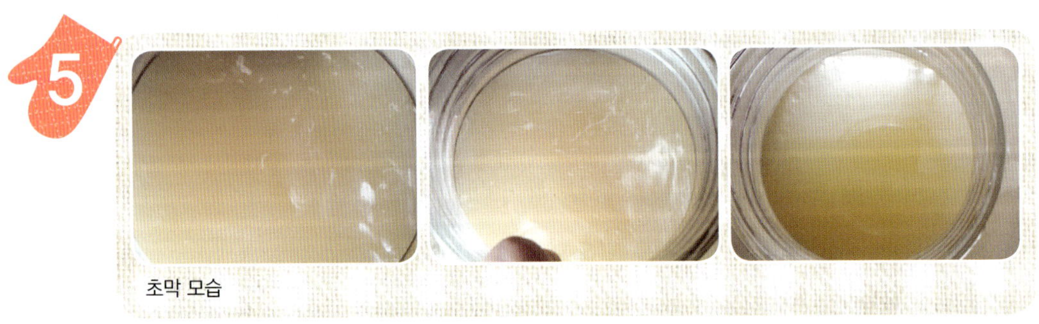

초를 안치고 3일 후 첫 초막이 점처럼 생기고, 그 이틀 후 얇은 초막이 완전히 덮인다. 살짝 흔들어 초막을 깨주면서 맛을 본다. 각각의 초가 어떤 맛이 나는지, 또 산도가 오르는 과정을 초막 관리를 하며 눈과 입으로 알아가자.

초를 안치고 3개월 만에 초가 다 익었다. 온도가 서서히 내려가는 시기인데도 종초가 워낙 좋고 집안에 초항아리들이 많으니 공기 중에 초산균이 득실거려 초가 빨리 잘 익었다.

콩은 곡물이지만 콩꼬투리는 야채랑 비슷한지 콩꼬투리식초는 야채식초의 맛과 향이 난다. 향기로운 냄새와 맛은 아니라는 뜻이다. 몸에 좋은 것은 입에 쓰다고, 약성과 영양이 워낙 뛰어난 것이니 별문제는 아니다. 그렇다고 이상한 맛은 아니다. 유기산의 달콤함과 싱그러운 향이 먹을 만하다.

그러나 2012년에 담가 소량 남은 식초는 흑초가 되어 있다. 글을 쓰면서 맛을 보니 오랜 시간 숙성이 되면서 향이 좋아지고 야채발효된 맛이 사라져 맛있는 초가 되어 있다. 2013년 담근 식초도 서서히 흑초로 변해가며 부드러우면서 향도 참 좋다.

초는 무조건 되는 게 아니다. 나 혼자 담그면 경험이 쌓인다. 맛으로, 초막으로 알게 되기까지는 초를 안치고 늘 들여다보며 초막의 상태, 맛의 변화를 스스로 익혀야 한다.

잘 아는 사람이 옆에 있어 일일이 판단해주는 것도 아니기 때문에 좋은 초를 얻으려면 시간과 정성, 손길의 투자를 잊으면 안 된다. 재료의 성질과 첨가해야 하는 것과 양을 판단하는 능력을 키우자.

명월초(당뇨초)
천연발효식초 담그기

명월초는 당뇨초라고 불리는 기능성 야채이다. 생재 그대로 겉절이, 샐러드, 물김치로도 가능하고 발효액도 담그면 되는데, 그중 꽃은 식초이다.

식초를 담그면 명월초 성분과 영양이 완전히 녹아나온 상태가 되고, 천연발효식초 자체인 60여 가지 유기산과 미네랄, 필수아미노산도 섭취하게 된다. 식초로 담가 당뇨초라고 불리는 그 기능과 맛도 즐기기로 한다.

주로 재배를 하는데, 금방 번지고 생육도 좋아 가정에서 화분에 몇 포기만 심어도 샐러드나 쌈으로 충분히 먹는다. 한 줄기씩 잘라 줄기 부분과 잎을 먹을 수 있으며, 부드러워 잘게 자르지 않고 줄기째 살살 다루어 술을 안친다.

- 명월초 : 5kg
- 설탕 : 22% 1.1kg
- 물 : 3ℓ. 물에 대한 설탕 20% 600g
- 용기 : 15ℓ
- 누룩 : 10% 500g(효모를 넣고 싶다면 0.1% 5g)
- 종초 : 술을 걸러 술 양의 30%

➡ 당뇨에 좋은 기능성 야초라 현미로 당화를 시켜 담글까 했지만, 워낙 부드러워 현미와 섞이면 물러져 거르기도 힘들고 술도 정말 탁했던 기억이 있다. 그래서 설탕을 추가해 술이 되는 먹이로 사용하기로 한다. 아로니아식초 체험수업을 했던 농장에서 명월초도 식초가 될 수 있는지 실험해달라 하여 보내온 것이다.

담그기

명월초 씻고 물 빼기

명월초는 농약이나 비료를 주지 않고 재배하는 작물이라 흐르는 물에 헹구듯이 씻어 물기를 털어놓는다.

대야에 넣고 물에 설탕을 녹여 시럽을 만들어 붓는다. 부피가 큰 명월초가 시럽에 절여져 액이 추출되면 소독한 용기에 넣는다. 용기가 크면 명월초 한 켜, 설탕 한 켜 뿌리고 물을 넣어 설탕을 녹여도 된다.

누룩 넣고 뚜껑 덮기

다음 날 고루 젓기 / 발효 모습

　숨이 죽어 부피가 줄어든 명월초를 용기에 넣고 누룩을 뿌리고 위생비닐 뚜껑을 한다.

　다음 날 누룩과 명월초가 고루 섞여 술이 잘되게 도와주니, 왕성한 발효를 한다고 거품이 부글거리고 위생비닐 뚜껑이 부풀었다. 3일에 한 번씩 세 번 저어 준다.

술 거르기

숙성시키기

식초방 초 안치기

　4주 후 술이 다 익었다. 건지는 워낙 많아서 용기 안에 들어차 있지만, 그 틈으로 고인 술이 보인다. 독한 야초 술냄새가 코를 찌른다. 거를 때는 베보자기에 넣고 3일 동안 가만히 두자 거의 다 나온 것 같다.

명월초 건지가 물러지지 않게 저어주었더니, 형태는 그대로지만 이미 성분과 섬유질 등 나올 것은 다 나온 듯하다. 살짝 만져보면 녹듯이 물러진다. 술은 약간 탁도가 있으면서 점성질도 있다.

명월초 내용물이 다 추출된 상태로 맛을 보니, 참 뭐라 표현하기 어려운 술로 야채발효된 향과 단맛이라곤 전혀 없는 씁쓸한 술, 맛없다.

거른 술은 바로 초를 안치지 않았다. 소독한 생수병에 넣고 며칠 앙금을 가라앉혀 현미이양주 종초를 30% 넣고 초를 안쳤다.

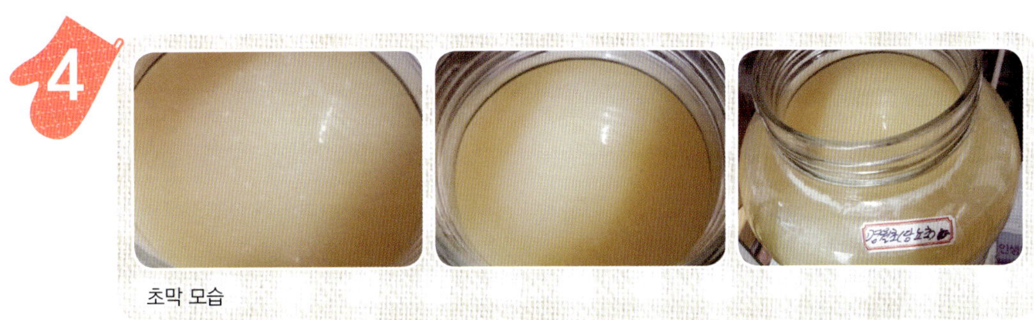

초막 모습

초를 안치고 20일 후 초막이 생기기 시작했다. 살짝 흔들어 초막을 깨주어 초산균이 들어가도록 하고 맛을 본다. 초는 여전히 점성질이고 탁도가 있다.

4개월이 지나 초가 다 익었지만, 여전히 탁하고 점성이 느껴진다. 야채발효된 향이 강하고 산도 역시 높게 나온 식초이다. 술 안치기 전 설탕 추가로 단맛이 강했던 것이 술이 되고는 씁쓸하기만 했는데, 초가 익은 후에는 어디서 왔는가! 은은한 달콤함은 각종 유기산의 단맛일 것이다.

- 설탕과 물을 넣어 명월초에서 액이 추출되면서 술 안치기 전 당도 → 25브릭스
- 술 안치고 일주일 후 당도 → 15브릭스
- 술 거르고 난 후 당도 → 11브릭스
- 초 익고 난 후 당도 → 10브릭스
- 1년이 지난 지금 당도 → 10브릭스

식초가 되는지 실험해달라고 의뢰한 농장주에게 완성된 식초 일부를 아로니아식초랑 같이 보내드렸다. 명월초 식초가 아로니아식초보다 입에 맞고 너무 맛있다고 했다. 약간의 점성질도 좋고 향, 맛 다 최고라고 했다. 물론 술에 동량으로 가수를 했다면 훨씬 맑은 초가 나오고 양도 넉넉했을 텐데, 양이 아닌 성분 포함도가 높은 초를 이루는 게 나의 신조이기에 소량의 식초만 뽑아냈다.

내 입에는 명월초 맛과 성분이 다 녹아난 야초 발효 냄새랑 맛이 별로던데, 농장주는 맛있다고 했다.

명월초식초를 완성하여 병입한 지 1년이 지난 지금, 맛을 보니 더 풍부하고 달콤하다. 발효된 향이지만 명월초 특유의 향이 진하게 나면서 색은 탁도가 높아 아이보리색을 띠었는데, 지금은 황금색을 띠면서 탁도 역시 앙금으로 가라앉고 풀어져 있다. 그리고 물처럼 맑지는 않지만 투명함이 느껴질 정도로 맑아졌다.

나로서는 참 맛없다 느꼈던 식초가 맛있다는 느낌이 드는 식초가 되었다. 어찌 야초가 이런 맛으로 태어났는가.

와송(바위솔) 천연발효식초 담그기

와송은 흔히 바위솔이라고 한다. 와송은 말 그대로 기와에서 자연적으로 자란 것을 말하고, 재배나 산의 바위에서 자란 것은 바위솔이라 분류한다. 생긴 모습은 똑같으나 자란 환경이 달라서 그렇게 말하는데, 통상적으로 부르는 와송으로 글을 쓴다.

와송은 부드러운 성질을 가진 야초로, 만지면 톡 부러지며 수분이 많고 섬유질도 많다. 와송은 풀냄새 같은 향이 나며 맛을 보면 평한 느낌으로, 생으로 갈아먹거나 발효액, 또는 말려서 달여먹기도 하는 등 여러 가지 섭취 방법이 있다. 그중 꽃은 역시 식초라고 본다.

곡물을 이용하여 설탕 없이 담그면 좋지만, 편하게 천연발효식초 방식으로 전한다.

곡물로 해보니 당분 추가가 없어 당분에 민감한 분들에게는 좋지만, 처음 하는 사람들은 이 방법으로 해보고 경험이 쌓이면 곡물로 하면 된다.

- 와송 : 5kg
- 설탕 : 24% 1.2kg
- 물 : 2ℓ. 물에 대한 설탕 20% 400g
- 용기 : 10ℓ
- 누룩 : 500g(효모를 넣으려면 5g)
- 종초 : 술 거르고 술 양의 30%

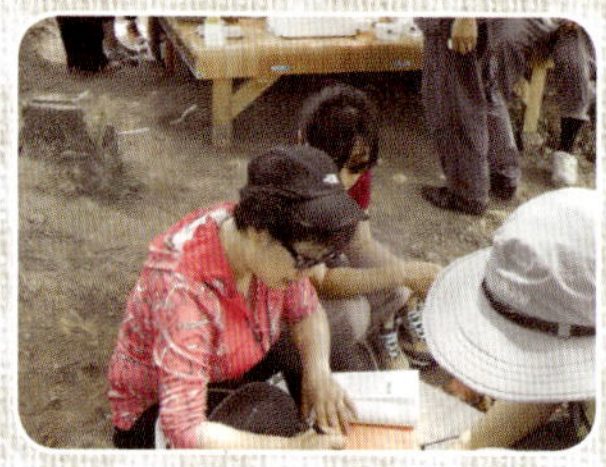

와송 수업 사진

와송은 원래 수분이 많지만 성분 추출이 좋게 물 추가가 필수이며, 당도가 낮은 재료이니 설탕도 필요하다.

농장에서 잘 키운 와송이 판로가 약해, 식초 담그기 체험을 통해 많은 사람들이 참여하여 즉석에서 술을 안쳐 가고 구매를 하여 큰 도움이 되었다고 한다. 수업을 하고 나서 구매를 하여 와송으로 식초를 담근 것이다.

해마다 주로 현미로 담그는데, 이 방식으로 하는 것이 더 깔끔하다.

와송은 친환경으로 기르는 작물이며, 집에서 화분이나 텃밭에 심어도 번식력이 좋고 잘 자란다. 잘만 담그면 성분 섭취로 건강에 크게 도움이 되면서 맛도 참 좋은 식초를 얻고, 초도 잘 이루어지는 재료이다.

담그기

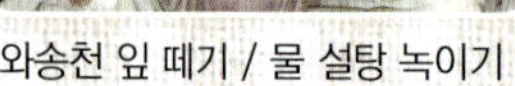

와송천 잎 떼기 / 물 설탕 녹이기

와송은 흐르는 물에 씻어 물기를 완전히 제거한 다음, 줄기에서 잎을 분리하고 줄기는 적당히 자른다.

대야에 와송과 설탕, 물을 넣고 저어주면 물과 설탕에 의해 와송의 액이 금방 나온다.

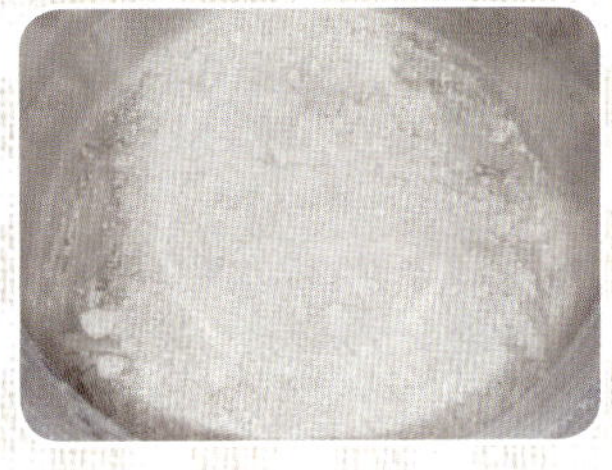
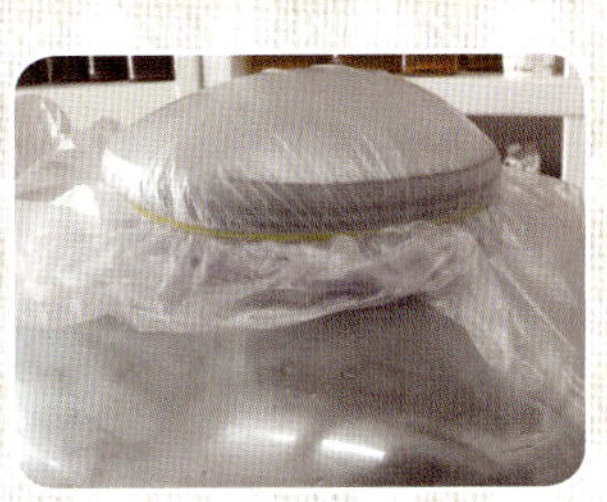

설탕 녹은 후 누룩 넣고 뚜껑 덮기

몇 시간 두어 완전히 녹은 것을 확인하고, 소독한 용기에 넣고 누룩을 위에 뿌린 후 위생비닐 뚜껑을 한다.

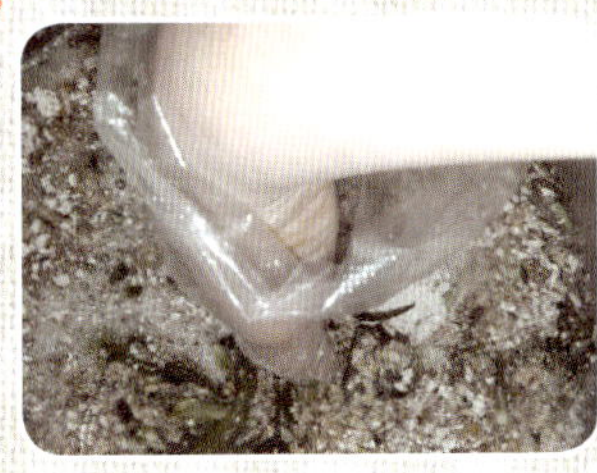

다음 날 젓기 / 발효 모습

다음 날 누룩이 액에 젖어 있고 밑으로는 술발효를 하고 있는데, 골고루 섞고 3일에 한 번씩 세 번 젓는다.

와송은 술발효를 하면서 3일째부터는 밑에 술이 고이기 시작한다.

술 거르고 종초 넣고 천 덮어 초 안치기

4주 후 술발효가 끝나면 술을 걸러 종초를 넣고 초를 안친다. 천이나 한지로 뚜껑을 덮는다.

초막 모습과 초 완성

초를 안치고 일주일 후 첫 초막이 생겨 얇게 덮이면, 그때부터 살짝 흔들어 초막을 깨 초산균이 들어가게 하고 맛도 보면서 초를 익힌다.

초를 안치고 한 달 반 만에 초막이 사라지고 탁했던 술이 맑은 초로 태어난다. 맛도 상큼한 것이 와송향이 나면서, 산도 역시 높게 잘 나온 맛있는 초가 되었다. 바로 먹거나 병입을 해도 되지만, 완벽한 초발효를 위해 두 달을 그대로 숙성시킨 후 항아리 뚜껑을 닫았다.

초를 안치고 약 50일 만에 초가 다 익어 산도 5.3에 맛도 깊이 들었다. 아주 빨리 완성되었는데, 이는 두 가지가 맞아서이다.

- 종초의 산도가 높고 초산발효를 마친 지 한 달밖에 안 됐다.
- 초 안친 시기가 한여름인 7월 말이었다.

또 술을 안친 양이 5ℓ이다. 양이 적으니 초가 빨리 익었던 것이다. 그래서 식초는 종초, 온도가 아주 중요하다. 보통 3~5개월이 걸리는데, 초산균이 좋아하는 환경이면 누구나 초를 잘 익힐 수 있다.

초막이 사라졌다고 무조건 초가 다 익은 것이 아니다. 꼭 초맛과 산도를 확인하여 덜 익은 초에 뚜껑을 닫거나 병입하면 물이 된다는 것을 잊지 말자.

종초로는 현미이양주 전통식초를 넣었는데, 식초에 현미의 성분을 추가시키기 위해서였다. 곡물식초는 어디에든 넣을 수 있다. 천연발효식초에 없는 곡물의 성분 추가로는 아주 좋기 때문이다.

와송의 성분은 아주 좋다. 좋은 성분을 가진 야초로 건강에 도움이 될 수 있는 기능성 식초를 담가서 맛있게 먹기 바란다.

백야초(100가지 야초)
천연발효식초 담그기

산과 들에서 자라는 먹을 수 있는 재료들로 식초를 담근다.

사계절을 지내면서 과일은 조금씩 액을 얻기 위해 넣고 각종 열매, 버섯, 뿌리, 나무, 야초 등 먹을 수 있는 것은 다 넣어서 담근다. 100야초가 넘어도 좋고 30초, 40초, 50초 등 굳이 가짓수 늘릴 필요 없이 채취되고 준비되는 대로 담그자.

나는 산과 들로 다니면서 채취도 하고, 마른 야초는 구입하여 갈무리만 잘하면 몇 년을 두어도 괜찮다. 따라서 수십 가지는 항상 있으므로, 생야초들만 준비하면 쉽게 할 수 있다.

각 가정마다 여러 가지 약재로 쓰는 건재가 있으면 무엇이 있나 보고 한 가지씩 넣어가면서 담근다.

- 백야초 담근 것
- 누룩 : 물까지 넣은 재료 무게가 20kg면 1kg
- 물 : 당도를 재거나 통무게 반 정도(야초를 담그며 건재가 많으니 자작나무, 다래나무의 수액을 소량 넣음. 수액에 설탕 20%도 넣음)
- 용기 : 물까지 넣고 술발효하면 부풀어오르니 넉넉한 용기를 준비한다.
- 종초 : 술 양의 30%

독성 있는 야초들(컴프리, 세신, 자리공, 소루쟁이뿌리, 관중, 천남성, 만병초, 백선, 쇠뜨기, 삿갓나물, 은방울꽃, 꽁애장군, 앉은부채, 초오, 애기똥풀 등)은 아예 넣지 말거나, 야초를 잘 알고 자신이 있는 사람들은 아주 어린순만 몇 잎 주의하여 넣는다. 먹을 수 있는 야초를 한 주먹씩만 모아도 양이 많으니 조금씩 고루 넣자.

상황버섯 같은 것은 잘게 잘라 20~30g 이하면 되고, 수분이 많고 맛있는 과일들은 너무 많은 종류 말고 몇 가지만 넣어 건재들의 수분을 대신하고, 산열매들도 한 주먹씩만 넣어 많은 재료가 어우러지게 하면 된다.

건재들도 한 주먹 이하로 넣고 사계절 야초나 열매를 채취하거나 구했을 때마다 손질하여 담근다.

➡ 감초 몇 개, 대추 한 줌, 생강 한 줌은 꼭 넣는다. 감초는 여러 가지 재료들이 만났을 때 서로 상충되는 것을 온화하게 해준다고 하니 몇 개만 넣는다.

야초 종합으로 어떻게 식초를 담그나 걱정이겠지만, 백초 발효액 담그는 것과 같은 방법으로 하면 된다. 생기는 대로 설탕에 절여두면 되는데, 발효액 담그듯이 1:1로 하면 당도가 너무 높아 나중에 가수하여 술을 안쳐야 하니 50%의 설탕만 넣는다.

야초들을 그냥 위에 두면 상하여 부패가 일어나니, 넣을 때마다 고루 섞듯이 뒤집어주어 액이 잠긴 것은 위로 오고 새것은 밑으로 들어가 액과 성분 추출이 되게 한다. 액에 건지가 잠기지 않는 한 2, 3일에 한 번씩 뒤집어 상하지 않도록 관리한다. 조금씩 모아 용기에 가득 차면 술 안칠 준비를 한다.

몇십 가지라도 약성과 효능 좋은 재료들을 1년 동안 모아 설탕에 절여두면 진한 발효액이 나오는데, 액만 가지고 하는 것이 아니고 야초 그대로 술을 담그는 방식이다.

설탕은 1:1이 아니고 많이 줄여 당도를 낮추고, 나중에 물을 많이 섞지 않기 위해 야초들이 상하지 않을 정도인 50%만 넣는다. 즉, 야초 1kg이면 설탕 500g을 넣어 자주 고루 섞어준다. 건지가 나온 액에 잠기면 물러지거나 뜸팡이가 필 확률이 낮다.

당도계가 있다면 당도를 체크한 다음, 물을 넣어 고루 저어주기를 일주일간 하면 건지와 액의 당분이 물에 고루 섞여 술 안친 당도가 나오니 24브릭스로 맞춘다. 당도계가 없고 복잡해서 힘들면 통무게를 달아 그 반쯤 물을 넣고 일주일간 아침저녁으로 저어 당분이 고루 우러나게 한다. 설탕 50%에 오랜 시간 절여져 있으면 부족한 설탕에 의해 살짝 신맛이 돌고 알코올도 20% 정도 생성되어, 술을 하면 아주 잘 익는다.

건지를 같이 하는 이유는, 제대로 성분 추출이 되지 못한 야초술을 익히며 추출해 내기 위해서이다.

물은 생수를 끓여 식혀서 넣거나 이른봄 고로쇠, 자작나무 같은 나무 수액을 냉동실에 얼려둔 게 있다면 해동하여 끓여 식혀 넣는다. 마른 줄기나 나무를 달인 액에 설탕을 물 대신 조금 넣으면 아주 좋다.

담그기

각종 야초들

당도 맞춰 술 담그기

누룩 넣기

거의 100여 가지나 되는 야초들을 모았다. 뒤뜰 화분에 심어둔 야초만 뜯어도 20가지나 되고, 건재한 야초 30여 가지, 각종 꽃차 10여 가지, 인삼도 화분에 심은 지 3년 된 것 전초 열 뿌리를 넣다 보니, 산과 들에 많이 안 다녀도 100여 가지나 되는 각종 야초들을 모을 수 있었다.

지금도 화분 텃밭에는 백수오, 더덕, 방풍, 삼채, 곰보배추, 어성초, 하고초, 비파, 황칠, 삽주 등 수십여 가지가 자라고 있다.

채취하는 대로 씻어 물기를 털어, 설탕 50%만 넣고 저어주면서 양을 늘려간다. 자주 저어주어 상하지 않게 한다.

나무나 줄기, 상황 등 건재도 있어 1년 동안 발효시켜 주는 게 좋으니, 채취 1년, 발효 1년이 걸려 액이 충분히 나오면 당도를 재어보아 23~26브릭스 정도면 그대로 하고, 그보다 높으면 물을 섞어 당도를 맞춘다. 나는 약 28브릭스가 나왔는데 그대로 술을 안쳤다.

일주일을 두면 당도가 낮아지고 이미 알코올도 생성되어 거품발효를 약간 한다. 정량의 누룩이나 효모를 넣어 위생비닐 뚜껑을 덮은 다음, 온도가 내려가는 시기면 따뜻한 곳에 둔다.

다음 날 위아래로 고루 섞어주고, 이틀에 한 번씩 다섯 번 정도 젓는다. 술발효는 한 달보다 좀 더 오랜 6주 동안 해준다.

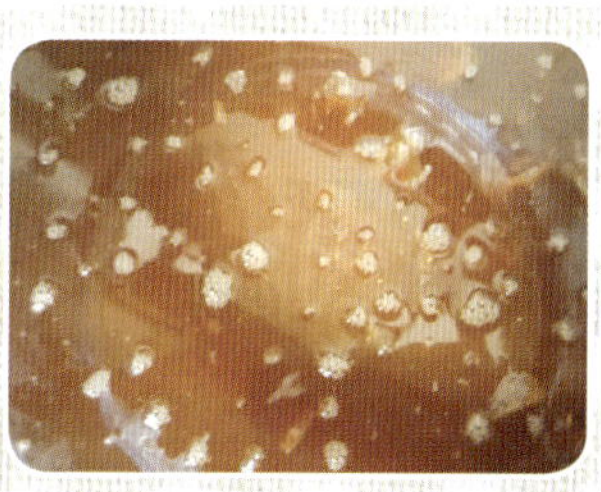

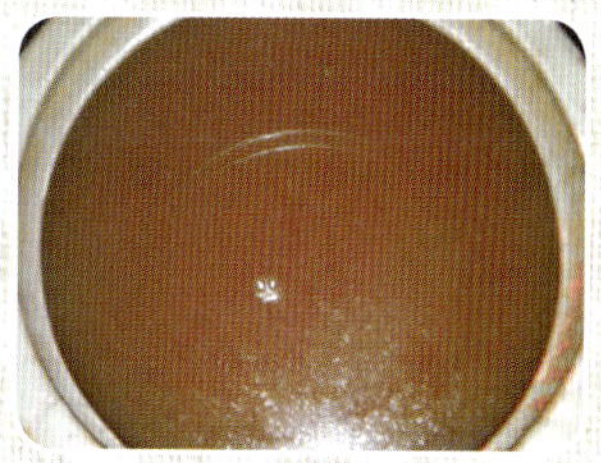

붉은 술색과 걸러낸 술 항아리에 초 안치기

술은 특이하게 검붉은색을 띠는데, 각종 야초들이 발효되면서 내는 색이다.

건지는 모두 밑으로 내려가고 붉은 술이 차오른다. 걸러서 종초를 술 양의 30%를 넣고 초 안친다. 한지나 천을 덮어 초산발효를 돕는다.

초막과 식초 완성

백야초 식초를 많이 담가보았지만, 이런 과정을 거치면 술도 잘 되고 초발효도 무난히 이루어지고 초막도 심하게 생기지 않는 특성이 있었다. 초막이 생기면 꼭 맛을 보고 초를 키우는데, 단품으로 키운 식초보다 수십 가지가 섞여서 내는 맛과 향기가 너무 좋다. 2년간 숙성시킨 백야초 식초의 맛을 보려 뚜껑을 열었더니 위에 셀룰로오스가 곱게 생겨 있다.

이 초막은 앞서 공부했듯이 산도가 약해서 생긴 것이 아니라 숙성 중에 식초 보호용으로 생기는데, 초 안의 당분을 먹이로 자라 덮여 있으며 맛이나 산도에는 전혀 지장이 없으니 그냥 두어도 된다.

보기 싫으면 걷어내면 되는데, 살짝 걷어보니 막 밑에 불그스레한 초가 있다. 뜰채로 막을 건져내니 맑은 초가 보인다.

올해는 백야초를 못했지만, 몇 번 산행을 하면서 동행한 사람들이 산야초 뜨는 모습도 찍을 수 있었다. 그 일행이 야초를 전해줘, 이 식초에는 들어가지 않았지만 침출식 가루식초를 담는 데 넣었고, 책에도 올려 깊은 감사를 드린다. 그동안 담가 3~5년 숙성된 식초가 항아리와 유리병에서 기가 막힌 향과 맛을 내고 있어, 이제 그 뚜껑을 열어 필요한 사람들이 먹을 수 있게 할 것이다.

- 백야초 식초 당도 → 16브릭스
- 산도 → 5.6

백야초 식초의 매력은 향과 맛이다. 혀끝에 한 방울 떨어뜨려 맛을 음미하면 저절로 감탄하게 된다. 각각 개성이 다른 야초들이 만나 어찌 이런 맛과 향을 내는가!

다른 식초에서 느낄 수 없는 맛과 향을 알게 되는데, 깊은 맛을 알려면 1년 이상 숙성을 시켜 먹어야면 세월 속에 농축된 발효의 맛을 볼 수 있다.

담그는 과정이 복잡하고 시간도 오래 걸리지만, 갖가지 야초의 성분과 효능이 그대로 녹아나온 식초이다. 발효액으로 먹거나 샐러드 소스, 나물무침에 이용하면 향이 진하여 감칠맛이 난다.

야초와 설탕의 양을 조절하고, 건지가 액에 잠기지 않은 마른 부분에 뜸팡이가 피거나 물러지지 않게 하는 것이 가장 큰 문제이다. 설탕을 많이 넣지 말고, 수분이 적은 건재들도 들어가니, 일단은 발효액을 잘 담가 상한 맛이 나지 않는 초를 얻기로 하자.

백야초 식초에는 각종 야초의 성분이 고루 들어 있어 맛으로도 먹지만 여러 가지 기능을 지닌 유용한 식초이다.

# 현미, 곡물식초 담그기

이제부터 본격적인 전통식초에 들어간다.

현미식초를 담그기 전에 필요한 단어와 방식, 주의점 등을 자세히 공부했으니, 그것을 다시 한 번 보면서 담그기로 한다.

현미는 되도록 친환경, 무농약으로 담근다. 전통식초의 백미는 역시 현미식초이다.

현미는 밥으로 많이 해먹는데, 현미밥은 백 번 정도 씹어 삼켜야 그 성분 섭취를 다 할 수 있을 만큼 껍질이 단단한 쌀이다. 바쁜 현대인들로서는 식사 시간이 너무 오래 걸려 그냥 대강 씹어 삼켜 성분 섭취가 제대로 안 되는 단점이 있다. 그래서 최고로 좋은 식초로 담가 그 성분을 고스란히 섭취하기로 한다.

현미로 술을 담글 때 술밥 찌기, 호화를 잘하면 딱딱한 현미가 다 삭아 당분이 되고, 그 당분을 누룩이 당분해하여 알코올 도수가 높게 나오고, 성분 높은 초를 이룬다.

현미
전통식초 담그기

현미식초는 어느 한 가지라도 소홀히 하면 곡물이 제대로 삭지 않아 알코올 도수가 낮은 술이 나오고, 식초 역시 산도 낮은 것이 나온다. 성분이 추출되지 않은 현미가 오랜 시간 술에 담겨 있다 보면 물식초가 나오기 쉽다. 처음에는 복잡한 듯하고 어렵지만, 경험을 쌓으면 쉽게 할 수 있으니 처음부터 철저히 하는 것을 익힌다.

청주와 막걸리로 먹는 술과 식초용 술은 조금 다르다. 술을 먹고자 할 때는 물의 양을 줄여 곡물의 당화된 맛이 술에 많이 배도록 하고, 식초용 술은 술이 되기 알맞은 물을 조금 더 넣는다.

현미술은 단양을 시작으로 이양, 삼양 등 덧술을 올리는 횟수를 거듭하면서 담그기도 한다. 대체적으로 술을 먹기 위해서이므로 덧술을 올릴 때마다 알코올 도수가 높게 나온다.

덧술은 한 번 밥을 하여 술을 안치고, 며칠 후 다시 밥을 하여 처음 한 술밥에 섞어 술을

- 현미 : 2kg
- 누룩 : 400g
- 종초 : 4주 후 술 거르고 술 양의 30%
- 물 : 4ℓ
- 용기 : 10ℓ

담그는 방식이다. 술밥을 다시 더하는 것을 '덧술 올리기'라 하고 술을 먹기 위한 덧술을 9번까지 올리는 경우도 더러 있지만, 식초를 담그기 위한 술은 단양으로도 충분하다.

나는 종초로 쓰는 것이나 판매를 하는 식초나 모두 현미를 이양을 올려 가수도 안하는 원술로 담그고, 일부 기능성 약초 식초는 삼양까지도 올려 담근다. 하지만 굳이 그럴 필요 없이 단양으로 담가도 충분히 맛있고, 종초로 쓴다 해도 최고의 식초가 나온다. 현미의 특성을 알고 술을 담그도록 하자.

배합률 양은 기본으로 했으니, 양을 늘리고 싶으면 기본에 맞추어 늘리고 곡물로 하는 식초는 누룩을 약간 추가하면 온도가 낮은 시기의 술발효에 도움이 된다.

담그기

현미 씻기   현미 불리기   현미 물 빼기

이 식초는 술밥을 한 번만 하여 담는 단양주 현미식초로 담갔다. 앞서 현미로 술을 안치는 것이 자세히 설명되어 있으니 책을 펴놓고 보면서 한다.

현미는 반드시 친환경이나 무농약 쌀을 준비하여 표면의 지방질만 벗겨내는 방식으로 쌀을 씻어 불려 2시간 동안 물을 빼준다. 불린 현미가 물을 품고 있지 않게 하려는 것이다.

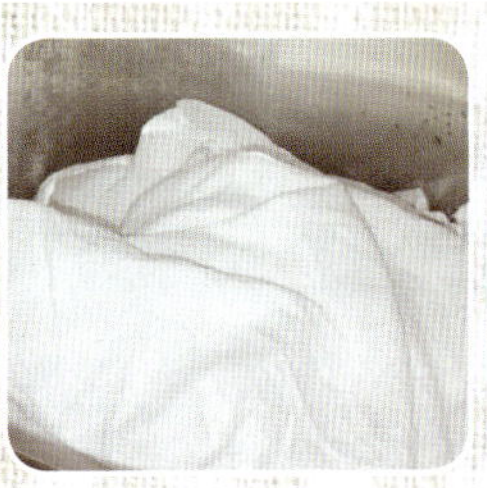

현미 술밥 찌기

술밥을 찔 솥에 삼발이를 넣고 그 위에 물이 닿지 않게 넉넉히 부어준다. 삼발이 위까지 올라오면 쌀이 젖어 곤죽이 되고, 현미의 양분이 끓는 물에 녹아나며 물을 흡수해 고두밥을 하는 의미가 없다.

절대 주의해야 한다. 그렇다고 물을 적게 넣으면 물이 다 줄어 솥이 타고 선밥이 되니, 찜솥은 큰 것, 삼발이는 다리가 높은 것을 준비한다. 찜솥에 삼발이와 물을 넣었으면 베보자기나 베자루(부직포를 구하여 푹푹 삶아 말려두고 쓰면 좋음)에 쌀을 담아 삼발이 위에 올린다. 고두밥을 하면서 생기는 수증기가 쌀에 직접 닿지 않게 남은 부분으로 감싸고 뚜껑을 덮어 센 불로 찌기 시작한다.

술 안치기

술 안치기

센 불에 1시간 찌다가 불을 끄고 뚜껑을 연다. 고두밥 위에 쌀 2kg이면 종이컵 4컵 정도의 찬물을 골고루 뿌려 주걱으로 섞듯이 하고 다시 술밥을 찐다.

다 쪄진 고두밥은 대야에 붓고 차게 식힌 다음, 누룩을 넣고(한 주먹 정도 더 넣어도 됨) 골고루 섞어 누룩옷을 입혀주고 물을 반 조금 넘게 넣고 40분간 호화를 해준다.

호화된 술밥은 소독한 용기에 넣고 위생비닐 뚜껑을 덮어 술통을 계절에 맞게 관리해준다.

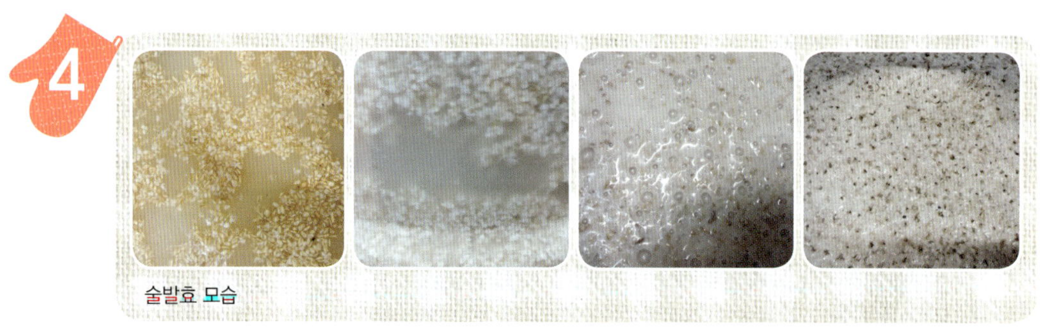

술발효 모습

다음 날 골고루 저어주고 다시 뚜껑을 덮고, 이틀에 한 번씩 서너 번 더 젓는다. 물 흐르는 소리를 내며 3일 정도는 왕성하게, 열흘 정도는 잠잠하게 술발효를 한다.

그대로 4주 동안 두었다 술 거르기를 한다. 용수를 술통에 박아 청주를 걸러내고, 지게미에 쌀 2kg이면 2~4ℓ 정도 물을 넣어 주물러 막걸리를 뽑아낸다. 나는 일절 가수를 안하기 때문에, 용수도 안 박고 그냥 베보자기에 붓고 꼭 짜낸 다음 지게미는 버린다.

걸러낸 술은 앙금이 많은데, 그대로 며칠 가라앉혀서 소독한 용기에 넣는다. 그리고 종초를 술 양의 30%를 넣고 초를 안친 다음 천이나 한지로 덮어준다.

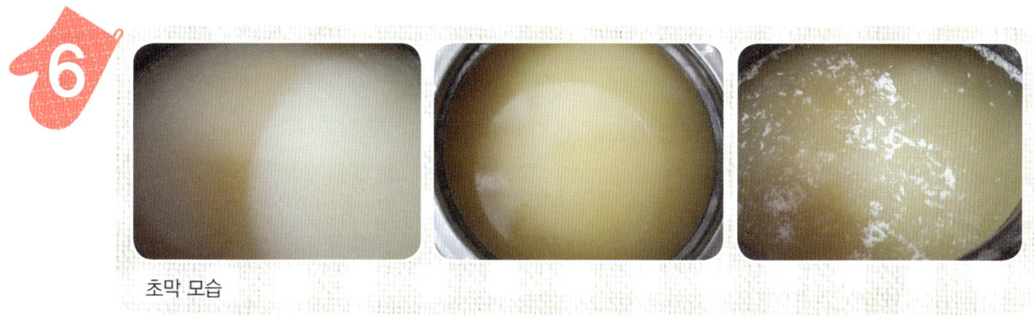

초를 안치고 매일 초막이 생기는지 관찰한다. 첫 초막이 기름이 물에 뜬 것처럼 점점이 생기다 비단결같이 얇은 막이 살짝 덮인다. 그러면 용기를 흔들어주거나, 큰 용기면 소독한 도구로 살짝 저어 초막을 깨준다.

마구 저어 초막이 사라지지 않게 하면서 관리를 해준다. 반드시 맛도 같이 본다. 나의 초가 초막과 함께 어떻게 익어가는지 오관으로 알고 느끼면서 초를 익혀야 완성시기를 가늠하는 능력이 생긴다.

식초 완성

6개월 후 초가 다 익었다. 거를 때 탁했던 술이 많이 맑아지면서 노란 식초로 탄생하여 현미 특유의 향을 지닌 산도 높은 초가 되었다. 맛도 참 좋고, 현미를 자연스레 많이 섭취하게 되는 것 같은 느낌이다.

- 현미술을 안치고 이틀 후 당도 → 8브릭스
- 일주일 후 당도 → 10브릭스
- 4주 후 술 익었을 때의 당도 → 10~11브릭스
- 초 다 익은 후 당도 → 8~10브릭스

현미식초를 담갔다. 여러 가지 자세한 방식이 너무 많아, 공부하는 글을 보면서 순서대로 담그면 되도록 했다. 익숙해지면 쉬운데 처음일 경우 술밥 찌는 것부터 힘들다.

현미는 오랫동안 밥을 쪄야 하므로 찜솥도 커야 하고, 시중의 삼발이는 다리가 짧아 금방 물이 끓어 밥이 쪄지면서 솥이 타는 일도 생기는데, 그걸 방지하려면 물을 넉넉히 넣어도 잠기지 않게 다리가 긴 삼발이도 준비해야 한다. 물론 집에 찜기도 있지만 적은 양밖에 찔 수 없어 참 불편하다.

호화도 아주 중요하다. 고두밥을 잘 삭게 하는 작업인데, 절대적으로 소홀해선 안 된다. 술이 되는 데 중요한 일들을 순차적으로 행하여 담그면 반드시 맛있는 현미식초를 얻는다. 맛은 물론 성분과 영양도 높고 산도 역시 좋아 식생활에 유용하고, 건강에 도움이 되며, 종초로 어디에든 넣어 곡물이 들어가지 않는 초에 현미 성분을 추가할 수 있다.

술을 담그고 그대로 두지 말고 다음 날부터 한 번씩 저어주어 위아래 밥이 골고루 삭게 하고, 밑에 내려앉은 누룩 앙금이 진득하게 되지 않게 도와 쿰쿰한 냄새가 안 나게 한다. 술을 걸러 초를 안칠 때 가수에 대한 자신감을 가져야 한다.

종초가 좋고, 온도도 25~30도로 유지되면 좋은 술에서 초로 익어가지만, 알코올 도수가 낮은 술로 초가 빠르게 익어가면서 문제가 생기지 않도록 해야 한다. 도수가 낮은 술은 초는 금방 잘 익지만 산패나 물이 되는 경우도 아주 많다. 도수 높은 술로 해도 마찬가지 문제가 생기므로 언제나 초의 변화를 지켜본다.

보통 초를 안치면 2~3개월이면 익는데, 이는 알코올 도수를 조절하여 담갔을 경우이다. 6개월 걸린 이 식초는 가수하지 않은 독한 술로 담갔으므로 산도 높은 종초를 넣었고, 종초가 좋아 초막은 일찍 생겼어도 알코올 도수가 높은 술이라 오래 걸렸던 것이다.

초가 다 익어가면서 숙성 겸 맛들이기도 하는 것인데, 이렇게 오래 걸려도 문제가 많다. 초가 다 익어도 관리가 필요하다. 그대로 둘 것인가, 병입을 할 것인가.

초막이 사라지고 신맛이 강하다고 무조건 다 익었다고 보면 안 된다. 권말부록에 있는 산도 측정법을 통해 산도 측정을 하거나 어려우면 pH테스트지를 가지고 테스트를 한다. 할 수 없는 사람들은 초맛이 확실히 들었다는 확신이 들 때 음용을 하거나 숙성에 들어가, 식초 속에 술의 잔량이 0~3% 이상 남지 않게 해야 숙성이나 병입을 했을 때 산패나 물이 되는 것을 막을 수 있다.

성급하면 술 반 식초 반이거나 술의 잔량이 높은 초가 되어 몸이 불편한 사람들이 먹으면 좋지 않으니 주의해야 한다.

술을 잘 담그고 초를 익혀 맛있게 먹으며 종초로 사용하자.

현미이양주 전통식초 담그기

현미로 한 번만 술을 담그는 단양주를 했으니 이양주를 담가본다.

단양주를 담글 때와 배합률이 조금 다르다. 처음 담근 술을 밑술이라 하고 다시 술밥을 넣는 것을 덧술이라 부른다.

이양으로 술을 하면 현미의 농도가 진하고 알코올 도수도 조금 더 오르는 이점이 있다. 그러나 번거로운 점이 있고, 단양으로만 해도 현미 성분과 초맛에서 전혀 모자람이 없이 맛있는 초가 나오니 굳이 이양주를 하지 않아도 된다.

이양으로 할 때는 술밥의 양이 많아지고 술도 많아지는데, 처음 담근 쌀막걸리나 현미로 담근 종초가 넉넉해야만 시작할 수 있다. 술은 잔뜩 담갔는데 종초가 없으면 초를 안치기 어렵기 때문인데, 물론 종초 없이도 초는 되지만 실패할 확률이 높으니 반드시 종초를 확보해놓고 시작한다.

- 현미 : 4kg , 누룩 800g(물 8ℓ, 용기 20ℓ)
- 밑술 : 현미 1kg, 누룩 600g, 물 2ℓ
- 덧술 : 현미 3kg, 누룩 200g, 물 6ℓ(양을 늘리고 싶다면 밑술 2kg, 덧술 6kg)
- 현미, 누룩, 물의 양은 '동백LEE의 곳간' 방식이며, 늘리거나 줄이는 것은 선택이다.

- 현미 : 이양주를 담그려면 현미를 밑술용과 덧술용으로 나누는데, 밑술 쌀이 덧술보다 적게 하고 덧술에 쌀의 양을 늘린다. 나의 방식이다.

- 물 : 기본대로 현미 양의 두 배로 넣기도 하고, 밑술에 대부분 넣고 덧술에 호화만 할 수 있는 양을 남겼다 넣기도 한다. 나는 현미를 기본에 맞게 넣는다.

- 누룩 : 밑술에 대부분의 누룩을 넣고 덧술은 호화만 할 수 있게 남겨놓은 것을 넣거나 밑술에 누룩을 다 넣어서도 하는데, 나는 밑술에 많이, 덧술에 조금 넣어 호화를 한다.

  → 밑술에 60~70%, 덧술에 나머지를 넣는다. 술발효를 돕기 위해 현미 1kg에 누룩을 약간만 더 넣는다.

- 밑술과 덧술 기간 : 밑술을 한 날 포함, 3일 후에 한다.

  → 단양만으로 좋은데 왜 덧술을 올리는가? 이유는 밑술에 누룩을 쌀의 양보다 넉넉히 넣어 술을 하면 현미를 왕성하게 당화시켜 쌀이 잘 삭기 때문이다. 덧술을 올리면 덧술 쌀 양이 많아도 밑술의 당화된 현미가 몇 시간 안 되어 바로 술밥이 끓으면서 아주 왕성한 술발효를 한다. 술통에서 빗소리가 들리고 이산화탄소가 차오르며 만드는 거품들이 와글와글한다.

- 품온 관리 : 단양과는 다르게 이양은 몇 시간 지나지 않아 아주 왕성한 술발효를 하니, 앞서 공부한 품온 관리 글을 보며 진행한다. 잘못하면 술이 쉬어 맛이 없는 식초가 되기 쉽다.

- 밑술과 덧술 쌀은 어떻게 : 찹쌀로 밑술을 하고 덧술은 현미로 하면 찹쌀이 당화가 빨라 덧술 술발효를 빨리 하게 하므로, 많이 하는 방식이다. 밑술, 덧술 모두 다 현미로도 한다.

나의 방식은 다 현미로 한다.

또 찹쌀이나 멥쌀가루에 뜨거운 물로 익반죽하여 밑술을 하고 덧술은 현미로 하는 방식도 있다. 쌀로는 찹쌀현미나 그냥 현미 두 가지 중 편한 대로 한다.

  → 쌀 배분은, 덧술은 밑술의 두세 배 정도면 적당하다.

- 현미술을 담기 위한 여러 가지 작업들 : 쌀씻기, 불리기, 물빼기, 고두밥 찌기, 호화 등에 대한 것은 이미 공부를 했다. 책을 펴놓고 차례로 술을 빚는다.

밑술밥 찌기

친환경 현미를 씻어 2시간 동안 물기를 뺀 다음, 찜솥에 삼발이가 닿지 않도록 물을 넉넉히 붓고 베보자기나 자루에 쌀을 넣고 센 불에 찐다.

1시간 후 찬물 2컵을 고루 뿌리고 섞어서, 뚜껑을 덮고 1시간 더 찐다. 불을 끄고 20분쯤 뜸들여 차게 식힌다.

밑술하기

식은 고두밥에 누룩을 넣어 섞은 후 누룩옷을 입히고 분량의 물을 넣는다. 40분간 호화를 시킨 다음, 소독된 용기에 넣고 위생비닐 뚜껑을 덮어 술발효에 들어간다.

덧술밥 찌기

　밑술밥은 젓지 말고 그대로 두고, 술 안친 다음 날 저녁에 덧술을 할 현미를 씻어 불려 다음 술밥 찔 준비를 한다. 밑술은 3일째 불려둔 현미를 2시간 동안 물기를 빼 다시 2시간 동안 고두밥을 찐다.

덧술하기

　쪄진 고두밥을 차게 식혀 누룩과 물을 넣어 40분간 호화를 하고, 담아놓은 밑술을 넣고 잘 섞어 밑술을 했던 용기에 넣고 물은 조금 남겨두었다.

　대야에 묻은 누룩을 헹구어 넣고 골고루 섞은 후 위생비닐 뚜껑을 덮어 술발효에 들어간다.

밑술에 넣은 현미는 많은 양의 누룩에 의해 왕성하게 당화가 이루어져 현미가 많이 삭았다. 술통을 살짝 흔들면 술이 출렁거리고 밥알이 삭아 만져보면 퍼석 부서지는 느낌이 난다.

술발효 모습

덧술을 하고 3시간 지나니 밑술의 영향으로 술이 끓기 시작한다. '차르륵차르륵, 슉슉' 많은 기포를 만들면서 즐거운 노래를 부른다.

다음 날 위아래로 저어주고, 2,3일에 한 번씩 서너 번만 저으면 저 혼자 술을 만들고 익힌다.

현미술 다 익은 모습　　　술 거르고 초 안치기

초막과 식초 완성

4주 후 술이 익어 술밥은 밑으로 가라앉고 술이 차오르면 술 거르기를 한다. 거른 술은 소독한 용기에 담고 술 양의 30% 종초를 넣고 초를 안친다. 천이나 한지를 덮어 초산균이 들어가 넣어준 종초와 같이 초를 익히게 한다. 계절에 맞게 온도 조절을 하면 초가 잘 익는다.

초막은 종초와 온도가 적절하면 며칠 만에 생기면서 부지런히 초를 익힌다. 생기기 전까지는 절대 건드리지 말고, 아주 얇게 살짝 덮이면 그때부터 살짝 흔들거나 소독한 도구로 덮인 초막을 깨끗이 저어준다.

도구로 마구 휘젓듯이 관리하면 초산균이 들어가 초막 덩어리에 붙어 초를 늘리는 작업을 하지 못하고 다시 초막을 짓기 위해 술 소비를 하니, 주의하여 관리한다. 꼭 초맛을 보며 초가 익어가는 맛을 익힌다.

늦봄에 술을 담그고 여름에 안쳐서인지 5개월 만에 초가 잘 익었다. 이양으로 담고 가수를 전혀 하지 않아 식초색이 짙고 맛도 깊고 그윽하다. 두 달 더 숙성 겸 초 익히기를 하여 뚜껑을 닫는다.

〈현미이양주 식초 2012년 흑초〉

- 당도 → 8.5브릭스
- 산도 → 5.5

〈현미이양주 식초 2013년 흑초로 가는 식초〉

- 당도 → 9.5브릭스
- 산도 → 5.6

초막 관리를 잘해야 한다. 점점이 생기는 초막을 그대로 두거나 또 너무 진하게 덮이도록 두면, 하얀색의 가루나 털 같은 것이 달리고 쭈글쭈글한 산막이 덮이기도 한다(절대 초막관리 안 하고 그냥 두는 사람들도 아주 많음).

공기는 입자가 아주 작아 들어갈 수 있지만, 초산균은 제대로 들어가지 못해 초를 키우는 데 무리가 있다. 따라서 산막이 생기거나 초막이 아주 두터워지기 전에 관리를 해준다.

누구나 혼자 하여 내 식초가 어떤 맛인지 알 수 없다. 초막이 생기면 초가 익어가는 것이니, 반드시 맛을 보면서 나날이 변하는 맛을 익혀야 한다. 식초가 익었는지 봐줄 사람도 없는데, 그냥 몇 달 두었다가 초막만 사라지면 초가 다 익었다고 생각하면 안 되기 때문이다.

물이 되어도 초막이 사라지기 때문에, 초맛으로도 산도를 대강 알 수 있고 또 익었는지 알 수 있는 능력을 스스로 키운다.

특히 고두밥을 잘 쪄야 한다. 그래야 설익어 쌀알이 단단해 당화가 어렵거나 물을 품고 있어 알코올 도수가 오르는 데 문제가 생기거나 하는 일이 없다.

초막 관리를 잘했는데도 초가 익다가 산막이 생기고 물이 되는 경우가 허다하다. 그 원인은 일차적으로 고두밥을 잘못 찌었기 때문이다. 누룩이 고두밥을 제대로 삭히지 못하면 당분해가 어려워 알코올을 생성시키는 당도가 낮아 약한 술이 되므로 실패율이 높다.

현미식초를 담그기 전에 있는 글을 자세히 읽고, 그래도 어렵다면 필요한 페이지를 찾아 책을 펴놓고 술 담그는 과정에 필요한 것과 초 익히는 데 필요한 것을 보면서 따라하면 쉽게 할 수 있을 것이다.

자작나무 수액 현미 전통식초 담그기

현미로 식초를 담그면서 넣는 물을 생수가 아닌 자작나무 수액으로 했다. 담그는 방식이나 관리 등은 현미식초와 같다.

수액을 채취할 수 있는 나무는 자작나무, 다래나무, 가래나무, 고로쇠, 으름나무, 대나무, 박달나무, 층층나무, 삼나무, 단풍나무 등이 있는데, 여기에서 채취한 수액으로 내 건강에 필요한 식초를 할 수 있다.

봄에 나오는 수액들은 사서 바로 먹거나, 당장 필요없으면 냉동실에 얼린다. 설탕을 넣어 시럽을 만들어두면 냉동실에 얼리지 않아도 된다. 수액은 실온에 오래 보관 못하니 구하면 바로 관리를 하여 변질되지 않게 한다.

꼭 현미식초에만 쓰는 게 아니고 여러 가지 기능성 식초를 담그는 데 넣어도 좋은데, 수액 자체가 맛이 평하고 향과 맛이 강하지 않아 원재료의 맛과 향을 변하게 하지 않아 좋다.

냉동된 수액은 끓여서 사용하거나 해동해 그대로 사용해도 되는데, 위생적으로 보관하여 변질되거나 오염되지 않게 한다.

- 현미 : 2kg
- 누룩 : 400g
- 자작나무 수액 : 4ℓ(각종 수액으로 대체 가능)
- 용기 : 10ℓ
- 종초 : 술 양의 30%

자작나무 현미식초 만들기

마무리 공부

　각종 수액은 이른 봄철에만 나오니 구입하여 잘 보관한다. 백숙이나 음식에 넣어 먹을 수도 있으니 얼려두고 이용한다. 냉동실에서 꺼낸 수액은 실온에서 완전히 해동하여 끓인 후 식혀서 사용하거나, 냉기가 완전히 다 빠지면 실온에 오래 두지 말고 바로 사용한다. 냉기가 있는데 술을 안치면 누룩이 찬 기운에 활성화가 어렵거나 더디게 되니 주의해야 한다.

　수액으로 담근 식초는 물로 담근 것과 똑같은 맛을 낸다. 나무에 따라 다른 성분이 들어 있는 식초로 탄생하니 맛있게 담가먹자.

홍미(적미)
전통식초 담그기

홍미는 말 그대로 붉은색 쌀이다. 적미로도 불리며, 영양이 아주 높아 옛날 임금님 수라상에도 올랐다. 요즘 건강을 위해 밥에 조금씩 섞어 먹는데, 단단해 오래 씹지 않으면 그대로 넘어가므로 식초로 하면 성분 섭취가 수월할 것이다.

식초의 재료로 곡물도 무궁무진하다는 것을 알리고 홍미를 쉽게 먹을 수 있어 전한다.

홍미는 씻어서 불리면 빨간 물이 나오는 단점이 있지만, 불릴 때 술에 들어갈 물만큼만 넣은 후 쌀을 건져내고 남은 빨간 물은 버리지 않고 끓여 식혀서 쓴다.

쌀이 워낙 단단하여(현미만큼) 7시간 이상은 불려야 한다. 그래도 단단하므로 물기 뺀 쌀을 소금 없이 방앗간에서 갈아다가 끓는 물에 익반죽하여 담그면 좋다.

고두밥을 오랜 시간 수증기가 많이 올라오게 2시간 푹 찌면(현미 고두밥 찌듯이) 꼬들꼬들한 밥알이 톡 터지면서 하얀 속이 보인다. 잘 쪄진 고두밥이라도 단단하니, 40분간 충분히 호화하여 누룩물이 쌀알에 스며들어 당화가 잘 일어나게 해준다.

- 홍미 : 2kg
- 누룩 : 20% 400g
- 물 : 홍미 불린 물을 끓여서 식혀 4ℓ
- 용기 : 10ℓ
- 종초 : 한 달 후 술을 걸러 술 양의 30%

이 과정에 소홀하면 홍미로 식초를 하는 의미가 없어 맹물 식초가 된다. 그만큼 단단한 쌀이라 성분 추출을 위한 당화작업이다. 당화가 잘 일어나야 당분도가 높고 알코올 도수가 올라 좋은 술이 나오고, 좋은 술은 좋은 초로 이어진다.

그외에는 모든 과정이 멥쌀이나 현미로 하는 것과 똑같으니, 종초를 만들기 위해 담갔던 곡물식초 방식을 기억해 담가보자.

담그기

술밥 찌기

홍미는 너무 박박 씻지 않는 게 좋다. 껍질에 묻은 지방만 씻어내는 방식으로 살살 문지르고, 뽀얀 물이 안 나오게만 헹구어 물에 담가둔다.

7시간이 지난 후 2시간 동안 물기를 빼, 큰 찜솥에 다리 긴 삼발이를 올려 충분히 물이 들어가게 하여 현미 찌듯이 찐다.

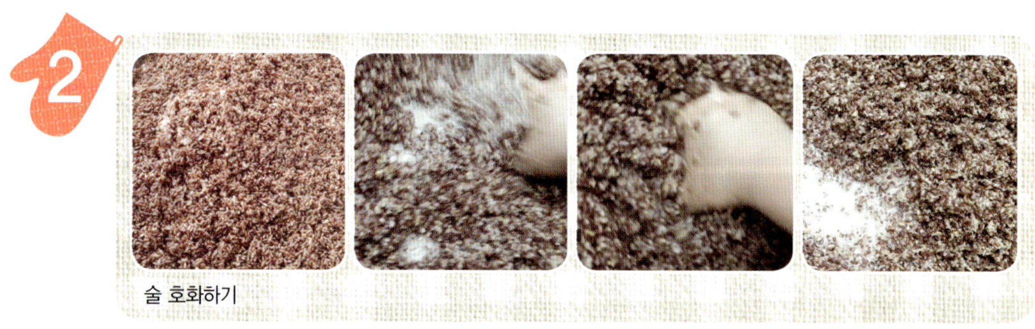

술 호화하기

찐 홍미를 대야에 붓고 오랜 시간 차게 식히면 고두밥이 말라 단단해지니 주걱으로 저어가며 빨리 식힌다(선풍기 바람이 고두밥을 마르게 함). 미지근하게 식혀서 누룩옷을 입힌다. 그리고 홍미 불린 물을 끓여서 식혀 물 대신 넣은 다음 40분간 충분히 호화를 시킨다. 밥알 껍질이 벗겨져 하얀 밥알이 드러나도 괜찮을 정도로 해주면 좋다. 그러면 누룩에 의해 당화되면서 밥알이 삭아 형태만 있고 껍질은 분리되어 만져보면 푸석 부서지는 것 같다. 호화된 술밥은 소독한 용기에 담고 대야에 남겨둔 물로 헹구어 붓는다. 고루 섞어 위생비닐 뚜껑을 해준다.

술발효 모습

다음 날 위에 떠 있는 고두밥을 고루 섞은 후 다시 뚜껑을 덮고 본격적인 술발효를 시킨다. 2,3일에 한 번씩 서너 번 저어 밥알이 고루 당화되게 한다.

술이 익으면서 부풀어올라, 가스가 나온 구멍이 숭숭 뚫리고 자글자글 술 익는 소리가 들린다.

술 익은 모습　　　　홍미술

한 달 후 술이 다 익어, 술밥은 밑으로 가라앉고 삭은 밥알 몇 개가 떠 있으며 청주가 차올랐다. 용수 박고 청주를 떠낸 다음, 지게미에 물을 조금 넣어 주물러 막걸리를 받아 가수를 하거나 꼭 짜고 버리면 된다. 나의 식초는 일절 가수가 없으니 꼭 짜고 지게미는 버린다. 텃밭이 있거나 농사를 짓는다면 지게미를 거름으로 쓰면 좋다. 걸러낸 술은 술 양의 30% 종초를 넣고 초를 안친다.

천이나 한지를 덮어 초산균이 들어가 넣어준 종초와 같이 초산발효를 하게 한다. 온도는 어느 정도면 잘 익지만, 계절에 맞게 관리하여 초를 키우면 잘 익는다.

식초 완성

초막은 일주일 후부터 생기고, 완전히 익은 것은 4개월 만이다. 초막이 생기면 꼭 맛을 보며 초막 관리를 해준다.

초 안친 술의 양이 많으면 초산균이 할 일이 그만큼 많아 시간이 꽤 걸리지만, 2kg 정도 되면 금방 익어 초를 만든다. 그러니 처음부터 욕심내어 많이 하지 말고 식초를 익혀 맛을 보고 양을 늘리면 된다. 기본 2kg으로 잡은 것은, 다양한 식초를 다 할 수는 없으나 집에 홍미는 많이 있고 먹기는 싫을 때 조금만 덜어내어 해보라는 것이다.

워낙 단단하여 밥을 해도 오래 불리지 않으면 밥알이 입에서 빙빙 돌 정도이니, 만만하게 보고 하면 안 된다. 홍미를 한 달 담가둔 맹물로 초를 하게 되어, 제대로 당화를 이루지 못해 알코올 도수 낮은 술이 되므로 금방 산막이 생겨 낭패를 본다. 그걸 막으려면 어떤 식초든 시작하기 전과 후 주의점을 익힌다. 식초는 절대 쉬운 것이 아니다. 그러나 이 책만 잘 읽으면 문제점을 알게 되어 쉽게 할 수 있으니, 몇 번이고 읽어 좋은 술, 멋진 초를 이루자.

흑메밀(쓴메밀) 현미이양주
전통식초 담그기

흑메밀은 영양과 효능이 아주 풍부한 곡물로 쓴메밀이라고도 한다.

카페 회원 중 한 분이 식초를 담가보라면서 농사지은 흑메밀을 보내왔다. 소출도 얼마 안 됐다는데 너무 감사하여, 나는 원수는 잊어도 고마움은 못 잊기에 식초 몇 병을 보내드렸다. 흑메밀을 받아보니 처음 보는 낯선 곡물이다. 메밀은 보통 삼각형인데 흑메밀은 마치 검정쌀처럼 생겼고, 깨물어보니 단단한 껍질 속에 하얀 메밀이 아주 조금 들어 있다.

아~~~하!

이 메밀은 알맹이가 아니고 까만 껍질의 성분을 추출해 먹는 것이라는 생각이 들었다. 메밀이라면 묵을 쑬 가루가 되는 하얀 부분이 넉넉해야 하는데, 겨우 붙어 있듯이 아주 소량만 들어 있었다. 쪄서 볶아 껍질 부분을 차로 우려먹거나 식초를 담그는 게 최선이겠다.

흑메밀은 워낙 단단하여, 차를 만들 때도 푹 쪄 말려 볶는다. 식초를 할 술밥을 찔 때도

준비물

▪ 총재료 : 현미 2kg, 흑메밀 3kg, 물 8ℓ, 누룩 20% 1kg
　　　　　(흑메밀 전분이 적어 정량을 넣어도 됨)

▪ 밑술 : 현미 2kg　　▪ 누룩 : 700g　　▪ 덧술 : 흑메밀 3kg　　▪ 누룩 : 300g

▪ 물 : 4ℓ　　▪ 용기 : 20ℓ　　▪ 종초 : 술 양의 30%

다른 곡물과 조금 다르게 준비한다.

세 가지 방법이 있다. 즉, 가루를 내어 익반죽을 하거나 푹 쪄서 호화를 하면서 손으로 껍질을 으깨듯 한다. 그것이 힘들면, 도깨비 방망이로 드르륵 갈면 메밀 알맹이가 나오고 껍질도 부서져 성분 추출이 쉽다. 또 흑메밀을 달여 그 달인 물을 물 대신 사용해도 된다.

흑메밀 전분이 적어, 나는 현미로 밑술을 하고 덧술에 흑메밀을 넣어 모자라는 당분을 현미로 채웠고, 메밀에 대한 물을 조금 줄여 당도를 높였다. 그외는 쌀이나 현미로 하는 방법과 똑같으니, 그동안의 경험을 토대로 담가보자.

담그기

현미 밑술하기

현미를 백세(百洗)하여, 계절에 맞게 8~12시간 불려 물기를 빼고 2시간 동안 찐다. 그것을 차게 식힌 다음 40분간 호화시켜 밑술 준비를 한다.

흑메밀 덧술 안치기

밑술을 한 이틀 후 오전에 흑메밀을 씻어 2시간 물을 빼고 2시간 정도 푹 찐다. 흑메밀 껍질을 물렁하게 쪄서 부드럽게 해 차게 식힌다.

흑메밀 분쇄기에 갈아줌

술 호화 / 덧술 섞어 술 안치기

식힌 흑메밀을 분쇄기에 드르륵 한 번만 돌려 껍질이 터지게 한 다음 물을 조금만 남기고 누룩과 물을 넣어 40분간 호화시킨다. 터진 껍질 속의 전분이 잘 나오게 해준 후 현미 밑술을 고루 섞어 소독한 용기에 담는다. 남은 물을 대야에 넣고 헹구어 용기에 붓고 위생비닐 뚜껑을 덮는다.

술 다 익음　　　　술 걸러 초 안치기

다음 날 떠 있는 술밥들을 위아래로 고루 섞어 뚜껑을 다시 덮고, 2, 3일에 한 번씩 서너 번 저어주면서 술발효에 들어간다.

흑메밀은 전분이 모자라는 곡물이라 반드시 물을 적게 잡는다. 알코올 도수가 오르는 데 꼭 필요한 전분질을 물을 줄여 당도를 높인다.

한 달 후 떠 있던 술밥들이 다 가라앉고 노란 흑메밀 청주가 고였다. 이 술은 꼭 짜서 가수를 하든지 그냥 하든지 선택이다. 지게미에 물을 넣어 막걸리 추출은 하지 않아도 되는데, 주로 껍질이 많은 지게미라 별로 나올 게 없다.

거른 술은 종초를 술 양의 30%를 넣는다. 한지나 천을 덮어 초산균이 들어가 종초와 같이 초를 잘 키우게 한다.

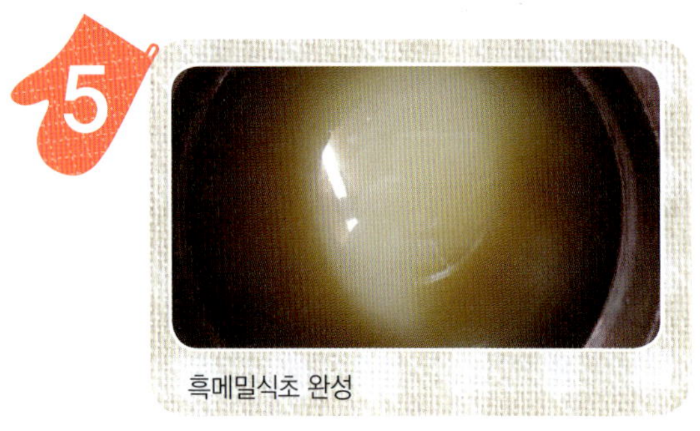

흑메밀식초 완성

첫 초막이 점점이 생기면 그냥 두고, 아주 얇게 덮이면 그때 소독한 도구로 초막만 살짝 저어 금만 가게 해 공기 중의 초산균이 들어가도록 하고 맛도 보아야 한다.

맛을 보지 않고 초를 키우면 초가 익어가는 것을 전혀 모르니, 오염되지 않게 저어주고 도구에 묻은 것을 손등에 떨어뜨려 맛을 보면 된다. 그러다 초막이 갑자기 짙어지면, 휘휘 저어 잘게 흩어지게 도와주어 막바지 초산발효를 이루게 한다. 이때 맛을 보면 전날과 완전히 달라진 익은 초맛이 나는 것을 알 수 있다.

초는 종초, 온도, 가수, 환경에 따라 익는 시기가 다 다르다. 보통 이 정도 양으로 하면 최소 3~6개월이 걸린다.

　술만 잘 담그고 조건이 맞으면 기간에 상관없이 맛있는 초로 익어, 흑메밀의 높은 성분과 효능을 그대로 취할 수 있다.

　흑메밀식초를 하는 데는 몇 가지 신경을 써야 할 일이 있다.

　흑메밀로 바로 할 때는 반드시 찹쌀이나 현미로 밑술을 해야 한다. 흑메밀 자체로는 누룩이 당화시킬 전분이 모자라 아주 낮은 술이 되어 좋지 않다는 것을 알고 하자.

　이 술은 특별히 더 저어 껍질의 성분이 고루 나오게 해준다. 딱딱하고 거친 껍질이 술에 잠겨야 효능과 추출이 용이하기 때문인데, 이런 것만 주의하면 흑메밀을 먹는 방법 중 차로 달여 먹는 것과 식초를 담가서 먹는 것이 가장 좋다고 본다.

　건강에 도움이 되는 것은 맛도 좋아야 하는데, 그것이 바로 현미식초이다. 평균적으로 곡물 식초는 다 비슷하지만, 현미가 들어간 식초는 처음 익었을 때 상큼한 맛이 난다. 세월이 지나 숙성될수록 짙은 발효 맛이 나며 현미 특유의 짙은 향이 난다.

　바로 먹거나 숙성시켜 먹거나 좋은 식초이니, 흑메밀이 있고 관심이 있다면 담가서 맛있게 먹자.

백주(막걸리)
전통식초 담그기

백주는 막걸리의 본이름이다.

전통주 체험하는 데 가서 막걸리를 담가 집에 가져가니 술 먹는 사람이 없고, 이웃에 주려니 마땅한 데가 없다며 내게 연락이 왔다. 식초를 담글 수 없냐고 물어, 당연히 된다 하여 가지고 온 술이다. 백설기 밑술에 찹쌀 덧술 올린 술지게미에 물을 섞어 주물러 막걸리로 가수를 했다고 한다. 이미 술은 잘 빚어진 상태이고 가수도 적절히 하여 그대로 종초만 넣고 초를 안치면 된다. 이렇게 집에서 막걸리를 담가먹다 먹기 싫거나 오래되어 맛이 없다면, 종초를 넣고 식초를 담그면 된다.

술을 담갔을 때는 냉장고에 두고 먹는데, 초를 안쳤을 때 종초 없이 했다면 그대로 실온에 두고 천을 덮어 초를 키운다. 또한 종초를 넣었다면 종초와 같은 온도가 되게 실온에 하루 동안 두었다 초를 안친다.

초산균은 높은 온도를 좋아한다. 찬 술이면 잠시 주춤하여 힘이 약해질 수 있다.

- 백주 : 3ℓ
- 용기 : 4~5ℓ
- 종초 : 술 양의 30% 900㎖

백주를 용기에 넣기

지게미를 주물러 넣어 백주에 앙금이 무척 많았다. 그냥 막걸리라면 흔들어 먹겠지만, 식초를 하니 앙금은 버리기로 하고 용기에 조심스레 청주만 부어준다.

종초 넣고 천 덮기

종초를 넣고 천이나 한지를 덮어 초산 발효를 한다. 초가 무난히 익으며 초막을 만들면 맛을 본다. 초 익는 것은 맛으로도 확인하자. 각각 다른 재료들이 다르게 맛이 드는 것을 공부하는 것도 경험이기 때문이다.

먹으려고 담갔다가 가져온 것이라, 종초가 있으니 두어 달 안에 초를 이루었다. 양이 적으니 더 빨리 익었다.

술 자체는 먹기 위해 담가 물이 적게 들어가 단맛이 조금 돌면서 맛있었으나, 초로 익으니 크게 차이가 나지 않았다. 앙금이 다른 술에 비해 많았던 것은, 백설기로 밑술을 했고 찹쌀 덧술이라 밥이 잘 삭는 성질인데다 지게미를 주물러 가수를 했기 때문이다.

앙금을 그대로 넣으면 진득하고 걸쭉하여 초를 이루는 데 별로 좋지 않으니 그것만 주의하고, 막걸리를 담가 맛나게 먹고 식초도 담가먹자. 종초만 준비되어 있다면 못할 식초가 없다. 이 식초도 종초로 써도 좋다.

흑초
전통식초 담그기

흑초를 담근다. 나는 흑초라고 별도로 담그지 않는다. 현미이양주 식초를 담가 노란 것이 고동색~갈색~짙은 갈색으로 숙성하면서 오랜 시간 자연스럽게 변해가는 걸 좋아한다. 그래서 일부러 흑초 담그는 과정을 하지 않지만, 배우고 싶어하는 사람들이 있으므로 글을 올린다.

현미로 담그는 과정은 같은데, 현미식초는 누룩을 20%에서 약간만 추가하여 담그지만 흑초는 현미와 누룩의 양이 많다. 누룩을 많이 넣으면 노르스름한 술이 아니라 짙은색으로 나와 흑초로 이루어지는 게 빠르다.

술은 밑술, 덧술로 담그는데, 밑술에 곡물과 동량으로 넣어 술밥을 만들고 덧술은 누룩을 현미 20%만 넣어 담근다. 알코올 도수가 잘 오른다 하여 줄여 담그는 것이다.

• 밑술 : 흑초를 담글 현미를 총량의 5분의 1로 잡아 누룩 동량. 술발효는 3~5일.

▪ 총재료 : 현미 5kg, 누룩 1.8kg, 물 10ℓ, 용기 25ℓ

▪ 밑술 : 현미 1kg, 누룩 1kg, 물 2ℓ

▪ 덧술 : 현미 4kg, 누룩 20% 800g, 물 8ℓ

➠ 양을 늘리고 싶다면 기본 양에 계산하여 담그면 된다.

- 덧술 : 밑술을 하고 남은 5분의 4의 현미, 누룩은 밑술 현미 양의 20%를 넣는다. 술발효는 3~4개월.

- 흑초가 되는 발효기간 : 누룩을 많이 넣은 술이라, 초 안치려고 거르기만 해도 색이 많이 짙어져 있다. 몇 달 안 되어도 갈색으로 변하지만, 1년 이상 발효시키면 더 까매진다.

밑술은 술 안치고 덧술을 할 때까지 가만히 두고, 덧술은 호화하여 밑술을 해둔 술밥과 섞어 소독한 용기에 넣는다. 그대로 두었다 7~10일 지난 후에 1~3일에 한 번씩 위아래 고루 저어, 술에 산소도 들어가고 술밥이 고루 발효되게 한다.

술은 한 달이면 충분히 익지만, 3~4개월 이상 발효하여 숙성을 통하여 술맛이 들고 초산도 일어 많은 누룩으로 인해 술색이 짙어진 초맛 나는 흑초가 된다.

흑초는 오랜 기간 술발효, 초발효를 하므로 특히 오염에 주의해 소독을 철저히 한 용기에 담는다. 술을 걸러 초를 익히는 기간도 사계절 춥고 덥고를 겪게 해 온도 변화에 의해 자연스럽게 산도가 올라가 현미의 맛과 향이 진하게 밴 흑초를 얻도록 한다.

흑초는 어렵다 생각되겠지만, 현미이양주 식초를 담그는 것과 같은데 누룩의 양, 술발효 기간이 긴 것이 다를 뿐이다. 단, 오랜 시간 초발효를 해야 하니, 좋은 종초를 넣고 담그면 초가 더 잘 익고 실패율이 낮다. 하지만 술만 잘 담그면 굳이 종초가 없어도 된다.

담그기

밑술하기

밑술 : 현미를 백세하여, 여름에는 8시간, 겨울에는 12시간 불려 2시간 물을 뺀 후 센 불로 2시간 고두밥을 푹 찐다. 불을 끄고 20분 뜸들여 꺼내 식힌다. 누룩옷을 입혀 물 붓고 40분 호화를 시켜 소독한 용기에 넣어 술을 안친다. 항아리면 뚜껑을 덮고, 유리병, 친환경통이면 위생비닐 뚜껑을 덮은 후 바늘구멍 한 개를 뚫어 술발효를 하게 한다.

덧술하기

밑술 안친 다음 날 저녁 덧술을 할 현미를 백세하여 불려 원하는 날에 하는데, 나는 3일째(밑술 안친 날부터 3~6일 안에 덧술을 하면 좋으니 선택하여 담금) 덧술밥을 푹 쪄 식힌다.

누룩옷을 입힌 다음 물을 넣어 40분 호화를 시켜 발효 중인 밑술을 넣어 고루 섞는다. 밑술을 했던 용기에 넣고 뚜껑을 덮어 술발효를 시킨다.

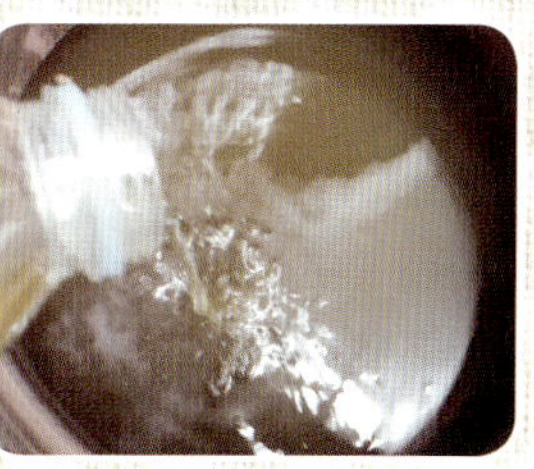

흑초술 변해가는 모습   초 안치기

흑초용 술은 그대로 두었다 일주일 후 젓는다. 그 다음부터 2,3일에 한 번씩 한 달 동안 저어주고, 두 달째는 일주일에 한 번 젓고 그대로 두면 청주로 뜨는 술색이 점점 변해간다. 사진의 까만 술통은 고여 있어 색이 검지만 실제로는 갈색이다. 나는 3~4개월 두었다가 5개월 만에 걸렀다.

거른 술은 소독한 용기에 넣는데, 한 달이면 익는다. 오랜 시간 숙성을 통하여 서서히 초산발효가 일어, 맛을 보니 신맛이 많이 감돈다. 종초를 넣으면 안전하지만, 흑초는 종초 없이 초를 안쳐도 되는데 그건 선택이다. 나는 종초를 10%만 넣어 초를 안치고 뚜껑은 한지나 천을 덮어 초산발효를 한다,

초막 모습

이미 초산발효가 일고 있었는데, 종초도 조금 넣었더니 며칠 지나지 않아 초막이 생기고 초가 익었다. 초막이 생기면 살짝 저어 초막을 깨주고, 맛을 보면서 흑초가 익어가는 것을 알아간다.

흑초 완성

초는 서서히 익어 6개월 만에 다 익었다. 벌써 초가 거무스레해졌는데, 다시 6개월 동안 천을 덮은 채로 뚜껑을 덮어 반초산발효 상태를 유지한다. 1년 후 천을 걷고 맛을 보아 산도나 맛의 깊이를 체크한 다음, 완전히 뚜껑을 덮고 긴 숙성에 들어간다.

흑초는 오랜 시간이 필요한 식초이다. 다른 초처럼 다 익었다고 바로 병입하여 밀봉하지 않고, 오랜 시간 초산발효를 하고 숙성도 오래 하여 초맛이 깊게 들도록 담그는 게 흑초이다. 글로는 간단하고 쉽게 보이지만 실패율도 높다.

술을 담그고 호화과정에 소홀하면 알코올 도수가 제대로 오르지 않는다. 오랜 술발효 기간 동안 술이 더 약해져 산막이 생기기 쉽고, 걸러서 초를 안쳐도 물이 될 확률이 높다. 또 누룩을 많이 넣으므로 알코올 도수가 오르는 데 약간 방해가 되니, 술밥 호화를 잘해 당화율을 높이고 물은 꼭 정해진 양만 넣어 전분 당화도가 낮아지지 않게 하여 좋은 술을 빚어야 한다. 오염되지 않게 철저히 관리하여 사계절을 꿋꿋이 이기고 초로 익게 해야 한다.

종초를 넣지 않으면 특히 자주 들여다보고 초맛을 보아, 전날과 달리 약해진 느낌이 나면 바로 산도 높은 종초를 투입하여 초가 잘 익도록 도와준다.

흑초는 성분과 효능이 좋다. 몇 달만 초산발효를 시켜도 초색이 고운 흑초가 된다. 그러나 나는 그냥 현미이양주 방식으로 식초를 담가 오랫동안 숙성시켜 먹으면 자연스레 농축되며 서서히 흑초로 변한다. 그래서 굳이 흑초 과정으로 담그지 않고 현미식초를 3년 이상 숙성시켜, 흑초가 아닌 부드러운 갈색의 초를 필요한 사람들과 가족이 먹는다.

오랫동안 숙성시킨 현미식초는 현미 특유의 발효향과 맛이 깊고 간간한 맛이 나는 그윽한 식초이다. 식초 공부하는 사람들을 위해 경험을 쌓으려 몇 번 담갔지만, 나는 현미이양주 식초를 담그고 먹는 것을 더 좋아한다. 세월에 묻혀 익은 흑초는 현재 2012년, 2013년 식초가 있는데 맛과 향이 귀하고 양도 넉넉하지 않아, 한번에 안 내고 여러 사람이 고루 먹게 한다.

과일, 열매, 뿌리로 현미 전통식초 담그기

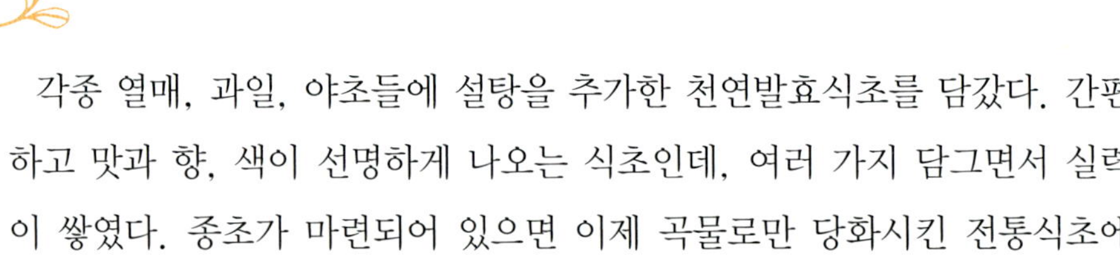

　각종 열매, 과일, 야초들에 설탕을 추가한 천연발효식초를 담갔다. 간편하고 맛과 향, 색이 선명하게 나오는 식초인데, 여러 가지 담그면서 실력이 쌓였다. 종초가 마련되어 있으면 이제 곡물로만 당화시킨 전통식초에 여러 가지 재료들을 넣어 담가보자.

　오로지 현미를 비롯한 곡물로만 담그므로 그 성분이 듬뿍 포함됐으며, 특유의 향과 원재료의 향이 어우러진 식초가 된다. 평범한 재료들은 오랜 시간 숙성을 거치면서 현미의 발효된 향이 진하게 나며, 향을 가진 재료들도 두 가지가 섞여 있는 매력적인 전통식초이다. 천연발효식초는 상큼하고 발랄한 맛이라면 전통식초는 묵직하며 그윽한 맛이다.

　전통식초 재료들은 무궁무진하다. 온갖 열매와 과일, 뿌리, 버섯 등 나와 내 가족에게 필요한 재료들을 현미에 넣어 담가 특별한 식초로 탄생시켜 먹어보자. 공부한 것을 토대로, 집에 약초들은 있는데 어떻게 먹을까 고민하던 것도 이젠 다 식초로 만든다.

　맛과 성분이 두 가지로 나오는 전통식초를 단양과 이양, 삼양으로 담았는데, 단양으로 해도 충분히 맛있고 멋진 식초가 된다.

전통식초의 당분은?

이 방식은 원재료들에 당도가 있는 과일과 열매에 비해 거의 당도가 없거나 아주 낮은 재료들로 술을 담그려면 필요한 당분은 현미나 곡물에서 얻는다. 누룩이 곡물의 전분을 당화시켜 나온 당분을 알코올로 전환시켜 술을 만든다. 술을 담그려 설탕을 넣어 당도 24브릭스로 하던 것을 곡물이 충분히 해내는 것이다.

곡물이 당화되면서 만드는 당분은 설탕처럼 당도가 높은 것은 아니지만 우수하다. 술을 안치고 2,3일 후 당도를 재어보면 8~10브릭스 정도이다. 술발효를 하는 2~5일 동안에 누룩이 곡물을 급격히 당화시켜 왕성한 술발효를 하고 밥알이 삭으면서 당분도가 높아져 알코올 도수가 오른다. 그러다 술발효가 멈추면 남은 곡물의 당이 술에 단맛이 들게 한다.

술이 한창 익을 때 재보면 10~11브릭스로, 실질적인 당도는 낮지만 알코올 도수는 설탕을 넣어 24브릭스로 맞춘 것과 다름없이 나오며, 덧술을 삼양~오양을 올려도 당도는 크게 변함없지만 알코올 도수는 덧술을 올릴수록 높아진다. 대신 반대로 설탕을 넣어 당도 23~24브릭스로 안친 술은 익어갈수록 당도가 떨어지고, 막상 술이 다 익어 재보면 8~13브릭스로 나온다. 따라서 식초를 하면서 넣은 설탕은 당도를 크게 걱정할 필요가 없으며, 비슷하게 곡물을 술발효시키면 거의 10브릭스 안팎으로 낮은 당도가 나온다. 곡물로 술을 안치고 바로 당도를 재면 호화된 누룩의 당분으로 인해 아주 낮게 나오지만, 술이 익어갈수록 높아져 술 거를 때 재면 9~11브릭스까지 나온다.

당분이 전혀 없는 뿌리, 버섯, 나무줄기의 전통식초는?

곡물로만 하는 식초는 그 당분으로 충분하지만, 당분이 전혀 없는 버섯,

뿌리 등은 주로 건조된 것이 많고 곡물에 비해 많은 양을 넣는 재료들이 아니라서 괜찮다. 물 대신 약초를 달여 그 물을 쓰면서 충분한 곡물을 넣으면 아무 문제가 없다.

기본적인 재료의 배합률만 잘 맞추면 되는데, 과일, 열매 등과 뿌리, 버섯, 나무줄기의 비율 계산을 잘하여 담그면 된다. 앞으로 각종 재료로 원재료의 특성에 맞는 곡물 비율을 공부하며 담그기로 한다.

현미를 넣어 당화시켜서 하는 식초는 이틀에 한 번씩 건지가 잠겨 술이 차오르기 전까지 저어주는 게 좋다. 그냥 두면 윗부분이 마르면서 뜸팡이가 생기기 쉽다. 만약에 누룩가루 같은 것이 아닌 하얀 가루가 덮이면, 당도가 낮아 술에 젖산균이 번식해 산막이 생기는 경우가 많다. 그러니 곡물이 당화되어 당분으로 쓰기에 너무 많은지, 혹은 물이 많이 들어가 곡물이 소화할 당분이 모자라는 것은 아닌지 알아서 얼른 조치를 한다.

산막이 생기는 것은 순식간으로, 아침에 괜찮았는데 저녁에 허옇게 덮인다. 생기면 무조건 젓지 말고 막이 남지 않게 떠내고 당분 추가를 해주어야 술이 더 이상 상하지 않고 정상적으로 익는다. 그러나 심하게 덮였거나 고루 저어 술 속에 섞였을 때 당분을 추가하면 살아나기도 하겠지만, 이미 산막이 스며들어 술이 익어도 알코올 도수가 약하고, 산막 특유의 향과 맛이 들어 아주 불편한 식초가 된다.

여기서 추가되는 당분이란?

곡물로만 담갔으니 넣을 당분이 마땅치 않다. 꼭 살리고 싶다면, 쉽게는 설탕을 추가하거나 독한 담금주를 넣어도 된다는 말이 있다. 정석으로는 다시 술밥을 지어 아주 소량의 물로 호화시키면 살아나는 경우도 있다.

'동백LEE의 곳간'이 수십 번 같은 경우를 만들어(실험한다고 버린 현미가 100kg은 넘고, 종초 역시 엄청나게 소비했음) 모두 위의 방법대로 해서 살렸다. 하지만 맛, 향을 보고는 아무리 괜찮아도 다 버렸다. 실상을 알고는 모두

가 아깝다 해도 가차없이 버렸다. 가족에게 먹일 식초라면 미련을 버리기를 권한다. 한 번은 괜찮겠지 하다 보면, 문제가 생겨도 그러려니 하고 나도 모르게 그냥 하게 된다. 잘 버리는 것도 공부고 경험이며 최고의 식초를 만드는 방법이라고 생각한다.

➡ 여러 가지 재료로 담그는 전통식초는 두 가지로 분류할 수 있다. 즉, 과일, 열매, 알뿌리 등으로 담그는 식초와, 약초가 지닌 기능을 그대로 섭취하는 식초로 나눌 수 있다. 재료들이 식초에 다 녹아나니, 전통, 천연발효 등 하고 싶은 방식으로 편하게 한다. 전통식초는 두 가지로 나누어 담그는 방식을 전한다. 다 올릴 수가 없으니 비슷한 재료들은 응용을 해 많은 식초를 담그자.

🫙 전통식초 생재와 물 넣는 양

현미(현미로 통칭하지만, 쌀, 찹쌀 등 어느 것이나 됨)로 당화시키려 할 때 현미 1kg이면 물이 2ℓ인데, 수분이 많은 재료(사과, 포도 등 과일)들이면 물을 반으로 줄여야 한다. 곡물의 당분으로 당화를 시켰을 때 생재의 당분과 같이 충분한 것이 될 수 있기 때문이다.

➡ 예를 들면, 사과 10kg, 현미나 찹쌀 5kg(곡물로 할 때는 10ℓ지만, 사과의 수분이 있으니 물 5ℓ를 넣음). 수분 많은 과일이지만 술이 되기에는 당도가 약해 곡물에 들어가는 물을 반으로 줄여 사과의 모자라는 당분을 곡물이 대신하게 하게 한다. 그렇지만 재료에 당도가 있어도 물이 많이 들어가면 부족하여 며칠 지나지 않아 바로 흉하게 산막이 생긴다.

당도가 전혀 없는 재료에 물을 넉넉히 넣으면, 곡물의 당화된 당분으로만 술이 되기에는 많이 모자라 빠르게 산막이 생겨 실패한다. 따라서 곡물의 양과 생재의 당도를 체크하여 곡물술을 하며 넣은 물 양을 조절해야 한다.

수분이 적거나 강한 맛과 향을 지닌 것(마늘, 생강, 울금 등)들은 기본 당도는 있지만 미미해, 곡물과 물을 조금 줄여서 넣어주는 게 좋다.

➡ 생재 10kg에 현미 5kg, 물 7ℓ를 넣도록 하자. 이유는 워낙 강한 맛과 향을 지닌 재료라서

물이 적으면 너무 독해 식초로 먹기에 불편하기 때문이다. 생재의 당도는 낮지만, 술이 익으며 근본적으로 갖고 있던 당분이 나와 어느 정도 술이 되는 데 도움을 준다.

수분도가 적당히 있으며(복분자, 오디, 가시오가피열매, 꾸지뽕열매, 까마중열매, 아로니아 등) 작은 크기의 열매로 할 때도 물의 양을 줄여 생재 10kg에 현미 5kg, 물 6ℓ가 적당하다. 생재의 당도가 있고 열매 크기가 작을 때 물이 5ℓ인데, 이런 열매들은 물을 1ℓ 더 넣어도 괜찮다.

수분은 있지만 열매에 비해 씨가 유달리 크거나 자잘한 것(산사, 산수유, 구기자, 토종 보리수열매 등)들은 생재 10kg, 현미 5kg, 물 6ℓ를 넣는다.

뿌리로 된 생재들은(골뱅이초석잠, 천마, 재배나 자연산 더덕, 재배 도라지, 재배 백수오, 삼채뿌리 등) 수분은 있지만 적으니 다른 재료에 비해 물의 양을 조금 더 늘려야 술이 나오는데, 혹 당분이 모자라지 않을까 걱정스럽다. 그러나 위의 뿌리들은 발효가 되어서 삭으면 성분 중 전분질이 좀 있어 당분이 되는 데 도움이 된다.

➡ 생재 10kg, 현미 5kg, 물 7ℓ로 잡아 배합률을 짰으나, 경험이 적으면 비싼 재료들도 있으니 생재는 조금만 구해 담근다. 계산을 하여 물과 현미 넣는 것을 조절한다.

🏺 생재를 넣는 전통식초의 누룩이나 효모의 양

누룩은 국산 밀누룩으로 한다. 곡물이 들어가면 그 양에 맞게 넣으면 된다. 현미 5kg이면 20%인 누룩 1kg, 효모를 넣고 싶다면 0.1%인 10g인데, 생재가 들어가게 되면 누룩을 조금씩 추가하여 넣어준다. 너무 양이 많으면 좋지 않으니, 정량을 넣고 100g 정도 더 넣는다.

➡ 생재 10kg, 현미 5kg에 밀누룩은 1kg에 100g 추가지만, 쌀누룩은 1kg에 300~400g 더 추가한다. 사과나 포도처럼 수분이 많은 것으로 할 때는 쌀누룩일 경우 1.5kg을 넣어주자.

오랜 시간 수많은 재료들로 비율을 다르게 하여 담근 결과, 술을 뽑아내는 데 적당하고 맛과 향을 보존하기에 알맞았다. 물론 물을 더 넣고 싶다면 선택이지만, 나와 내 가족이 먹을 식초는 소량이지만 진액 식초를 만들어 먹도록 하자. 사과, 포도, 배 등 과육이 거의 수분으로 되어 있는 과일들은 전통식초로 하면 참 좋지만, 천연발효식초를 권하고 싶다. 물론 현미의 성분이 듬뿍 들고 설탕도 안 들어간 건강한 식초로 최고지만, 그런 과일들 10kg, 현미 5kg, 물 5ℓ, 누룩 1.1kg, 이렇게 배합률이 나와 재료의 함량도가 확 낮아지는 것을 알 수 있다.

천연발효로 하면 사과 10kg, 설탕 10%, 누룩을 넣으면 0.7%(효모를 넣으려면 0.1%), 물 2ℓ. 첨가되는 재료가 얼마 안 되는데, 현미가 5kg이면 아주 많은 양이다. 술이 익고 초가 되었을 때 금방 먹으면 과일의 상큼한 맛과 향을 느끼지만, 오랜 시간 숙성을 시켜 먹으면 현미 특유의 향에 숙성된 향이 합해져 상큼했던 향과 맛이 많이 줄어들고 현미의 발효된 향이 콤콤하게 나는 것을 알 수 있다.

나 역시 수분 많은 과일과 현미로 식초를 많이 하지만, 늘 느끼는 재료 본연의 맛이 숙성되면서 줄어드는 것이 아쉬워 되도록 천연발효 방식으로 담근다. 대신 종초로 현미이양주 식초를 사용하여 현미의 성분을 넣는다.

이 책을 보고 수분이 아주 많은 과일로 천연발효, 전통 두 가지를 경험해 보고 선택하면 된다.

곡물로 하는 술에 누룩은 곡물 2kg에 종이컵 한 컵을 더 넣어 술발효를 돕는다. 특히 곡물에 다른 생재(과일, 열매, 뿌리 등)를 넣을 때는 쌀의 양에 따라 반드시 누룩을 약간 넣어주는 것이 곡물과 생재 발효에 좋다.

그러나 너무 많이 넣으면 누룩 향이 많이 나니, 적당량을 추가하여 넣는다. 앞으로 담그는 곡물과 생재 넣은 전통식초에 정량 누룩을 배합률로 짜서 쓰는데, 기억했다가 조금 더 넣어주자.

생재 넣은 전통식초를 공부했으니 이제 담가보자.

야생사과 현미 전통식초 담그기

과수원을 하다 오랫동안 버려져 비만 먹고 자란 작고 거칠고 못난 야생사과. 먹으려면 떫고 시고 맛없으며, 썩거나 벌레, 새들이 쪼아먹어 상품가치라고는 눈곱만큼도 없지만 발효액이나 식초를 담그면 아주 좋은 사과이다.

지금 담그는 전통식초는 못난이 야생사과가 재료이다. 얼마나 모질게 시달리며 자랐는지 얼굴이 숯검댕이 바른 것같이 검고 5분의 1은 거의 쓸모가 없는 상태지만, 귀하게 여기고 식초를 한다.

사과 전통식초를 담그려면, 사과를 구하기 전날 현미를 씻어 담가 불려둔다. 다음 날 물을 2시간 빼고 2시간 푹 찐 다음 20분 뜸들여 식도록 두고, 사과를 씻어 물기를 뺀다.

고두밥이 식으면 누룩옷을 입히고 물을 넣어 40분 호화를 시킨 후, 사과씨를 빼고 잘게 잘라 호화된 술밥과 섞어 술을 담그면 된다.

- 야생사과(사과) : 10kg
- 밀누룩 : 20% 1kg(추가 100g)
- 현미 : 5kg
- 물 : 5ℓ

앞서 공부했듯이, 사과는 크고 수분이 아주 많은 과일이라 곡물로 할 때 넣는 물의 양을 반으로 줄인다. 누룩도 조금 추가하여 담가 곡물의 당분과 사과의 당분으로 적절한 알코올 도수를 올리도록 하자.

이런 과정만 거치면 현미나 곡물로 담그는 과정과 같으니, 적당한 배합률을 짜 술을 담그고 식초를 하자.

담그기

야생사과 씻고 물 빼기

사과를 씻어 물기를 제거한다. 야생사과는 당도도 아주 낮고 다른 사과에 비해 수분도 적은 단단한 사과이다. 땟국물은 지워도 좋지만 껍질에 붙은 효모는 살리도록 하자.

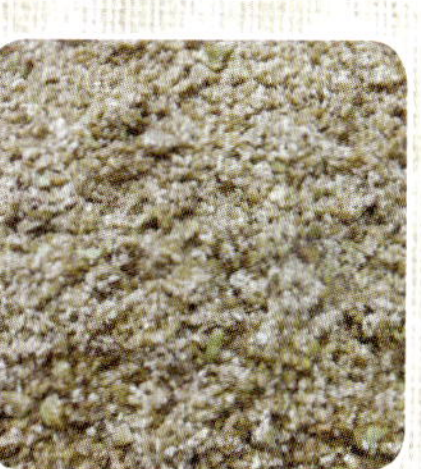

야생사과 현미 호화하기

전날 씻어 불려놓은 현미를 2시간 물빼고 2시간 쪄서 20분 뜸들여 꺼내 식힌다. 누룩옷을 입히고 물을 넣어 40분 호화시키고, 사과씨를 빼고 잘게 잘라 호화된 밥과 섞어준다.

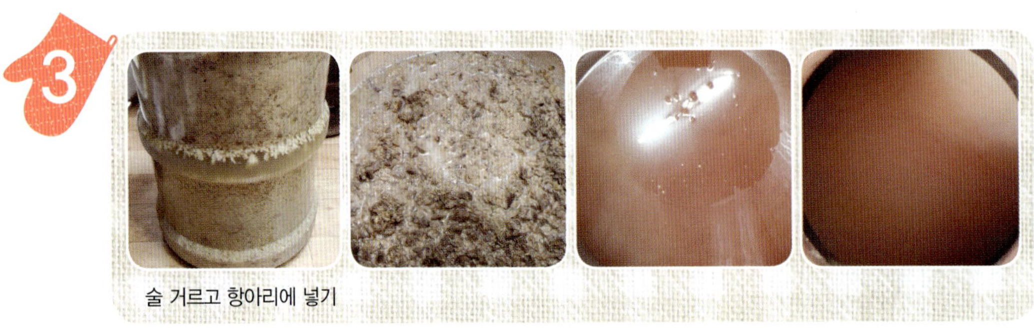

술 거르고 항아리에 넣기

소독한 용기에 넣고 위생비닐 뚜껑을 덮는다. 다음 날 위아래로 섞은 다음 다시 뚜껑을 덮는다. 2,3일에 한 번씩 서너 번 섞어주면 술발효가 잘된다.

한 달 후 술이 다 익어 뚜껑을 열고 코를 대보면 저절로 고개가 흔들릴 정도이다. 고운 천에 지게미를 꼭 짜버리고, 걸러낸 술은 소독한 용기에 술 양의 30% 종초를 넣고 천으로 덮어 초를 안친다.

초막과 식초 완성

야생사과식초는 적절한 배합으로 술이 독하게 잘 익고 종초도 좋아, 온도가 내려가는 시기인데도 잘 익어 며칠 만에 초막이 생겼다. 탁하고 분홍빛을 띠던 술이 점점 맑아지고 노르스름한 식초로 익어간다.

초막이 생기면 살짝 저어주며 맛을 보고 정상적으로 초가 익어가는지 본다. 초막이 저절로 사라지기 전에는 절대 마구 젓지 않아, 종초와 들어온 초산균이 초막 덩어리들에 붙어 초를 익히도록 하자.

야생사과 현미식초는 술이 독하게 익었으나 가수를 안하는 나는 그대로 하여 완전히 초가 익는 데 6개월이 걸렸다.

초맛을 보니 상큼한 향이 진하며 새콤함과 은은한 달콤함이 느껴졌다. 익자마자 한 병 덜어내어 먹고 항아리 그대로 위생비닐 뚜껑을 덮어 긴 숙성에 들어갔다.

사과에 현미를 넣어 전통식초를 담갔다. 사과의 진한 향과 맛이 그대로 현미와 어울려 맛이 너무 좋았다. 이렇게 전통으로 담그면 사과와 현미의 성분까지 먹을 수 있다. 오래되면 현미식초의 향이 나와 기본적인 맛과 향은 줄어들지만 성분은 그대로니 아무 문제가 없다. 본래의 향을 오래 즐기려면 천연발효 방식을 권한다.

사과로 담근 현미 전통식초는 깊이 묻어두고 필요한 사람들이 먹도록 할 것이다. 물론 사과 본래의 맛은 줄었지만, 일부 증발하면서 농축된 맛을 즐기려 한다.

마늘 현미 전통식초 담그기

　마늘식초를 담가보자. 마늘식초는 마늘의 성분과 맛을 그대로 녹여내고, 찹쌀과 현미까지 넣어 곡물의 영양 성분까지 포함된 최고의 식초이다. 건강에도 도움이 되고 맛도 좋은 식초를 즐기자. 마늘은 식초로 담그기에 조금 까다로운 재료이며, 먹기도 수월치는 않다. 술을 안칠 때 설탕을 추가하면 달콤함을 더한다. 전통식초는 설탕을 넣지 않고 담그는 식초라 맛이 좋지 않지만, 잘 담그면 마늘에 숨겨진 단맛이 식초에 나와 달콤하고 맛있다.

　마늘의 향이 심하게 나 그 양을 대폭 줄이면 조금 덜하다. 그러나 나는 성분 극대화를 위해 마늘을 넉넉히 넣고 담근다.

　식초를 담그는 방식은 마늘을 갈아 즙으로 한다. 매운맛을 줄이기 위해 쪄서 해도 되지만, 나는 마늘을 곱게 갈아서 했다. 마늘은 워낙 강한 맛이라, 술발효를 왕성하게 시켜 매운맛을 낮춘다. 초산발효도 넉넉히 하면 매운맛이 줄어든다. 그러려면 고두밥 찌기와 호화

- 생마늘 : 5kg
- 물 : 4ℓ
- 용기 : 25ℓ
- 현미 : 3kg
- 누룩 : 20% 600g(100g 추가)
- 종초 : 4주 후 술을 걸러 술 양의 30%

과정을 철저히 해야 한다. 즉, 누룩이 고두밥 한 알도 남김없이 당분해하여 충분한 당분으로 왕성한 술발효를 이끌고 알코올 도수를 올리도록 해준다.

이미 공부를 했지만, 책을 펴놓고 필요한 단어나 과정에 대한 설명(쌀씻기, 물빼기, 찌기, 호화하기)을 찬찬히 따라하여 맛있는 마늘 전통식초를 담가보자.

누룩은 약간 추가하고, 물은 마늘에 수분이 있으니 조금 줄인다.

담그기 

마늘 손질하고 쌀 불리기

보통 원재료가 5kg이면 현미는 2.5kg을 하는데, 마늘은 워낙 향과 맛이 강해 쌀의 양과 물의 양을 늘려 담근다.

현미는 전날 씻어 불려놓고, 마늘도 싹이 난 것, 무른 것이 없도록 껍질을 벗겨 씻은 다음 물기를 빼어 준비한다.

현미 물빼기

현미 호화하기

마늘 갈기

마늘과 현미 섞기　　　　　　　　　　　　　마늘과 현미 용기에 넣기

　현미는 씻어서 2시간 물을 빼고, 고두밥을 쪄 차게 식힌다. 그리고 누룩과 정량의 물을 조금 남겨두고 40분 동안 호화를 잘 시킨 후, 물기가 제거된 마늘을 분쇄기나 카터기로 곱게 간다. 분량의 물과 마늘을 믹서에 갈아도 되는데, 잘게 갈아야 마늘의 성분을 다 뽑아낼 수 있다.

　마늘은 미리 갈아놓으면 갈변되고 영양 손실이 있을지도 모르니, 바로 호화된 술밥 위에 붓고 골고루 섞어 용기에 담는다. 남겨둔 물로 대야를 헹구어 넣고 골고루 저은 다음, 위생비닐 뚜껑을 덮어 술발효에 들어간다.

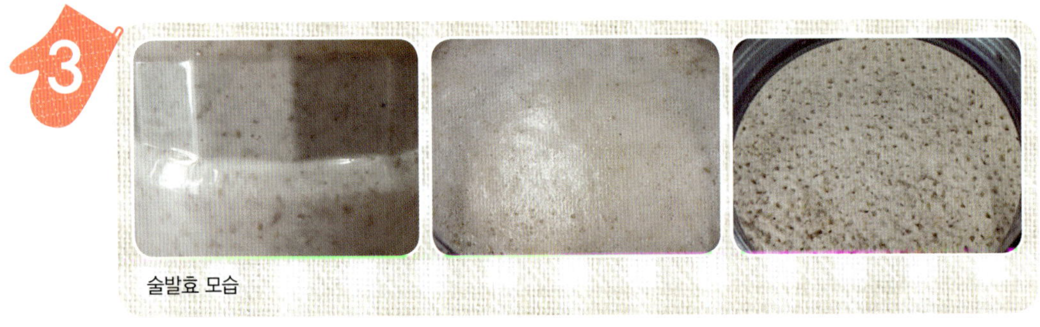

술발효 모습

　다음 날 위아래로 저어주고, 이틀에 한 번씩 서너 번 저어 성분이 고루 나오게 한다. 마늘은 거품발효를 하는데, 용기가 좀 넉넉해야 넘치지 않는다.

술 걸러 초 안치기

4주 후 술이 다 익었다. 마늘과 현미는 다 삭고, 노란 마늘술이 위로 차올라 진한 마늘 향과 코가 찡하는 술이 나왔다.

마늘이 다 녹아 거르기가 쉽지 않지만, 꼭 짜 술을 다 뽑아낸다. 바로 초를 안 치거나 며칠 앙금을 가라앉혀 맑은 술만 소독한 용기에 담고, 종초를 술 양의 30%를 넣고 초를 안친다. 천이나 한지를 덮고 초산발효에 들어간다.

마늘은 초가 금방 익지는 않지만, 일단 시작하면 부지런히 익는다. 술을 담글 때 필요한 과정을 꼼꼼히 해야 마늘과 현미가 다 삭아 당도를 올려 술도 좋고 초도 잘 익는다.

초막 모습

가수 한 방울 안한 술로 초를 안치니, 마늘이 강한 재료여서 초막도 한 달이 지나 생겼다. 하루가 다르게 초가 익는데, 초막도 심하게 생기지 않으며 깔끔하게 초맛이 들고 있다.

초막이 생기기 전에는 절대 건드리지 말고, 생기면 맛을 보면서 관리하여 초막과 맛으로 초를 익혀 마늘식초 익는 것을 확인해야 한다.

마늘식초는 다 익지도 않았는데 신맛이 나는 성질이 있고, 또 초막도 금방 사라지는 경우를 몇 번 당했다. 성급하게 초가 익었다고 판단하여 물이 되거나 산패가 되지 않게 한다.

초는 잘 익다가 갑자기 다른 모습으로 변하니 늘 신경을 쓰자. 그래서 8천 번을 만져야 비로소 좋은 초를 얻을 수 있다고 한다.

식초 완성

초가 8개월 만에 익었다. 1차 초발효를 마치고 숙성을 시키면서 나머지 초발효를 하여 맛을 보니 달콤하면서 신맛이 나는데, 일단은 마늘 냄새가 조금 불편하다. 마치 생마늘을 먹는 느낌인데 묘한 맛이다.

- 마늘 전통식초 당도 → 14.5브릭스
- 산도 → 5.8

　다른 재료들에 비해 물을 조금 더 넣었는데도 마늘식초는 맛과 향이 마늘 그대로이다. 술 익는 도중에도 마늘 냄새 때문에 볕이 들지 않는 실외로 나가야 했고, 초를 안친 후에도 마찬가지.

　아, 냄새가 어찌나 독한지 결국엔 밖으로 쫓겨나 초를 익혔다는 슬픈 마늘식초이다. 처음에 진하던 냄새가 초가 거의 다 익어가면서는 부드러워졌는데, 그래도 마늘 특유의 향은 그대로이다.

　마늘식초는 담가서 바로 먹기보다 최소 6개월 이상 숙성을 시켜 먹는 것이 좋다. 나는 마늘식초를 판매할 때는 1년 반 이상 숙성시켜 내놓는다. 마늘식초는 아무나 먹지 않고 건강을 위해 먹는 경우가 많아, 왕성한 술발효를 통해 다 삭혀 누가 먹든 맵지 않게 담근다.

　오래 숙성시켜 먹으면 마늘향은 생생하지만, 먹고 난 후의 느낌도 금방 사라지고 좋았다. 술 담그는 과정을 꼭 지켜 마늘의 매운맛을 없애도록 한다.

　요즘 유행하는 마늘우유(생마늘, 우유를 넣어 갈았음) 대신 우유에 마늘식초를 넣어 먹으면 좋다. 마늘우유는 정말 비위가 좋지 않으면 먹기가 힘들다. 착돌이(아들) 고등학교 다닐 때 한창 유행하여 한번 해주었더니, 며칠 동안 내 얼굴을 쳐다보지 않았다. 지금은 결혼하여 마흔이 다 되어가지만, 마늘우유에 대한 격한 경험에 아직도 부르르 치를 떤다. 평생 최악의 음식이었다고. 물론 나는 안 먹었다. 보기만 해도 맛이 어떤지 추측이 되었던 것이다.

　그런데 마늘식초를 우유에 넣어 먹는 것은 맛에 큰 불편함이 없어 괜찮았다. 음식에 샐러드 소스로 식초와 마늘 겸 넣으면 되니, 담가서 여러 가지 방식으로 먹어 맛과 건강에 도움이 되도록 하자.

복분자 현미
전통식초 담그기

당도 12~16브릭스. 천연발효식초에서 모자라는 당분을 설탕을 추가해 담갔는데, 전통식초도 복분자로 담그는 걸 전한다.

복분자는 기본적인 당도가 좋고 신맛 나는 산도 역시 조금 있어 식초가 아주 잘된다. 현미를 넣어 해도 초가 웬만하면 탈없이 익는다. 복분자는 색, 맛, 향이 워낙 강한 재료인데, 현미로 식초를 해도 본연의 모든 것을 그대로 지닌 아름다운 열매이다.

복분자 현미 전통식초는 복분자의 성분과 영양에 현미의 영양과 성분이 그대로 녹은 식초로서 누구나 먹어도 만족할 것이다. 고두밥을 찌고 호화하는 과정을 공부한 그대로 준비만 하면 아주 쉽게 할 수 있다. 그것도 어렵다면 책에서 과정 글을 찾아 옆에 두고 최상의 술밥 준비를 하여 시작하자.

누룩은 복분자 생재로 약간 추가하고 물은 줄여준다.

- 복분자 : 5kg
- 물 : 3ℓ
- 용기 : 20ℓ
- 현미 : 2.5kg
- 누룩 : 20% 500g(100g 추가)
- 종초 : 술 거르고 술 양의 30%

술 안치기

누룩 옷 입히고 호화시키기

복분자는 거의 냉동과로 오니, 받으면 실온에서 해동을 시켜 냉기가 전혀 남지 않도록 하고 현미를 담가 불려 물기를 빼서 고두밥을 찐다.

밥이 쪄지고, 완전 해동된 복분자가 실온과 같은 상태에 있도록 준비한다. 하지만 해동시킨 채 오래 두면 상하기가 쉽다.

고두밥은 쪄서 식히고, 복분자가 해동되었으면 그대로 둔다. 물을 1ℓ 정도 남기고 고두밥에 부어 40분 호화시킨 후 복분자를 넣는다. 복분자가 조금 뭉개져도 괜찮으니, 섞어서 소독한 용기에 담고 나머지 물로 대야를 헹구어 넣은 다음, 골고루 젓고 위생비닐 뚜껑을 덮어준다.

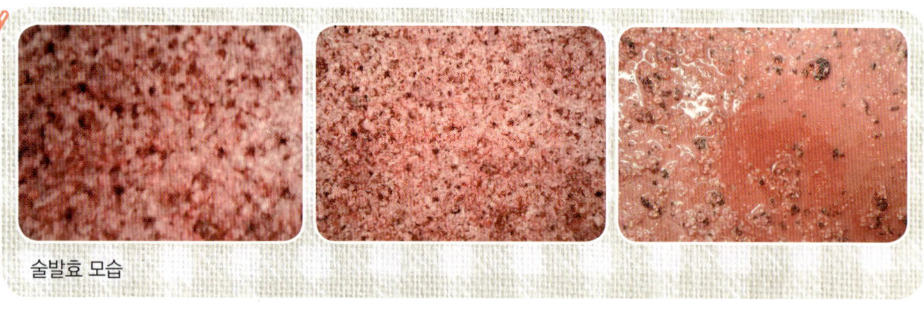

술발효 모습

다음 날 위아래로 섞어 골고루 성분이 나오게 한다. 현미에 재료를 별도로 넣는 전통식초는 자주 들여다보며 저어 뜸팡이나 산막이 생기지 않게 해준다.

복분자 현미술은 드러나게 발효를 하지는 않지만 술밥이 많이 부풀어오른다. 술발효를 하며 생긴 이산화탄소 가스가 위로 차오르면서 술밥을 부풀리기 때문이다. 많이 부풀수록, 또한 술밥 위에 구멍이 숭숭 많이 생길수록 발효가 왕성하다고 보면 된다.

술 걸러 초 안치기

4주 후 술이 다 익어 술거르기를 한다. 대부분 술을 걸러 동량으로 가수를 하여 초를 안치지만, 지게미에 물을 조금 넣어 주물러 나온 막걸리를 복분자술에 부어도 된다. 그렇지만 술 도수가 어떤지 모르니 잘 보고 해야 한다.

술은 소독된 용기에 담고 종초를 술 양의 30%를 넣고 초를 안친다. 한지나 천으로 덮어, 산소도 들어가고 초산균도 들어가 종초와 같이 초를 익히게 한다.

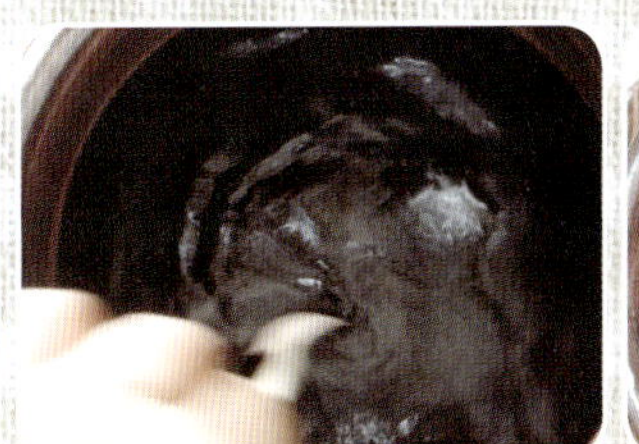

초막 모습

복분자는 술만 잘 담그면 첫 초막도 빨리 생기고 초도 아주 잘 익는 열매이다. 가수 안한 알코올 도수 높은 술로 했지만, 종초가 워낙 좋고 초 안친 시기가 8월이라 3일 만에 초막이 생기고 온 집안에 향기를 흩날린다. 모두 쿵쿵대며 저절로 웃음이 나게 하는, 아로마향보다 더 마음이 편하고 즐겁다.

초막 관리와 함께 꼭 맛을 보고 초맛을 익히면, 다른 식초보다 금방 익어 맛이 달라지는 것을 경험할 수 있다.

식초 완성

초막이 생기고 한 달 만에 서서히 사라지더니, 두 달 만에 완전히 사라지고 초맛이 다 들었다.

갓 익은 상큼함은 있지만 금방 초가 익은 만큼 깊은 맛은 덜하여 바로 먹는 것은 자제하고, 3개월 더 초를 익힌 다음 뚜껑을 닫거나 병입을 한다. 바로 먹거나 숙성을 하여 먹거나 선택인데, 나는 1년 이상 숙성을 시킨 후 먹는다.

짙은 보라색을 띤 식초가 탄생되어 맛도 향도 보라색 같은 느낌이다.

복분자 5kg, 현미 2.5kg인데 물은 3ℓ, 왜인가?

복분자와 비슷한 열매들은 적당한 수분이 있어, 쌀과 동량으로 넣으면 물이 너무 많아 곡물이 알코올로 전환되는 당분이 모자라므로 물의 양을 조절한다.

나는 식초를 내 가족이 먹는 것이라 생각하며 담근다. 물론 아주 소량씩 판매도 하지만, 많은 양이 아니라 진하고 맛있는 식초를 만드는 게 내 신조이다.

앞에서 공부했듯이 곡물이 재료의 50%인 점은 거의 같지만, 개인의 생각에 따라 물을 조절하여 담그는 것을 익히고 경험한다. 물의 양은 정해져 있으나, 재료의 수분도와 특성에 맞게 나에게 필요한 방식으로 조절하면 된다.

나 역시 물을 10~15ℓ 이상 넣어도 식초를 맛있게 담글 수 있지만, 아주 소량씩만 뽑아낸 식초를 꼭 필요한 사람이 먹게 하는 것이 목표이다. 그래서 늘 초를 담그지만 워낙 양이 적어 다 드리지 못하는 경우가 많다.

식초가 빨리 익는 것은 좋은 일이지만 항상 주의해야 한다. 기본적으로 신맛을 지닌 열매나 과일들은 술이 다 익어 맛을 보면(4주 후에 거름) 약간의 신맛이 난다. 원재료의 신맛으로 술맛이 더 시게 느껴지는 것이다. 그 신맛을 지닌 술이 초가 되면 빨리 익은 듯 신맛이 나므로, 맛있게 익은 것으로 속을 수 있다는 사실을 알아야 한다.

그런 경우 병입을 하거나 뚜껑을 닫게 되면, 종종 남아 있던 술을 초산균이 먹고 초를 더 만들지 못한 채 물이 되거나 산패를 하는 일이 있다. 따라서 신맛을 지닌 재료로 초를 할 때는 꼭 완벽한 초산발효를 하여 용기 안에 남아 있는 술이 0~3%를 넘지 않게 하자.

복분자로 설탕을 넣은 천연발효와 전통 두 가지를 했는데, 책을 보면서 하고 싶은 것을 선택한다. 같은 재료지만 맛과 향이 약간은 다르다는 것을 경험하면서, 다른 재료도 두 가지 방식으로 담근 것이 있으니 그에 맞는 방식을 선택하자.

생강 현미이양주
전통식초 담그기

친환경 생강을 구하여 전통식초를 담근다.

생강을 구하여 준비하는 날을 계산한다.

이양주 방식이라 밑술과 덧술을 한다. 1일째에는 분량의 현미를 불려두고, 2일째 고두밥을 쪄 호화를 시키고 밑술을 안친 다음, 3일째 덧술을 할 현미를 씻어 불려둔다. 3일째나 4일째 생강을 구하여(오래 두면 생강에 물기가 있어 상하는데, 상하거나 썩은 부분에서 강력한 독소가 생긴다니 미리 사놓지 말 것) 겹쳐진 부분은 다 떼어낸(모래나 흙이 숨어 있음) 다음, 양파망 같은 데 넣어 박박 문대어 씻으면 깨끗해진다. 생강 껍질을 일일이 벗기려면 일이 엄청 많으므로, 흙만 털고 물기를 뺀다.

4일째 덧술 고두밥을 찌고 차게 식혀, 물을 조금 남겨두고 호화를 시킨다.

- 생강 : 10kg
- 밑술 현미 : 1.5kg
- 덧술 현미 : 3.5kg
- 용기 : 30ℓ
- 물 : 3ℓ
- 물 : 4ℓ
- 누룩 : 700g
- 누룩 : 300g(누룩 추가 100g)

그런 다음 생강을 가정용 분쇄기에 드르륵 갈거나(시장에서는 2,3천 원 주면 즉석에서 갈아줌), 남겨둔 물과 함께 생강을 넣어 갈면 된다.

곱게 갈린 생강을 호화된 술밥에 넣고 고루 섞어 술을 안치면 되는데, 미리 생강을 갈아놓으면 갈변하거나 상할지 모르니 알맞게 준비한다.

➔ 단양이면 술밥 찌는 날 생강을 씻어 준비하고, 이양으로 하면 덧술 올리는 날 생강을 씻어 물기를 빼두고 술밥을 찌자.

생강은 맛과 향이 워낙 강해, 마늘처럼 물을 조금 더 넣어 술을 담그는 게 맛이 조금 부드러워 먹기에 좋다.

강한 맛을 가진 재료들은 별 말썽을 일으키지 않고 초를 이루니, 고두밥을 잘 찌고 호화만 넉넉히 하여 술을 안치면 좋은 술이 나오고, 식초 역시 현미와 생강이 잘 어우러진 성분 높은 것이 나온다.

용기는 처음부터 30ℓ짜리로 하여 밑술을 안치고 덧술을 넣으면 된다. 생강 10kg 배합률을 짜며, 양 조절은 계산을 하면 된다. 누룩은 기본이 쌀의 20%지만, 모든 곡물로 하는 식초에 조금씩 더 넣어주자. 술발효를 돕기 위해서이다. 생강에서 수분이 많이 나오니, 물도 조금 줄여야 술이 잘된다.

담그기

생강현미 호화

술 안치기

현미 1.5kg을 씻어 하룻밤 불린 후, 다음 날 2시간 물을 빼고 센 불로 1시간 찌다가 뚜껑을 열고 종이컵으로 세 컵 정도의 물을 고루 뿌려준다. 다시 1시간 찌고 불을 끈 다음, 차게 식혀 물을 넣고 40분 동안 밥알이 터지지는 않고 누룩과 물이 스며들게 문대듯이 섞어준(호화) 후, 소독한 용기에 담아 위생비닐 뚜껑을 덮어 밑술발효에 들어간다.

밑술을 안친 다음 날 현미 3.5kg을 씻어 불려두고, 3일째 되는 날 현미 고두밥을 찌는 동안 흙이 남지 않도록 생강을 깨끗이 씻어 물기를 뺀다. 다 쪄진 고두밥을 차게 식히는 사이 생강 물이 다 빠지면 물을 조금 남기고 고두밥 호화를 40분간 한 다음, 생강을 곱게 갈아 호화시킨 술밥에 넣어 고루 섞는다.

그런 다음 미리 해놓은 밑술을 부어 잘 섞어서 용기에 넣고, 남겨둔 물로 대야를 헹구어 붓고 술밥을 고루 섞는다. 위생비닐 뚜껑을 덮어 술을 안친다.

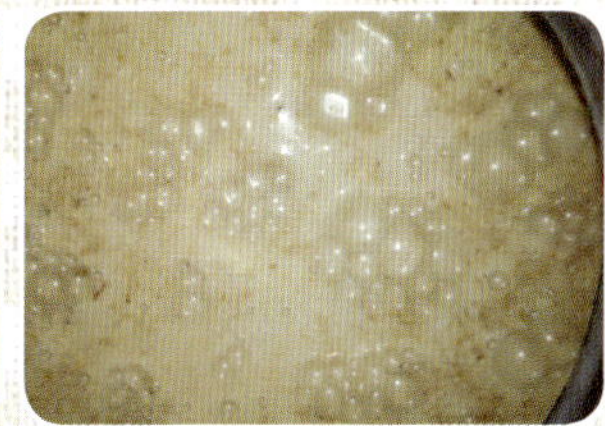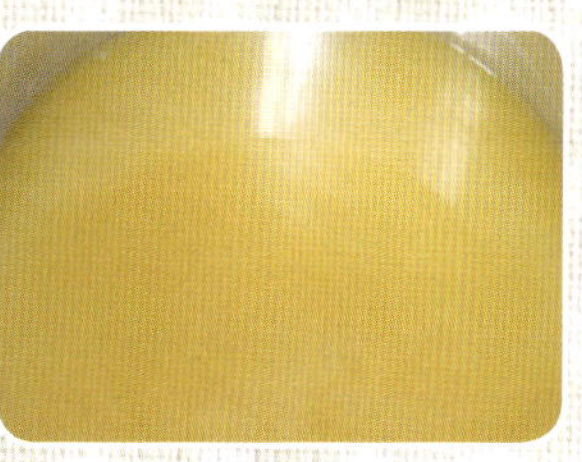
술발효와 술 거르기

다음 날 위아래로 고루 섞어주고 위생비닐 뚜껑을 다시 덮고 본격적인 술발효를 한다. 이틀에 한 번씩 서너 번 저어주면 혼자 술발효를 한다.

술을 안친 시기에 맞추어 공부한 대로 술통 관리를 하면서, 현미와 생강이 품고 있는 성분이 그대로 술이 되어 나오게 해준다. 무조건 술이 잘 익어야 좋은 초가 나오기 때문이다.

한 달 후 술이 다 익어 거르는데, 생강 지게미는 꼭 짜내 소독한 용기에 담는다. 종초를 술 양의 30% 넣고 초를 안치고, 천이나 한지를 덮어 초산발효에 들어간다.

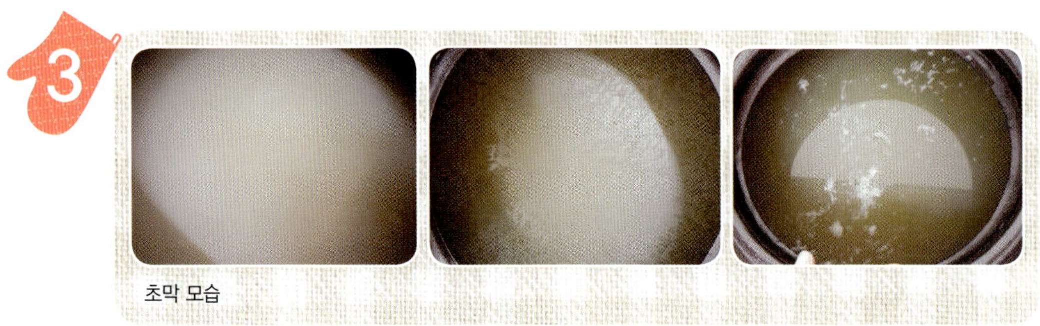

초막 모습

초를 안치고 한 달 만에 첫 초막이 곱게 생겼다. 그대로 두다가 아주 얇은 초막이 살짝 덮이면, 소독한 도구를 쓰거나 용기를 살짝 흔들어 초산균이 들어가도록 금만 가게 한다. 초막에 미세한 구멍이 있다 해도 공기는 입자가 작은데 초산균은 커서 뚫고 들어가기 힘드니, 사람이 깨주어 초산균이 힘차게 들어가게 해준다.

고운 초막이 생기면 반드시 맛을 보아 쌉쓸하고 아무런 맛도 없던 생강술이 어떤 맛으로 변하는지 알아가자.

맑던 초막이 갑자기 짙어지면 초가 빨리 익어가거나 술이 약해지고, 종초, 온도 문제로 산패될 우려가 있으니, 언제나 신경을 쓰고 맛을 보며 초를 키운다.

식초 완성

5개월이 지나 초가 다 익었다. 노르스름하고 탁했던 술이 초가 익어가며 앙금이 밑으로 다 가라앉아 맑은 초가 나온 것이다. 맛을 보니 생강즙을 먹는 느낌인데, 식초가 되며 부드러워지고 각종 유기산의 단맛이 생성되어 맛도 좋고 산도도 꽤 높게 나왔다. 현미와 생강이 어우러진 맛, 성분과 영양도 풍부한 식초를 1년 이상 숙성시켜 필요한 사람에게 나갈 것이다.

책을 보면서 종초를 넉넉히 키워두고 계속 늘려, 하고 싶은 식초를 마음대로 해보자.

초를 안친 시기가 11월 말경이고 가수도 하지 않은 도수 높은 술로 했지만, 강하게 키운다는 생각으로 온기라곤 하나 없는 실온에 그대로 초를 하여 늦게 익었다.

가을과 겨울, 봄을 거쳐 나온 생강 전통식초. 너무 추운 시기라 초산균이 느리게 활동하며 자칫 술만 먹고 물이 되기도 하지만, 좋은 종초를 넣고 술만 잘 담그면 얼마든지 이겨내고 멋진 식초로 나온다.

아이를 금이야 옥이야 까다롭고 귀하게 키우면 약하듯이, 식초도 약하게 키우면 약한 초가 된다. 추위와 더위를 견디고 사계절을 거치면 향과 맛이 좋은 초가 되며, 오래 숙성을 시켜도 산패나 물이 되는 일이 드물다.

초산발효에 좋은 온도는 25~30도이다. 술이나 종초에 자신이 없으면 온도를 잘 맞추어 얼른 초가 익어 적절한 산도가 나오게 하고, 초산균이 한눈팔지 않고 부지런히 초를 키우도록 해주자.

생강의 효능과 현미의 성분이 어우러진 식초를 잘 담가 가족의 건강을 지키고, 음식에 양념으로 사용하여 맛있게 먹자.

우전녹차 현미 전통식초 담그기

우전녹차가 한 통 생겼다. 한 잔 우려 텔레비전에서 나오는 흥겨운 트로트 노랫가락을 들으며 우아하게 마시니, 봄 들판에서 곱게 싹을 틔워 이리 곱게 나한테 왔구나 싶어 참 고맙다. 차 진열장에 넣어두고 매일 한 잔씩 해야지 하고는 식초 먹는다고 잊어버렸다. 먼지를 수북이 쓰고 구석에 있는 것을 발견하고, 이리 고운 차를 홀대하다니 잠시 반성하고 멋진 모습으로 탄생시키리라 결심했다.

찻잎들한테 약속하고 식초를 담그기로 한다. 마른 찻잎은 우려서 그 물로 해도 되지만, 간단하고 또 우전녹차의 귀한 성분을 몽땅 빼내기 위해 잎 그대로 하는 방식을 택했다. 현미로 당화시켜 우전녹차의 성분과 현미의 성분이 극대화된 전통식초를 담근다.

물론 식초로 만들면 녹차의 향과 맛은 사라지더라도 그 성분만은 고스란히 있다. 그것만으로도 감사하고 족하게 생각하며, 이 식초가 익으면 정다운 벗들과 나누자. 착한 마음을

- 우전녹차 : 50g
- 누룩 : 20% 400g
- 용기 : 10ℓ
- 현미 : 2kg
- 물 : 4ℓ
- 종초 : 술 양의 30%

먹는 여유를 가진다. 녹차잎으로는 현미식초 익은 것에 편하게 침출식도 할 수 있지만, 정석으로 담가 맛을 보고 싶어 현미를 준비한다.

식초를 하는 재료는 참으로 다양하여 꼭 어떤 것만 된다는 법이 없다. 가정에 넉넉히 있거나 먹기 싫은 것, 귀찮아 구석에 둔 것을 가지고도 얼마든지 식초를 한다. 뒤에는 아주 간단하게 차를 가지고 식초를 하는 방법도 있으니, 한 군데도 놓치지 말고 꼼꼼히 읽어 나의 식초로 만들자.

담그기

술밥 찌기

현미를 씻어 계절에 맞게 불려 물기를 2시간 빼고 찜솥에 넣고 1시간 찐다. 그리고 찬물 2컵을 고루 뿌려주고, 다시 1시간 찌고 불을 끈 다음 20분 뜸들여 차게 식힌다.

호화시켜 술 안치기

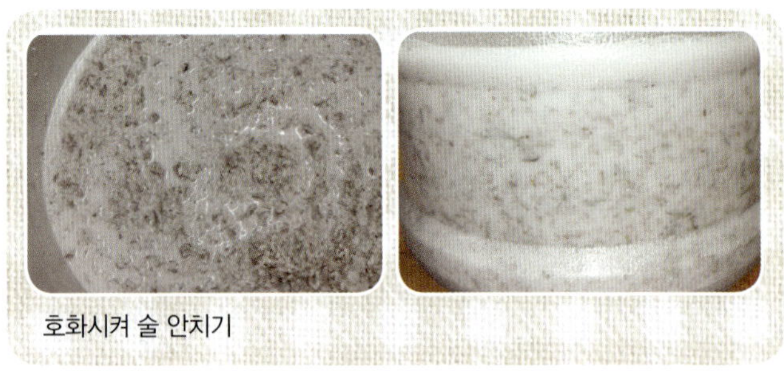

호화시켜 술 안치기

　식은 고두밥에 녹차잎을 고루 섞고, 누룩과 현미를 넣은 후 물을 조금만 남기고 40분간 호화를 시킨다. 소독한 용기에 담고 남겨둔 물로 대야를 헹구어 붓고 고루 섞어, 위생비닐 뚜껑을 덮는다.

술 걸러 초 안치기

　다음 날 위아래로 고루 저어주고, 2,3일에 한 번씩 서너 번 저어주면 혼자 술이 된다. 한 달 후 술이 다 익어, 술밥은 다 가라앉고 맑은 청주가 고인다. 술을 걸러서 종초 30% 넣고 초를 안친다.

초막 모습

초막이 생기면 맛을 보며 관리하여 초를 익힌다. 그러면 녹차의 향과 맛을 띤 초로 익어간다. 약 4개월 후면 초가 다 익지만, 한 달을 더 두었다 병입을 하고 바로 먹는다.

녹차식초는 초가 익어갈수록 녹차 향은 조금씩 줄어들고 맛도 녹차의 떫은맛이 부드럽게 변한다. 초가 완전히 익은 후에는 현미식초의 향에 살짝 녹차 향도 난다.

시간이 가면 달라지겠지만, 술은 녹차색이 나더니 초로 익고는 현미식초 색이 되었다. 이런 차 식초는 오래 숙성시키지 말고 맛과 향이 살아 있을 때 맛있게 여러 가지 방법으로 즐기자. 먹는 방법은 권말부록에 다 있으니 취향대로 먹으면 된다.

차는 어떤 것이든 다 된다. 현미식초가 많을 때 여러 가지 차 식초를 초간단으로 담그는 법, 식초의 재료는 무궁무진하다는 것을 다시금 공부한다.

가시오가피열매 현미 전통식초 담그기

가시오가피열매식초는 담글 때마다 설렌다. 향이 뭐라고 표현이 안 될 만큼 묘하고 맛도 참 좋다. 식초색도 열매 그대로라서 유리병에 담아두면 영롱한 빛이 난다. 내가 좋아하는 식초 다섯 가지 안에 들어, 열매가 익어가는 가을이면 좋은 것을 구하기 위해 동분서주하게 된다.

열매는 줄기에 작은 알들이 옹기종기 모여 동그랗게 뭉쳐 있는데, 꽤 지저분해서 잘 씻어야 한다. 꽃이 낱낱이 달려 피다가, 몇 달 걸려 열매가 익어가며 틈 사이로 먼지가 수북이 들어가고 온갖 벌레들이 드나든다. 작은 벌레들이 붙어 있거나 죽은 채 끼어 있어, 그대로 물에 헹구면 겉만 씻게 되므로 알알이 다 따서 씻어야 한다.

수십 개의 작은 줄기에 달린 알을 떼어낼 때도 터지지 않고, 두세 번 씻어도 과즙

준비물

- 가시오가피열매 : 5kg
- 현미 : 2.5kg
- 물 : 3ℓ
- 용기 : 20ℓ
- 누룩 : 20% 500g(100g 추가)
- 종초 : 술을 거른 후 술 양의 30%

이 흘러나오지 않는다.

알을 떼어내고 줄기를 보면 오래 묵은 먼지가 묻어 있는 것을 보고 놀라게 된다. 발효액이나 술을 담근 사람들한테 물어보면, 그냥 담거나 겉만 헹구어 담갔다는 말을 많이 듣게 되므로 깨끗한 열매를 준비한다.

가시오가피열매는 설탕을 넣어 천연발효식초로 담가도 향과 맛이 참 맑고 좋지만, 현미로 담가 그 성분과 같이 섭취한다. 색과 향은 현미에 섞여 조금 약해도 짙은 보라색을 자랑하는 식초이다.

열매 자체가 신맛이 나며 당도도 조금 있어 술만 잘 담그면 초가 잘 된다. 별다른 말썽도 일으키지 않고 초가 나오니 멋진 식초를 담가보자. 열매는 수분이 적지만 당도도 약하니, 물의 양을 약간 줄이고 누룩은 조금 추가한다.

담그기

가시오가피열매 씻어 물기 제거하기

가시오가피열매를 터지지 않게 알알이 따서 알에 붙은 잡벌레와 먼지를 깨끗이 씻는다.

현미이양 호화하기

현미는 12시간 불려 물기를 빼고, 가시오가피열매는 씻어서 역시 물을 뺀다. 술밥을 찌고 식혀 40분간 호화를 시키면, 그 사이에 열매의 물기는 거의 빠진 상태가 된다.

술 섞기

고두밥 호화가 끝나면 열매를 넣고 고루 섞어, 소독한 용기에 넣고 위생비닐 뚜껑을 덮어 술발효를 시킨다.

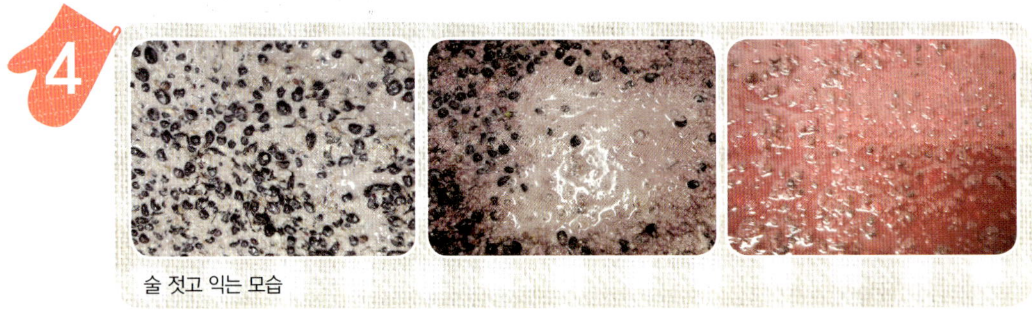

술 젓고 익는 모습

다음 날 고루 섞어 뚜껑을 다시 덮고, 그후 2,3일에 한 번씩 몇 번 저어 술밥이 술에 잠기도록 한다.

열매가 나오는 시기가 가을이라 온도가 낮을 수 있으니, 품온 관리하며 술통을 따뜻한 곳에 두면 왕성하게 술발효를 한다. 보글보글 우렁찬 소리와 함께 가스가 나오면서 위에 구멍이 숭숭 나며 술밥이 쑤욱 부풀어오른다.

저으면 부푼 밥이 밑으로 내려가고 다시 차오르기를 반복하다가, 천천히 술밥이 가라앉고 성분 빠진 알들이 조금 뜨면서 술이 차오른다.

술 걸러 초 안치기

한 달 후 술이 다 익어 열매가 조금 떠 있고 빨간 술이 차오르면 거르기를 한다. 열매가 진득하지 않으니 꼭 짜도 된다.

거른 술은 소독된 용기에 붓고, 종초를 넣고 천으로 덮어 초산균이 들어가 같이 초를 익히게 한다.

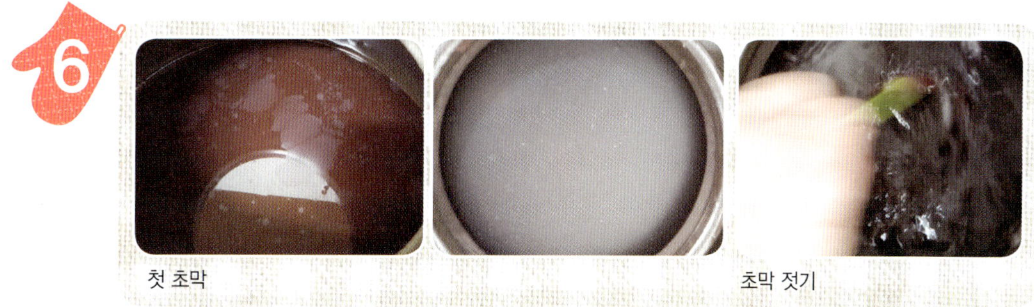

첫 초막   초막 젓기

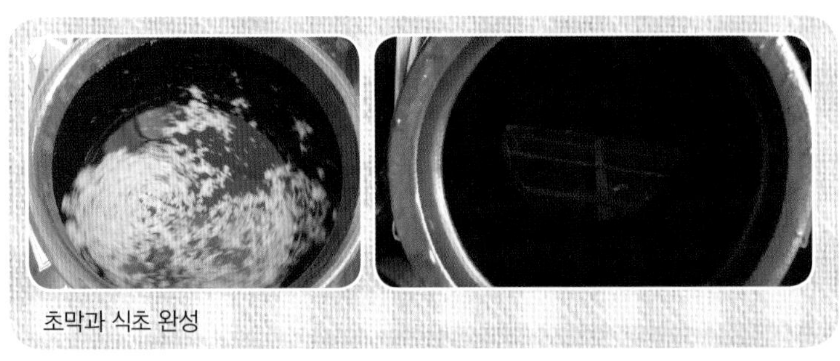

초막과 식초 완성

일주일 후 첫 초막이 생겼다. 늦가을이라 온도는 조금 낮은데도 종초가 좋으니 무난하게 초를 익히는 것 같다.

자주 들여다보다가 초막이 살짝 덮이면 가볍게 흔들거나 젓는다. 초막에 금만 가서 초산균이 붙어 초를 키우는 데 힘들지 않게 한다. 맛을 보아 나의 초가 어떻게, 무슨 맛으로 익는가 보고 초가 맛이 들어가는 것을 알아간다.

갑자기 초막이 짙어지면 소독한 도구로 흩어지게 젓는다. 맛을 보면, 아직 어리지만 전날과 완전히 다른 향기롭고 맛있는 초맛을 보게 될 것이다.

모든 과정을 충실히 하여, 잘 담근 술로 초막 관리를 잘하고 성분과 영양 높은, 맛이 독특한 멋진 초를 담그자.

4개월 만에 초막이 완전히 사라지고 진하며 상큼한 맛을 내는 초로 변했다. 정말 곱고도 고운 초로서 항아리를 안아보고 싶은 느낌을 준다.

다 익었지만 바로 병입을 하지 않고, 한 달 정도 더 두고 잔술이 0~3% 이하가 되도록 시간을 준 다음 항아리 뚜껑을 덮는다. 병입을 해도 된다.

가시오가피열매 현미 전통식초가 다 익어 맛있는 초가 나왔다. 이 식초를 담가 맛을 보면 누구나 반하게 될 것이다.

다른 재료들과 달리 말썽 없이 잘 익고 빨리 익는 식초이다. 초 안치는 때가 추워지는 시기지만 빨리 맛있게 익은 이유는, 고두밥 잘 찌고 호화과정 잘하여 술을 담그고 철저하게 잘 키운 종초가 많이 준비되어 있었기 때문이다. 좋은 종초를 넣고 초막 관리만 해주면 누구나 좋은 식초를 얻을 수 있다.

종초는 초를 키우는 밑천이기도 하지만 초맛을 좋게 하는 능력이 있으니, 부지런히 종초를 키워 식초를 담그자. 식초는 어렵지만 그만큼 감동을 준다. 열매, 곡물, 물이 어찌 이런 맛으로 탄생되는지 놀라운데, 그 놀라움을 내 손으로 키우는 것이다. 내가 키운 식초가 나와 가족의 건강에 큰 도움을 준다면, 어찌 담그지 않겠는가!

이렇게 담그면 현미와 가시오가피열매 성분이 들어간 진한 식초가 소량 나온다. 내가 쓰는 종초 96%가 현미이양주에 가수 한 방울 하지 않았으므로, 현미의 농도가 더욱 진할 것이다. 여기에다 자작나무 수액에 털이 숭숭 달린 토종 가시오가피줄기를 10시간 달여 물 대신 넣었다. 진액을 뽑기 위해 물 양을 줄여 진하고 향기롭다.

물은 넣고 싶은 대로 얼마든지 넣고 모자라는 당분은 설탕으로 보충하면 식초 30~50ℓ도 뽑지만, 나는 늘 모자라는 소량의 식초 담그는 것을 추구한다. 독자들도 가족을 위해서라면 양은 적어도 맛나고 성분 좋은 식초를 담가서 먹자.

감싸고 보살핀 만큼 크는 식초. 책에 나온 재료들이나 나오지 않은 재료들이나 각각에 맞는 방식을 골라 담그자.

계피 현미
전통식초 담그기

계피로 식초를 담근다.

아~~~! 계피도 식초를 할 수 있는가?

그런 생각이 들 텐데, 당연히 할 수 있다. 뭔들 못하겠는가. 계피향을 좋아하는 사람들은 한번 담가보자.

계피가루를 현미에 버무려 물을 넣고 할 수도 있고 막대기 같은 계피에 물을 넣어 달여 현미와 섞어도 되니, 준비되는 편한 것으로 한다.

술을 익힐 때나 초가 익는 동안이나 상쾌한 계피향이 나는데, 그 매력에 끌려 담그게 된다. 현미로 술밥 담는 과정만 잘하면, 산도 좋고 맛있는 계피식초를 얻을 수 있다.

- 계피 : 막대기면 500g(가루면 200g)
- 현미 : 2kg
- 누룩 : 20% 400g
- 물 : 4ℓ(가루로 할 때 넣은 양)(막대기 계피 달인 물 4ℓ)
- 용기 : 10ℓ
- 종초 : 술 양의 30%

술 안치기 준비

현미는 술 담그기 전날 씻어 불려놓는다. 다음 날 현미의 물기를 빼고, 가루 같으면 그냥 있고 막대기면 적당히 잘라 달인 물이 4ℓ가 되도록 넉넉히 붓는다. 센 불에 달이다가 약한 불로 3시간 정도 달여, 그 물이 식는 동안 고두밥을 찌고 식혀 준비를 한다.

호화하기

현미에 누룩옷을 입히고 물을 넣어 호화시키고, 계피가루를 고루 섞어 소독한 용기에 넣는다. 만약 막대기로 된 계피를 넣어 달였다면 물 대신 그 달인 물을 넣어 호화시키고, 소독된 용기에 넣어 위생비닐 뚜껑을 닫고 술을 안친다.

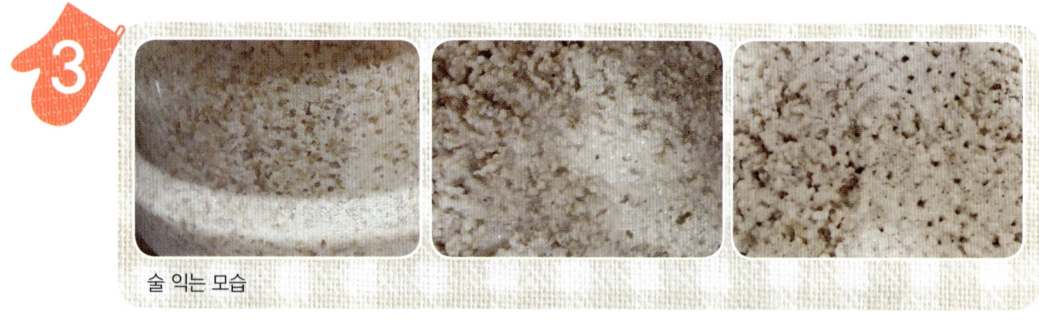

술 익는 모습

다음 날 위아래로 고루 섞어 뚜껑을 닫고 본격적인 술발효에 들어간다. 술발효가 되는 동안 2,3일에 한 번씩 서너 번 저어 현미의 성분이 고루 나오게 도와준다.

초막과 식초 완성

한 달 후 술이 다 익으면 청주가 노랗게 보인다.

술을 걸러 술 양의 30% 종초를 넣고 초를 안친다. 초 안치고 3일 만에 초막이 생긴다. 그때부터 초막을 살짝 깨 초산균이 들어가 초를 키우도록 하며, 반드시 맛도 보아야 한다.

맛과 초막의 변화를 지켜보면서 초를 익혀야 나의 식초가 어느 정도 익어가는지 알게 된다. 만약 초가 어떤지 모르고 키우기만 하면, 실패를 하는 경우가 생긴다. 또 실패를 하더라도 문제가 무엇인지 모르게 된다.

계피 현미식초는 4개월 만에 상큼한 향을 풍기며 익었다. 계피 특유의 톡 쏘는 감칠맛과 은은한 향이 참 좋다.

　초는 4개월 만에 익었는데, 환경과 술 도수, 종초, 온도에 따라 달라진다. 지금까지 책을 보며 식초를 몇 번 했다면 서서히 감이 잡혀 자신감도 생기고, 종초도 쌀이나 현미로 계속 술을 담가 확보가 되었을 것이다.

　그 종초를 쓰면 초들이 점점 좋아지며 산도 역시 저절로 높아지니, 언제나 마음 놓고 내가 먹고 싶은 식초를 할 수 있다. 향기로운 계피식초도 종초와 환경이 맞아 잘 익는 것을 몇 번만 경험하면 저절로 알게 된다.

　계피식초는 너무 오래 두지 말고 향과 맛이 상큼할 때 먹으면 좋다. 담근 지 좀 오래되어 맛을 보니, 계피향은 거의 사라지고 독특한 맛과 계피의 숨겨진 단맛이 살아났다. 현미식초 향이 나지만 아주 맛있는 식초이다.

　현미로 담근 식초들은 시간이 가면 발효된 향과 맛이 원재료의 맛을 덮어버리니, 완벽한 초산발효를 마치면 재미나게 먹기로 한다.

　이렇게 또 한 가지 생각지도 못한 재료도 식초가 된다는 걸 알았으니, 필요하면 담가먹기로 한다.

석류 찹쌀
전통식초 담그기

석류는 여성들을 위한 열매라고 한다. 식초를 담그는 사람으로서 아름다운 여성들을 위한 재료라면 그냥 두고 볼 수가 없다.

가을날 시골집 담장 위에 주렁주렁 열린 석류에 나도 모르게 손이 가 따먹고 싶은 유혹이 일어난다. 석류는 열매 자체의 신맛(구연산)이 높아 맛이 잘 든다. 따라서 쉽게 할 수 있는 식초이다.

설탕을 넣은 천연발효식초로 하는 게 편하지만, 곡물의 성분도 포함된 식초를 하려면 현미보다 찹쌀로 하는 것이 좋다. 워낙 신 열매라 현미보다는 당분도가 높은 찹쌀로 하여 석류의 신맛이 아닌 초산의 신맛을 느껴야 한다. 석류의 신맛은 식초를 부드럽고 맛 좋게 한다.

석류는 수분이 있어 불의 양을 약간 줄이고 누룩도 조금 줄여준다.

- 석류 : 1.5~2kg(알맹이)
- 물 : 3.5ℓ
- 용기 : 10ℓ
- 찹쌀 : 2kg
- 누룩 : 450g
- 종초 : 술 양의 30%

찹쌀은 전날 불려 2시간 물기를 빼고 40분간 고두밥을 푹 찐다. 고두밥을 차게 식혀 준비하고, 석류 껍질이 지저분하니 잘 닦아 알맹이를 빼낸다.

식은 찹쌀에 물과 누룩을 넣어, 25분간 밥알이 으깨지지 않고 누룩물이 고루 스며들게 호화를 시킨다.

석류알을 섞으면서 손으로 터트려 소독된 용기에 넣고, 남겨둔 물로 대야를 헹궈 술통에 붓고 고루 섞어 위생비닐 뚜껑을 덮어 술을 안친다.

다음 날 위아래로 고루 섞어 다시 뚜껑을 덮은 후 본격적인 술발효를 하며, 2,3일에 한 번씩 세 번 정도 고루 섞으면 혼자 술을 잘 익힌다.

술 걸러 초 안치기

4주 후(한 달) 술이 다 익으면 거른다. 뚜껑을 여니 석류향과 함께 제법 독한 술냄새가 나고, 쌉싸름하니 맛있다.

고운 천에 걸러 지게미는 꼭 짜버리고, 소독된 용기에 술을 넣고 종초를 부어 한지나 천을 덮어 초산발효를 시킨다.

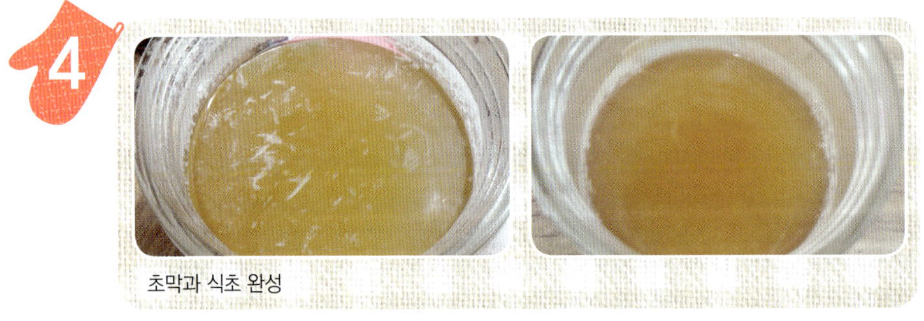

초막과 식초 완성

수입 석류는 언제든지 할 수 있지만 국산은 늦가을에 나오므로, 술이나 초산발효를 위해 따뜻한 곳에 둔다. 특히 초산발효는 따뜻한 곳에 두면 초가 더 잘 익는다.

군이 전기장판을 깔거나 그럴 필요는 없지만, 매일 들여다보며 첫 초막이 생겨 살짝 덮이면 그때부터 금만 가게 흔들거나 저어 초산균이 들어가게 하고 반드시 맛을 보면서 초를 익힌다.

초맛을 모르면 어디서 맛을 물어볼 것인가. 내 입맛에 초 익는 걸 익혀 맛을 알아간다. 양이 적으니 석 달 만에 다 익혀 맛있는 식초가 되었다.

석류알은 나름대로 단단하여, 호화를 하고 섞을 때 알을 터트려 성분과 과육이 나오게 한다. 찹쌀로 당화를 시켜 술을 거르면 앙금이 많이 생기니 며칠 가라앉혀 초를 안친다.

술맛을 보면 신맛이 감돌지만, 찹쌀로 당화시켰으므로 쌉싸름하면서 맛이 좋은 식초가 된다. 단, 워낙 신 열매라 초가 다 익지도 않은 상태에서 신맛이 강하면 다 익은 줄 알고 병입하거나 먹게 되는 경우가 허다한데, 속으면 안 된다. 그러면 술 반 초 반에 숙성 중 물이 될 확률이 아주 높으니, 신맛의 차이를 가늠하는 능력을 기르자.

열매의 신맛, 초산의 신맛은 분명히 다른데, 스스로 먹어보면서 분간하는 걸 알아가야 한다. 늘 강조하지만, 섣부른 병입을 하지 말고 재료 자체의 신맛과 초산의 신맛을 구별하자. 이것만 주의하면, 여성에게 유익한 열매인 석류를 나의 식초로 만들어 먹을 수 있다.

삼채뿌리 현미
전통식초 담그기

　한창 건강식품으로 유명했던 삼채뿌리이다. 지금도 삼채뿌리로 발효액, 장아찌, 환으로 만들어 많은 사람들이 먹고 있는데, 식초를 하면 영양, 성분이 극대화된다. 현미까지 넣으면 필요한 사람들이 요긴하게 먹을 수 있는 먹거리가 된다. 삼채뿌리가 있으면 현미를 넣어 전통식초를 담가보자.

　삼채뿌리는 뿌리 사이에 흙이 많아 하나하나 뜯어서 씻어야 된다. 야초 중 민들레 전초, 곰보배추 전초, 삼채뿌리는 정말 씻기 힘든 재료라 보기만 해도 '으으' 소리가 난다. 냄새 또한 천마, 양파 못지않게 독하고 고약해 가까이 두지 못하는 야초이다. 초가 익어가면 제법 말썽도 일으켜, 중간에 술밥을 한 번 주고 짙은 초막이 끼지 않아야 그나마 잡냄새가 나지 않는 식초가 된다.

- 삼채뿌리 : 5kg
- 누룩 : 700g
- 용기 : 20ℓ
- 현미 : 2.5kg
- 물 : 3.5ℓ
- 종초 : 술 양의 30%

삼채뿌리식초는 다른 재료로 담근 식초와 달리 독특한 향이 나지만, 기능이 필요한 사람들이 섭취하면 최고의 식품이 될 것이다. 나는 더 많은 양을 이양 방식으로 담갔지만, 굳이 이양까지 올리지 않아도 되어 단양으로 담그는 것을 전한다. 누룩은 200g 더 넣는다. 삼채뿌리가 제법 부피가 커서 넉넉히 넣었다.

담그기

삼채 씻고 물 빼기

하루는 괜찮으니 삼채뿌리는 실온에 둔다. 저녁에 현미를 씻어 불려두고, 다음 날 2시간 물기를 빼고 고두밥을 찌면서, 흙이 남지 않게 삼채뿌리를 잘 씻는다.

흙이 많이 남으면 술, 식초에 흙냄새가 나니, 깨끗이 씻어 물을 뺀다. 술밥이 다 쪄지면 불을 끄고 20분 뜸들여 꺼내 식힌다.

술밥에 누룩옷을 입히고 물을 넣어 40분간 호화를 시킨다.

술 안치고 젓고 뚜껑 덮기

물기 뺀 삼채뿌리를 잘게 자르거나 분쇄하여 호화된 술밥과 섞어, 소독한 용기에 담고 위생비닐 뚜껑을 덮는다.

다음 날 고루 섞어 뚜껑을 닫고 본격적인 술발효를 하는데, 2,3일에 한 번씩 서너 번 저어 삼채뿌리, 현미의 성분이 고루 나오게 한다.

술 걸러 초 안치기

삼채뿌리 술이 익으면서 특유의 향이 고약하다. 완전히 구석에 두고 술을 익힌다. 한 달 후 술이 다 익으면 걸러서, 소독한 용기에 종초 30%를 같이 넣어 한지나 천을 덮어 초를 안친다.

식초 완성

초는 초막이 생기고 5개월에 다 익혀냈다. 삼채뿌리는 초를 익혀도 고약한 냄새가 난다. 늘 보며 초막 관리와 함께 초가 변해가는 과정을 익힌다.

전날과 달리 약한 맛이 나면, 바로 술밥(현미술 담아놓은 것이 있으면)을 종초랑 같이 10% 정도 넣는다. 약해지는 초산균에 새 술과 신선한 종초를 넣어 힘을 얻어 초가 부지런히 익도록 도와주자. 산막도 다른 야초보다 잘 생기니 바로 잡냄새의 근원이다. 산도가 낮아지지 않게 관리하여 익히면 맛있는 초가 탄생한다.

삼채뿌리는 영양과 우리 몸에 꼭 필요한 식이유황 성분이 풍부하게 들어 있어 아주 좋다. 필요한 사람들이 먹으면 고스란히 섭취할 수 있다.

그러나 성분이 높은 만큼 초를 익히기가 번거롭다. 설탕을 넣어 담그면 확률이 낮아지는데, 곡물로만 당화시켜 담그니 더러 문제를 일으키는 재료이다. 단, 고두밥을 잘 찌고 호화시켜 전분당화가 잘 이루어지도록 하여 당도만 높아지면 얌전하게 초를 익힌다.

자연산 잔대(딱주) 현미 전통식초 담그기

더덕을 캐러 다니면서 잔대의 성분과 효능을 공부하고 생김새를 익혀 몇 뿌리 캤다. 또 같이 간 회원 몇 분이 애써 캔 것을 주는 바람에 늘어난 잔대로 식초를 익혀 상큼한 맛을 전해드렸다.

잔대도 더덕과 같은 방식으로 담그면 된다. 야산 같은 데 자연스레 재배도 하니, 구하면 잎과 같이 식초를 담가보자. 부드러운 잔대순은 묵나물이나 장아찌로 해서 먹는데, 뿌리랑 같이 넣으면 향이 더 좋고 잎의 성분도 섭취할 수 있다.

당화는 현미로 하고, 뿌리는 흙이 남지 않게 껍질째 씻고, 잎은 살살 헹구어 믹서에 대강 갈아 담그면 된다. 잔대도 특별한 성분으로 기능을 발휘하는 야초이다. 구하게 되면 식초를 담가 필요할 때 먹도록 하자. 잔대 생재 1kg은 양이 적으니, 곡물이나 물은 그대로 하고 누룩만 종이컵 한 컵 정도 추가하여 담근다.

준비물

- 잔대 : 1kg
- 현미 : 2kg
- 누룩 : 450g
- 물 : 3.5ℓ
- 용기 : 10ℓ
- 종초 : 술 양의 30%

나는 자작나무 수액을 물 대신 넣고, 만들어둔 쌀누룩을 넣었다.

잔대 현미 준비와 호화 / 잔대 섞기

잔대가 준비되면 하루는 그냥 두어도 괜찮으니, 현미를 물에 씻어 불려둔다. 다음 날 2시간 현미의 물을 빼고 푹 쪄 식힌다. 그동안 잔대를 씻어 물을 빼면서 술밥에 물을 넣어 40분간 호화시킨다. 호화가 끝나면 잔대를 대강 갈아 술밥에 섞어준다.

술 젓기

다 섞인 잔대 술밥을 소독한 용기에 넣고 위생비닐 뚜껑을 덮는다. 다음 날 고루 섞고 2,3일에 한 번씩 서너 번 저어주며 술발효를 한다.

식초 완성

한 달 후 술이 익으면 걸러서 지게미를 꼭 짜거나, 물을 조금 넣어 주물러 막걸리를 뽑아 가수를 하거나 담그는 사람의 선택이다. 거른 술을 소독한 용기에 넣고 종초를 30% 넣어 초산발효를 하게 한다.

여름 초입에 초를 안쳐 3일 만에 초막이 생겼다. 얇은 초막이 덮이면 그때부터 맛을 보며 살짝 저어 막을 깨 초산균이 드나들며 초를 키우게 한다.

온도와 술, 종초가 딱 맞아들어 4개월 만에 초가 익었다. 탁하고 노르스름한 술이 익어갈수록 황금빛을 띠더니 상큼하고 맛있는 식초가 되었다.

잔대 전통식초가 다 익어 나왔다. 잔대는 별다른 향이 없지만, 잎까지 넣어 담그니 산야초 향이 나면서 상큼발랄한 맛이 들었다.

초가 금방 나오면 몇 달은 향을 유지하지만, 숙성을 시키면 점점 야초 향은 줄어들고 발효된 현미식초의 향이 덮이게 된다. 그래서 현미를 넣어 담그는 식초 중 향이 부드러운 종류는 오래 숙성시키지 않고 두어 달 만에 먹는 것이 고유의 맛과 향을 느끼는 데 더 좋다. 언제 먹느냐는 개인의 선택이다.

파인애플 현미 전통식초 담그기

파인애플 식초가 대유행이다. 뱃살을 쪽 빼준다는 말이 나오면서 많은 분들이 파인애플식초를 담고 있다. 파인애플 1 : 설탕 1 : 식초 1로 섞어 일주일 동안 두었다 초만 걸러 냉장고에 두고 3주 만에 먹는 방식이다.

파인애플 천연발효식초

- 파인애플 과육 : 3kg
- 물 : 2ℓ. 물에 대한 설탕 20%
- 종초 : 술 양의 30%
- 설탕 : 6%
- 용기 : 10ℓ
- 누룩 : 10%(효모를 넣으려면 0.1%)

찹쌀 파인애플 전통식초

- 파인애플 과육 : 5kg
- 물 : 3ℓ
- 찹쌀 : 2.5kg
- 용기 : 15ℓ
- 종초 : 술 양의 30%
- 누룩 : 20%(종이컵 한 컵 추가)

현미 파인애플 전통식초

- 파인애플 과육 : 5kg
- 물 : 3ℓ
- 현미 : 2.5kg
- 용기 : 15ℓ
- 종초 : 술 양의 30%
- 누룩 : 20%(종이컵 한 컵 추가)

천연식초가 없으면 양조식초를 넣어도 된다 하니, 많은 사람들이 간단하게 담가 쉽게 먹는다. 이렇게 담그면 파인애플이 원래 당도가 높은데 설탕을 동량으로 넣으니 달콤하고 새콤하여 맛나게 많이 먹을 수 있다. 그러나 한 가지 잊어서는 안 될 것은, 동량으로 넣은 설탕은 양조식초나 천연식초에 그대로 남아 있다는 것이다.

정석으로 술을 담그며 당도 24브릭스를 맞추기 위해 소량 넣은 설탕은 효모의 먹이로 사용되어 다 사라지지만, 이런 방식은 침출식도 아니고 그냥 일주일 동안 담갔다가 걸러 먹으니 양조식초와 설탕을 그대로 음료로 먹게 된다. 게다가 거르고 남은 과육도 맛있어서 다 먹는다고 하는데, 설탕에 푹 절여진 건지를 먹는 일이 생긴다. 또 3주 만에 다 먹어야 하니 가족들과 먹는다고 양을 많이 하면 엄청난 설탕을 섭취하는 결과가 된다. 설탕을 조금 줄인다고 해도 발효가 아니라 절였다 먹는 거라서 설탕 성분은 그대로 있다는 것을 알아야 한다.

그런데 설탕을 왜 그리 많이 넣는가? 변질될 염려 때문이다.

술을 담가 초를 안친 과정이 아니라서 과육에 식초를 넣으면 얼마 안 가 상하게 된다. 따라서 설탕을 듬뿍 넣어 방부제 역할 같은 것을 기대하고 또 맛도 좋아서인데, 그래도 오래 두기엔 불편하여 빨리 먹어야 한다. 천연식초가 없어 양조식초로 한다면 반찬에 조금씩 넣는 것과 달리 음료로, 또 가볍게 먹기에는 조금 불편한 감이 있다. 파인애플의 성분 섭취도 좋지만, 그 많은 설탕에 양조식초를 넣는다면 그게 다 어디로 갈까?

자, 이제 간단함을 조금 탈피해 복잡하고 시간도 많이 걸리며 실패도 하게 되지만, 당분인 설탕 걱정을 붙들어맨 파인애플식초를 한번 정석대로 담가보자. 술발효, 초산발효만 잘하면 몇 년을 두고 먹어노 설탕 걱정 없는 식초가 만들어진다.

파인애플은 당도가 매우 높아, 술이 되는 데 필요한 당도 24브릭스를 맞추기 위해서는 설탕을 소량만 넣어도 충분하다.

또 곡물을 당분으로 삼는 전통식초를 하면 설탕이 필요없으며 곡물의 성분도 같이 섭취할 수 있다. 방법은 여러 가지 생재와 현미로 담그는 식초와 같다. 나는 현미로 했지만 찹쌀로도 많이 한다.

찹쌀은 당분도가 높아 현미보다 수월하게 할 수 있으니 곡물은 선택하여 담그면 된다. 파인애플은 섬유질이 많이 들어 있어 다이어트에 좋지만, 다른 영양소도 듬뿍 들어 있고 맛도 좋다.

잘 익은 파인애플의 겉껍질을 살짝 벗겨낸다. 과육으로 먹을 때는 딱딱하고 질겨 먹지 않지만 심지에는 다이어트에 좋은 섬유질(브로멜린)이 풍부하니 버리지 말고 다 넣어준다.

천연발효식초, 현미로 담그는 것, 찹쌀로 담그는 배합률을 올리니, 어느 쪽이든 선택하여 담그도록 한다.

담그기

파인애플은 준비해두고, 현미를 씻어 12시간 담가 건져 2시간 물기를 뺀다. 2시간 동안 푹 쪄 20분간 뜸을 들인다. 현미밥을 식혀 누룩, 물을 넣어 40분간 호화를 시키고, 파인애플을 손질하여 잘게 잘라 술밥과 같이 섞어 소독해둔 용기에 넣고 위생비닐 뚜껑을 덮어준다.

다음 날 저어주기

다음 날 고루 섞어주면 술발효를 한다고 거품이 부글거린다(파인애플은 유난히
거품발효를 많이 함).

술 다 익음　　　　　술 거르기　　　　　초 안치기

3일에 한 번씩 세 번 저어주면 술이 잘 익는다. 약 4주 후에 술을 걸러 종초를
넣고 초를 안친다.

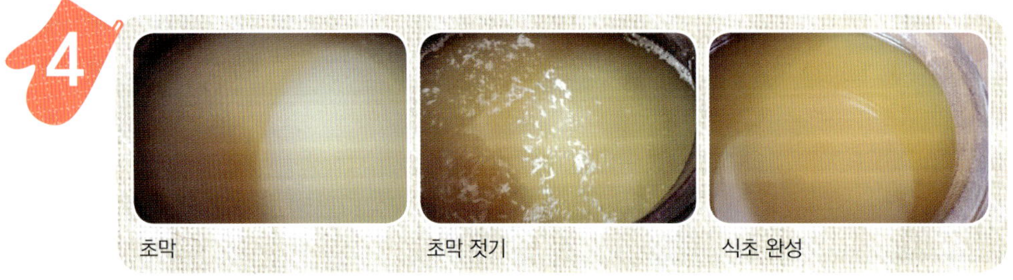

초막　　　　　초막 젓기　　　　　식초 완성

10일 후 첫 초막이 생기고 초가 아주 잘 익어간다. 파인애플의 달콤한 향이 풍
기면서 상큼한 느낌이 난다. 맛을 보니 약간 새콤하다.

한 달 후 짙은 초막이 생기면서 본격적으로 초가 익는데, 초막이 완전히 사라
지지 않게 살짝 저어주면서 맛을 보아 초가 익어가는 것을 알아간다.

초 안치고 5개월 만에 성숙하고 아름다운 파인애플 현미식초가 다 익어 노르
스름한 색을 뽐낸다. 맛을 보니 신맛이 강하면서 달콤하고 입에 착 감긴다. 바
로 병입하지 않고 두 달 정도 더 초산발효를 하여 술의 잔량을 없앤다. 항아리
뚜껑을 덮거나 병입하여 밀봉하고 숙성시키거나, 바로 먹어도 된다.

천연발효 방식으로 하면 수월하고 향과 맛이 더 상큼하지만, 찹쌀이나 현미를 이용하면
그나마 소량의 설탕도 필요없고 곡물의 영양까지 섭취할 수 있다.

맛은 약간 묵직하면서 파인애플의 향이 은은히 나는 싱그러운 느낌이다. 고운 향을 즐
기고 싶으면 오래 두지 말고 곧바로 먹어도 되고, 농축되고 곡물의 향과 같이 즐기고 싶다
면 숙성시켜 먹으면 된다. 맛있는 과일로 담근 식초들은 오래 두면 고유의 향이 조금씩 옅
어지면서 농축, 숙성된 향과 맛으로 조금 다르게 나타난다.

파인애플식초는 참으로 착하여 다이어트에도 좋고 맛도 좋아 남녀노소 모두 즐기기에
부담이 없는 식초지만, 담그는 방식을 좀 더 고려하여 그냥 식초와 설탕에 절인 것이 아니
라 발효된 식초를 담가먹도록 하자.

식초는 만병통치약이 아니다. 너무 많은 것을 한번에 얻으려 하지 말고, 수고롭지만 정
성과 시간을 들여 건강한 먹거리로 자리잡아 가도록 했으면 한다.

# 기능성 식초 담그기 2 (전통식초)

기능성 전통식초란?

산과 들에 있는 모든 재료들이 영양, 성분, 효능이 있어 식초로 먹으면 다 좋지만, 특정한 성분이 풍부하여 특별한 효능이 있는 재료들이 있다.

1차 천연발효 방식으로 필요한 사람들이 간편하게 담글 수 있도록 몇 가지 올렸지만, 이번 글은 설탕이 아닌 곡물로 당화를 시키는 것이다. 물론 식초를 하면 누룩이나 효모가 설탕을 먹이로 알코올을 만들어 걱정없지만 (단, 술을 완벽히 익혔을 때), 그래도 곡물과 기능의 섭취를 한 번에 해서 도움이 되고, 또 꼭 해야 하는 경우에 기능성 전통식초를 담근다.

꼭 기능성이 아니라 해도 맛과 곡물 성분의 섭취를 위해서 과일, 열매 등 모든 재료를 전통방식으로 한 글도 올려 선택을 하여 담그도록 했다.

천연발효 방식으로 기능성 식초 몇 가지를 담갔는데, 당분으로 설탕을 추가했다.

기능성 전통식초로 들어가면, 쉽게 접하지 못한 뿌리, 상황버섯, 동물,

열매 등 수많은 재료들이 있다. 건강과 섭생에 좋은 재료로 식초를 하기 때문에 필요한 사람들에게 큰 도움이 될 거라는 믿음을 가지고 있다. 그래서 더욱 정성스럽게 재료를 선택하고 성분 포함도를 높이기 위해 비용이 만만찮아도 소량의 식초만 뽑는 것을 원칙으로 하여 담근다.

판매 목적을 앞세우지 않고 나와 내 가족이 먹는다는 원칙으로 담가, 식초 완성 후 늘 "요것밖에 안 나왔네." 하면서도 뿌듯한 느낌이 드는 것을 기쁨으로 여긴다.

그래서 늘 적은 양이라 많은 사람들에게 한번에 많이 드리지 못하는 단점이 있고, 그나마 없으면 못 드리는 경우도 있다.

이 글을 쓰는 이유는, 책을 보며 나와 같이 식초를 담그는 사람들도 함량도 높은 것을 얻기 바라는 마음에서이다. 너무 과한 가격의 재료로 식초를 할 때면 욕심이 생겨 많이 나오게 하려고 하는 유혹에 빠질 때가 있다.

내 생활신조가 라면 한 개만 있어도 사흘은 굶어죽지 않으니 욕심의 유혹에 빠지지 말자고 늘 다짐하곤 한다. 세상살이 뭐라고, 그것으로 버티며 최소량의 식초 얻는 것을 자부심으로 알고 담그고 있다.

특별한 기능을 가진 식초는 필요한 사람들에게는 절실한 것이라, 책을 따라서 가족 중 필요한 사람을 위해 담근다면 조금이라도 더 도움이 될 것이라 믿는다.

기능성 식초의 재료 중에는 수분이 낮은 재료들, 즉 건재, 뿌리, 버섯 등이 많다. 그런 재료들은 가루를 내거나 달인 물을 물 대신 곡물에 넣으면 된다. 또 달인 물 대신 수액(고로쇠, 자작나무, 다래나무 등)을 이른 봄에 구하여 냉동실에 준비해두었다 사용하면 좋다.

기능성 식초로 가루를 내어 넉넉히 담아둔 현미식초가 있다면, 간단하게

침출하여 담그는 식초도 뒤에 올려놓으니 선택하기 바란다.

기능성 식초를 할 때는 그 재료가 가진 특성과 성분을 잘 알고 담가야 성분 추출이 용이하고 성분 감소도 막을 수 있다.

열에 약하거나 너무 단단하여 문제가 되는 재료들에 맞게 작업을 해야 귀한 재료나 높은 가격의 재료가 그냥 식초가 되지 않게 할 수 있다.

식초를 하다 보면, "어떻게 이런 재료가 맛이 이럴까" 놀라기도 한다. 곡물이고 특별한 재료라서 실패를 하게 되더라도, 식초를 이루는 데 재산이라 생각하고 다시 도전하자. 처음엔 너무 많이 하지 말고 소량으로 경험을 쌓은 후 필요한 만큼 담그기를 권한다.

기능성 전통식초는 재료가 남다른 것이 많고, 또 자기 성질을 바꾸지 않으려는, 잘난 척하는 재료들도 있다. 주로 약성도가 높은 상황버섯. 다슬기, 겨우살이, 황칠, 천마 등이 성질을 부리며 말썽을 자주 일으키는데, 그걸 이겨내도록 술을 잘 담그고 좋은 종초를 넣어 담그면 별문제가 없다.

또 전통식초는 주로 현미로 당화를 시키므로, 초가 막 익어 나왔을 때는 원재료의 향과 맛이 상큼하다. 하지만 오랜 시간 숙성시키면 재료의 성분은 그대로 남아 있지만 향은 거의 사라지고 현미식초 특유의 향만 남는다.

그러나 원재료의 효능에는 변함없다고 하니 꼭 필요한 사람과 가족들이 맛있게 먹기로 하고, 본격적인 기능성 전통식초를 담가보자.

구증구포 흑삼(홍삼) 현미 전통식초 담그기

수삼은 되도록 저농약이나 친환경으로 구하여 홍삼이나 흑삼을 만든다. 그것이 없다면 예부터 전해내려오는 방법대로 홍삼을 만들어보자. 농약 같은 것은 몇 번 찌는 과정 중 물에 녹는다니 안심을 해도 될 것 같다. 한 번 찌면 별로 줄지 않지만 세 번 정도 찌면 많이 사라진다고 한다.

수삼을 홍삼(최대 세 번 찜), 흑삼으로 찔 때는 주의를 기울여야 한다. 수삼이 고열에 약하여 90~95도 이상 넘지 않게 쪄야 사포닌 성분이 살아 있다. 찌는 횟수가 늘어나는 경우에는 더 주의하여, 어느 한 순간도 온도가 높이 올라가지 않도록 불조절을 잘해야 한다.

요즘 몇 시간 만에 홍삼을 만드는 기계들이 있어 편하고 좋긴 하지만, 정석으로 만들어 자연건조와 숙성을 통해 그 성분을 극대화한다.

- 구증구포 흑삼(한 번~세 번 찐 홍삼) : 300g
- 현미 : 2kg
- 누룩 : 20% 400g (나는 이화곡(쌀누룩)을 사용했지만, 밀누룩도 좋음. 이화곡은 발효가 밀누룩보다 약해 500g)
- 물 : 4ℓ　　　 용기 : 10ℓ　　　 종초 : 술 양의 30%

수삼을 홍삼으로 찔 때는 커다란 솥에 삼발이를 깐다. 삼이 쇠나 열에 약하니 삼발이 위에 삶아 말려둔 행주를 몇 겹으로 깔아 닿지 않게 하고 솥에 삼을 올렸을 때 솥 가장자리에 삼이 닿지 않게 넣어야 한다. 찌면서 뚜껑 안에 고여 떨어지는 수증기나 뜨거운 물이 삼에 직접 닿지 않게 해야 된다.

1차 찌는 것은, 물이 끓으면 삼을 넣고 다시 물이 설설 끓는 소리가 들리면 바로 불을 낮춘다. 절대 물이 끓지 않으면서 뜨거운 수증기를 올릴 수 있게 하여 9시간을 찐다. 채반에 널어 자연건조를 하면서 찌고 말리고 하는데, 나의 블로그를 검색창에 쳐 찾아들어가면 카테고리 '홍삼(흑삼) 만들기' 글이 사진과 함께 아주 자세히 설명되어 있다. 홍삼이나 흑삼을 하고 싶다면 아마 큰 도움이 될 것이다.

나는 해마다 고심하여 고른 수삼을 몇십 채씩 사서 전통방식대로 구증구포한다. 그래서 식초도 만들고, 꿀 절편도 만들고, 집에서 95도 이하 홍삼 중탕 전문 돌솥에 72시간 달여 파우치 포장을 하여 온 가족이 먹는다.

흑삼을 완성시키는 기간은 3개월이지만, 숙성까지 시키면 6개월~1년을 걸려 식초를 담근다. 올해는 책을 쓰느라 흑삼을 만들지 못해, 탈고를 하면 바로 수삼부터 사러 갈 예정이다. 좋은 식초는 좋은 재료와 활용도가 중요하니, 그것을 철저히 하지 못한다면 시중에서 파는 것으로 해도 된다.

구증구포 흑삼이나 홍삼은 건조 숙성을 하고 나면 단단하다. 그대로 하면 성분 추출이 어려우니 액으로 만들어 곡물에 넣는데, 달일 때는 쇠솥이나 온도가 95도 이상이 넘지 않아야 사포닌 및 애써 만든 흑삼(홍삼)의 성분이 줄어들거나 날아가지 않으니 주의한다.

곡물로는 현미로 성분 추가를 하고 종초도 현미를 사용하여 극대화된 식초를 담근다. 지금껏 현미로 식초 담그는 걸 배웠으나, 편하게 단양으로 하는 방법을 올린다. 하지만 나는 삼양을 올려 식초를 담가 필요한 사람들에게 전한다.

1

홍삼 달이기

　홍삼을 쇠솥에 달이거나 끓이면 안 되니, 전용 중탕기에 넣어 72시간 저온으로 달인다. 집에 중탕기가 없으면 중탕집에서 홍삼용 유리 중탕기에 달여 달라 하여 식히면서, 시간차를 계산하여 현미를 씻고, 불리고, 찌고, 차게 식힌다.

2

술밥 만들고
홍삼 호화하기

고두밥에 누룩을 넣어 고루 섞고, 달여놓은 홍삼액을 건지와 함께 넣고 40분간 호화를 시킨 다음, 소독된 용기에 넣고 위생비닐 뚜껑을 한다.

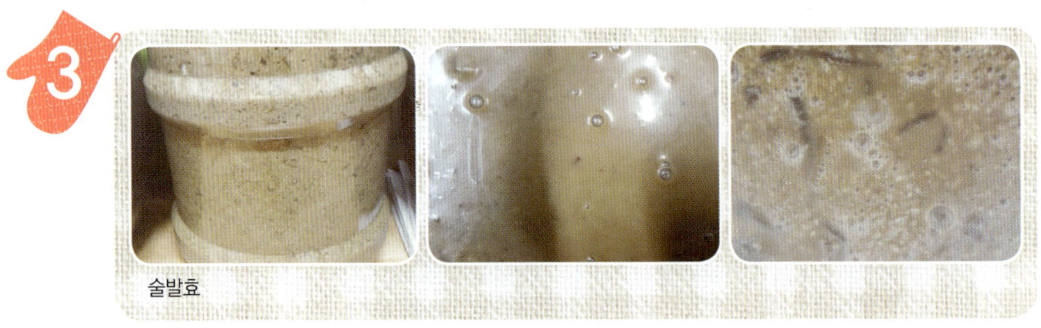

술발효

다음 날 고루 섞어 뚜껑을 덮고 술발효를 하는데, 2,3일에 한 번씩 3~4회 저어주면 술이 잘 익는다.

술 거르기

구증구포 흑삼현미주

한 달 후 술이 다 익어, 술밥은 가라앉고 불그스레한 술이 차올랐다. 약간 신맛이 나는 술이 맛있어, 청주 몇 병 걸러내 아들과 지인에게 나누어주고 술밥은 꼭 짰다.

그냥 지게미에 물을 조금 넣어 주물러 막걸리를 뽑으면 술도 늘고 알코올 도수도 낮아지지만, 그것은 선택이다.

초 안치기

소독된 용기에 흑삼술을 담고, 종초를 술 양의 30%를 넣어 초를 안친다. 천을 덮어 공기 중의 초산균과 산소가 들어가 종초와 같이 초를 키우게 한다.

초막들

흑삼식초는 해마다 담그지만 참 잘 익는다, 첫 초막이 며칠 지나지 않아 생기고 맛도 금방 들어가는데, 초막 관리를 잘하지 않으면 금방 짙어지기도 하는 식초이다.

초막이 짙어지면 하얀 가루가 붙은 산막처럼 되는데, 식초가 이루어진다 해도 산막 냄새가 배어 좋지 않다. 관리를 하며 맛을 보아 나날이 변해가는 흑삼식초의 맛을 익힌다.

맛이 좋은 식초의 일종으로, 흑삼의 향과 맛이 아련히 느껴진다. 달콤하고 신맛이 부드러운 식초이다.

식초 완성

안친 지 5개월 만에 초가 다 익었다. 설탕 한 방울 안 들어간 식초가 유기산의 단맛으로 달콤하며, 구증구포 흑삼의 농축된 단맛과 신맛이 부드러운 산도 좋은 식초가 태어났다.

누구나 맛보면 참 좋다는 말이 나올 만큼 맛있는 식초가 되는데, 바로 먹지 않고 1년을 뚜껑 덮고 긴 숙성에 들어간다.

흑삼식초가 필요한 사람들은 그 기능성을 취하므로 최소 1년 이상 숙성을 시켜야 하는데, 바로 먹는 것은 선택이다.

흑삼(홍삼)을 직접 만들어 식초로 만들기까지는 거의 2년 이상이 걸린다. 초가 익어 금방 먹는다면 1년이면 되는데, 오랜 시간 숙성시킨 식초는 맛이 농축되고 깊다. 갓 익어나온 식초의 상큼함은 없지만, 현미식초 특유의 향과 맛, 흑삼 향과 맛이 숙성을 통해 어우러져 부드럽고 그윽하다.

흑삼식초는 술을 잘 담가야 하는데, 흑삼 자체가 효능이 높은 만큼 잘못 관리하면 상하기가 쉬워 모든 재료나 준비물을 소독하고 청결하게 해야 한다.

술, 초는 잘 익지만 변하는 것도 한 순간이라 늘 관심을 갖고 지켜보기를 권한다. 또 중요한 것은 흑삼을 달일 때 끓이는 것은 그 지닌 성분을 줄이는 것과 같으니, 반드시 90~95도 저온으로 48~72시간 달여야 한다. 흑삼을 식히면서 현미도 쪄서 식혀 호화하는 과정으로 들어가야 한다.

흑삼액이 저온으로 달여진 상태인데 실온에 오래 두면 상하기 쉬우니, 시간을 맞추어 가며 준비한다.

좋은 홍삼을 구했을 때, 혹은 집에서 홍삼이나 흑삼을 찔 때 온도 관리를 잘하여 수삼이 가진 사포닌과 그 밖의 성분을 고스란히 섭취하게 한다. 건조할 때 조금만 소홀해도 금방 곰팡이가 피어 먹을 수 없게 되니, 식초 한 병을 얻기 위한 과정을 한 가지도 놓치지 말고 담가 꼭 필요한 분이 드시기 바란다.

다슬기 현미이양주
전통식초 담그기

다슬기 식초를 한다. 다슬기는 동물성이라 식초로 만들기가 까다롭다. 상할 염려도 크고, 딱딱한 껍질로 되어 있는 것을 제대로 추출해내야 하는데, 잘못하면 다슬기 목욕한 물에 식초를 하게 되는 경우가 생기기 때문이다.

자연산 다슬기를 어떻게 해야 기능이 탁월한 식초로 만들 것인가? 재료부터 한 마리도 죽은 것이 없는 것을 구하고, 성분 추출을 위한 작업을 해야 한다. 다슬기 자체가 약간 씁쓸한 맛이 나, 진하게 달여 맛을 보면 그냥 국으로 먹을 때보다 쓴맛이 강해 이걸 식초로 하여 먹을 수 있을지 고민도 된다.

그러나 식초는 잘만 담그면 그 모든 고민을 해결해 맛있는 모습으로 재탄생된다. 물론 가수를 많이 하면 그런 맛이 덜하고 부드럽지만, 진액으로 달이고 그대로 술을 하면 달콤

- 다슬기 : 6kg(달여서 진액 10ℓ)
- 밑술 현미 : 1.5kg
- 덧술 현미 : 3.5kg
- 용기 : 25ℓ
- 누룩 : 700g
- 누룩 : 300g
- 종초 : 술 양의 30%
- 다슬기 진액 : 3ℓ
- 다슬기 진액 : 7ℓ

하면서도 쌉쓰레한 다슬기 고유의 맛이 배어 있다.

다슬기 식초는 밑술, 덧술 올리는 이양의 방법으로 전하며, 이양이 힘들어 단양으로 하려면 기본값으로 하면 된다. 즉, 현미 2kg, 누룩 400g(약간 추가), 다슬기 달인 물 4ℓ.

이양을 올려 현미의 성분 포함도를 높이고 덧술을 하면 기본 알코올 도수보다 더 오르므로, 독한 술로 담기 위함이다.

동물성 술, 식초는 야초들과 달라 상하고 변질이 심하지만, 술을 잘 담그고 초막 관리만 잘하면 꼭 필요한 분들에게 좋은 식초이다.

다슬기식초는 상하기 쉬운 재료라 여러 가지 발효 당분을 넣어서 하기도 하지만, 순수하게 곡물의 당분만으로 담그는 식초를 전한다.

다슬기는 자연산으로 구하여 품고 있는 흙을 해감시켜야 식초에서 흙냄새가 안 난다. 해감시킨 다슬기는 물을 넉넉히 넣고 담글 쌀의 비율에 맞추어 달인다. 이양을 올리는 식초라 술밥과 진액 나오는 것을 계산하여 준비한다. 다슬기 진액 달인 것은 실온에 오래 두면 바로 상한다. 밑술에 물을 넣고 덧술에 진액을 넣어 맞추거나 밑술에 물을 넣고 덧술용은 냉장고에 두었다가, 덧술을 찌는 동안 다시 끓여 식혀 쓰도록 진액 관리를 하여 절대 상한 것을 쓰면 안 된다.

다슬기는 알맹이도 좋지만 껍질에 유효성분이 듬뿍 들어 있는데, 워낙 딱딱하여 오래 달여야 진액을 뽑을 수 있다. 기능성으로 좋은 다슬기식초는 진액 달이기부터 찬찬히 준비하여 어느 한 과정도 놓치지 말고 좋은 식초를 얻도록 한다.

다슬기 진액

술밥 짓기

밑술 찌는 날과 다슬기 진액이 같이 나오게 맞춘다.

첫째 날 : 전날 현미를 불려, 다음 날 건져서 고두밥을 찌고 식혀 준비한다.

밑술 안치기

밑술밥에 누룩옷을 입히고 진액을 넣어 40분간 호화시킨다(나는 쌀누룩을 사용했으나 밀누룩도 아주 좋음). 덧술까지 소독한 용기에 담고 위생비닐 뚜껑을 덮어 술발효를 한다.

덧술	다슬기 진액 덧술용	덧술에 넣을 발효된 밑술
덧술에 밑술 넣어 호화하기	덧술하기	술 안치기

둘째 날 : 저녁에 덧술할 현미를 씻어 불려둔다.

셋째 날 : 불려둔 쌀의 물기를 빼고 2시간 푹 쪄 식히고, 다슬기 진액을 준비한다.

식힌 고두밥에 누룩옷을 입히고, 진액을 조금 남기고 술밥에 부어 40분간 호화를 시켜 발효되고 있는 밑술을 넣어 고루 섞는다. 술통에 넣고 남은 물로 대야를 헹궈 고루 섞어준 다음, 뚜껑을 다시 덮어 술발효를 한다.

밑술 발효가 잘 일어 술밥이 거의 삭았다. 기온차에 따라 술통 관리를 하여 술이 잘 익도록 해준다.

다슬기술은 제대로 익지 않아 알코올 도수가 오르지 못하면, 동물성 진액인데다 아무런 첨가물도 들어가지 않은 상태라 변질되기 쉽다. 고두밥을 잘 찌고 호화를 확실히 하여 당화가 많이 일어나 술 도수를 올리게 해야 한다.

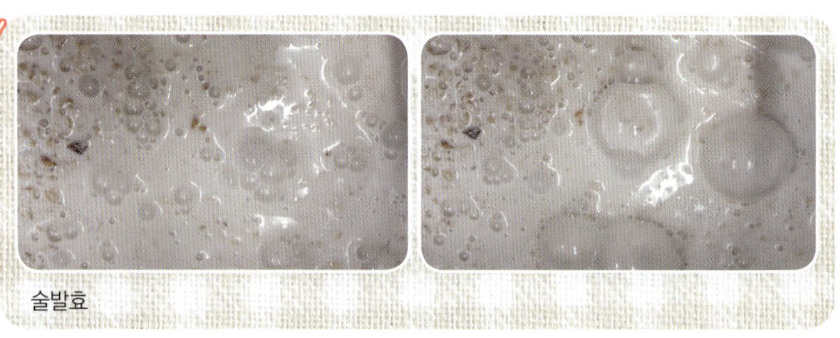

술발효

덧술을 하고 몇 시간 지나지 않아 밑술의 힘으로 부글부글 술이 끓는다. 술이 잘 끓어야 현미 당화가 잘 일어 알코올 도수가 오르는 데 큰 영향을 미친다. 이것이 밑술을 하는 이유이다.

다음 날 고루 섞어주고 2,3일에 한 번씩 4~5번 저어 술발효를 도와준다.

술 걸러 초 안치기

한 달 후 술이 다 익었다. 다슬기 향이 풍기는 독한 술로, 액을 진하게 우려서인지 쓴맛이 많이 난다.

이게 초가 되면 무슨 맛으로 먹으랴 싶지만, 초산의 힘, 유기산의 힘은 대단하여 180도 맛의 변화를 일으킨다.

술 안치는 과정을 철저히 한 덕분에 술이 잘 익어 식초도 맛있게 나오리라 기대하며 술을 거르는데, 지게미는 3일 동안 무거운 것을 눌러놓아 최대로 술을 짜내고 버린다. 거른 술을 소독한 용기에 넣고 종초를 넣어 초를 안친 다음, 천으로 덮어 초산발효를 돕는다.

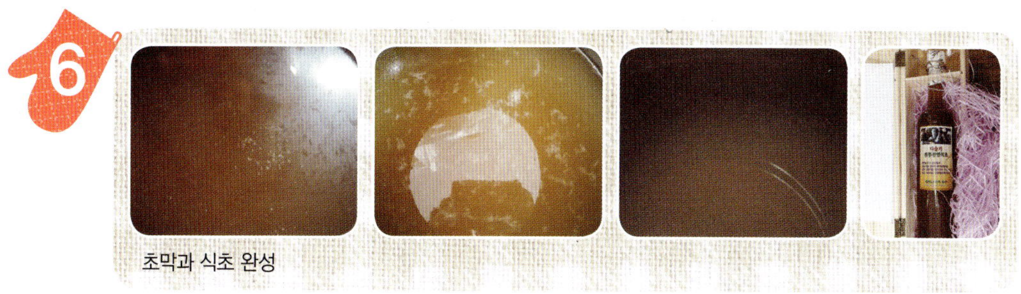

초막과 식초 완성

다슬기식초는 술을 잘 담그고 종초만 좋으면 가수 안한 술 그대로 해도, 온도가 아주 낮지만 않으면, 참 잘 익는 식초이다.

걱정되는 재료지만, 조건만 맞으면 초막이 심하게 생기지 않는다. 그러나 초막을 그대로 두면 금방 산막처럼 두터워져 마른 곰팡이향을 풍기게 된다. 동물성 식초인 만큼 매일 들여다보며 초를 키운다.

환경에 따라 다르지만, 일주일 만에 첫 초막이 보인다. 가만히 두었다가 얇게 살짝 덮이려 하면 그때부터 살짝 흔들거나 도구로 금만 가게 깨주면서, 반드시 맛을 보아 그토록 맛없던 술이 어떻게 변하는지 보자.

일단 산막 같은 것이 생기면, 초막 관리에 소홀했을 경우를 우선적으로 생각할 수 있다. 아무튼 술이 약하게 되어 초산균이 제대로 초를 키우지 못하고 산도 낮은 초로 익어가며 상하게 된다. 넣어준 종초가 좋지 않을 경우, 또는 온도가 너무 낮아 초산균 활동이 느려질 경우에도 산막이 생기기 쉽다.

산막은 한번 생기면 걷어내도 자꾸 생기고, 이미 냄새도 배어든 상태라서 초 맛도 싱겁다. 추우면 좀 따뜻하게 덮어주고(33도 이상 넘어가면 초산균 활동이 느려짐) 초를 키우면 식초는 맛있게 익는다.

약 6개월 후 다 익어 맑은 초로 탄생했다.

참 까다로운 다슬기식초가 익었다. 글을 보면 달임물과 술밥만 있으면 다 똑같은데 싶지만, 동물성이라 초가 완벽히 익기까지 문제가 많이 생겨 실패율이 아주 높다. 그래서 성공률을 높이고자 여러 가지 청을 담가 당분으로 넣기도 한다. 전통 그대로 담그는 다슬기식초를 전하기 위해 많은 식초를 버려보고 얻은 나만의 공부는 술을 잘 담그는 것이 우선이고, 초가 익으며 동물성 기질로 상하는 것을 막기 위해 산도 좋은 종초로 초를 안쳐 안전하게 키우는 것만이 성공하는 길이라는 것을 알게 되었다.

절대 산막이 생기지 않게 해야 한다. 산막이 생기면, 초가 익는다 해도 이미 한번 상한 상태가 되니 주의해야 한다.

다슬기는 꼭 큰 것이 아니어도 된다. 적당한 크기의 것을 오랫동안 푹 고아, 알맹이가 녹아 나오고 만지면 껍질이 부서질 정도로 달여서 쓴다.

진하게 달이면 액이 매우 쓰다. 술을 담가 맛을 보아도 정말 쓰고 맛없다. 그러나 식초로 익으면 다슬기 본연의 쓴맛이 나지만, 현미의 전분질이 당화된 단맛과 유기산의 단맛이 어우러져 쓴맛, 신맛 뒤에 따라나오는 단맛이 제법 느껴진다.

이 글을 쓰면서 다 익어 뚜껑을 닫고 오랫동안 숙성 중인 다슬기식초 맛을 보니, 금방 익었을 때의 상큼함은 사라지고 현미 넣은 식초 특유의 오래된 향이 나면서, 표현 그대로 맛이 나는 식초이다. 숙성 2년째인데, 곧 3년이 되면 그때 필요한 분들에게 내놓을 예정이다.

식초는 담그는 사람의 마음이 중요하다. 특히 기능성 식초는 상대를 꼭 집어 담그는 경우가 많기 때문에 마음이 평하고 좋을 때 만지기를 바란다. 내가 우울하면 미생물로 채워진 식초들도 알게 되어 우울함이 먹는 이에게 전달이 된다. 그러면 안 된다고 믿고 있으므로, 아무 때나 식초를 들여다보지 않아 더러 시기를 놓치는 수도 있지만 아까워하지 않는다.

다슬기식초는 어렵고 실패도 많지만, 가족 중에 먹을 사람이 있다면 책을 찬찬히 보면서 담그자. 뒤에 권말부록으로 누구나 겪는 문제들을 정리해 두었으니 공부하며 식초를 담그자.

동백나무겨우살이 현미 전통식초 담그기

동백나무에 기생하는 겨우살이가 있다. 마치 측백나무잎처럼 생겨 모르는 사람들은 그냥 나뭇가지로만 보는 기생초이다. 참나무겨우살이처럼 나무의 수액만 조금 빨아들이고 스스로 광합성을 하여 나무에 지장이 없이 자라는 게 아닌 이 겨우살이는, 동백나무의 진액을 다 흡수하며 자라므로 겨우살이가 붙은 나무들은 잎들이 노랗게 변하면서 말라 죽어가고 있다. 그만큼 강하고 약성도 아주 좋은데, 흔하지 않아 구하기도 힘들다.

동백나무야 어디 가도 많은데 무엇이 문제냐 하지만, 약성을 보고 먹는 겨우살이라 약을 치며 관리하는 공원이나 길가에 있는 동백나무에서 자란 것들은 사용하지 않는 게 좋다. 나무의 진액을 다 빨아들이므로 약이나 매연이 있는 곳에서 자란 것은 그 성분을 그대로 흡수한다.

- 동백나무겨우살이 건조된 것 : 300g
- 현미 : 2kg
- 겨우살이 달임물 : 4ℓ
- 누룩 : 20% 400g
  (나는 쌀누룩을 넣었는데, 술발효가 밀누룩보다 조금 약하여 650g 넣음)
- 용기 : 15ℓ
- 종초 : 술 양의 30%

그런 겨우살이는 먹으면 더 좋지 않으므로, 청정한 지역에서 자란 것을 구하여 담가야 한다. 흔하게 있는 게 아니라서 구하기가 쉽지 않아 가격도 매우 비싸다. 그래도 동백나무겨우살이를 복용하고 싶다는 사람들이 있으면 전하기 위해 기능성 식초를 담그기로 한다.

동백나무겨우살이는 주로 30도 이상의 담금주에 2~3년 담갔다가 먹는데, 술이 해로운 사람들에게는 식초로 담가먹는 것이 가장 좋은 방법이다.

현미로 당화시키니 현미 성분도 포함되고, 누룩의 좋은 성분, 식초의 각종 유기산, 미네랄, 필수아미노산이 같이 생성되어 누구나 안심하고 먹을 수 있는 방식이다. 그러면서 맛도 나쁘지 않아 누구나 쉽게 동백나무겨우살이식초를 먹을 수 있다.

구하는 게 어려워 식초를 많이 할 수도 없고, 또 내 소신으로 최대한 성분이 포함된 소량의 식초를 담그자는 마음으로 한 단지 겨우 담가 지금 깊은 잠을 자고 있다. 그 귀한 식초를 누가 먹게 될지 고이 모셔두고 있다.

동백나무겨우살이는 작은 침엽수 같은 잎들이 모여 이루어졌으며, 딱딱한 표피로 성분 추출이 어려워 독한 담금주로 담근다. 그러나 식초를 할 때는 오랜 시간 달인 물로 하는데, 흑삼처럼 쇠솥에 달이거나 95도 이상 넘어가면 약성을 날리게 된다. 중탕 전용기가 있으면 홍삼 기능으로 달이는 온도가 90~95도라서 좋으며, 48시간 정도 달인다.

일단 겨우살이는 건조를 하여 별로 독성이 없는 재료지만, 그래도 건조 법제를 통하여 안전한 재료로 만들어 달인다.

중탕 전용기가 없으면 중탕집에 부탁하여 달인다. 슬로 쿠커 전기솥 안에 끓이는 과정과 그냥 저온으로 달이는 과정이 있지만, 워낙 솥이 적고 오랜 시간 두어 액이 쉴 염려가 있다. 또한 열이 너무 약하면 제대로 추출이 안 되니 주의해야 한다.

잘 달이고 술밥 과정만 철저히 하면 다른 현미식초 담그는 것과 똑같으니 편하게 담가보자.

동백나무겨우살이 건재 달이기와 술밥

동백나무겨우살이 건재면 그대로 달이고, 생재면 먼지가 많이 묻어 있으니 문대듯이 씻어 햇볕을 피해 그늘에서 자연건조를 한다.

겨우살이는 95도를 넘지 않게, 쇠솥이 아닌 데다 48시간 달여 식힌다. 현미는 전날 씻어 불려 달임물이 식는 것과 동시에 현미를 쪄 식혀 준비한다. 같은 시간대에 나와 달임물이 상하지 않게 한다.

술 안치기　　　　　　　　　　　　　　　　　　술발효

고두밥에 누룩옷을 입히고 액을 넣어 40분간 호화하는데, 건지도 같이 넣어준다. 호화시킨 술밥은 소독한 용기에 넣고 위생비닐로 덮는다.

술발효

술 거르기

다음 날 고루 섞고 뚜껑을 다시 덮는다. 2,3일에 한 번씩 3~4번 저어 본격적인 술발효에 들어가 보글보글 끓기 시작하며 술을 그윽하게 익힌다.

한 달 후 술이 다 익으면 거르기를 하는데, 지게미를 꼭 짜 귀한 술을 다 걸러내어 소독한 용기에 넣는다. 종초를 술 양의 30% 붓고 천을 덮어 초산발효를 시킨다.

동백나무겨우살이처럼 약성이 강하고 특별하게 자라 개성 있는 야초들은 자신의 모습이 변하는 것을 거부한다. 식초로 변하기를 나름 버티고 있어, 늘 지켜보며 초막 관리를 하여 갑자기 산막이나 물로 변하는 것을 미리 잡아주어야 한다.

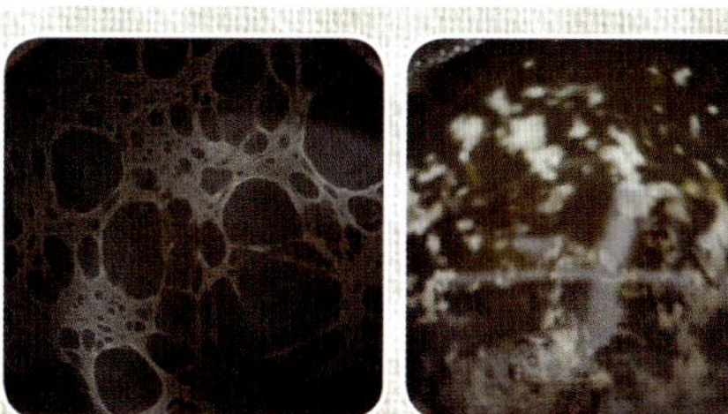

초막과 식초 완성

다음 날 바로 첫 초막이 생겨 놀라게 하는 특이한 재료들은 못된 성질로 변하는 것을 거부하고 있다.

이 과정을 잘 견뎌야 멋진 초로 나오니, 얼른 잘 저어 초막을 깨주면서 초산발효를 시킨다. 뽀얗던 술이 초산발효를 하며 점점 맑아진다. 다 익어 맑은 모습을 가진 멋진 초로 태어나, 맛을 보니 겨우살이 자체가 큰 향이 없어 현미식초의 향이 느껴진다. 나름 다른 느낌이 나며 부드럽고 맛있는 식초가 되었다.

보통 식초가 익는 기간은 3~6개월이 걸리는데, 다 익으면 바로 먹어도 되지만 좀 더 숙성시켜 먹기를 권한다. 특별한 기능성 식초라 혹시 술이 남아 있지 않을까 해서이다. 드시는 분들이 필요에 의해 담근 것이라서 술이 남아 있으면 비록 약하지만 먹을 수 있다. 따라서 숙성을 시키면서 나머지 술이 식초가 다 되도록 시간을 두고 먹거나 병입하고 뚜껑을 닫도록 하자.

나는 이 식초를 1년 동안 초산발효와 숙성을 거쳤다. 그러고 나서 항아리 뚜껑을 닫았다.

누가 먹을지 모르므로, 혹시 한 방울이라도 술이 남지 않도록 계속 초산발효 상태를 유지하고 있으면서 숙성시켰다.

식초는 급히 하면 안 되는 아름다운 물이다. 완벽한 초를 이루어 먹기를 바라는 마음에, 술 반 초 반인 식초를 담그지 말라고 늘 강조를 한다.

담그는 방법도 각각 다르고 첨가하는 것도 다르지만, 한 가지만 같으면 좋은 식초이다. 급히 만들지 말고 충분한 초산발효를 시키는 것, 그것 한 가지만 지키면 어떤 재료, 첨가물을 따로 넣었다 해도 괜찮다. 초산균과 술에 충분한 시간을 주자. 특히 기능성 식초는 더 술이 남지 않도록 담글 것을 꼭 당부한다.

울금 현미 전통식초 담그기

울금은 특별한 효능이 있어 기능성 식초에 전한다.

생울금을 천연발효식초로 조금 담그고, 말려두었던 가루로 현미를 당화시킨 전통식초 한 단지를 담근다. 음식과 밥에도 조금씩 넣어먹고, 가루를 가지고도 식초를 할 수 있다는 걸 전한다.

식초의 재료는 무궁무진하여, 가루로도 충분히 할 수 있고 침출식으로도 할 수 있는 방법이 있다. 담그는 방법은 현미식초와 똑같으며, 호화를 할 때 가루를 넣어 하는 것 외에는 다를 바 없다. 생울금을 갈아서 가루 대신 넣어도 되니, 준비되는 것으로 편하게 식초를 하자.

준비물

- 울금가루 : 300g(생울금이면 울금 5kg, 현미 2.5kg, 물 4ℓ, 누룩 600g)
- 현미 : 2kg
- 물 : 2ℓ
- 누룩 : 400g
- 용기 : 10ℓ
- 종초 : 술 양의 30%

술 안치기

울금을 준비해놓은 다음, 현미를 씻어 불려 물기를 빼고 2시간 푹 쪄 식혀둔다. 식은밥은 누룩옷을 입히고 물을 넣어 40분간 호화를 하고, 울금가루를 넣어 고루 섞는다. 소독된 용기에 넣어 술을 안쳐 위생비닐 뚜껑을 덮는다.

술 거르고 초 안치기

다음 날 고루 섞어 뚜껑을 덮고 본격적인 술발효를 한다. 2,3일에 한 번씩 서너 번 저어주면 혼자서 술을 익힌다. 약 한 달 후 술이 익으면 걸러서 종초를 넣고 초를 안친다.

초막과
식초 완성

초 안치고 일주일~한 달 후 첫 초막이 생긴다. 며칠 후 얇은 초막이 덮였을 때 용기를 흔들거나 소독한 도구로 금이 가게 살짝 젓거나 깨주면서 맛을 보며 초를 익힌다. 울금은 강한 성질 때문인지 초막이 늦게 생긴다. 하지만 일단 초가 익기 시작하면 문제도 일으키지 않고, 초막도 웬만큼 관리하면 가볍게 생기며 초를 익힌다. 식초를 해 보면 강한 성질의 재료는 쉽게 초를 이루지 않지만, 막상 초발효를 시작하면 무난하게 익는다. 이 식초도 역시 가벼운 초막만 몇 번 만들고는 5개월 만에 자연스럽게 초를 익혀냈다.

마무리 공부

울금, 생강 같은 것은 워낙 개성이 강한 재료지만, 초가 익으면 별로 문제를 일으키지 않는다. 초를 익히는 데 있어서 술만 잘 담그고 산도 좋은 종초를 넣고, 초막이 짙어지지 않게 초반 관리에 신경을 쓰면 된다.

현미와 재료를 별도로 넣어 담근 전통식초들은 기본 재료의 향과 맛이 초반에는 상큼하게 나오지만, 숙성이 될수록 현미식초 특유의 향, 맛이 깊이 든다. 그러나 생강, 울금, 마늘식초들은 꼿꼿하게 맛, 향을 그대로 유지하고 있어, 역시 강한 향을 가진 재료는 현미의 향까지 이겨낸다는 걸 알게 된다. 울금같이 맵고 강한 재료들은 양을 과하게 넣지 않아야 식초로 먹는 데 무리가 없다. 많이 넣으면 먹을 때 강한 맛이 나므로, 조금 모자란 듯이 넣어 편하게 먹도록 하자.

토종 가시오가피줄기 현미이양주 전통식초 담그기

토종 가시오가피줄기식초를 담가보자. 오가피도 여러 종류가 있는데, 줄기에 잔가시와 털이 달리고 약성이 제일 좋다는 것으로 식초 담그기를 한다.

가시와 민가시(가시 없음) 줄기도 좋지만, 그와는 조금 다르게 얼룩덜룩한 줄기에 털 같은 가시가 촘촘히 달린 것도 있다(간편하게 '줄기'라 칭함). 나무줄기로 어떻게 식초를 하나 싶지만, 건재들은 달여서 현미에 넣는 물로 쓰면 된다.

줄기를 기능성 식초로 분류한 것은, 열매도 성분과 효능이 좋지만 줄기 중에 토종이 효능이 좋다 하여 현미도 이양을 올려 담그는 것을 전한다.

줄기는 먼지가 많이 묻어 있어 씻어야 하는데, 특히 토종은 가시가 너무 많고 뾰족해 일

- 토종 가시오가피줄기 : 5kg, 달임물 10ℓ
- 밑술 현미 : 1.5kg　　· 달임물 : 3ℓ　　· 누룩 : 700g
- 덧술 현미 : 3.5kg　　· 달임물 : 7ℓ　　· 누룩 : 300g
- 용기 : 25ℓ
- 종초 : 술이 익으면 걸러서 술 양의 30%

일이 씻을 수가 없다. 찬물에 30분쯤 담갔다가 소쿠리에 붓고, 센 호스 물살로 구석구석 쏘아 먼지와 때를 씻어낸다.

달임물은 현미 찌는 물이 나오도록 넉넉히 넣어 겨울이면 하룻밤, 여름이면 한나절을 담가(냉침지, 즉 찬물에 담가서 나무가 부드러워져 성분이 잘 우러나게 하는 작업) 센 불로 하다 끓으면 약불로 7시간 이상 달이고(나는 12시간 달임), 다시 센 불로 10분 달여 식혀 준비한다.

현미술은 전날 물에 담가 불려서 고두밥을 찌면 되고, 이양을 올려 하려면 날짜 계산을 하여 준비한다. 줄기를 달인 물은 실온에 두면 상하기 쉽다. 따라서 밑술용과 덧술용은 냉장보관한다. 하지만 호화할 때 냉장했던 물은 안 되니, 미리 꺼내 끓여서 식혀 써야 한다.

쓰고 남은 줄기는 잘 보관했다 물 끓이는 데 몇 개 넣어도 되고, 줄기만 주전자에 넣고 끓여먹거나 두세 번 더 끓여 차처럼 먹어도 된다. 그러나 식초를 담그면 줄기 성분과 현미, 초의 각종 유기산, 미네랄, 필수아미노산 섭취를 하게 되니 더욱 좋다.

누룩은 술발효를 돕기 위해 조금 더 추가하여 넣는다. 특히 겨울이면 더 넣는 것이 좋다.

담그기

달임물 준비하기

줄기를 씻어 물에 하룻밤 담가 부드럽게 한 다음, 달여서 식혀 준비한다.

밑술하기

술밥하는 날짜 짜기

밑술하기 : 전날 담가 불려둔 현미를 2시간 쪄 식히고, 줄기를 달인 물을 준비한다. 식은 고두밥에 누룩옷을 입히고 진액을 넣어 호화시킨다. 소독한 용기에 담고 위생비닐 뚜껑을 덮어 밀봉한다.

덧술하기

덧술하기 : 밑술을 안친 다음 날 덧술을 할 현미를 씻어 불려둔다.

밑술을 하고 이틀 후 전날 담가둔 현미의 물기를 빼고 2시간 푹 찐다. 고두밥을 식히고, 밑술을 하고 남은 진액이 냉장실에 있다면 다시 끓여 식혀 둔다.

식은 밥과 식은 달임액이 준비되었으면, 고두밥에 누룩옷을 입히고 진액을 넣어 호화를 시킨다. 호화시킨 것에 발효 중인 밑술을 넣어 고루 섞은 다음, 밑술을 담았던 용기에 넣고 뚜껑을 덮어 술발효를 한다.

 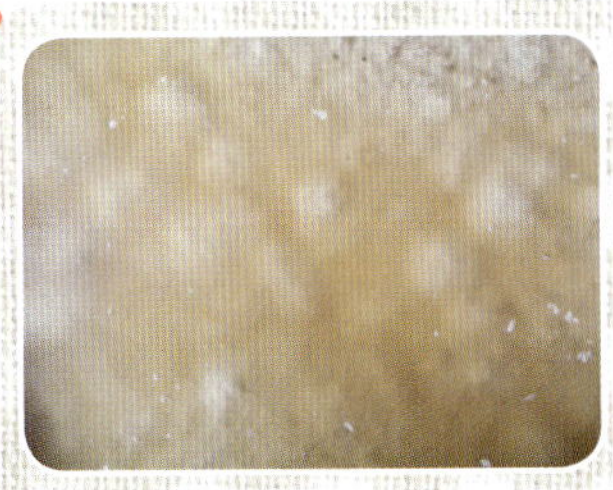  

술 익어 초 안치기

다음 날 술밥을 위아래로 저어주고 2,3일에 한 번씩 서너 번 저어주면 혼자 술 발효를 한다. 한 달 후 술이 다 익으면, 술밥은 가라앉고 술이 차오른다. 그것을 걸러서 술 양의 30% 종초를 넣어 초를 안친다.

식초 완성

초 안친 시기가 5월, 초가 서서히 익어 한 달 반이 지났다. 초여름에 첫 초막을 보이고 8개월 만에 다 익었다.

점점이 떠 있는 것은 그냥 두고, 초막이 아주 얇게 살짝 덮이면 초산균이 들어갈 수 있게 깨준다. 반드시 초맛을 보면서 초가 익어가는 것을 초막과 맛으로 익힌다. 그래야 술이 제대로 익어 정상적인 초막과 맛이 드는 걸 알 수 있고, 맛을 보는 중간에 초가 맛이 이상해지거나 밍밍해지는 상황을 빨리 알아챌 수 있다.

8개월 걸려 잘 익은 식초라면 알코올 잔여량이 거의 없어, 바로 먹거나 아니면 숙성을 시켜 먹어도 된다.

토종 가시오가피줄기는 성분을 취하고자 담그는 기능성 식초이다. 현미까지 포함된 식초로서 성분 극대화를 시켰다. 따라서 일상에서 생수에 타서 먹고, 반찬에 넣고, 초콩 만드는 데도 넣어 유익한 성분을 다 먹을 수 있고, 식생활에 다양하게 접목해 그 기능을 고스란히 섭취하는 가장 좋은 방법이다.

지금까지 책을 보며 현미로 식초를 담가왔다면, 재료만 있으면 내 손으로 나와 가족을 위한 필수적인 식초를 쉽게 담글 수 있을 것이다.

내가 달임물로 쓰는 것도 이른 봄에 구입해 얼려놓았던 다래나무 수액인데, 독자들도 수액을 넣어 담그면 된다. 현미식초의 기본에 새로운 재료의 특성을 공부하여 멋있는 식초를 담그자.

표고버섯 현미 전통식초 담그기

식탁 위의 건강과 맛을 위해 어느 집에나 필수로 있는 표고버섯으로 식초를 담가보자.

아니, 표고로 식초를?

당연히 '동백LEE의 곳간'에서는 담근다. 그것도 전통방식으로.

물론 설탕을 넣어 당도를 맞추면 수월하고 맛, 향이 더 좋겠지만, 최상의 성분을 포함시켜 표고의 영양과 효능을 섭취하고자 현미로 당화시켜 기능성 식초로 분류한다.

하루는 버섯 전문농장에서 표고로 식초를 담그면 어떠냐고 문의가 왔다. 당연히 담근다 했더니 표고버섯을 보내오고, 맛을 보고 싶다 하여 식초를 담가 맛을 전했다.

농장은 많고 판로는 좁아 무엇인가 획기적으로 변화를 주는 식품개발이 필요한 재료로서 표고버섯은 아주 좋은 예이다.

나는 여러 농장에서 특정화된 재료로 식초를 담가 판로를 열고 싶다는 문의가 오면, 정

- 표고버섯 : 2kg
- 현미 : 2kg
- 누룩 : 20% 450g
- 물 : 3.5ℓ
- 용기 : 15ℓ
- 종초 : 술이 익으면 걸러서 술 양의 30%

성껏 담가 맛으로 기능으로 가능성을 나누곤 했다. 표고버섯은 성분과 영양이 높아 음식에 메인과 부재료로 많이 쓰이는 재료지만, 완벽한 섭취 방식은 역시 식초로 만드는 것이다. 담그는 방식도 앞서의 전통식초와 똑같고 원재료 다루는 것만 다르니 편하게 담가본다.

표고버섯은 부드러운 식자재인데, 식초를 하면서도 그 부드러움 때문에 문제가 생겨 술이나 초 익는 중간에 산막 같은 게 생길 확률이 많으므로 주의하여 담근다. 설탕을 넣으면 문제가 조금 줄어들겠지만, 기능성으로 먹는 식초는 곡물 당화가 좋다고 본다.

이유는 현미나 버섯을 먹기 싫어하는 사람들, 특히 아이들은 표고 향이 독특해 더 싫어하는데, 음식에 넣으면 자연스레 먹게 되어 거부감 없이 섭취를 할 수 있는 게 식초이다.

영양과 성분이 풍부한 식초를 얻기 위해, 문제가 생기는 것을 줄이기 위해 지금부터 책을 보면서 그 과정을 따라해 보자.

누룩은 표고버섯 생재가 들어가니 약간 추가하고, 물 양은 표고버섯이 완전 생재면 액이 나오니 조금 줄이는 게 좋다.

담그기

표고버섯 현미 호화하기

현미 고두밥 찌는 날에 맞추어 신선한 상태의 표고버섯으로 준비한다.

전날 현미를 씻어 불려두고, 다음 날 물기를 빼고 센 불로 2시간 푹 쪄 차게 식힌다. 누룩을 고루 섞고 물을 넣어 40분간 호화한다.

술 안치기

표고버섯은 생재로 하는데, 씻으면 물을 그대로 흡수하므로 되도록 청정한 곳
에서 자란 것을 구해 먼지만 탈탈 털어 쓰거나 물에 넣어 얼른 흔들어 씻어 물기
를 꼭 짜 말려야 하는데, 그러면 성분이 나가게 되니 주의한다.

현미 호화가 끝나면, 그때 표고버섯을 잘게 잘라 술밥에 고루 섞는다. 소독한
용기에 넣고 위생비닐을 덮어 밀봉한 다음 바늘구멍 한 개를 낸다(모든 술 안치는
데 똑같이 적용할 것).

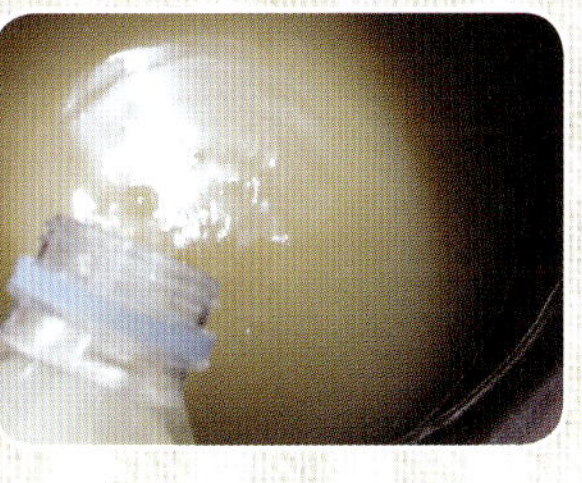

술 거르고 초 안치기

다음 날 위아래를 고루 저어주고, 2,3일에 한 번씩 서너 번 섞으며 술을 익힌
다. 한 달 후 술이 다 익었다.

진한 표고버섯의 향을 내는 독한 술이 되어 맛을 보니, 거참~~~ 표고버섯을
푹 달인 물에 독한 소주를 타서 먹는 맛이 난다. 거른 술은 소독한 용기에 종초
와 같이 넣고, 천으로 덮어 초산발효에 들어간다.

초막과 식초 완성

표고버섯식초를 몇 번 담그면서 경험한 바에 의하면, 초막은 탁하게 생겨 진하지도 연하지도 않게 유지한다. 그렇다고 그냥 두면 금방 산막, 또는 물이 되기 쉽다.

버섯 종류들은 식초를 담글 때 성질을 부리듯이 까다롭게 군다. 설탕을 넣어 담그면(설탕의 보존력, 즉 방부제 역할) 덜하지만, 현미를 넣으면 자주 문제를 일으킨다.

그런 것을 방지하는 최선책은 술을 잘 담가 곡물의 당화도를 높이는 일이다. 그리하여 알코올 도수 높은 술을 뽑고 산도 좋은 종초를 넣어, 공기 중의 초산균이 초를 빨리 키우게 하는 것이 맛있고 영양 높은 표고버섯식초를 얻는 길이다.

첫 초막이 생기고 살짝 덮이면 초막을 깨주고, 충분한 초산균이 들어가 초를 부지런히 키우게 하며 맛을 보아 식초의 변화를 익힌다. 초막이 생기고 열흘 후쯤 현미술을 담그고, 다 익으면 초의 양 20% 정도나 종초 10%를 다시 투입하여 익어가는 초에 힘을 주자.

표고버섯은 초막이 금방 생기지만 곧 물로 변한다는 것을 알고 관리를 한다. 초는 고비만 잘 넘기면 금방 익어, 보통 양이 적으면 3개월(나는 양이 많아 6개월) 걸려 다 익어 바로 먹거나 숙성시켜 먹으면 된다.

표고버섯식초는 특유의 세포질이 다른 물질로 변하는 것을 싫어해 초를 익혀내기가 수월하지 않고, 산도 역시 오르지 않는다. 특히 당도가 다르고 낮기 때문에 곡물을 첨가한다. 설탕으로 담그면 좀 더 산도가 높거나 실패율도 적겠지만, 그래도 현미와 표고버섯을 먹기 싫어하는 아이들과 소화에 지장이 있거나 섭생을 하는 분들에게 두 가지 다 자연스레 완전히 흡수하는 것으로는 최고이다. 그래서 어렵고 문제도 있지만 현미로 담그는 것을 늘 고집한다.

표고버섯은 다른 버섯들보다 냄새가 많이 난다. 특히 발효시키거나 끓이면 냄새가 참 고약하다. 버섯간장과 어간장을 만들어 음식에 간을 하는 데 쓰지만, 버섯간장을 하며 발효되는 냄새가 너무 진하여 한쪽 구석에 둔다. 식초를 하려고 술을 하는 동안이나 초산발효 중에도 멀리 내놓고 할 정도로 고약한 냄새가 온 집안에 널리 퍼진다. 그러다가 술이 다 익어가면 조금 약해진다. 초도 한창 진행 중에는 정말 독하다가, 마무리 발효를 할 즈음에는 괜찮아진다.

맛은? 표고버섯 발효된 맛 그대로이다.

표고버섯을 건강차로 오래 달이면서 경험한 것인데, 가볍게 달인 것은 괜찮지만 진한 달임이나 발효는 냄새도 문제인데다가 발효된 맛이 그대로 난다. 그러나 음식에 넣으면 별로 느끼지 못하고, 맛있는 발효액에 타서 먹어도 모른다.

표고버섯만 맛을 보면 그렇지만, 다른 식재료에 잘 흡수되어 맛있고 건강하게 먹을 수 있다. 육수 내는 데 표고버섯을 넣으면 조미료를 넣은 것같이 농축된 맛이 난다. 음식에 첨가, 특히 겉절이를 하는 데 넣으면 깜짝 놀랄 것이다. 따라서 표고버섯식초를 잘 담가놓으면 맛과 영양을 한번에 섭취할 수 있으니, 버섯간장도 담그고 식초도 담가서 가족들 건강식에 양념으로 이용하기 바란다.

함초 현미
전통식초 담그기

갯벌의 보물, 함초식초를 담가보자. 함초는 갯벌에 사는 수생식물이다. 바닷물을 먹고 자라서 짠맛을 지녔고, 효능 및 성분이 좋아 많은 사람들이 건강식품으로 먹는다.

설탕에 절여 발효액도 하고, 가루를 내어 소금으로 먹기도 하고, 환으로도 만들어 먹는데, 아직 식초로는 그리 알려지지 못했다. 함초 발효액을 담가 물을 동량 섞어 술을 담그거나 초를 만들기도 하고, 발효액 건지에 물을 넣어 술을 담가 먹기도 하는데, 그마저도 쉽지 않고 맛도 별로 좋지 않아 잘 담그지 않는다.

그런 함초를 맛있고 간편하게 식초를 담가 음식을 만드는 데 이용하자.

식초는 함초를 먹는 방법 중 가장 흡수력이 좋다고 본다. 거기에 현미까지 넣어 담그면 소화 흡수에 불편한 사람들이 영양과 맛을 그대로 섭취하니, 어찌 아니 좋겠는가!

- 함초가루 : 300g
- 누룩 : 20% 400g
- 용기 : 10ℓ
- 현미 : 2kg
- 물 : 4ℓ
- 종초 : 술 양의 30%

지금부터 그 방법대로 책을 보며 담가보자.

현미가 들어가는 식초는 재료와 다루는 방법이 조금 다를 뿐 방식은 같으니, 이제는 쉽게 할 수 있을 것이다. 처음 담그는 분들은 책에 있는 모든 과정에 대한 공부를 철저히 하고 재료 준비를 하여 놀라운 맛을 내는 함초식초를 얻는 길로 들어서 보자.

함초식초는 함초 성분인 염분이 많이 함유되어 있어, 설탕을 듬뿍 넣고 발효액을 담가도 짜다. 가루를 생선이나 달걀 프라이, 드레싱소스에 소금 대신 넣으면 좋은데, 이 식초를 담가놓으면 생야채무침, 드레싱소스, 건강식을 해야 하는 사람들에게 유용하다. 식초와 염분이 들어가는 재료에 함초식초만 있으면 만사형통, 그저 그만인 양념으로 볼 수 있다.

함초식초는 신맛과 짠맛을 갖추었는데, 그것도 아주 짜지 않고 부드럽고 은은한 맛으로 누구나 염도 낮은 음식을 먹을 수 있다.

책만 잘 보면 쉽게 할 수 있으니, 우선 재료 준비부터 하자.

함초는 생물을 구하여 다듬어 씻어 말려 가루를 내든가, 가루를 내어 파는 것을 구하여 담그면 되니 편한 대로 한다. 생물은 봄에는 어린순으로 연두색을 띠고, 여름엔 짙은 초록, 밑동은 갈색을 띠며, 가을엔 단풍이 들어 붉은색을 띤다.

어느 계절이나 다 좋지만 조금씩 성분이 다르니 계절에 상관없이 구한다. 생물은 다듬어 모양새가 좋은 상태로 왔으면 바로 하고, 밑줄기가 갈색으로 말라가거나 뿌리가 있어도 영양 성분이 좋으니 갯벌 흙이 남지 않게 잘 씻어서 볕이나 건조기에 말려 가루를 내어 준비한다.

이렇게 함초만 준비되어 있으면 언제든지 현미를 가지고 해보자.

함초가루 준비

함초가루를 준비한다.

술 안치기

현미는 전날 씻어서 불려놓고, 다음 날 2시간 물기 빼고 2시간 푹 쪄서 식힌다. 40분간 호화를 하고 함초가루를 넣어 고루 섞는다. 소독한 용기에 넣은 다음 위생비닐을 덮고 술을 안친다.

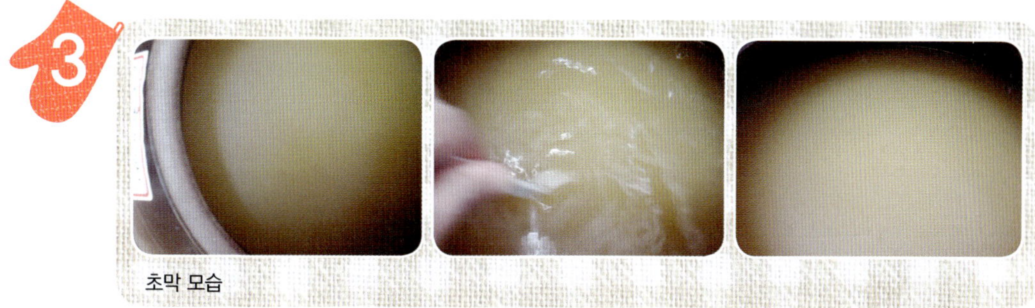

초막 모습

다음 날 고루 섞어주고, 2,3일에 한 번씩 서너 번 저어 위아래를 잘 섞으면 술이 잘 익는다.

한 달 후 술이 다 익으면 걸러서, 종초를 술 양의 30% 넣어 초를 안친다. 천이나 한지를 덮어 초산균이 마음대로 들어가 종초와 같이 초를 키우게 한다. 짠 성분에 의해 무난하게 잘 익어 초막 관리만 잘하면 곱게 초를 키우게 된다.

첫 초막이 생긴 후 초를 키우면서 맛을 들인다. 새콤하며 간간한 함초식초의 맛이 익어갈수록 처음보다 부드러워지는 것을 알게 될 것이다.

식초 완성

식초 맛은 술의 비중이 크니, 잘 담가서 좋은 종초를 넣으면 서너 달 안에 상큼한 초맛을 볼 수 있다.

함초 푸른 가루를 넣었는데 황금색을 띤 고운 식초로 탄생했다. 순하게 짭짜름하고 신맛도 부드러운 맛있는 식초이다.

함초식초는 간간함 때문에 말썽이 별로 없는 식초이다. 식초가 다 익으면 굳이 오래 숙성시키지 않고 바로 양념에 이용해도 된다. 단, 술을 완벽히 초산발효시켰을 때에 해당되는 이야기이다.

설익은 술이 남은 초를 건강식으로 섭생을 해야 하는 사람들에겐 좋지 않다. 이 식초를 기능성으로 분류한 이유는 흔하게 담가먹는 것이 아닌 건강식이기 때문이다. 요양을 하는 사람들은 건강한 음식을 먹어야 하므로 술이 남은 식초는 절대 안 된다.

그냥 음료용으로는 염분이 느껴져 먹지 않고, 식초와 간을 해야 하는 음식에 넣으면 함초, 현미, 초산에 들어 있는 각종 유기산, 필수아미노산, 미네랄 등을 다 섭취할 수 있다. 특히 음식에 주의를 해야 하는 사람이 있다면 아주 좋다고 생각한다.

현미, 함초가 만나 만든 함초 현미 전통식초, 정말 멋진 식초이다.

- 당도 → 10브릭스
- 산도 → 5.4

헛개열매 현미
전통식초 담그기

자연산 헛개열매를 구하여 식초를 담근다.

재배도 괜찮아 구하는 대로 담그면 되는데, 주로 술을 마시는 사람들이 좋아하는 식초이다. 거기에 현미로 당화를 시켰다. 현미밥은 꼭꼭 씹어먹어야 흡수가 된다는데, 식초로 하면 현미가 삭아 당분이 되어 자연스럽게 섭취할 수 있어 여러 가지로 좋다고 본다.

헛개열매를 달여 그 액을 현미에 넣는 물로 쓰는데, 천천히 오래 달여 열매의 성분이 다 나오게 하면 현미식초 하는 방법과 똑같다. 따라서 재료 준비만 하면 쉽게 담글 수 있다.

헛개열매는 흔하게 접하는 재료가 아니라 특별한 성분을 섭취하는 것이므로 기능성으로 분류하여 담근다.

- 헛개열매 : 500g, 달임물 4ℓ
- 누룩 : 400g
- 종초 : 술 양의 30%
- 현미 : 2kg
- 용기 : 10ℓ

헛개열매 달임물과 현미 찌기

현미로 하는 식초에 헛개열매 달임물만 다른데, 지금껏 전통식초 담근 것을 토대로 해보자.

건재로 된 열매를 소쿠리에 담아 물에 씻은 후, 달일 솥에 물과 함께 한나절 담가 냉침을 시켜 딱딱하게 마른 열매를 부드럽게 만든다. 센 불로 달이다가 끓으면 약한 불로 5시간, 센 불로 10분간 더 달여 4ℓ의 액을 받아 식힌다.

현미는 전날 씻어 불리고, 다음 날 2시간 물을 빼고 2시간 푹 쪄 차게 식히면서 달임물도 같이 나오도록 한다.

술 거르기

현미에 누룩옷을 입히고 달임물을 넣어 40분간 호화시킨 다음, 소독한 용기에 담고 위생비닐 뚜껑을 해준다.

다음 날 고루 섞어주고, 2,3일에 한 번씩 서너 번 저어주면 술이 익는다.

한 달 후 술이 익으면 걸러서 술 양의 30% 종초를 넣어, 한지나 천을 덮어 초산발효를 시킨다.

술을 거르며 맛을 보니 오랜 술발효로 살짝 신맛이 도는 것 같지만, 감칠맛이 좋아 청주 몇 병을 떠내어 술 좋아하는 아들에게 간에 좋은 술이라며 선물로 주었다. 술을 주면서 간에 좋다는 게 좀 아이러니하지만, 특별한 기능성 식초 술을 담그면 꼭 청주 몇 병을 떠 냉장고에 숙성시켰다가 주게 된다.

지금도 냉장고에는 헛개열매, 산양산삼, 다슬기, 말벌꿀 현미술이 한 병씩 몇 달째 숙성 중이다. 글을 쓰면서 5개월 이상 숙성시킨 술들을 한 모금씩 맛보니, 현미의 구수함에 각 재료의 특성 있는 향과 맛이 가미되어 더 감칠맛이 난다. 이 맛에 특별한 술은 한두 병 숙성시키게 된다. 이 술은 현미 5kg로 했지만, 술이 맛있어 청주 떠낸다고 막상 식초는 몇 ℓ 안 된다.

초막과 식초 완성

헛개열매식초가 익는 것은 현미식초 익는 것과 다를 바 없다. 늘 강조하는 말이지만, 술 잘 담그고 좋은 종초를 넣어 초막 관리만 잘하면 무난하게 익는다. 초맛을 보면서 초를 키우면 맛있는 기능성 헛개열매식초를 얻을 수 있다.

현미에 재료를 첨가하여 담그는 전통식초는 몇 번 해보아 잘할 수 있을 것이다. 방식은 거의 같지만 재료 준비와 손질이 조금 다를 뿐이다. 그렇게 생각하면 무엇이 어려우랴 싶지만, 식초가 익으면서 성질내는 모습이 수백 가지나 된다. 그런 문제들이 닥치면 실망하여 초를 놓아버릴까 하는 생각이 든다.

그런 것을 뒤에 권말부록으로 엮어 자세히 올리니, 나의 식초에 변화가 생기면 그 글을 기억하자. 그리하여 애써 담근 식초가 물이나 산막이 되지 않게 관리하여 건강에 도움이 되는 맛있는 식초를 얻어야 한다.

상황버섯 현미이양주 전통식초 담그기

상황버섯은 필요한 사람들이 구해 먹는 버섯으로, 달여서 물을 먹는 경우가 많다. 이런 상황버섯을 더 효율적으로 먹기 위한 방법이 바로 식초를 담그는 것이다.

상황버섯을 달이는 물에 설탕을 넣어 24브릭스의 단물을 만들면 간편하지만, 기능성으로 먹어야 하는 사람들을 위해 현미로 하면서 밑술, 덧술을 올려 현미 성분이 진하게 첨가된 식초를 병행한다.

나는 밑술에 덧술을 두 번 올린 삼양으로 했지만, 이양작업으로 해서 올린다. 덧술 올리

준비물

- 상황버섯 달임물 : 8ℓ
- 밑술 현미 : 1.5kg　　　　• 누룩 : 600g　　　　• 달임물 : 3ℓ
- 덧술 현미 : 2.5kg　　　　• 누룩 : 200g　　　　• 달임물 : 5ℓ
- 용기 : 20ℓ
- 종초 : 술을 걸러 술 양의 30%

➡ 이양 올리는 게 힘들어 단양으로만 하고 싶다면 ~ 현미 2kg, 상황버섯 달임물 4ℓ, 누룩 400g. 용기 10ℓ, 종초 술을 걸러 술 양의 30%. 양을 더 하고 싶다면, 기본에 맞게 계산하여 늘리면 된다.

는 게 어려운 사람들을 위해 단양으로 담는 배합률을 적어놓는다.

단양으로 해도 술만 잘 담그면 괜찮으니 선택하여 한다. 이 식초 역시 현미에 넣는 물을 상황버섯 달인 액으로 하니 방식은 같다.

공부하고 담가본 대로 하면, 상황버섯을 먹어야 하는 사람들은 현미까지 포함된 식초를 먹을 수 있어 더욱 좋다.

상황버섯을 덩어리로 구했으면 아주 잘게 자르고, 가루면 바로 달인다. 가루는 그냥 현미와 호화를 하면 어떨까 싶지만, 차가버섯이 아닌 이상 달이는 게 좋다. 가루를 95도 이상 넘어가지 않게 30시간 동안 끓인다. 쇠솥에 넣거나 100도 이상 계속 끓이면 성분이 많이 감소하여 좋지 않으니, 홍삼 전용 달임기로 달이거나 없다면 유리냄비나 유리로 된 약탕기로 달인다. 끓으면 불을 낮추고 은은히 우려내는 방식으로 5시간 정도 달이고, 덩어리를 잘게 잘랐다면 유리, 홍삼 전용 중탕기(황토나 돌가루로 만든 솥)에 95도 이하로 72시간 달인 물로 건지째 넣어 담근다. 유리냄비나 약탕기면 가루와 같은 방식으로 10시간 정도 은은하게 달인다.

상황버섯 역시 다른 물질로 변하는 것을 강하게 거부하는 성질이 있어, 식초가 되는 데 애를 먹이는 재료이다. 하지만 그 기능이 워낙 뛰어나니, 살살 달래서 필요한 가족이 있다면 내 손으로 담가 먹게 하자.

담그는 방식은 이양을 올리는 것 외에는 달임물만 있으면 되니, 현미식초를 하듯 담근다. 양질의 상황버섯을 구하고 친환경 현미를 준비해 책을 보면서 시작하자. 생재가 들어가지 않으니 누룩이나 물은 그대로 넣어도 되며, 약간의 누룩을 추가해도 된다.

담그기

상황버섯 현미
밑술하기

밑술하기 : 상황버섯은 1차로 밑술 담는 날에 맞추어 달인다. 밑술 양에 맞게 달여서 준비하고, 건지는 볕이 들지 않는 곳에서 말린다.

현미는 전날 씻어 불려놓고, 다음 날 건져 2시간 물 빼고 2시간 푹 쪄 식힌다. 고두밥과 상황버섯 물을 넣어 40분간 호화시켜 위생비닐 뚜껑을 덮는다.

덧술 호화하기

덧술하기 : 밑술한 상황버섯 물을 식히면서, 나온 건지는 채반에 하룻밤 말려 다시 덧술을 할 물을 달이기 시작한다.

밑술을 하고 다음 날 저녁 덧술할 현미를 씻어 담가놓는다. 다음 날(밑술한 날까지 쳐서 3일째) 불려놓은 현미를 2시간 물기 빼고 2시간 푹 쪄, 20분 뜸을 들여 꺼내 식힌다. 덧술을 할 달임물도 꺼내 고두밥과 같은 시간대에 식히고, 건지는 버리지 말고 둔다.

덧술 고두밥, 달임물을 넣어 40분 호화를 하고, 남겨둔 상황버섯 건지와 밑술 해둔 것을 넣어 섞어준다. 밑술은 이틀 동안 술발효를 하여 밥알이 거의 삭아 있다. 섞은 술은 밑술을 했던 용기에 담고 뚜껑을 덮어 술발효를 한다.

술 젓기　　　　　　　　　　　　　　술 걸러 초 안치기

다음 날 고루 섞어주고, 2,3일에 한 번씩 서너 번 저으며 술을 익힌다.

한 달 후 술이 다 익어 노란 술이 가득 차올랐다. 맛을 보니 신맛이 살짝 나지만, 맛있고 독한 청주가 되어 가족, 지인과 나누어먹으려 청주 몇 병 더 냉장고에 숙성시켰다. 나머지 술은 꼭 짜서 종초 30% 넣고, 한지나 천을 덮어 초산균이 들어가게 초를 안친다.

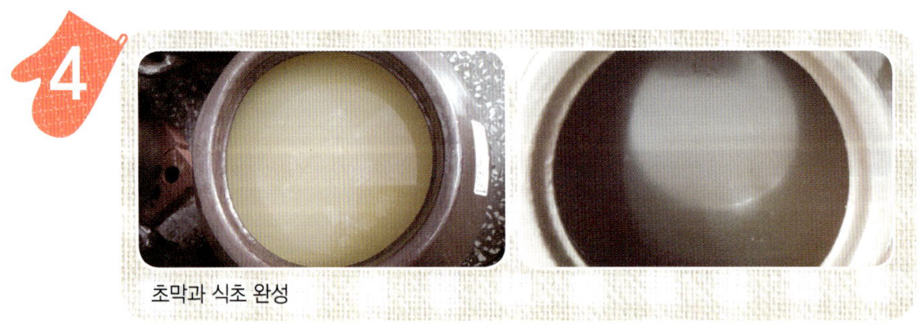

초막과 식초 완성

첫 초막이 일주일 후 생기고 더디게 익어간다. 상황버섯같이 약성이 좋은 재료들은 식초가 되면서 말썽을 일으키기 쉬워, 잘 지켜보며 맛을 보아 초가 익는 것을 확인한다.

초는 8개월 만에 익어나왔는데, 양이 많고 가수를 하지 않은 삼양의 독한 술이라 그렇다. 이양으로 올리고, 가수를 하고 초를 안쳤다면 더 빨리 익어나온다. 양을 적게 담고 가수하면 3~4개월 안에 익어나오는 것이다. 그러나 물이 되거나 산막이 생길 위험이 크니 관리를 잘해야 한다.

상황버섯식초가 다 익었다. 밑술하여 넣은 술밥이 잘 삭아 단맛이 감돈다. 이렇게 밑술을 담가 덧술을 올리면 밑술에 넉넉히 넣은 누룩이 적은 곡물을 급당화시켜 당도가 높아지고, 덧술한 술밥을 잘 삭혀 몇 시간 지나면 덧술밥이 부글부글 끓어 좋은 술이 나오고 좋은 초가 나온다. 늘 신경을 쓰고 담그는 식초인데, 특히 알코올 도수가 높은 독한 술이라 기간이 오래 걸리고, 중간에 초산균이 오랜 시간 초를 키우다 술만 소비하고 술이 없어 물이 되는 경우가 생기기 쉽다.

산도 좋은 종초를 넣어 공기 중에 들어온 초산균이 힘을 받아 부지런히 초를 키운다. 그러면 독한 술이라도 잘 익어, 농도 짙은 현미식초를 담가 필요한 분들이 드시게 한다.

초막이 생기고 맛을 보면 갑자기 싱거워지는 경우가 있다. 그런 때는 담가둔 현미술과 종초를 각 25% 정도 주면, 신선한 술을 받아들인 초산균이 새로이 초발효를 하여 맛을 들인다. 초막이 생기다 초가 익지도 않았는데 사라지면 술이 약해져 생기는 현상이니, 종초와 술을 술밥으로 넣어 다시 초발효를 도와준다.

늘 변하는 모습을 보이는 귀한 재료의 특성을 알고 초를 키우면 실패율이 적다. 기능성 식초를 담글 때는 필요에 따른 것이니, 문제없는 초를 키워 먹도록 한다.

은행(외종피) 현미 전통식초 담그기

은행식초를 담근다. 예전부터 절에서 전해져 오는 식초 담그는 방식이 있다. 그 방식으로 많은 양과 오랜 기간이 걸려 100% 은행으로만 된 식초를 얻었지만, 청정한 곳의 은행을 구하지 못해 마음만 있고 더 담그지 못했다.

그러다 옆에 사는 친구집에 갔더니, 한쪽 구석에 수상한 통이 보였다. 열어서 확인하니, 은행피 같은 게 절여져 있고 달콤한 향이 너무 좋아 무엇인가 물었다. 1년 전에 은행을 주워 외종피(은행의 겉껍질로, 물렁하고 구린내를 풍기는 부분)만 벗겨 담갔다고 한다. 그렇게 몇 년을 두면 식초가 된다고~

- 은행 : 외종피 (1년 이상 통에 담아 발효 겸 숙성시켜 둘 것. 외종피 생물 그대로는 여러 가지 물질이 있으니 사용하지 말 것)
- 현미(외종피 양을 보아 넣음) : 4kg
- 누룩 : 20% 800g이지만, 외종피 부피가 있으니 넉넉히 1.1kg을 넣는다.
- 물 : 8ℓ
- 용기 : 30ℓ
- 종초 : 술 양의 30%

수분을 많이 품고 있는 상태의 은행피여야 식초가 되겠지만, 외종피는 아무리 두어도 액이 많이 생기지 않고 그대로 있다. 역시나 밑에 약간의 액만 고여 있고 노르스름한 색을 띤 상태에, 위쪽으로는 말라 갈색을 띤 채 외종피의 구린내는 완전히 사라지고 향기로운 냄새를 진하게 풍기고 있었다.

은행은 자체적으로 살균력이 강해 웬만하면 상하지 않으므로, 액이 밑에만 겨우 깔려 있어도 곰팡이 하나 없는 좋은 상태였다. 이대로 두면 아무리 기다려도 안 되니 내가 식초를 담가 맛을 전해주겠다 했다. 외종피를 1년 발효시켰는데도 그대로라 식초가 안 되겠다 싶었는지 선뜻 내주었다.

나는 이 외종피를 나만의 방식으로 식초를 담그기로 한다. 혼자 삭혀진 1년이라는 시간은 은행의 독성과 냄새를 날리고 온 집안이 향기로 가득하여, 안전하게 식초를 담가도 되는 재료로 탈바꿈되어 있었다. 25ℓ 용기에 80%, 이렇게 많은 걸 벗겨낸다고 고생한 것을 내주어 멋진 식초를 담그게 되었으니, 너무 감사하고 흐뭇하다.

나는 이 재료로 현미이양주를 올려 현미와 외종피의 성분이 그득한 식초를 담글 것이다. 귀한 것인 만큼 최소량을 뽑아내 성분 극대화가 된 식초를 담가 오랜 시간 숙성시켜 내놓을 것이다. 기대해도 좋은 맛과 향을 가진 식초라 자부한다.

외종피는 피부 알레르기를 일으키는 성분이 있으므로, 생재일 경우에는 반드시 비닐장갑을 끼고 만져야 한다. 옻을 타는 사람들은 특히 주의하여 맨살에 외종피가 닿지 않게 해야 하는데, 냄새도 고약해 한참 동안 구린내에 시달리니 조심해서 다룬다.

은행식초도 기능성 식초로 아주 좋은데, 꼭 필요한 사람들에게는 그야말로 최상이다. 외종피의 성분을 섭취하는 방법으로는 식초가 가장 좋다. 이렇게 식초를 담그면 초산 성분이 포함되고 또 현미가 첨가되니 더욱더 좋을 것이다.

나는 이양을 올려 담갔지만, 단양으로 해도 충분하니 술밥을 한 번만 쪄서 한다. 원재료를 준비하여 현미로 하는 식초 방식대로 하면 간단히 할 수 있다.

은행 숙성

은행식초는 시간이 아주 많이 걸리므로 준비기간이 길다.

익은 은행도 많이 먹으면 좋지 않다고 한다. 속설이라고 하지만, 생은행은 바로 먹거리로 만들지 말고 오랜 발효와 숙성기간을 거쳐 은행이 갖고 있는 좋지 않은 물질을 해독(법제)시켜 담가야 한다. 생물로 바로 술 담그고 초 키워 몇 달 만에 익혀 먹는 것은 절대 권하지 않는다.

술 안치기

현미를 씻어 불려 2시간 물 빼고 2시간 푹 찐 다음 식혀서 호화를 해준다. 외종피를 넣고 고루 섞어, 소독한 용기에 넣고 위생비닐 뚜껑을 덮어 술발효를 한다.

술발효 모습

다음 날 고루 저어 뚜껑을 덮고, 2,3일에 한 번씩 서너 번 저어주면 혼자 술을 익힌다. 호화를 잘하여 안친 술이 엄청난 발효를 하면서 익는데, 외종피 향이 집안에 그득하다.

술 거르기

종초 넣어 초산 발효시키기

한 달 후 술이 다 익으면 거른다. 귀한 술을 마지막 한 방울까지 꼭 짜 입구 좁은 병에 옮긴 다음, 며칠 앙금을 가라앉히고 종초를 넣는다. 한지나 천을 덮어 초산발효를 한다.

초막 모습

은행식초가 익어간다. 향기로움을 풍기며 맑은 술이 맑은 초로 익어가면서 3일 만에 초막이 생겨 부지런히 익는다.

이 식초는 아주 소량만 찍어 맛을 본다. 아직 외종피의 좋지 않은 성분이 남아 있을지 모르니, 혀끝으로만 맛을 느끼며 초를 익혀나간다. 은행의 강한 성분으로 별문제 없이 초막을 만들며 초를 키운다.

식초 완성

5개월 만에 초막이 사라지고 초가 익었다. 향은 초가 익어가며 조금 줄어 부드럽고 맛은 약간 간간한 듯하다. 초가 빨리 익은 탓에 가벼운 초맛이 났다.

이 식초는 바로 먹는 것은 자제하고, 그대로 숙성을 시켜 깊고 그윽한 초맛과 향, 외종피의 좋은 점만 남도록 세월 속에 묻어둘 예정이다.

구운 은행알을 닮은 연한 연두빛 외종피 현미 전통식초가 탄생했다.

숙성시켜 먹게 된다면, 귀하고 효능 좋고 맛과 향이 좋은 식초가 된다. 좋은 식초인 만큼 성급히 먹으면 안 되므로, 초를 익혀 먹도록 한다.

현미 넣은 술은 거르면 탁한데, 은행술은 특성상 맑다. 초를 안쳐도 맑게 익어, 그런 상태로 초를 키우는 특징이 있다.

은행식초는 그냥 오랜 시간 묻어두어도 식초가 되어 별로 상하거나 변질이 없이 익는다. 이런 방식으로 현미를 넣어 하는 것도 고두밥 찌기, 호화 과정을 충실히 하여 담그면 문제를 덜 일으키며 익는 착한 식초가 된다.

초는 아주 잘 익어 기쁨을 준다. 급하게 담그지 말고 찬찬히 1년을 준비하여 술을 안치고 초도 오래 숙성시켜 꼭 필요한 사람들이 효능을 보게 한다.

식초 재료부터 술, 초도 최고로 담가 먹을 것을 권하며 나도 그 신념을 저버리지 않고 담글 것을 약속한다. 이 외종피면 50ℓ 이상 많은 양의 식초를 뽑을 수 있었지만, 내 목적은 성분 극대화이다. 작은 한 단지만 뽑아 숙성시킨 결과, 2년이 걸려 탄생한 식초이다.

그러나 은행식초는 굳이 현미로 담지 않아도 되는데, 외종피만 있어 술을 담그기 위해 선택한 방식이다.

자연산 더덕 다래나무 수액 현미 전통식초 담그기

자연산 더덕을 캐어 식초를 담갔다. 깊은 산속을 헤매며 캔 더덕들. 나는 산행에 약해 많이 캐지 못했지만, 같이 간 일행이 챙겨주어 넉넉히 식초를 담글 수 있게 되었다.

자연산 더덕은 이른 봄과 가을에 캐는 것이 좋다 하여, 봄에 캐서 한 번 담그고 가을 산행도 하여 담갔다.

재배 더덕은 사용하지 않지만 자연산은 잎에도 성분이 많이 들어 있어 같이 담가 더덕의 향과 맛을 보존한다. 향은 더덕보다 잎이 더 강하고 좋았다.

가을 초입에 더덕 산행을 가 산속을 헤매는데, 앞서 가던 분이 벌집을 건드려 뒤에 있던 나한테 덤벼드는 바람에 삼십육계를 놓았다. 결국 세 군데를 물려 퉁퉁 부어올랐다.

준비물

- 더덕 자연산 : 1kg
- 물 : 3.5ℓ
- 누룩 : 450g(쌀누룩이면 600g)
- 현미 : 2kg
- 용기 : 10ℓ
- 종초 : 술 양의 30%

➡ 재배 더덕일 때는 더덕 2kg에 쌀 1kg를 잡으면 좋다. 즉, 더덕 10kg, 현미 5kg에 물은 더덕에서 나오는 액이 있으니 조금 줄여 넣으면 된다.

일행이 속이 울렁거리거나 어지러우면 병원 가자고 하면서, 죽지 않으면 보약 주사 맞은 거라고 축하한다며 달랜다.

나는 가렵고 퉁퉁 부어올라 너무 아픈데 보약이라니 기가 막히다. 그런데 뛰어온 길을 보니 완전 돌바위 계곡이다. 급하게 뛸 때는 아스팔트같이 보이던 길이었는데 싶다.

일행이 멋진 더덕을 보여준다. 이렇게 캔 더덕을 현미와 쌀누룩으로 식초를 담근다.

현미 버무리는 물은 다래나무 수액을 사용하여 성분을 높였다. 수액이 있으면 넣어서 담가도 좋다.

더덕은 껍질째 흙을 씻어내고, 잎도 살살 씻어 준비하고, 믹서에 대강 드르륵 갈면 쉽게 성분 추출이 된다. 다른 것은 현미를 넣는 것이니 방식은 같다. 밀누룩도 좋지만, 몇 가지 특별한 식초를 담그려고 지기가 만들어놓은 쌀누룩이 있어 넣는다. 쌀누룩은 밀누룩보다 발효도가 낮아 조금 더 넣어 술발효를 돕는다.

자연산 더덕이 없으면 재배 더덕도 성분이 좋다. 현미 식초 방식에 더덕만 넣으면 되니, 이제껏 담가온 것을 토대로 하면 된다. 누룩은 다른 재료가 첨가되면 기본 양을 적어놓지만, 반드시 약간씩 추가하여 넣자.

더덕 씻고 현미 호화하기

더덕이 준비되면 하룻밤은 상하지 않으니 시원한 곳에 두고, 현미를 씻어 불려둔다. 다음 날 현미의 물을 빼고 고두밥을 푹 쪄 식힌다. 그동안 더덕을 껍질이 벗겨지지 않게 씻는다. 자연산이면 잎도 살짝 헹구어 물을 빼두고, 고두밥에 물(다래 수액)을 넣고 40분간 호화시킨다.

더덕은 미리 갈아놓으면 갈변하거나 잡균이 침투되니, 반드시 고두밥을 호화시킨 후 간다.

술 안치기

물기 뺀 더덕을 믹서에 대강 갈아 호화된 술밥에 넣어 고루 섞는다. 소독된 용기에 넣고 위생비닐 뚜껑을 덮는다.

다음 날 술 젓기

다음 날 고루 섞고 2,3일에 한 번씩 서너 번 저어주면 술이 잘 익는다.

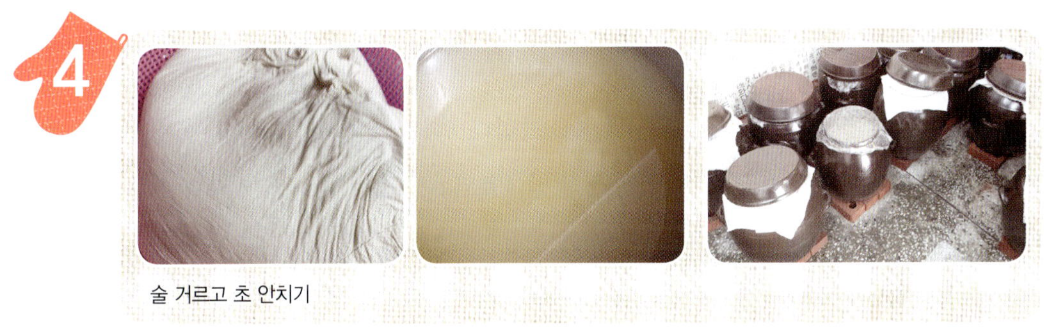

술 거르고 초 안치기

한 달 후 깊은 산속 그윽한 향을 품은 다래나무 수액 더덕 현미술이 익었다. 술맛을 보니, 아~~~~

더덕 향이 현미와 어울려 맛이 기가 막히다. 한 방울도 허실되지 않게 꾹꾹 눌러 짜 소독한 용기에 종초와 같이 넣고, 천을 덮어 초산발효에 들어간다.

초막과 식초 완성

　더덕을 봄에 채취해 담가서 초 안치는 시기는 여름인데, 술 좋고 종초 좋고 온도 맞으니 초가 금방 익는다.

　초막이 3일 만에 곱게 생기고, 맛을 보면서 초를 익혔다. 2개월쯤 후 초막이 사라지고 4개월 만에 초가 맛있게 익었다. 더덕의 진한 향기가 마치 산속의 약초 향과 같다. 보얗던 술이 황금색 식초로 익어 곱다.

　초막 관리를 부지런히 하여 맑고 고운 초막으로 초를 익혀야 맛이 깨끗하다.

산중의 보물 야초, 더덕식초를 했다. 몇 년 묵은 재배 더덕으로만 하다 자연산으로 하니 식초 담그면서 콧노래가 절로 난다.

늘 글이나 쓰고, 식초 배우러 오는 사람들을 상대하고, 블로그나 카페에 올린 질문에 답하느라 산에 오르는 건 생각도 못하고 살다가, 한 번씩 귀한 야초 산행에 데려가 주는 사람들 덕분에 식초를 할 수 있었다.

그 식초가 익어 나에게 더덕을 선뜻 주었던 사람들에게 맛을 전하고, 일부는 지금 숙성을 시키고 있다. 그런데 식초를 담그다 보면, 완벽하게 초산발효를 시켜 바로 먹으면 향과 맛이 상큼한 것과 숙성을 하여 맛에 깊이가 있는 종류로 나뉜다.

특별히 향이 깊고 진한 야초로 담근 식초들은, 현미나 곡물로 당화시키면 시간이 갈수록 야초 향은 사라지고 현미식초의 농후한 향만 난다. 더덕도 마찬가지로 그토록 진했던 향이 몇 달째 숙성 중인 현재 많이 사라진 것을 느낀다.

맛도 많이 달라진 반면, 더덕의 성분과 영양, 효능은 그대로이다. 하지만 상큼하게 먹으려면 바로 먹는 것이 좋다. 그래도 나는 더덕의 성분과 맛을 농축시켜 필요한 분들이 드시도록 숙성을 시키고 있다.

귀하게 구한 더덕을 기능성으로 분류한 것은, 더덕의 특별한 효능을 취하고자 하는 사람들이 쉽게 담가먹게 하기 위함이다. 자연산이 아닌 재배 더덕으로 담가도 괜찮으니, 잘 담가서 가족의 건강에 도움이 되었으면 하여 글을 올린다.

- 당도 → 9브릭스
- 산도 → 6.1

어떻게 먹느냐는 선택이다. 현미식초는 숙성될수록 특이한 향을 내는데, 몇 년 묵으면 간장 냄새 비슷한 향과 간간한 맛이 난다. 숙성이란 그만큼 맛을 들이고 농축되기 때문이다. 그런 향마저 좋아해야 숙성된 식초를 먹을 수 있다.

자연산 참당귀뿌리 현미 전통식초 담그기

가을 산야초들이 단풍이 들고 마르기 시작하면 모든 영양이 뿌리로 모이게 된다. 이때 뿌리 야초를 캐서 약성 좋은 먹거리를 만들고, 그중 최고인 식초로 담가 익으면서 생긴 각종 성분과 야초, 현미의 성분이 가득한 나의 식초를 만들어보자.

자연산 참당귀는 향이 너무 좋고, 여성들의 야초라 칭할 만큼 여자들에게 좋다고 한다. 그래서 필수로 식초를 담그는데, 자연산을 구하지 못하면 재배 당귀도 자연스레 방치하듯 키우므로 향, 맛, 성분에서 뒤지지 않는다. 준비가 되면 책을 보면서 담가 여성들이 드셨으면 한다.

재배는 안전하지만 자연산은 개당귀가 있어 참당귀랑 헷갈리는 부분이 많은데, 개당귀는 함부로 캐서 먹으면 독성이 강해 좋지 않다. 전문가에게 확실히 배워 자연산 참당귀를 캐자.

- 당귀뿌리 : 1kg
- 누룩 : 450g
- 용기 : 10ℓ
- 현미 : 2kg
- 물 : 3.5ℓ
- 종초 : 술 양의 30%

참당귀는 봄에 어린순을 따서 장아찌나 쌈으로 먹으면 향과 맛이 정말 좋아 밥도둑이다. 식초 만드는 데 같이 넣어도 되지만, 순이 억세면 뿌리만 담근다.

현미를 첨가한 전통식초와 같은 방식으로 담그므로 쉽게 따라 할 수 있을 것이다. 당귀 뿌리의 흙을 씻어내고 껍질째 준비하면 된다.

물은 당귀뿌리의 수분이 적으므로 그대로 하고, 누룩은 당귀 몫으로 조금 더 넣어준다.

담그기

술발효 모습

당귀가 준비되면 현미를 씻어 불려둔다. 다음 날 현미의 물을 빼고 2시간 푹 쪄 식히면서, 당귀도 씻어 물을 뺀다. 현미가 다 식으면 누룩옷을 입혀 40분 동안 호화시키고, 당귀를 믹서에 대강 간다. 방망이로 꽁꽁 찧어 섬유질을 끊인 다음, 호화된 술밥에 넣어 고루 섞는다. 소독한 용기에 넣고 위생비닐 뚜껑을 한다.

술발효 모습　　　　　　　　　술 걸러 초 안치기

앙금 안치기

다음 날 고루 섞고 2,3일에 한 번씩 서너 번 저어주면 술이 익는다. 4주 후 술이 다 익어 청주가 차올랐다.

용수를 박아 청주만 걸러내고 지게미에 물을 넣어 주물러 꼭 짠다. 가수해도 되지만, 나는 일절 가수가 없다. 지게미는 버리고, 소독한 용기에 당귀술, 종초를 넣어 초를 안치고, 한지나 천을 덮어 초산균이 들어가 초를 익히게 한다. 앙금이 많으므로 입구가 좁은 병에 두었다가 맑은 술만 초항아리에 넣는다.

식초 완성

당귀식초는 초막이 별로 생기지 않고 깨끗이 익었다. 그래서인지 향이 더 진하고 맛있는 식초가 되었다.

초막이 잘 생기지 않은 이유가 무엇인가 생각했다. 향이나 성질이 강한 야초들은 역시 웬만하면 말썽부리지 않고 익는 것을 매번 경험한다.

그렇다고 무조건 잘 익는 것은 아니다. 술을 잘 담그고 좋은 종초를 써야 시간이 단축되고 맛있는 식초가 되니, 과정을 충실히 하여 담그자.

가을에 채취해 담갔으니 당귀의 초산발효는 겨울에 시작했다. 실온 영상 7~8도에 초막도 거의 없이 초를 익혀냈다. 역시 종초의 힘이 좋아야 온도가 낮은 시기에도 공기 중의 초산균과 같이 차디찬 술에서도 느리지만 초를 키워낸다.

또 한 가지 특징은, 추운 겨울에 초를 익히면 초막이 그리 심하게 생기지 않는다. 추워도 온도가 적정하면 초막이 많이 생기지만 온도가 낮으면 초막이 아주 얇게 생기면서 초를 이루는 걸 보니, 아무래도 추우면 초산발효가 더딘 것은 분명하다.

10월 말에 초 안치고 2월 말에 향긋한 초를 익혀낸 당귀식초. 향이 정말 진하고 맛도 당귀 성분을 그대로 뽑아내어 진하고 맛있다.

현미로 당화시켜 담근 야초나 전통식초는 숙성될수록 본재료의 향과 맛이 줄어들고 현미식초의 향과 맛이 나온다. 지금 글을 쓰면서 숙성시키고 있는 식초 맛을 보니 특유의 향과 맛이 그대로 살아 깊은 맛을 내고 있다. 이런 식초들은 오래 숙성시키지 않는 게 좋다. 바로 먹는 게 좋은지, 아니면 숙성시켜 먹는 게 좋은지는 담가보면 알 수 있을 것이다.

천마 현미이양주
전통식초 담그기

천마를 구하여 식초를 담갔다. 천마는 특성상 약이나 비료 등 그 무엇도 들어가면 안 된다. 자연상태라야 잘 자라므로 재배 천마도 좋다.

천마는 재배가 까다롭고 자연산은 귀하다. 그만큼 약성이 좋아 기능성 식초로 꼭 필요한 사람들이 많아 담그지만, 식초가 이루어지기까지는 과정이 좀 험난하다.

설탕을 넣은 천연발효 방식이면 문제가 덜한데, 현미를 넣어 당화시킨 전통식초는 물이나 산막이 생길 위험이 많아 유난히 신경을 써야 한다.

초막이 생기고 나면 술밥을 한 번 주는 게 좋다. 잘 익어 맛이 들다가 갑자기 밍밍해지는

- 천마 : 10kg
- 밑술 현미 : 1.5kg
- 덧술 현미 : 3.5kg
- 용기 : 20ℓ

- 누룩 : 700g
- 누룩 : 400g
- 종초 : 술 익고 난 후 술 양의 30%

- 물 : 3ℓ
- 물 : 4ℓ

단양주

- 천마 : 5kg
- 물 : 3.5ℓ

- 현미 : 2.5kg
- 용기 : 20ℓ

- 누룩 : 600g
- 종초 : 술 양의 30%

수가 있으니, 초맛에 신경을 써서 실패 없는 깨끗한 식초를 담근다.

　담그는 방식은 원재료가 첨가된 현미전통식초와 다를 게 없으니, 천마만 준비되면 이양주 밑술, 덧술을 올려 공부한 대로 시작해보자.

　천마는 갈면 나름 액이 나오니 물 양을 조금 줄여야 곡물로 당화된 당분이 모자라지 않다. 누룩도 150g 정도 추가하여 술발효에 도움을 주자.

담그기

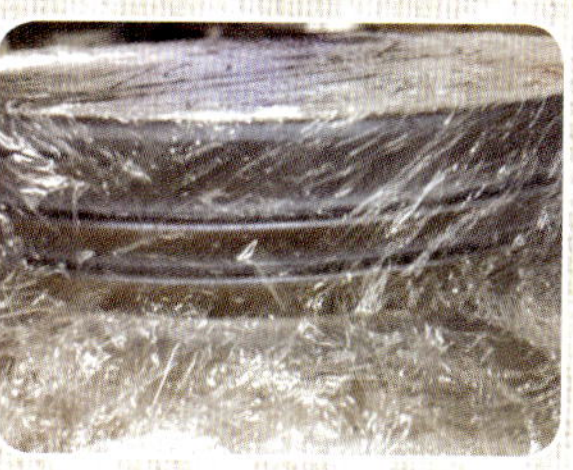

밑술 안치기

천마는 이틀은 실온에 두어도 되니 준비하여둔다. 현미를 씻어 불려 다음 날 2시간 물 빼고 2시간 고두밥을 푹 쪄 식힌다. 고두밥에 누룩옷을 입혀 물을 넣고 호화시킨다. 소독한 용기에 넣고 위생비닐 뚜껑을 덮어 밑술발효를 한다.

천마 갈아 마무리 덧술에 넣어 섞고 술 안치기

밑술을 담근 다음 날 저녁, 현미를 씻어 불린다. 3일째, 2시간 푹 찐 고두밥을 식히면서 천마를 씻어 물기를 닦아 준비한다.

고두밥이 식으면 누룩옷을 입혀 40분간 호화하고, 3일 전 밑술한 것을 부어 섞는다. 천마를 대강 갈아 술밥에 섞어 밑술 담았던 용기에 넣어 술을 안치고, 뚜껑을 덮어 술발효에 들어간다. 다음 날 술밥들을 고루 섞고 2,3일에 한 번씩 다섯 번 정도 저어 완벽한 술발효를 도와준다.

술 걸러 초안치기

한 달 후 다 익어 청주가 차오르면 세 병쯤 떠서 먹기로 한다. 나머지는 꼭 눌러 짜 지게미는 버리고, 소독한 용기에 종초 30%를 넣고 초를 안쳐 한지나 천을 덮어 초발효에 들어간다.

식초 완성

초 안치고 일주일 후 첫 초막이 생기고, 열흘 지나 초막이 짙어질 때 술 거르기 직전 현미술을 2ℓ 추가해 술밥을 준다. 초막이 정상으로 생기고 있지만, 천마는 특성상 초가 익다 묽어지는 일이 허다하니 신선한 술밥을 넣어 초산균이 힘을 받아 초를 익히게 한다. 초막은 다른 식초보다 짙게 생기고, 2,3일만 관리를 안하면 산막으로 변하기 쉽다.

다른 모습으로 바뀌는 걸 싫어하므로, 주의를 기울여 술을 잘 담가 당화가 많이 일어 알코올 도수를 올리는 게 중요하니 모든 과정을 철저히 하여 담그자.

7개월 만에 초를 만들어냈는데, 천마와 현미가 만나 탁했던 술이 맑은 초로 변하여 곱다.

천마 전통식초가 다 익었다.

천마는 특유의 구린내가 나는데, 술을 익히면서 풍기는 냄새가 고약해 귀한 재료지만 구석에 있어야 했다. 술을 걸러 초를 안쳐도 초가 익어가며 나는 냄새가 고약해 역시 구석에 밀려 있어야 했다. 초가 다 익으면 덜하겠지 싶지만, 현미의 향과 산의 향에 눌려 조금 약해도 냄새가 나고 구린 맛이 난다. 물론 각종 유기산의 신맛, 달콤한 맛이 있지만, 은은히 구린내가 난다. 그러나 냄새가 무슨 문제리요!

천마 현미식초면 그것으로 최고인데, 다만 식초가 익으며 약해지는 현상이 심하니 따뜻한 곳에 두고 산도 높은 종초를 넣고 키우면 잘 익는다. 2013년 봄에 담근 자연산 천마 현미식초가 숙성 중인데, 자연스레 갈색으로 변하여 흑초로서 당당하다.

몇 년 만에 처음 유리병 뚜껑을 열어 향을 맡으니, 천마의 향은 많이 줄고 흑초 특유의 향이 나는 소량의 귀중한 식초이다.

천마는 맛보다 기능성으로 효능을 취하여 먹는 재료이고, 특히 식초는 복합 생성된 유기물질이 포함되어 더욱 좋다. 초를 익히되 반드시 완벽한 초산발효를 하여, 건강과 섭생을 위해 먹는 사람들이 술 반 초 반인 식초를 먹지 않도록 해야 한다. 술 잔량 0~3% 내외의 식초로 익혀 먹기를 권한다.

솔순 현미 전통식초 담그기

솔순으로 식초를 담근다.

절대 방제한 산은 안 되고 깊은 산 토종 소나무 어린 솔순을 구하여, 양파망에 담아 흐르는 물에 3일 동안 담가 송진을 뽑아 법제한 것으로 담가야 한다. 그래야 송진 걱정 없는 효능 좋고 향기로운 식초를 할 수 있다.

멀리 지방에서 식초 공부를 하러 온 분이 발효액을 담근다고 하여 솔순을 오랫동안 설탕에 버무려두었지만, 액은 밑에 약간만 깔려 있고 솔순은 발효된 채로 부르르 살아 통 안을 채우고 있었다.

건지 식초 수업용 한 통은 물, 누룩을 넣어 술 안쳐 가고 나는 현미를 넣어 하는 방식을 택했다. 발효액을 짜낸 것도 아닌 순수한 솔순 그대로라 성분, 효능이 식초 담그기에는 최고의 재료이다.

솔순 향을 맡아보니 발효된 맛이 배어 더 깊고 그윽하여 식초 담그기에 딱 좋았다. 솔순으로 식초를 할 때는 바로 담그는 것보다 쓴맛과 독한 맛을 중화시키면 향이 더 살아나고 맛도 탁월하다. 또 솔순에 시럽을 만들어 발효액을 담근 다음, 그것으로 식초를 담그면 수월하고 달콤하고 부드러운 식초를 편하게 얻을 수 있다.

나는 현미까지 첨가하여 식초를 담갔는데, 지금 글을 쓰며 한 방울 맛보니 아주 맛있는 보물 같은 식초이다. 귀하게 나온 한 단지는 긴 숙성에 들어가고, 5ℓ 병에 익은 식초

Ⓐ 솔순 현미 전통식초 방식

- 솔순 : 4kg(나는 설탕에 오랫동안 발효 숙성된 것을 사용)
- 현미 : 4kg   • 물 : 8ℓ   • 용기 : 25ℓ
- 누룩 : 1.1kg(술발효를 원활히 하기 위해 넉넉히 넣음)
- 종초 : 술 양의 30%   ➡ 사진과 글을 보면서 담근다.

Ⓑ 솔순 생재, 현미 전통식초 방식

- 솔순 : 4kg   • 현미 : 3kg   • 물 : 8ℓ
- 용기 : 25ℓ   • 누룩 : 1.1kg(300g 추가)   • 종초 : 술 양의 30%

➡ 흐르는 물에 3일 법제한 솔순을 씻어 물기 빼고 적당한 크기로 잘라둔다. 현미 고두밥을 쪄 식힌 다음, 누룩옷을 입히고 물 넣어 호화시킨다. 술을 안쳐, 술이 익으면 걸러 초를 안친다.

Ⓒ 천연발효식초 담그는 방식

- 솔순 : 4kg   • 설탕 : 24%
- 물 : 8ℓ(생재라 솔순이 물을 흡수하니 조금 넉넉히 넣어야 좋음)
- 물에 대한 설탕 : 20%   • 누룩 : 약 800g

➡ 법제한 솔순을 잘게 잘라 대야에 넣고 물과 정량의 설탕을 넣어 버무린다. 3일 동안 저어 솔순의 숨이 죽고 설탕물이 배면, 용기에 넣고 효모, 누룩 중 한 가지만 골라 넣는다. 위생비닐 뚜껑을 덮고 두 달(생재라 솔순의 성분이 잘 나오도록)을 술발효(짜지 말고 자연스레 흘러내려야 솔순의 쓴맛이 적음)하여 걸러, 종초를 넣고 초를 안친다.

Ⓓ 솔순 발효액

법제한 솔순을 물과 설탕 동량으로 잘 녹여 6개월 이상 발효시킨다. 나온 액에 당도 24브릭스를 맞춘 다음, 누룩이나 효모 중 한 가지를 넣어 한 달 동안 술발효한다. 술을 걸러 종초를 넣고 초를 안친다.

➡ 발효액과 식초 담그는 공부한 것 그대로 하면 된다.

는 찾아온 지인들에게 한 병씩 향기로운 솔순식초 맛을 전했다.

솔순은 향과 맛이 기분 좋게 하는 느낌이 있어 여러 가지 먹거리로 만들어 먹지만, 식초는 그중 꽃이라 맛을 다스려 담그면 더욱 좋을 것이다. 4가지 배합률을 올리니 준비가 되는 것으로 선택해 담그면 된다.

담그기

술 안치기

나는 A방식으로 담갔으며 이양주 방식을 취했지만, 단양주로 해도 충분히 맛있어 한 번만 술밥을 하는 방식으로 올려 쉽게 하는 걸 전한다.

친환경 현미를 씻어 물에 담가두고, 다음 날 2시간 물을 빼고 센 불에 고두밥을 2시간 푹 쪄서 식힌다. 누룩옷을 입히고 물을 넣어 40분 동안 호화시킨다. 준비된 솔순을 적당히 잘라 호화된 술밥과 같이 소독한 용기에 넣어 고루 섞고, 위생비닐 뚜껑을 덮는다. 다음 날 밑에 약간의 술이 고이고 붕 떠 있는 솔순과 술밥을 성분 추출이 쉽게 고루 섞어주고, 2,3일에 한 번씩 다섯 번 저어 술발효를 돕는다. 한 달 후 술이 익어 거르는데, 술밥은 꼭 짜고 지게미는 버린다.

초 안치기

걸러낸 술은 소독한 용기에 종초와 같이 넣고, 천이나 한지를 덮어 초산발효를 한다.

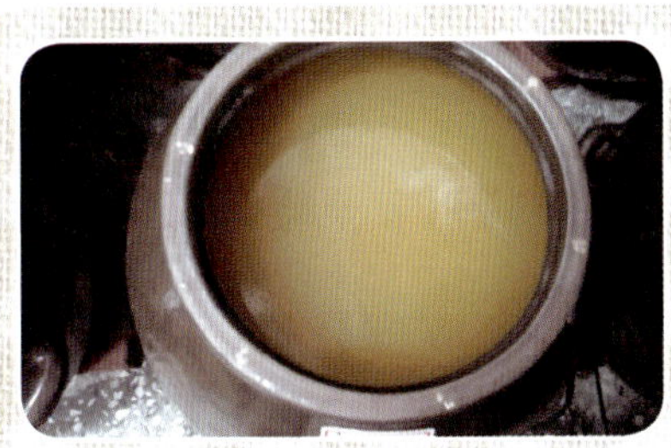

식초 완성

첫 초막은 일주일 후에 생겼는데, 두 달 만에 사라지고 초가 다 익은 모습을 하고 있다.

초막이 곱게 생겼다 금방 사라지는 것을 몇 번 경험하였으므로, 생기면 꼭 맛을 본다. 초막이 사라져도 초맛은 아직 덜 익었다는 것을 알아 더 익혀서 먹자. 또 솔순은 자체에 신맛이 있는 야초라 속으면 안 되니, 완벽한 초산발효를 하여 맛을 들여야 한다. 성급하면 풋식초의 맛이 나고, 술이 많이 남은 식초를 먹게 되니 주의해야 한다.

초막이 적게 생긴다고 안심하지 말고 만약 술이 잘못되거나 종초 등에 문제가 생기면 산막과 물이 되는 건 당연하니, 늘 관리하며 초맛을 보자.

야초의 강한 성질로 인해 상하거나 변질이 덜 되어 초막도 곱게 생기다 사라져 깨끗한 식초가 익지만, 술을 잘 담가야 좋은 초가 나온다는 걸 알자.

사진작업을 한 것이 있어 네 가지 중 첫 번째 것을 올렸는데, B, C, D방식으로도 다 담가보았다. 그것들은 숙성되는 대로 다 나가고 지금은 A식초 한 단지만 숙성 중에 있다.

솔순식초는 내 경험으로는 당분을 조금 추가시켜 담근 식초가 현미로만 당화시킨 것보다 맛, 향이 다 좋았다.

섭생이나 특별히 당분에 예민한 사람이 아닌 이상, 그리고 당분이 추가되었더라도 술발효만 완벽히 하면 당분은 효모, 누룩의 먹이로 술이 다 되어 안전하다. 그래도 염려가 되면 현미로만 당화시켜 담그면 되니, 담그는 방식과 먹고 싶은 방식을 고르면 된다.

솔순식초가 잘 익는 이유는, 자체에 신맛이 있고 소나무의 잘 썩지 않는 성분 때문이다. 솔순은 초가 별 말썽을 일으키지 않고 익는 참 좋은 야초이다.

상쾌함과 알싸한 맛을 지닌 솔순식초에 현미의 성분까지 듬뿍 담아, 우아하게 보호 초막까지 만들어 자신을 보호하고 한 단지 가득 숙성과 함께 깊은 맛들이기를 하고 있다.

봄이 오면 다시 많은 양을 준비하여 필요한 사람들에게 모자람 없이 전할 것인데, 독자들도 나름의 방식으로 식초를 담가, 내가 느낀 솔순식초의 향과 맛을 같이 느껴보기를 권한다.

- 당도 → 14.5브릭스
- 산도 → 6.9

말벌 다래나무 수액 현미 전통식초 담그기

놀라운 식초를 담가본다.
"어머나! 어떻게 이런 식초를 ~~~~"

식초를 하니 늘 술을 담그고, 그러다 보니 달콤새콤한 향이 집안에 가득해 말벌이 늦봄부터 부지런히 날아든다.

처음에는 무서워 도망가고 쫓아냈지만, 자주 보니 겁도 안 났다. 마침 좋은 꿀도 있어 잡아서 거기에 재어야겠다 싶어, 전기 모기채의 전기는 끄고 붕붕거리며 커다란 몸짓으로 위협하는 장수말벌과 말벌들의 뺨을 후려쳤다. 뒤집혀 발버둥치는 것을 집게로 잡아 꿀병에 넣으니, 몇 시간~3일을 꿀병 안을 빙빙 돌다가 꿀에 절여진다.

- 말벌 : 200여 마리
- 현미 : 3kg
- 물(다래나무 수액) : 6ℓ
- 쌀누룩 : 800g(쌀누룩은 약간 발효가 약해 양을 더 넣어야 좋음)
- 종초 : 술 양의 30%
- 자연 숙성 꿀 : 1.7ℓ
- 용기 : 15ℓ

꿀말벌술

말벌의 효능이 아무리 좋아도 죽은 것은 술이나 꿀에 독을 쏘지 못하여 소용없다. 몇 번을 쏘일 뻔했지만, 오로지 3년 후 멋진 식초 한 병 담그고 싶은 마음에 초가을까지 200여 마리를 잡아 꿀에 재어 숙성 겸 독성이 해독되기까지 기다렸다.

말벌술도 3년은 있어야 한다니, 꿀에 잰 것도 오래 있어야 누구나 안심하고 먹을 수 있겠다 싶어 긴 시간을 기다려 드디어 식초를 담그는 기쁨을 누린다.

3년이나 지났지만 말벌의 형태는 그대로였다. 최고의 재료이다. 나는 바빠서 만들 수가 없어, 특별한 식초 담글 때 넣으라고 지기가 만들어놓은 쌀누룩을 이용했다. 쌀누룩이 없으면 밀누룩으로 담가도 발효가 잘되고 아주 맛있는 식초가 된다.

방식은 현미 전통식초 담그는 것과 같고 재료만 말벌이 들어가는 것인데, 사진을 보면서 혹시 집에 꿀에 절여진 말벌이 있으면 그 약성과 기능성을 이용해 먹기 좋은 식초를 만들어보자.

담그기

꿀말벌 현미 호화하기

꿀에 잰 말벌은 준비되어 있으니, 전날 저녁 현미를 씻어 불려둔다. 다음 날 현미의 물기를 2시간 빼어 센 불에 2시간 찐다. 불을 끄고 20분 뜸들인 후, 식

힌 고두밥에 누룩옷을 입혀 호화시킨다. 물은 냉동실에 있던 다래나무 수액을
끓인 후 식혀 준비한다.

현미호화 밥에 말벌 넣고 술 안치기

호화된 술밥에 꿀에 잰 말벌을 다 붓고 고루 섞어, 소독한 용기에 넣고 술을
안치고 위생비닐 뚜껑을 덮는다. 다음 날 고루 섞어 2,3일에 한 번씩 서너 번 저
어 술발효를 한다.

술 걸러 초 안치기

말벌술은 꿀이 들어 있어 당분이 추가됨으로써 왕성한 술발효를 하여 맛있는
술이 되었다.

한 달 후 잘 익은 말벌 현미 청주 1.5ℓ를 떠내, 냉장고에서 한 달 동안 숙성시

켜 아들도 주고 우리도 먹으니 시원하고 맛이 너무 좋았다.

　남은 술을 걸러 지게미를 꼭 짜버리고, 소독한 용기에 종초와 같이 넣어 한지나 천을 덮어 초산발효를 한다.

식초 완성

　초를 안치고 첫 초막이 생긴 지 3일째에는 점점이 떠 있다. 이틀 후 아주 얇은 초막이 살짝 덮여 소독한 도구로 가만히 금만 가게 젓는다. 넣어준 종초와 공기 중 초산균이 만나 술은 줄어들고 초를 키우도록 도와주면, 맛을 보아 초맛이 들어가는 것을 익힌다.

　그러다 초막이 짙어지면 조금 힘차게 저어 흩어지게 한다. 그러면 서서히 초막이 줄어들고 맛이 들어가며 초가 익는다. 초는 4개월 걸려 익었지만 소독한 용기에 넣어 깊은 숙성에 들어갔다.

　말벌은 특히 효능과 약성이 좋아, 독한 술에 몇 년 담가 성분을 추출하여 먹는다. 술에 약하거나 건강 때문에 술을 먹으면 안 되는 사람들은 높은 약성이 있어도 독해서 먹기 힘들어 말벌술을 힘들게 구해 담가도 그냥 보고만 있는 경우가 많다.

　나처럼 꿀에 절여두었으면 3년 이상 숙성시켰다가 따뜻한 물에 꿀을 타먹으면 되지만, 술을 먹기 힘들 때는 식초로 만들어 먹으면 된다. 담금주로 하는 식초에 대한 글이 있으니, 그것을 보고 담그도록 하자.

　꿀에 재어 당분 때문에 먹지 못하고 있었다면, 이와 같은 방식으로 식초를 담그면 말벌, 꿀, 현미의 성분을 고스란히 섭취하여 필요한 사람들이 안심하고 먹을 수 있다.

　청주 위에 말벌들이 둥실 떠 있는 사진을 보면 엉덩이에 노란 테가 몇 줄 선명한 것이 모두 장수말벌이다. 크기도 크고, 몇 마리 들어와 날아다니면 오토바이가 지나가는 것처럼 시끄럽고 무섭다. 좋은 식초를 담그고 싶은 욕심이 컸지만, 올해는 왠지 더 무서워 몇 마리밖에는 못 잡았다.

　힘들게 잡은 말벌로 식초를 담그니 겨우 4.5ℓ이다. 탐내는 사람들은 많지만, 아들에게 한 병 덜어주고 글을 쓰면서 맛을 보았다. 현미로 담근 식초 특유의 숙성된 향에 독특한 향과 맛이 보태졌는데, 아마 말벌 때문일 것이다.

　말벌 현미식초가 나오기까지 3년 이상이 걸렸다. 양도 적지만, 보물 같은 식초를 더 숙성시키기 위해 고이 모셔두었다.

- 당도 → 10.5브릭스
- 산도 → 5.2

황칠 현미이양주
전통식초 담그기

황칠 전통식초를 담근다.

특별한 효능과 성분이 있어 내가 가장 좋아하는 황칠 잎차와 함께 식초도 하는데, 요즘 한창 뜨는 기능성 야초이다.

황칠은 나무, 잎, 줄기, 뿌리 다 좋은데, 그중 뿌리는 구하려면 나무를 뽑아야 하니 탐을 낼 필요 없다. 나는 주로 잎을 구하고, 다음으로 줄기를 택한다.

황칠은 건재를 구하거나, 아니면 생재를 씻어 건조하여 달여 식초를 하고, 차를 만들 때는 생재 잎을 잘게 잘라 여러 번 덖어 뜨거운 물에 우려먹는다.

- 밑술 현미 : 1.5kg
- 누룩 : 600g
- 황칠액 : 3ℓ
- 덧술 현미 : 2.5kg
- 누룩 : 200g
- 황칠액 : 5ℓ
- 용기 : 20ℓ
- 종초 : 술 양의 30%

➡ 단양으로 술밥 한 번만 하여 담글 때 :
황칠액 4ℓ, 현미 2kg, 누룩 400g, 용기 10ℓ, 종초는 술 양의 30%

오랜 불면증으로 새벽 5시쯤 되어 겨우 잠이 드는 세월을 오랫동안 겪다가, 5년 전 황칠나무 잎차를 만들어 먹고는 바로 잠을 잘 자는 경험을 하고, 이웃에도 권하여 효능을 보았다.

고혈압, 당뇨로 고생하는 사람들이 구해 달라 하여 중탕집에 맡겨 달여먹도록 했는데, 먹은 사람들마다 고맙다는 말을 많이 했다. 그러나 권장량을 지켜 먹어야지, 얼른 효능을 보려고 과하게 먹으면 오히려 먹지 않음만 못하다. 적당히 먹어 황칠의 기능을 내 것으로 만들자.

황칠은 식초를 해도 꽤 매력적인데, 여러 가지 기능을 가진 특별한 재료들은 자체가 다른 물질로 변하는 것을 아주 싫어해 조심스럽게 다루어야 좋은 식초를 얻을 수 있다.

다른 액들은 며칠 동안 그대로 있지만 황칠액은 2~3일이면 상할 정도로 예민하여, 냉장실에 보관해도 빨리 먹어야 한다.

황칠 자체도 그렇지만 황칠 옻은 보존력이 탁월하여, 내가 몇 번 경험한 바에 의하면, 식초로 태어나기를 꽤 싫어하는 것 같다.

설탕을 당분으로 하여 담그면 설탕이 방부제 역할을 하여 그나마 나은데, 현미로 하면 아주 애를 먹인다. 편하게 하려면, 발효액에 물을 섞어 당도 24브릭스로 맞춘 다음 술을 담가서 하면 더 잘되니 선택은 자유이다. 나는 현미로 당화시켜 담그는 걸 전한다.

방식은 황칠 잎을 홍삼이나 상황버섯 달이듯 95도 이하로 하고 쇠솥은 피한다. 펄펄 끓이거나 쇠솥에 하는 것은 성분을 감소시키니 주의한다.

홍삼은 전용 중탕기가 있으면 72시간 달이고, 그것이 없으면 유리냄비나 유리약탕기에 한다. 황칠을 찬물에 몇 시간 담가 냉침하여 불에 올려, 액이 끓으면 불을 아주 낮게 해 10시간 정도 은은하게 달여서 사용한다.

현미 전통식초 담그는 데 물 대신 황칠액을 사용하는 것만 다르니, 지금껏 공부한 대로 시작해보자. 나는 이양주 방식으로 했지만, 단양으로 하고 싶은 사람들을 위해 단양 배합률을 올리니 선택하여 담근다.

황칠 현미이양액 달이기

황칠은 나무, 줄기, 잎 등으로 72시간 은은하게 달인다. 현미술 안치는 날에 맞게 나오게 해 액이 빨리 상하는 것을 방지하고, 유리냄비에 달인다면 술 안치는 당일 달여 식혀 쓴다. 중탕기라면 나오는 날에 맞게 술밥을 찌고, 이양이라면 밑술하는 날에 맞추어 액을 뽑고 건지는 두었다 덧술 나오는 날 한 번 더 달여 쓰고, 중탕기도 같은 방식으로 달여 준비한다.

덧술에 밑술 넣기

밑술하기 : 전날 현미를 씻어 담가, 다음 날 건져 물 빼고 고두밥을 푹 쪄 식혀 누룩옷을 입힌다. 달여서 식혀놓은 황칠액을 넣어 40분 호화시켜, 위생비닐 뚜껑을 덮어둔다.

덧술하기 : 밑술한 다음 날 저녁 현미를 씻어 담가두고, 다음 날 물 빼고 2시간 푹 찐다. 고두밥에 누룩옷을 입혀 황칠액 넣고 40분간 호화시킨다. 한창 발효하

여 밥이 거의 다 삭아가는 밑술을 넣어 섞은 다음, 밑술을 한 용기에 붓고 고루 섞어 뚜껑을 닫는다. 다음 날 고루 섞고 2,3일에 한 번씩 서너 번 저어 본격적인 술발효에 들어간다.

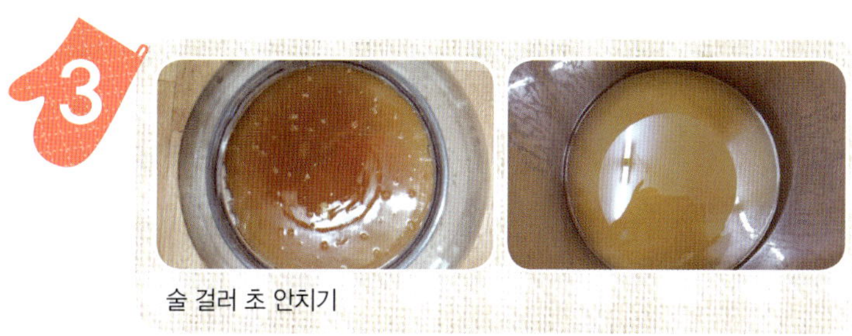

3

술 걸러 초 안치기

황칠술은 잘 익어 한 달 후 지게미를 꼭 짜버리고, 소독한 용기에 종초를 넣고, 한지나 천을 덮어 초산균이 들어가 초를 키우게 한다.

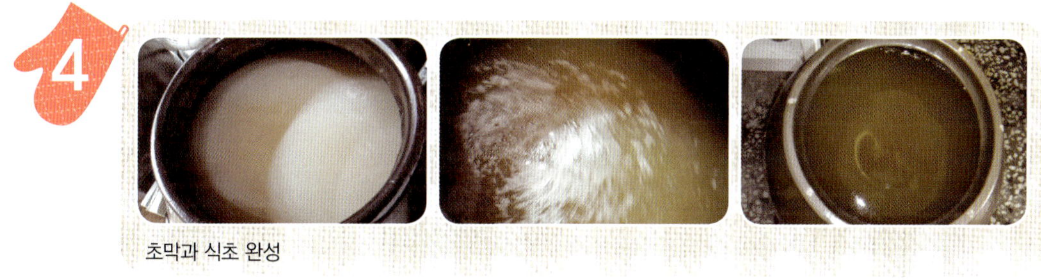

4

초막과 식초 완성

초 안치고, 초막이 생기면 깨준다. 초막이 생기기 전까지는 가만히 두고, 얇게 살짝 덮이면 금만 가게 깨준다.

초산균이 틈 사이로 들어가 초막 덩어리에 붙어 초를 부지런히 키우게 도와주면서, 맛을 보아 초가 익는 것을 알아간다. 갑자기 밍밍해지는 일이 허다하니, 맛을 꼭 기억해 초맛이 들어가는 걸 확인한다.

그러다 전날과 달리 아주 짙은 초막이 생기거나 맛이 옅어지면, 얼른 초막을 힘차게 깨주고 술밥과 종초를 25% 이상 넣어 초산균이 신선한 술을 먹고 힘찬 종초와 만나 다시 초를 익혀가도록 도와준다. 약해지기 전에 초막이 생기고, 열흘쯤 후에 술밥과 종초를 넣어주는 것이 더 좋다.

무난하게 익으면 좋지만, 언제나 초단지에 관심을 두고 편하게 익어가는 걸 보면서 키운다. 6개월 만에 다 익어 황금색 초를 보여준다.

가장 담그기 까다로운 식초가 황칠 현미식초이다. 무난하게 초가 잘 익기도 하지만 더러 문제가 생겨 놀랄 수도 있으니 잘 보며 식초를 만들어보자.

황칠액을 달여 냉장실에 두어도 2~3일에 먹는 게 좋을 정도로 잘 변질되며, 자신이 변하는 걸 아주 싫어한다. 그래서 알코올 도수를 잘 올리지 않아 술이 약하거나, 초가 익으며 막이 아주 짙게 생겨 잠깐만 잊어도 산막이 덮인다. 효능이 좋은 만큼 도도하여 종초를 특별히 좋은 걸 사용해 초를 익히는 게 좋다.

주변도 깨끗이 하고 관리하는 도구도 철저히 소독해 오염을 막아, 깔끔하게 초가 익도록 한다. 오래 숙성되면 황칠의 향과 맛은 사라지고, 발효 농축된 특유의 현미식초 맛, 향이 나며 간간한 느낌도 있는 성분 좋은 초로 남는다.

골뱅이초석잠 현미 전통식초 담그기

골뱅이초석잠을 식초로 담근다. 이 식초는 옆지기와 동바다님을 위해 담그는 것이다.

어릴 적에 뛰놀다가 떨어져 머리를 몇 번 박치기했는데, 슬슬 나이가 드니 머리 혈류를 소통시키는 약을 먹게 되었다. 좋은 것이 무엇인가 찾다 골뱅이초석잠(앞으로 초석잠이라 함)이 뇌에 좋다고 하여 차를 만들어 먹기도 했지만, 현미를 이용해 식초를 키워 안사돈과 이쁜 사람 남편인 동바다님도 같이 먹도록 담근다.

초석잠은 추워질 때 캐는 작은 알뿌리로 골뱅이처럼 생겼다. 생으로 그냥 몇 개씩 먹어도 되고, 장아찌나 말려 볶아서 차를 만들거나, 발효액, 환, 중탕을 해서 먹는데, 그중 꽂인 식초를 만들면 좋다. 설탕을 넣어 천연발효 방식으로 쉽게 해도 되지만, 나는 현미를 당분으로 이용해 전통식초를 한다.

초석잠은 고운 흙에서 자라 살살 문질러 가며 씻는다. 그대로는 성분 추출이 어려우므

▪ 초석잠 : 9kg	▪ 현미 : 5kg
▪ 물 : 6ℓ	▪ 용기 : 25ℓ
▪ 누룩 : 20% 1kg(종이컵 두 컵 추가)	
▪ 종초 : 술 양의 30%	

로, 적당히 갈기만 하면 다른 전통식초 담그는 것과 거의 비슷하다.

갈면 수분이 많이 나오니, 물은 현미술 담그는 것보다 많이 줄여 당분도를 높인다. 초석잠은 추운 겨울에 캐게 되므로, 따뜻한 곳에 두거나 이불을 푹 덮어주면 여름과 달라 품온 관리 걱정 안하고 술발효를 한다. 잘 만들어 필요한 사람들에게 도움이 되는 멋진 역할을 기대하며 고운 마음으로 시작한다.

담그기

초석잠 현미 준비

초석잠은 하루는 실온에 두어도 된다.

전날 현미를 씻어 불려두고, 다음 날 현미를 건져 2시간 물을 뺀다. 그동안 초석잠은 흐르는 물에 흙이 남지 않게 씻어 물을 빼고, 현미는 2시간 푹 쪄서 불 끄고 20분 뜸들여 꺼내 식힌다.

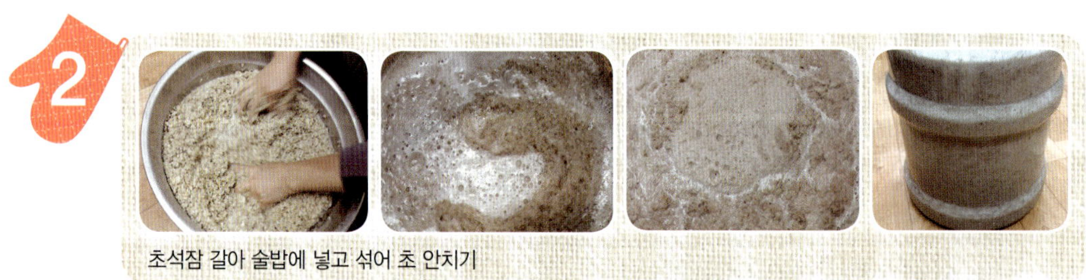

초석잠 갈아 술밥에 넣고 섞어 초 안치기

고두밥에 누룩옷을 입혀 다래 수액을 넣고 40분간 호화시킨 다음, 초석잠은 믹서에 곱게 갈아 술밥에 넣어 버무린다. 소독한 용기에 넣고 위생비닐을 덮어 술발효를 하는데, 온도가 낮으니 따뜻한 곳에 둔다.

다음 날 젓기

술 안치고, 다음 날 술발효시킨 것을 고루 섞는다. 다시 뚜껑을 덮어 본격적인 술발효를 하고, 2,3일에 한 번씩 서너 번 저어주면 혼자 술이 익는다.

술발효 모습

초석잠술이 멋지게 술발효하는 모습들이다.

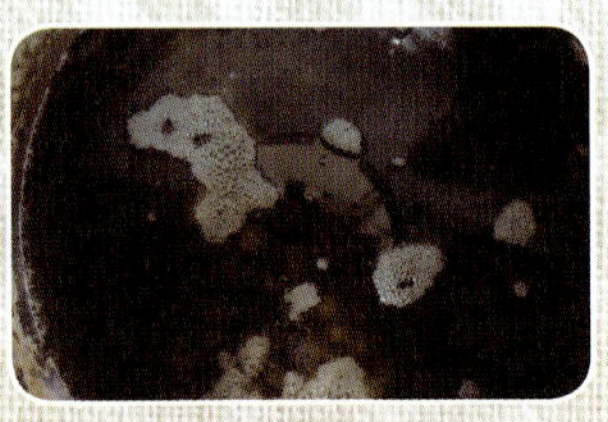

술이 잘 익어가는 모습

술밥은 가라앉고 위로 술이 차오른다. 짙은 색을 내며 독한 술로 변한다.

한 달 동안 술을 익혀 거른다. 꼭 짜서 지게미는 버리고 술만 종초 30%를 넣고, 겨울이라 초가 잘 익도록 따뜻한 곳에 두거나 이불로 싸준다. 천을 덮고 초산균이 들어가 초를 익히게 한다. 좋은 술, 산도 높은 종초, 온도만 맞으면 초막이 곱게 생기며 초를 키운다.

초석잠은 구입한 시기가 글쓰는 중이라, 술을 거르고 초 익힌 사진이 없어 보여드리지 못해 유감이다. 3년 전에 작업한 사진은 있지만, 마음에 안 들어 그냥 글만 전한다.

초석잠식초에 관한 글을 쓰며 오래된 식초의 맛을 보니, 현미가 숙성된 맛이 나며 흑초처럼 변해 약간 간을 한 것 같다. 처음의 상큼함은 없지만 깊은 맛과 산도가 느껴진다.

맛있는 초를 선물받은 느낌으로 먹기로 한다.

차가버섯 현미이양주 전통식초 담그기

차가버섯식초를 담가보자.

차가버섯은 국내산, 시베리아산, 몽골산이 다 좋은데, 특히 몽골산이 추운 지역에서 청정하게 천천히 자란 성체로 효능과 성분이 뛰어나다고 한다.

내가 담는 차가버섯은 어떤 처리도 하지 않고 채취한 그대로의 버섯이다. 성분이 날아

- 차가버섯 가루 : 250g
- 현미식초 : 70% 이상 초가 익어 산도가 어느 정도 오른 3.8
- 산도 좋은 종초 : 1ℓ
- 용기 : 5ℓ

➡ 현미식초 익은 게 없다면, 현미술을 담가 걸러 종초를 넣고 초를 안쳐도 되나, 가루가 들어가니 알코올 도수 제대로 오르고 종초 산도 최소 4.5 이상 되는 것을 넣어야 초가 무난히 잘 익는다.

　현미식초 익은 것에 넣어도 좋으나 차가버섯 가루를 저어주어야 하고, 가루 성분 추출을 위해 초산균 발효와 같이 초를 이루며 자연스레 익혀내는 게 좋을 것 같다. 내가 일차 다 익은 초로 한 것보다 익어가는 것으로 한 차가버섯식초가 더 맛있고 진해서 나의 경험을 그대로 전한다.

가지 않게 적당히 건조한 것으로 공기 중에 오래 노출하면 좋지 않다 하여 철저히 관리된 것으로 식초를 담근다.

차가버섯식초는 특성을 잘 이해하고 현미를 이용하여 담그는 식초지만, 원하는 성분과 효능이 그대로 나오도록 담근다.

이 버섯의 특징은, 효능과 약성이 최고인 만큼 까칠해서 끓이거나 오랜 시간 달이는 것을 싫어하며 금방 상한다. 먹는 방법은 주로 물을 끓여 좀 식혀서 우려먹거나, 가루를 내어 차수저로 반 스푼 안 되게 먹고 바로 따뜻한 물을 마시거나 환을 만들어 먹는다.

많은 양을 우려두면 금방 맛과 성분이 상하므로 냉장고에 2~3일 이상 두지 말고, 조금씩 우려 바로 먹는 것이 좋다. 귀한 만큼 몸값을 두둑이 치르며 먹으라는 것 같다.

그런데 몽골이나 시베리아 사람들은 차가버섯을 작게 잘라 주전자에 넣고 펄펄 끓여 뜨겁게 먹는다 하니, 어떤 방법이 가장 좋은가 잘 알아보고 선택하여 먹으면 된다.

차가버섯식초는 높은 열, 쇠 성분, 오래 달이기 등을 별로 좋아하지 않으니, 현미술을 침출식으로 하여 싫어하는 것을 다 피하고 최상의 성분을 녹여내는 방식을 택했다.

'동백LEE의 곳간'에는 늘 현미이양주식초를 담가 신선한 술이 있다. 종초로 금방 익은 현미이양주식초가 있으니 준비는 다 되어 있는 상태라 차가버섯만 작업하면 된다. 버섯의 먼지를 세세하게 털어내고, 까만 파마머리같이 꼬불꼬불한 부분은 긁거나 살짝 떼어내 버린다. 그리고 단단한 버섯을 망치로 두들겨 잘게 부수어 분쇄기에 넣어, 단시간에 열을 받지 않고 쇠에 오래 닿지 않게 갈아낸다.

차가버섯 가루는 얼른 유리병 같은 데 넣어 공기 노출을 막아 필요할 때에 먹으면 되고, 나는 식초를 한다.

담그기

차가버섯 가루내기

　채취한 지 얼마 안 되는, 순수하고 자연스레 건조한 차가버섯을 가루로 만들었다.

초 안치기

　소독한 용기에 70% 진행되어 산도가 조금 오른 현미이양주 어린 식초에 차가버섯 가루와 종초를 넣어 소독한 도구로 가루가 초에 섞이도록 힘차게 젓는다. 가루가 보이지 않으면 한지나 천을 덮어 초산발효를 한다.

초막과 식초 완성

　차가버섯 가루를 넣은 어린 식초는 그대로 두면 가루 밑에 앙금처럼 되어 굳어지니, 가루를 일으키듯이 저어주어야 성분 추출이 되어 성분도 높은 식초로 익는다.

　저으면 가루로 인해 짙은 갈색을 나타내는데, 하루만 지나면 황금색 어린 초로 아름답다는 느낌이 들어 마음이 참 좋다. 초는 많이 익었지만 지금도 부지런히 익어간다.

　차가버섯 향이 거의 없이 싱싱한 현미식초의 상큼함, 버섯 맛도 순하여 현미식초 맛이 많이 나는 틈에 섞여 은은하게 느껴진다. 별문제 없이 하루가 다르게 맛을 들이며 산도 올리고 초를 익히고 있어 기대되는 맛이다. 글을 쓰면서 미리 담가 숙성 중인 차가버섯식초의 맛을 보니 아주 맛있다. 귀한 재료로 담근 보람이 느껴지는 식초이다.

식초는 초막이 생기다 사라진 상태의 어느 정도 익은 것이고, 다시 산도 높은 초를 종초로 넣었기 때문에 초막은 많이 생기지 않고 초가 익는다. 그래서 현미술보다는 익어가는 초가 좋은데, 자주 저어준다고 초막이 생기기도 전에 젓고 겨우 생기면 젓고, 그러다 보면 초막이 생기지 못해 초가 제대로 익지 않아 물이 되기 쉽다. 익어가는 초에 차가버섯 가루를 넣고 힘을 주기 위해 금방 익은 현미이양주 종초를 넣으니, 초는 나날이 맛을 들이며 부지런히 성분 추출도 할 것이다.

차가버섯 가루를 넣은 어린 초는 앙금이 없도록 잘 걸러야 한다. 앙금이 많으면 밑에 진득하게 가라앉고, 저으면 앙금도 따라 일어나 초가 탁하고 걸쭉해진다.

처음부터 현미와 차가버섯 가루를 섞어 바로 술을 안쳐 초를 키워도 되는데, 차가버섯의 특성이 물에 녹으면 금방 상한다 하니 알코올 도수가 적절히 오르기 전까지는 술이 약해서 혹시 그 성분이 줄어들지도 모른다. 따라서 술을 바로 담그지 않는 것은, 귀한 차가버섯으로 최상의 성분을 지닌 초를 만들고 싶기 때문이다.

내가 특히 차가버섯식초를 잘 키우기 위해 많은 정성을 들이는 이유가 있다. 나이는 몇 살 아래지만, 내가 정말 좋아하는 여사친과 예쁜 동생이 차가버섯의 약성이 필요해 평소에도 특별하게 효능이 있는 식초를 골고루 전하여 먹게 한다. 이 식초도 잘 익으면 그녀들에게 주려고 더 정성껏 진하게 담근다. 그리하여 다른 식초들과 내가 담근 어간장, 버섯간장, 산초간장, 삼삼한 자연산 산야초 장아찌, 각종 차들을 전하여 자연스레 음식으로 먹어 도움이 되었으면 하는 간절함을 담아 전한다.

독자들도 책을 보며 나와 같이 담근 식초가 필요한 사람들에게 건강한 먹거리로 탄생되도록 늘 노력하자.

- 당도 → 9.5브릭스
- 산도 → 5.4

9년근 산양산삼 현미 전통식초 담그기

　정말 행운이었다('신비한 약초세상' 카페지기 이성호님께 깊은 감사를 전합니다). 식초를 담그는 사람으로서 최고의 식초를 소장하게 된 지금, 생각만 해도 가슴이 벅차는 산양산삼이다.

　산양산삼은 산삼의 씨앗을 사람이 산에 뿌려 나는 삼이다.

　이 삼에는 아주 진한 부정(父情)이 담겨 있다. 깊은 산골에 나이 드신 아버지가 있었는데, 자신이 없는 세상에서 늙은 아내와 아들이 어떻게 살아갈까 걱정하다가, 그 생활을 해결해줄 방편으로 깊은 산속에 삼의 씨앗을 뿌려두었다. 이윽고 아버지가 노환으로 돌아가신 후, 긴 세월이 지나 삼이 비로소 세상에 모습을 드러내게 되었다.

　욕심이 있는 사람들이었다면 진작 캤을 텐데, 몇 년을 자라야 된다고 잊고 산 세월이 9년, 소나무 숲속 척박한 땅에서 아주 느리게 온 산의 기운과 땅, 소나무의 기운을 그대

- 산양산삼 : 약 500g
- 물 : 6ℓ
- 쌀누룩 : 1kg
- 친환경 현미 : 3kg
- 용기 : 20ℓ
- 종초 : 술 양의 30%

로 받으며 자랐다. 그래서인지 내가 아는 산양산삼과는 크기도 완전히 다르고 생김새도 다른 자연산삼의 모습을 하고 있었다.

그 새벽, 삼이 있는 곳에 들어가기 전 깊은 산 산양산삼을 잘 보호하고 키워주신 산신령님께 같이 간 다섯 명이 고사를 지냈다.

이른 봄이라 잎이 크게 자라지 않은 상태의 산양산삼이 여기저기 보인다. 저절로 탄성이 나왔다. 어린잎이지만 3구, 4구 뚜렷이 보이고, 2구, 5구도 있다. 삼 씨앗이 떨어져 새로이 싹을 틔운 것도 보이는데, 온 산이 삼 냄새로 그윽하다.

동행한 삼 주인의 아들이 손도 안 대고 진짜 임자가 나타나길 기다렸다는 귀하고도 아름다운 삼이었다. 정갈하게 키운 삼이 아니라 깊은 산속에 흩어져 오랫동안 사람 발길이 닿지 않는 곳에서 자란 삼. 정말 최고였다.

내가 아는 9년근 산양산삼은 제법 큰데 크기도 딱 그만 하고, 생김새도 산삼 모양 그대로이다. 한 뿌리씩 캐어 맛을 보니, 뭐라 형용이 안 되는, 산이 준 선물의 경이로움을 느끼게 된 아주 귀하고 아름다운 삼이었다.

같이 간 분들은 산삼을 캐는 전문가들인데, 이런 산양산삼은 산삼과 거의 흡사하게 자

라 산양산삼 중 최고이며, 성분과 효능도 나무랄 데가 없다고 했다.

2구는 더 자라게 놔두고 삼을 캤다. 척박한 환경이지만, 소나무 밑이라 도구로 살짝 흙더미를 일으켜주면 자잘한 뿌리들까지 저절로 뽑아졌다. 몇 시간을 땀 뻘뻘 흘리며 캤지만 힘든 줄을 몰랐다.

적당히 캔 삼을 들고 오는 길에 카페지기님이 일행에게 조금씩 드리니, 두 분 다 자신의 몫을 식초하라 양보하여 나에게도 나누어주었다. 그리하여 산양산삼 중 최고 삼으로 식초를 담그게 되었다.

이 식초는 다 익어 카페지기님과 나에게 양보한 분들에게 곱게 포장하여 선물로 드렸다. 산양산삼식초는 현미로 당화를 시키고 누룩은 옆지기가 특별한 식초에 넣으라며 만들어놓은 쌀누룩 남은 걸로 담기로 한다. 언제 또 만들어줄지 모르지만 딱 맞게 남아 산양산삼에 넣는다.

전통으로 식초 담그는 걸 많이 공부했으니 같은 방식으로 재료의 특성에 맞게 손질만 하면 되는데, 삼은 특히, 인삼도 마찬가지지만, 산양산삼은 절대 쇠나 높은 열을 가하면 안 되니 작업 과정에 주의가 필요하다.

그래서 산양산삼으로 술을 담글 때는 칼, 분쇄기 같은 쇠와 열을 받으며 잘리는 과정을 피해 나무 방망이로 섬유질을 으깨어 준비하고, 식초를 담그는 현미는 친환경을 사용하니 준비 완료, 식초를 담가보자.

산양산삼 씻기

산양산삼이 준비되면 하루는 실온에 두어도 되니, 그날 저녁 현미를 씻어 물에 불리고, 다음 날 2시간 물 빼고 2시간 고두밥을 푹 쪄 식힌다. 흙이 남지 않고 잎이랑 잔뿌리 하나 다치지 않도록 산양산삼을 씻어 물을 빼준다.

산양산삼 자르기와 호화하기

고두밥에 누룩옷을 입혀 물 넣고 40분 호화시킨 다음, 물 빠진 삼을 소독한 도마와 나무방망이를 준비해 섬유질을 끊어주듯 잘근잘근 두드린다. 그것을 호화된 술밥에 넣어 다시 10분 호화를 시켜 삼과 잎에서 즙이 터져나와 술밥, 누룩과 고루 섞이게 한다.

산양산삼 항아리에 넣어 젓고 술발효시키기

　다 섞은 술밥은 소독된 용기에 넣고 위생비닐 뚜껑을 덮는다. 다음 날 위아래로 저어 성분이 고루 나오고 술발효가 잘 일게 하며, 2,3일에 한 번씩 서너 번 저어주며 술발효를 시킨다.

초막 완성

술 걸러 초 안치기

　한 달 후 술이 익어 노란 청주가 차올랐다. 산양산삼의 진한 향이 코를 스치고, 술맛은 독하면서 진하다.

　조금 떠내어 일행에게 두 병 주고, 나와 아들이 한 병씩 먹으려 냉장고에 숙성 시켰다. 아낀다고 한 잔만 먹고 몇 달째 숙성 중인 것을 글을 쓰다 맛을 보았더니, 산양산삼의 향과 맛이 그대로인 도수 높은 술이다. 먹기 아까워 다시 냉장고로 들어갔다.

　귀한 술 한 방울도 남지 않게 꾹꾹 눌러 짜 거르고, 소독한 용기에 종초와 같이 넣고 한지나 천을 덮어 초산발효에 들어간다.

식초 완성

　초 안치고 3일째에 첫 초막이 곱게 생기더니 아주 잘 자란다.

　한 달 후 얇은 초막을 금만 가게 깨어 초산균이 초막 덩어리를 집 삼아 초를 키우게 도우니, 서서히 초막이 사라지고 3개월째 초가 맛있게 익었다. 한 달 더 맛을 들여 산양산삼을 나에게 전한 분들에게 한 병씩 전하고, 나의 이쁜 여사친에게 면역력과 불편한 몸에 꼭 도움이 되도록 더 숙성시켜 전하였다.

- 술 걸러 종초 넣기 전 당도 → 7브릭스
- 초 다 익고 당도 → 8브릭스
- 산도 → 5

산양산삼 현미식초. 글만 써도 참 좋다.

이 삼은 꼭 필요한 분이 생으로 먹고 싶어 해 팔았다는데, 아는 분이라 이렇게 좋은 산양산삼 9년근을 뿌리당 4만 원 받았단다.

초를 다 익혀 술 담글 때 세었던 수를 계산해보니, 500㎖ 한 병에 산양산삼 9년근 10뿌리가 들어간 것이다.

우~~~

그러니 향과 맛이 그리 진하고 맛있다. 나의 식초 담그는 철학이라면 너무 거창하겠지만, 최상의 재료로 소량 뽑는 것을 자존심으로 여긴다. 그래서 귀한 삼을 작은 병 안에 농축시킨 식초를 담갔다.

식초를 늘리려면, 겨우 몇 ℓ가 아니라 얼마든지 몇 배 더 넉넉한 양이 되게 할 수 있다. 하지만 절대 그럴 수 없는 마음이 붙잡아, 양은 적어도 욕심 없이 담가 정말 적은 식초만 얻는다. 감사함을 전하고 아픈 지인에게 나누고 나니 소량만 남아 숙성 중이다.

이 식초의 원가를 따진다면 가격 형성이 곤란한데, 삼을 주신 분께서는 500㎖에 백만 원은 받아야 된다며 심각하게 말하던 기억이 난다.

이 글을 쓰면서 숙성된 식초 맛을 보았다. 금방 나왔을 때 짙게 나던 산양산삼 향은 줄고 현미식초 특유의 향이 나지만, 맛은 삼을 씹어먹는 듯하다. 더 오래 숙성되면 현미식초 향과 맛이 진해지고 산양산삼의 향과 맛은 줄겠지만, 농축된 삼의 효능과 성분은 더 깊이 들어 그 품격 높은 자태를 뽐낼 것이다.

산양산삼이 넉넉히 생기면 현미로 바로 식초를 담그고, 몇 뿌리 생기면 침출식으로 간단히 담그면 된다. 생으로 먹어도 좋지만, 각종 유기산, 미네랄, 필수아미노산을 비롯하여 현미가 포함된 아름다운 식초를 한번 담가 멋지게 먹기를 바란다.

여러 가지 방식으로
침출식 식초 담그기

생재 침출식 식초 담그기

원재료와 누룩, 효모, 현미, 설탕으로 술을 담가 식초를 하지만, 간편하게 담근 술로 식초를 할 수 있다. 즉, 원재료의 성분과 맛을 추출해내는 방식으로 현미나 쌀로 술을 담가놓았거나 초산발효 중인 것이 있다면, 넣고 싶은 재료를 넣어 간단하게 식초를 한다.

침출식은 두 가지가 있는데, 생재에 술을 넣는 것과 건재와 건재가루로 한 것이 있다.

생재는 주로 작은 열매들, 자연산으로 캔 귀한 뿌리 등 주로 소량으로 성분과 맛을 내고 약성을 보려고 구한 것이다. 정상적인 술로 담가 초를 익히기에 적은 양일 때 아주 좋은 방법으로, 술과 초만 넉넉히 있다면 재미나게 담글 수 있다.

커다란 열매나 과일은 수분이 많아, 술에 넣으면 도수가 아주 낮아지고 초에 넣으면 산도가 확 떨어져 산막이나 물이 될 확률이 높지만, 설탕을 추가하면 나름대로 맛있게 익는다.

작은 열매들은 수분도가 높지 않은 것, 뿌리를 선택한다. 열매는 술이나 초의 30%를 넘기지 말고, 약성이나 성분이 높은 뿌리들은 향과 맛이 적당한 것으로 너무 많이 넣지 않아야 실패율이 적다.

모든 생재는 씻어서 물기를 완전히 제거해야, 물에 의한 오염으로 산막이 생기는 걸 막을 수 있다.

1 열매 생재

꾸지뽕·산수유·구기자·가시오가피의 열매, 석류알같이 수분이 좀 있는 열매들은 20% 넘지 않게 넣고, 당분으로는 설탕을 열매의 10%만 넣으면 방부제 역할을 한다. 술 자체가 효모이므로 당분, 열매와 같이 새로이 술발효를 일으킨다. 열매 침출시간 동안 알코올 도수가 크게 낮아지지 않아 술이 상할 확률이 낮다. 종초를 술의 25%만 넣으면 술이 크게 상하지 않고 침출을 잘해낸다.

2 열매 담그기

되도록 크기가 작은 것 30%(열매 상태에 따라 손으로 알을 터트리거나, 무른 열매는 그냥 함), 현미나 쌀술(시중 막걸리는 도수가 약해 좋지 않으나, 설탕 추가를 하면 괜찮음), 반드시 설탕 10% 넣기, 종초는 처음 술을 넣을 때 10%.

이렇게 한 달 동안 한 번씩 저어주면 성분 추출이 되면서 초막이 얇게

생기기도 한다. 한 달 후 걸러 술 양의 10% 종초를 넣어 2차 초산발효
에 들어간다.

3 뿌리 생재

뿌리 생재, 즉 산삼, 수삼, 산양산삼, 자연산 백수오, 자연산 더덕, 자
연산 당귀, 자연산 지치 등 특별한 성분을 가진 뿌리들은, 수삼 외에
는 귀해서 몇 뿌리 정도 구하게 되니 술로 바로 담그기에는 적어 침출
식으로 알맞다. 양도 적고 수분도 낮아 굳이 당분을 추가할 것 없어
설탕이 필요없다.

4 뿌리 생재 담그기

뿌리 2~3개(당귀뿌리나 오래 묵은 재배 도라지는 커서 한 뿌리도 됨), 술, 술
양의 25% 종초, 뿌리를 믹서에 갈아 사용한다.
한 달 후 걸러 2차 초산발효에 들어간다.

5 설탕 추가

다른 방식으로 초가 70% 이상 익어가는 데 넣어 담그기도 하는데, 설
탕을 열매의 10% 넣어야 초가 상하거나 산막이 생기는 것을 막을 수
있다.(단, 설탕의 당분으로 초가 약간 더 달콤함) 주로 과일이나 수분이 있
는 재료에 넣는다.
사과, 포도, 귤, 복숭아, 살구, 자두 같은 과일은 수분이 너무 많으니
하지 말고, 딸기, 망고, 구아바, 파파야, 바나나 같은 것이 수분은 있
지만 적당하다. 종초를 술 양의 25~30% 넣고 설탕을 과일 무게의

10%를 추가해 담그면, 원만하게 초가 잘 익어 바로 먹으면 그 상큼한 맛에 반하게 된다.

이와 같이 침출식도 여러 가지가 있으니, 사진과 글을 보고 소량의 귀한 재료가 있으면 침출하여 식초를 담가보자.

6 설탕 추가 없는 재료

뿌리는 설탕을 넣지 않아도 초가 별문제 없이 잘 익는다. 단, 산도가 어느 정도 올라야 문제가 생기지 않으며, 열매나 뿌리 등 모든 생재들은 물기를 완전히 제거해야 한다.

그러나 내가 침출식으로 수십 번 해보았지만, 알코올 도수 높은 술(가수를 전혀 하지 않음)과 산도 좋은 초로 담가 맛있고 향기롭게 익었다.

따라서 귀한 재료가 한두 뿌리 생기면 그냥 먹지 않고 현미 침출식 식초로 담가 성분을 높여서 먹는다.

7 건재 침출식

건재는 생재보다 침출하기가 수월해 설탕 추가가 없어도 된다. 단, 건재의 성분 침출은 독한 술에 담가야 하는데, 집에서 담근 술로는 어렵다. 그때는 곱게 갈아서 하면 성분 추출이 가능한데, 몇 번 살며시 저어준다.

블루베리 현미이양주
침출식 식초 담그기

우유에 현미식초와 같이 갈아먹으려 블루베리를 샀는데, 아로니아를 먹으면서 냉동실에 넣어둔 채 잊고 있었다. 그러다가 굴비 찾는다고 냉동실을 뒤지다 나온 블루베리 양은 1.5kg. 천연발효식초를 만들기엔 적고 현미도 적어, 침출식으로 했다.

블루베리는 수분도 적당하고 부드러운 열매라 성분과 맛이 잘 나와 딱 알맞다. 현미이양주 식초를 늘 담가 술도 있었다. 블루베리를 해동하니 물기가 있었다. 마른 행주로 닦아 술에 물이 들어가지 않도록 해야 상하지 않는다.

이런 식초를 담그는 술은 가수한 것으로 하면 금방 상하니, 원액으로만 하여 간단하면서도 맛있는 식초를 담그자. 가수를 했거나 생막걸리를 가지고 한다면 설탕을 20% 정도 넣어야 변질이 덜 된다.

- 블루베리 : 1.6kg
- 현미술 : 4ℓ
- 종초 : 500㎖
- 설탕 : 10% 160g
- 용기 : 10ℓ

➡ 술 거르고 종초를 술 양의 15%

다른 열매로 하더라도 같은 방식으로 하면 되고, 냉동이 아닌 생재면 살짝 씻어 물기를 제거한 후 마른 행주로 닦아 준비하면 된다. 생재 양을 많이 하면 더 좋지 않을까 하겠지만, 그러면 수분이 너무 많아 술이 약해져 상하니 적당히 넣자. 블루베리 생재면 씻을 필요가 없으니 그냥 한다.

담그기

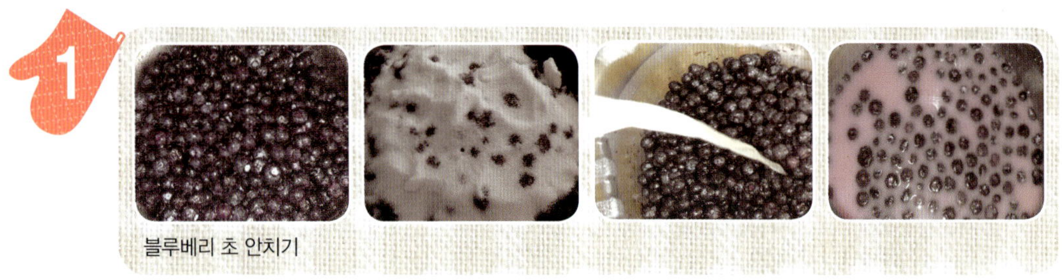

블루베리 초 안치기

해동한 블루베리를 소쿠리에 밭쳐 물기를 흘러내리게 하고, 마른 행주로 닦아 볕에 한나절 말려 냉기가 전혀 없이 만든다. 대야에 담아 설탕을 넣어 고루 섞는다. 설탕을 완전히 녹여 소독한 용기에 담고 현미술과 종초를 넣는다. 천을 덮어 술맛과 초맛이 들게 한다.

술 거르기

블루베리와 술 섞은 것은 3일에 한 번씩 다섯 번 정도 저어준다. 한 달 정도 지나니, 성분 추출이 되어 술이 고운 보라색으로 물들고 얇은 초막이 생성되기 시작한다.

생재 열매를 넣었는데도 10%의 설탕 때문에 약해지지 않고 종초와 같이 당분을 먹이로 초를 키워내는데, 술통의 술이 묻은 가장자리에도 보얗게 막을 만들어 초가 잘 익어간다.

이젠 걸러도 되는데, 블루베리처럼 과육이 연하면 금방 성분 추출이 된다. 그러니 한 달 정도 후 초막이 생기면 고운 천에 맑은 애기초를 걸러낸다.

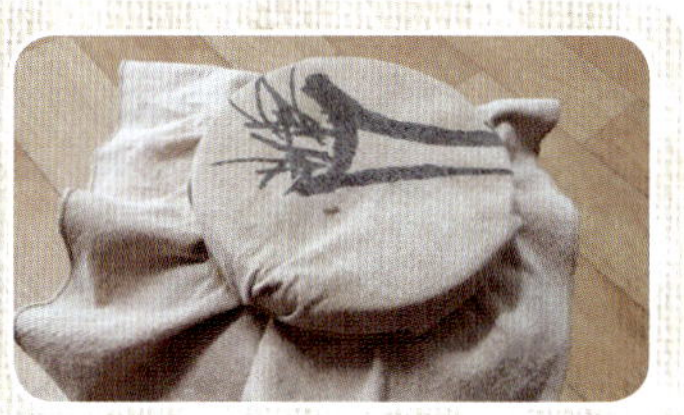

거른 술에 종초 넣어 초산 발효

거르고 남은 블루베리 건지는 처음 넣을 때보다 부피가 줄었는데, 과육이 녹아나 성분 추출이 잘된 것을 알 수 있다. 건지를 꼭 짜면 남은 과육과 껍질이 뭉그러져 진득한 액이 나오기 쉽다.

맑게 거른 애기초는 소독한 용기에 넣고, 이미 초산발효를 시작하여 초막이 생성되고 있으니 종초는 10~15%만 넣는다. 한지나 천을 덮어 본격적인 초산발효를 해준다.

식초 완성

술을 걸러 초 안친 후 초막은 크게 생기지 않고 곱게 익어간다. 만약 초막이 생기면 살짝 흔들어 깨준다. 용기 테두리에 묻은 술에 초막들이 잔뜩 붙어 자라고, 3개월이 지나자 향긋하고 맛있는 초를 이루어냈다.

맛을 보니 현미식초의 향과 블루베리 향이 겹쳐 묘하고 맛있는 식초가 되었다. 그냥 설탕과 효모, 누룩을 넣어 술을 담가 초를 해도 되지만, 원재료의 양이 적을 때 할 수 있는 간단한 방식이다.

침출식은 간단하지만 술과 초가 어느 정도 있는 상태에서 소량씩 담가 맛있게 먹는 방법이다. 향과 맛이 좋은 생재가 조금밖에 없을 때 쓰는 방식인데, 익으면 오래 숙성시키지 말고 상큼하게 먹는 것이 좋다.

블루베리 300g, 술 1ℓ, 설탕 30g, 종초, 이렇게 적은 양을 담가먹고, 또 담가먹으면 상큼한 식초를 늘 먹을 수 있다.

이렇게 담그는 식초의 팁은 설탕이다. 설탕을 넣지 않으면 금방 상하니, 과일, 열매들의 양을 조절한다. 설탕 소량, 알코올 도수 잘 오른 술, 즉 가수하지 않은 술만 있으면 된다.

거르는 시기도 과일은 20일, 무른 열매들은 한 달, 단단한 열매들은 두 달이다. 중간에 초막이 생기면 살짝 흔들어 깨주면서 성분 추출을 하다 거른다. 배합만 잘하면 금방 맛있는 초를 먹을 수 있다.

자연산 지치 현미이양주 침출식 식초 담그기

자연산 더덕을 캐러 간 일행 중 한 분이 지치를 세 뿌리 캐어 내게 주었다. 양이 많으면 술밥으로 하여 식초를 담그겠지만, 적은 양이라 침출식으로 한다.

지치는 뿌리가 빨간 핏빛으로 약성이 특별하여, 식초를 담그면 일단 색에 감탄하여 맛과 같이 즐길 수 있다. 지치는 겉은 빨갛지만 속은 흰색이다. 뿌리에 묻은 흙을 없앤다고 물에 씻으면 빨간 껍질이 다 씻겨나가 하얀 속만 남으니, 그늘에서 두어 시간 말려 흙이 마르면 고운 솔로 깨끗이 털어내고 마른 행주로 색이 묻어나지 않게 살짝 닦는다.

나름 단단한 뿌리라서, 그대로 하면 독한 담금주에서 6개월 이상 추출해야 성분이 나온다. 현미나 쌀술은 가수 안한 술이라도 12~14도 정도라, 그대로 하면 성분 추출이 안된다. 따라서 뿌리를 적당히 갈면 짧은 시간이라도 성분이 잘 나온다.

- 자연산 지치 : 세 뿌리
- 현미술 : 1.5ℓ(가수하지 않은 술)
- 종초 : 술 양의 약 30%(생재 뿌리가 들어가니 산도 높은 종초를 넣어야 함)
- 용기 : 약 2.2ℓ

갈아놓은 지치 뿌리를 소독한 용기에 담는데, 지치 세 뿌리면 술 1.5ℓ, 종초 300㎖와 술을 같이 넣어 초를 안친다. 이런 뿌리들은 살은 단단하고 수분이 적어 설탕을 넣지 않아도 되고, 처음부터 종초를 넣어 초를 안쳐도 된다. 수분이 적은 가는 뿌리일 경우에 할 수 있는 초간단 식초 담그기이다.

담그기

지치 생재 갈아 초 안치기

지치 세 뿌리를 깨끗이 손질한다. 믹서에 그냥 갈면 안 되니 현미술을 약간 넣어 같이 간다. 소독한 용기에 넣고 나머지 술과 종초를 넣어 초를 안쳐 초산발효에 들어간다.

초막과 식초 완성

빨간 술은 초막이 생기기 전까지 뿌리 성분이 고루 나오게 하루에 한 번씩 소독한 도구를 넣어 건지만 가만히 저어준다. 초막이 생기려 하면 절대 젓지 말고 초막 관리만 살살 하다가, 한 달 후 고운 천에 건지를 걸러 맑은 초만 소독한 용기에 넣어 본격적인 2차 초산발효를 한다. 3~4개월이면 초를 다 익혀낸다.

초막이 생기면 맛을 보고 초를 익히는데, 맛과 초막 상태에 따라 전날과 다른 맛, 즉 술이 약해지는 것을 느끼면 얼른 가수하지 않은 술과 종초를 조금 넣어 초에 힘을 준다.

다른 재료를 넣지 않고 해도 산막이나 물이 되는데, 생재 뿌리를 넣으면 그럴 확률이 더 높다. 그러니 늘 맛을 보며 관리해야 상큼하고 맛있는 새빨간 지치 식초를 얻을 수 있다. 성분과 효능면에서 아주 좋은 식초이다.

자연산 지치뿌리는 거의 30도 이상 되는 담금주에 넣어 성분을 추출한다. 오랫동안 두었다 소량씩 먹어야 하는데, 술을 마시지 못하는 사람들은 담그고도 먹지 못한다. 그럴 때 가장 좋은 게 식초로 담가먹는 것이다. 많이 구하기 쉽지 않으니, 몇 뿌리 생겼을 때 곡물로 술 담근 게 있으면 별다른 과정 없이 초간단으로 할 수 있다.

몇 가지 더 올리니, 책을 보고 공부하면서 맛있게 담가먹자.

자연산 더덕 현미이양주 침출식 식초 담그기

앞서 지치는 현미술에 종초를 넣은 초간단 침출식이었지만, 자연산 더덕은 익어가고 있는 현미나 곡물로 담근 초로 한다.

자연산 더덕은 70% 진행되어 초맛이 거의 들고 산도가 오른 현미식초로 담근다. 더덕의 잎과 뿌리가 술의 20%를 넘지만 설탕은 넣지 않고, 산도 역시 4도 정도인 초에 생재를 넣으니 종초를 조금 추가하여 담그는 방식이다.

그렇다고 꼭 70% 익은 것이 아니라 더 익거나 완전히 익은 초도 된다. 다만 너무 낮은 산도의 덜 익은 초에는 종초를 많이 넣으면 된다.

앞서 기능성 전통식초에 정석대로 더덕과 현미, 쌀누룩으로 술을 담근 식초가 있었고, 같은 더덕이라도 익어가는 초가 있다면 굳이 술밥하는 과정 없이 초간단으로 담가도 좋

- 자연산 더덕 잎과 뿌리 : 700g~1kg

  (재배 더덕은 정석대로 술을 담가서 함)
- 곡물로 담근 식초(현미, 멥쌀, 찹쌀) : 70% 익은 5ℓ
- 용기 : 10ℓ
- 종초 : 1ℓ

다. 같은 현미가 들어갔지만, 정석대로 한 것은 깊이가 있고, 이렇게 담근 것은 상큼한 맛과 향이 낫다.

처음부터 술과 종초를 넣는 침출식도 좋지만, 식초는 여러 가지 방식으로 담글 수 있다. 내 여건에 맞으면 된다는 것을 전하기 위함이니, 여러 가지 방식으로 식초를 담가 맛, 향의 미세한 차이를 느껴보자.

주의할 점은, 잎과 같이 넣는 더덕은 씻어서 물기를 마른 행주로 닦고 그늘 바람에 한나절 가볍게 건조해 더덕에 묻은 물이 오염되는 일이 없도록 한다. 더덕은 약간 꼬들꼬들해야 수분이 낮아져 초에 넣었을 때 산도가 확 내려가지 않는다.

또 익어가는 초에 생재를 넣으니, 산도 좋은 종초를 술 양의 10% 추가하면 초는 무난하게 잘 익어 맛있는 더덕식초가 된다.

술을 담가서 하는 것보다 익어가는 초로 하면 시간이 훨씬 단축되어 상큼한 더덕식초를 빨리 맛볼 수 있는 장점이 있다. 어느 정도 초가 진행됐는가에 따라 넣는 종초의 양을 조절한다. 조금 미숙하더라도, 내가 개발하고 나만의 방식으로 담근 식초가 어느 달인, 고수, 명장에 못지않으니, 내 손으로 멋진 작품을 만들어보자.

담그기

더덕 갈아 용기에 넣기

자연산 더덕은 뿌리껍질이 벗겨지지 않게 솔로 주름진 부분을 씻어주고, 잎도 살살 헹궈 물을 탁탁 턴다. 마른 행주로 남아 있는 물기를 완전히 닦고 소쿠리에 담아 그늘에서 한나절 말린다. 꼬들꼬들한 느낌이 들도록 수분을 완벽하게 제거하여, 믹서에 식초 안칠 70% 익은 초를 조금씩 넣어가며 적당히 갈아 소독한 용기에 넣는다.

초 안치기

갈아놓은 더덕에 어린 초와 산도 좋은 종초를 넣어 초를 안친다. 천을 덮어 다시 초산발효에 들어간다.

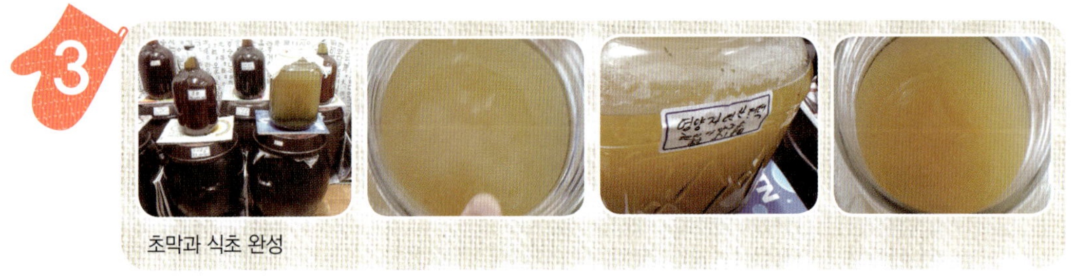

초막과 식초 완성

더덕을 워낙 잘 관리하여 담고, 덜 익은 초와 종초의 산도가 적절하여 더덕 생재를 넣었지만, 아무런 말썽 없이 짙은 향을 풍기면서 초가 익는다. 더덕을 넣기 전 거의 초막이 사라진 술이 생재가 들어가자 산도가 낮아지고, 넣어준 종초의 힘으로 다시 초막을 곱게 만들면서 하루가 다르게 초를 익힌다.

초반 초막이 새로 생기기 전까지는 하루 두 번 정도 열흘간 더덕 건지를 저어주어야 초 속에 성분이 고루 나오니, 소독한 도구를 넣어 건지가 일어나도록 살짝 저어 위 초 부분까지 고루 섞이도록 한다.

그후에는 초막이 새로 생기는 시기이고, 건지 젓는다고 저으면 초막이 생기다가 사라져 초가 익는 데 무리가 있어 그대로 두면서 초를 익힌다. 초막 관리를 하고 맛을 보아 초를 익히면, 이미 몇 달 동안 초가 익어가고 있었으므로 한 달~석 달 안에 초가 맛있게 익는다.

초 안치고 한 달쯤 후 고운 천에 건지를 걸러 소독한 용기에 넣고, 두어 달 더 초산발효를 하면 먹어도 될 정도로 맛있는 초가 나온다.

자연산 더덕도 독한 담금주로 술을 많이 담그는 야초이다. 그러나 막상 담그고도 독한 술맛에 먹지 못한 채 보고 있는 집이 많다. 아니면 생으로 반찬을 해서 먹는데, 그것은 너무 가격대가 높다. 딱히 오래 두고 먹을 방법이 없지만, 이렇게 식초를 하면 누구나 얼마든지 마음 놓고 먹을 수 있으니, 담금주로 담가먹고 식초도 한다.

곡물술, 익어가는 초, 종초만 있으면 초간단으로 담글 수 있다. 뿌리도 향이 좋지만 잎은 향이 더욱 좋고 성분도 거의 같다니, 자연산은 잎이 있다면 꼭 넣어준다. 없으면 그냥 해도 괜찮다.

이런 침출식은 초가 금방 익어 맛을 내는데, 근처에만 가도 더덕의 향이 진하게 나며 침을 삼키게 하는 마력이 있다.

건지도 확확 젓지 않아 언제 생길지 모르는 초막을 지켜가며 초를 키워야 하니, 맛을 보며 익히자. 갑자기 전날과 다른 깊은 맛이 나는 초를 느끼면 다 익은 것이고, 살짝 옅은 맛이 나면 얼른 종초를 더 넣어 초를 익히자.

자연산 더덕식초는 금방 나오면 향과 맛이 생더덕을 씹어먹는 것보다 더 진하고 좋다. 그러나 오래 숙성하면 더덕의 향과 맛은 줄어들고 현미식초 특유의 향이 난다. 성분이나 효능은 변함이 없으니, 맛과 향을 즐기거나 먹는 시기는 자신이 선택하면 된다.

자연산 백수오 현미이양주 침출식 식초 담그기

회원 중 꿀이네란 분이 있다. 책에 넣을 자연산 백수오식초를 하려고 부탁드렸더니, 깊은 산을 헤매 세 뿌리를 캐다 주었다.

너무 고마워 같이 온 금바다님과 두 분께 작년에 담가 익혀둔 홍화꽃식초 한 병씩 드리고, 백수오 익으면 맛을 전하기로 하고 식초를 담갔다. 자연산 백수오는 많은 양을 캘 수 있는 야초가 아니기에 정석대로 담그지 않고 침출식을 택했다.

자연산 백수오는 길게 연결된 뿌리줄기에 타원형으로 알이 차는 것처럼 달린다. 땅속 깊이 자라고 있는 것을 내가 독한 담금주에 넣고 싶어 하는 줄 알고 잔뿌리 한 올 떨어지지 않게 캐왔다. 얼마나 수고를 했을지 짐작이 간다. 덕분에 자연산 백수오를 독자들에게 보여드리고 식초를 담글 수 있게 되었으니, 고마움을 전한다.

백수오는 자연산과 재배가 있는데, 어떤 것을 먹어도 좋지만 향과 맛이 진한 귀한 야초이다.

- 자연산 백수오 : 세 뿌리(원재료에 따라 초의 양을 늘리거나 줄이면 됨)
- 현미이양주 전통식초 : 3ℓ
- 용기 : 모든 재료를 넣어 85~90%가 되는 것

독자들도 어떤 기회에 좋은 야초 뿌리가 생기면, 담금주도 좋지만 술 못 먹는 여성 가족에게 맛있는 식초를 담가주자. 백수오는 겉껍질을 벗기는 대로 맛을 텁텁하게 하는 성질이 있으므로, 이쑤시개로 주름진 부분을 긁어내고 못 쓰는 카드로 벗기면 깨끗하다.

백수오만 준비되면, 담그는 방식은 자연산 더덕 현미식초 침출식과 똑같다. 이번에는 현미(쌀)식초 익은 것으로 담가 적당한 원재료와 준비된 술, 초에 맞게 담가보자.

담그기

백수오 거피하기

자연산 백수오를 이쑤시개, 카드로 거피를 하고, 씻어서 마른 행주로 닦아 그늘에 반나절 말려 준비한다.

백수오 갈고 초 섞어 초 안치기

살짝 말려 물기를 제거한 백수오를 믹서나 분쇄기에 넣고 현미식초 조금과 함께 곱게 간다. 백수오는 단단하여 곱게 갈아야 단시간에 성분 추출이 잘되지만,

사포닌이 많은 뿌리라서 빨리 갈아 열을 받거나 쇠에 닿으면 좋지 않다. 그 순간을 조금이라도 줄여 알토란 같은 성분이 식초에 다 들어갈 수 있게 한다.

소독한 용기에 넣고 적당한 현미식초를 넣어 소독한 도구로 골고루 섞은 후, 천을 덮어 성분이 침출되고 생재가 들어가 약해진 산도가 올라 재발효를 통해 초를 익히게 한다.

초막 젓기와 거르기

다시 초막이 생기기 전 하루에 두 번 소독한 도구로 밑에 가라앉은 건지를 일으키듯 저어, 위 초에도 성분이 섞이게 한다. 며칠 지나면 다시 얇은 초막이 생기는데, 그때부터는 며칠에 한 번 건지를 저어준다. 도구로 살짝 건지만 일으키듯 건드려 위 초와 섞이면서 초막은 살아 있도록 관리해야, 다 익은 식초지만 재발효가 제대로 이루어진다.

다시 초막이 생겼다가 약 한 달쯤 후 다 사라지면, 고운 천에 걸러 소독한 용기에 넣고 한 달 이상 발효를 시킨다. 늘 맛을 보며 정상적으로 초가 익는지, 혹시 약해지지는 않는지 분별하며 초를 익히자.

- 초 다 익고 당도 → 9브릭스
- 산도 → 5.3

세 가지 자연산 귀한 뿌리들로 침출식 식초를 담가보았다.

비슷한 수분을 가진 생재들이라 웬만하면 다 잘 익는데, 술, 익어가는 초, 다 익은 초로 담근다. 어떤 틀에 박힌 방법으로만 초를 하는 게 아니고 응용하여 나만의 식초를 담그면 된다.

나 역시 주로 술을 담가서 하는 전통적인 방식으로 했지만, 담그다 보니 곡물술과 초는 있는데 꼭 한 가지로만 먹어야 하는지 의문이 생겨 간단하고 다양한 방식을 생각해냈다. 그렇다고 원재료가 가진 성분 추출이 모자라지도 않고, 현미나 곡물이 들어가 꼭 담금주로만 먹지 않아도 되는 효능과 성분 좋은 식초를 담글 수 있었다. 맛과 향 또한 너무 좋아 갓 익어나온 식초는 저절로 탄성이 나온다.

오래 숙성하면 현미식초의 맛과 향이 짙어지지만 성분은 변하지 않으니 얼마나 좋은가! 단, 침출식 식초는 내가 수십 번 담가본 결과 생재의 물기를 잘 제거해야 실패가 거의 없다.

귀한 자연산이라 양도 많지 않고 또 진액 식초를 뽑기 위해 넣는 술, 초의 양을 적게 하는 것을 원칙으로 한다. 진하고 맛있는 초를 담가 가족과 나의 건강에 도움이 되도록 하자.

# 각종 가루 침출식 식초 담그기

각종 가루로 침출식 식초를 담가보자.

전통식초, 기능성 식초에서 차가버섯가루, 울금가루, 함초가루로 정석대로 현미단양, 이양으로 식초를 담갔는데, 위와 같은 재료로도 얼마든지 초간단으로 담가놓은 곡물식초에 침출해도 된다. 어떤 정해진 재료가 아니라, 집에 있는 가루면 무엇이든 침출식 식초를 담글 수 있다는 걸 전하기 위해 글을 쓴다.

가루는 양이 많으면 정석대로 담그고, 소량씩 특별한 가루가 있는데 먹기에는 불편하고 꼭 섭취는 해야 할 때 담가놓은 곡물식초가 있다면 아주 간단하게 침출하여 먹을 수 있다. 단, 초는 산도 4.5 이상이 나왔든지, 70% 이상 익은 초가 산도가 적절할 때 가루를 넣어도 변질되지 않는다.

바싹 마른 건재 가루라 수분도 없어 문제가 없을 것 같지만, 초에 다시 어떤 재료가 들어가면 산이 옅어진다. 성분 추출을 위해서는 산도가 좋아야 한다는 것이 내 생각이다.

물론 과학적인 근거나 성분검사 같은 것은 하지 않았으므로 꼭 그렇다고 말할 수는 없지만, 독한 담금주, 산도 높은 초는 물보다 추출이 쉽다. 여러 가지 재료가 소량씩 있으면, 산도 높은 초에 침출하여 먹고 꼭 필요한 사람에게 주도록 하자.

이렇게 담근 식초는 많은 양을 하는 것보다 소량씩이 좋은데, 가루의 양에 따라 먹고 싶고 꼭 취해야 할 것을 담가먹자.

침출식을 하는 재료는 무궁무진한데, 가루가 있거나 말려놓은 게 있으면 분쇄기에 갈고, '아니, 이런 것도?' 하며 새로운 발상을 하게 하는 귀한 재료들로 식초를 담가보자.

침출식은 간단하게 하는 방식이지만, 손쉬운 재료로 소량씩 담가 맛을 즐기는 것도 좋다. 재료는 화분(꽃가루)과 흔히 구할 수 있는 야채, 산나물로 준비하고, 쌀, 찹쌀 등 막걸리식초도 좋지만 오래 익은 식초는 아까우니 그대로 먹고 막 익은 것이나 70~80% 진행된 식초로 담그면 좋다.

화분 현미이양주 침출식 식초 담그기

화분으로 식초를 담근다는 생각은 어느 누구도 하지 못했을 것이다.

금바다님이 전해준 귀한 화분이 꿀병에 가득하다. 강원도 깊은 산골짜기에서 벌을 치는 분에게 구매한 것을 선뜻 주고 갔다. 몇 번 먹고는 식초를 담그고 싶다는 욕심이 생겼다. 정석대로 하는 것보다 침출식으로 하는 게 좋을 것 같아 뚝딱 초간단으로 담갔다.

큰 꿀병 80% 정도인 화분으로 식초를 담그려면 식초 10~15ℓ에 우려내면 어떨까 싶지만, 이번에도 소량의 성분 높은 초를 뽑는 나의 철칙에 따른다.

금방 초산발효를 마친 현미이양주식초로 담가, 화분이 얼른 추출되고 넣은 가루에 의해 산도가 낮아져도 이겨낼 수 있는 것으로 준비한다. 용기만 소독해놓으면 아주 간단하게 맛있고 귀한 식초를 단시간 안에 맛볼 수 있다.

- 화분(양은 각자 선택) : 2.2ℓ. 꿀병 80% 채워진 가루
- 현미이양주 식초 : 4ℓ(산도 5.3)
- 용기 : 5ℓ

1

화분 현미이양 침출

화분은 냉장고에 보관해놓았으니, 꺼내어 실온에 한나절 두어 냉기를 뺀다.
소독한 용기에 넣고 현미식초를 부어 고루 저어준다.

식초에 잠기는 화분은 금방 녹으면서 용기 밑에 내려앉아 앙금처럼 들러붙어
있으니, 초와 섞어 성분과 맛이 침출되게 한다.

2

초막 모습

화분식초는 그대로 두면 앙금이 생겨 성분
추출이 어렵다. 10일 정도 하루에 두 번 저어
화분을 초에 섞이게 한다. 며칠에 한 번 저어
맛을 보면, 초에 화분의 맛과 향이 그득하여
참 좋다. 화분 자체가 꿀벌이 꽃에서 따온 것
이라 당도도 조금 있으므로, 식초는 아주 무난
하게 익으며 초막도 살짝 생기다가 맛을 들여간다.

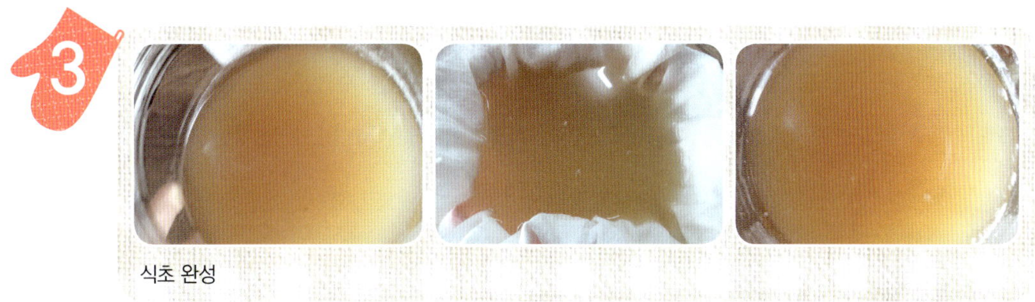

3

식초 완성

초는 화분의 맛과 향, 그리고 성분 추출이 되면서 점점 맑아진다. 황금색을 띠며 익는 대로, 두 달 후 고운 천에 자연스레 흘러내리게 걸러 소독한 용기에 넣는다. 다 익은 초 때문에 두 달이라도 초는 익었고, 처음의 현미식초보다 더 달콤하게 느껴지는 화분의 당분으로 식초가 더 맛있다.

- 현미식초 당도 → 8브릭스
- 화분 넣어 담근 후 당도 → 15브릭스
- 현미식초 산도 → 5.3
- 다 익은 화분식초 당도 → 13브릭스
- 화분 넣어 다 익은 산도 → 5.8

화분식초 정말 맛있다. 성분을 많이 뽑기 위해 겨우 4ℓ 현미식초에 해서, 화분 한 스푼 떠먹는 맛과 향이 그대로 나는 진한 식초이다.

가루의 양을 보면 욕심내어 10~15ℓ도 하려면 얼마든지 하지만, 소량만 뽑아냈으니 그 맛은 말할 필요도 없다. 산도 역시 처음 화분을 넣기 전보다 0.4 더 올랐다. 가루를 넣었으니 더 낮아지겠지 하지만, 재발효를 하면서 화분의 당도가 초산균의 먹이가 되어 산도가 더 올랐다. 이 글을 쓰며 우유에 조금 넣어 먹었는데, 얼마나 신맛이 강한지 우유를 온통 초로 만들었다. 머리가 횡 돌아 얼른 떡 한 조각 먹고 진정시켰다.

식초의 당도를 체크하니, 현미식초는 8브릭스였는데 화분식초는 13브릭스 나왔다. 당도는 높지만 걱정이 전혀 없는 식초로서 누구나 마음놓고 먹을 수 있다. 화분 먹는 것이 거북한 사람들은 현미나 곡물식초가 있으면 담가서 맛있게 먹자. 단, 거의 익어가는 초라도 산도가 4 이상은 나가야 하고, 산도 4.5 이상 되는 초를 조금 넣어주는 게 좋다. 다 익은 초도 화분은 자체 당분도가 있어 웬만하면 말썽 없이 잘 익는다. 귀한 재료이니 처음부터 많이 하지 말고 500~1000㎖ 병에 조금만 넣어 익혀 맛을 본 후 하는 게 좋다.

이렇게 향과 맛을 고스란히 느끼고 싶은 초는 소량 담가먹고 다시 담가야 맛을 즐길 수 있는데, 오래 숙성하면 현미식초 특유의 향이 짙어져 원재료의 향을 즐기기에 부족하다. 물론 성분과 효능은 그대로이고, 상큼함은 없지만 농축된 맛을 느낄 수 있을 것이다. 나는 다시 담가 몇 달만 숙성시켜 먹을 예정이다.

덜 익은 초로 하면 초막이 좀 생기니 초막 관리를 한다. 다 익은 초는 초막이 아주 옅게 생기다 사라지는 현상을 보였다.

화분식초를 거르니 화분이 증발되어 3.7ℓ 정도 나왔다. 화분을 전해준 부부에게도 한 병 드리고, 어여쁜 마음속 여동생인 여사친과 고운 동생이 내 식초를 먹고 조금이라도 건강에 도움이 되길 바라면서, 화분식초, 차가버섯 현미이양주식초, 계피로 담은 현미식초를 한 병씩 주었다.

이 두 사람은 차가버섯이나 화분 같은 특별한 식초를 먹어야 하는 질환이라, 아무리 고가라도 아프지 말았으면 하는 간절함을 담아 드린다. 이 여인들도 책 쓰면서 굶지 말고 춥지 말라고 자주 찾아와 따뜻한 라쿤 목도리, 두둑한 점퍼, 빵, 떡, 과일 등을 전해준다. 그리고 비타민 섭취하라고 친환경 참다래, 유자, 영귤을 비롯하여, 보리굴비, 최상의 커피, 등받이의자 등을 바리바리 싸들고 와 응원해준다.

나는 비록 남은 것이 적지만, 가족과 나누어먹으면 된다. 또 책 쓰면서 힘내라고 한 회원이 화분 한 병을 갖다 주었다. 현미식초에 담가먹으면 먹기도 좋고 초산의 무궁한 유기산과 필수아미노산도 먹을 수 있어, 식초에 침출시켜 고마움에 맛을 전한다. 이 부부는 편히 글만 쓰라고 반찬이며 온갖 먹을 것을 얼마나 날라다 쌓는지, 점점 꿀돼지가 되게 하는 참 고마운 분들이다.

생각도 못한 매력적인 화분식초 사랑에 빠져본 행복한 시간을 전한다.

자연산 산야초(산나물)가루 현미이양주 침출식 식초 담그기

봄에 몇 번 산나물 채취를 다녀왔다. 바빠서 산행할 기회가 적은 것을 알고 감사하게도 데리고 가주어, 원없이 산나물을 뜯어 장아찌, 나물무침 등을 냉동시켜 두고두고 먹을 수 있게 되었다.

그중 건조해놓은 갖가지 산야초의 가루를 내어 침출식 식초를 했다. 깊은 산속 정기를 그대로 받고 자란 산야초식초. 술이나 익은 초가 있으면 아주 간단하게 식초를 담글 수 있다.

봄에 나오는 여린 산나물들은 맛, 향, 성분이 뭐라 형용이 안 될 만큼 좋은데, 그런 산나물로 현미와 초산의 성분까지 포함된 식초를 담근다면 더할 나위 없을 것이다. 산나물이 생기면 조금 건조해 가루를 내어 식초를 담가, 야채나 산나물을 싫어하는 가족에게 반찬의 양념으로 자연스럽게 먹도록 해주자.

식초를 하면 산이 주는 보물을 섭취하게 되는데, 산나물들은 바로 씻어 물기를 턴다.

- 산나물가루 : 30g
- 현미식초 : 70% 이상 익은 것 1ℓ
- 종초 : 약 10%
- 용기 : 적당한 것

그런 다음 바삭하게 말려 분쇄기에 갈아 준비한다. 잘 말려 밀폐된 용기에 건나물을 넣어놓으면 언제든지 할 수 있다.

70~80% 익어가는 초나 금방 익어나온 초 어느 것이나 좋지만, 어느 정도 산도가 오른 것을 준비해야 첨가된 가루로 산도가 낮아져도 안전하게 할 수 있다. 많이 넣으면 더 좋겠지 하여 욕심껏 넣지 않도록 한다.

야채나 산나물가루는 생재일 경우 10배 이상이니 양을 적게 해야 한다. 나물들 특유의 향과 맛이 발효까지 이루면 별로 즐거운 향, 맛을 주지 않으니 소량만 넣고 한다. 맛을 보고 좋으면 더 담그면 되니, 이런 야채식초들은 금방 먹고 또 담기를 권한다.

담그기

산나물 침출 채취, 건조가루

산나물은 참두릅, 엄나무순, 가세뽕잎, 머위잎, 참취나물, 단풍취, 더덕, 도라지, 우산나물, 가시오가피순, 쑥, 잔대, 연삼, 찔레 어린순, 떡취 등 자연산으로 했는데, 독자들은 준비되는 대로 하면 되고 나물은 씻어 말려서 가루를 낸다(되도록 곱게 갈아 섬유질이 파괴되어 성분이 잘 나오게 함).

자연산 산나물 현미이양 침출

   곱게 간 산나물가루는 소독한 용기에 넣고, 준비한 어린 초나(종초 10% 추가) 다 익은 초를 넣어 고루 섞어준다.

   그냥 두면 가루는 용기 밑에 가라앉아 굳어 성분 추출이 적게 된다. 하루에 두 번 열흘간 혹시 초막이 생겨 있을지 모르니 휙휙 젓지 말고, 소독한 도구로 가루를 일으키는 정도로 가만히 저어준다. 그 다음부터는 2,3일에 한 번씩 한 달 동안 젓는다.

   처음엔 초록색이더니 나날이 붉은색을 띤 초가 되며 익어가고, 섞으면 다시 초록색을 보이다 붉어지는 재미난 모습을 보여준다.

초막과 식초 완성

   익어가던 초는 초막이 생기면 살짝 깨어 금만 가게 하여, 초산균이 들어가 신나게 초를 익게 도와준다. 다 익은 식초에 했다면 초막이 살짝 생기다 사라지니, 맛을 보며 초막 관리를 하면 초는 무난히 익어간다. 초막이 다 사라지면 고운 천에 걸러 소독한 용기에 넣고 마무리 초산발효를 시킨다. 보통 2~3개월이면 초맛을 볼 수 있다. 초가 익으면 한 달 정도 더 두었다 병입하여 먹는다.

　이 식초는 다 익은 것이나 익어가던 초에 담가 금방 익는데, 저어주다 보면 초막이 생기는 것을 모를 수 있으니 늘 살펴보아야 한다. 하지만 젓는다고 초막을 완전히 사라지게 해 설익은 초가 나올 수 있으니, 잘 지켜보면서 키운다. 특히 섬유질이 많은 재료들은 가루라도 초가 익어가면서 더러 말썽을 일으키기도 하니 소량을 담근다. 경험이 쌓이면 문제점을 알 수 있는 눈이 트이니, 조금만 담가먹고 다시 담그기를 권한다. 아마 새로운 맛의 식초를 경험하게 될 것이다.

청갓가루 현미이양주
침출식 식초 담그기

식초는 늘 새롭다. 색다른 재료나 늘 보는 재료. 이런 것들로 이루어내는 기쁨이 새롭다.

세 번째 침출 식초는 '아니, 이런 야채도 되나' 하는 갓으로 한다. 김장할 때 넣는 갓 중에서도 김치로 담가먹는 청갓으로 하고, 곡물(현미, 쌀, 찹쌀) 등 막걸리로 담은 식초에 침출한다.

이 가루는 멀리서 식초 공부하러 온 분이 지역에서 많이 나는 재료로 김치 말고 뭔가 해보라는 제의를 받고 와 같이 담가본 청갓이다. 도저히 다른 먹거리가 안 되니 식초를 해보면 어떻겠느냐 하여 생재와 가루 두 가지로 수업하며 담갔는데, 나는 가루를 일부 받아 담갔다.

생재는 생야채라 특별하게 관리하며 키워야 하는데, 처음 담가 갓이 녹아 술이 걸쭉 해진 것을 실패라 보고 버리고, 가루로 한 것은 냄새와 맛이 별로라고 전해왔다. 당연히 야채식초는 맛과 향이 다른 식초에 비해 크게 다르다.

- 청갓가루 : 30g
- 용기 : 적당한 것
- 현미식초(익은 지 얼마 안 되는 식초) : 1ℓ

섬유질이 많아 술이 진득하거나 걸쭉하고, 물을 많이 넣고 담가야 하고, 가수 안한다고 물을 넉넉히 넣지 않으면 초 역시 탁하고, 오랜 시간 숙성하지 않는 한 연유 같은 느낌이 난다. 그렇다고 물을 많이 넣으면 물에 빠진 야채식초가 되고, 가수를 많이 하면 알코올 도수가 낮아져 초가 익다가 산막이나 물이 될 확률도 높아진다. 초 역시 물식초 같은 것이 되니, 참으로 까다로운 게 야채식초이다.

그중에도 청갓은 줄기가 길어 섬유질이 더 풍부하니, 초가 익으려면 고생 좀 시키는 재료이다. 그런데 그런 식초를 왜 책에 넣느냐 하면, 청갓이나 야채로 식초를 하고 싶은 사람들도 있을 테니 그런 이들을 배려한 것이다.

앞서 천연발효식초를 하면서 여러 가지 야채로 정석대로 술을 담가 걸쭉하고 진득해지는 것을 경험했지만, 가루로 하면 탁하되 그런 현상은 없고 숙성 중에 앙금이 가라앉아 맑은 초를 얻을 수 있다.

생야채보다 향, 맛이 조금 부드러운 느낌도 있으니, 재료가 있다면 익은 지 며칠 안 된 현미이양주식초로 담가보자.

담그기

청갓 침출식현미 초 안치기

가루는 식초 공부하는 분에게서 실험용으로 받은 것으로 했다. 소독한 용기에 가루를 넣고 싱싱한 현미이양주식초를 부어, 가루가 용기 밑에 눌러붙지 않도록 고루 섞어주고 하루에 두 번씩 저어 성분 추출을 돕는다. 열흘째부터는 한 달간, 며칠에 한 번씩 저어준다. 그런 다음, 그대로 두면 청갓의 성분이 그득 들어간 초가 익어간다.

청갓도 산나물식초처럼 처음에 초 안치면 초록색이다가 붉은색으로 물들어가는 야채식초의 특징을 가졌는데, 저어주면 다시 초록색이 된다.

초막과 식초 완성

익은 초로 침출하여 초막이 가볍게 생기지만, 섬유질이 많은 재료라 초막 생기는 것도 모른 채 무조건 저어주면 초가 산도를 올리며 익히지 못한다. 늘 지켜보며 맛이 드는 것을 알아간다.

한 달 후 고운 천에 걸러 소독한 용기에 넣는다. 초는 익은 맛이 나지만, 한 달 더 익혀 먹도록 한다.

　초가 덜 익은 것으로 할 때는 반드시 종초를 술 양의 10%를 넣어, 가루로 인해 익어가던 식초의 산도 보호를 해야 한다.

　산도가 좋으면 가루를 넣어도 잘 익는데, 생야채가 아니라서 섬유질이 적은 가루들은 더 잘 익으며 문제 일으키는 것도 덜하다. 이 글을 읽고 가루로 식초를 하고 싶다면, 재료의 성질을 파악하여 담근다. 평소에 음식으로 잘 먹지 못하는 특별한 가루로 쉽고 맛있는 식초를 얻을 수 있다.

　이런 가루로는 소량씩 식초를 담가먹고 떨어지면 또 담가먹는 게 좋다. 많이 담가 숙성시키지 말고 상큼할 때 성분과 맛을 즐기자.

# 꽃, 각종 차, 콩 침출식 식초 담그기

집집마다 각종 차들이 있고 그중 꽃차도 있을 것이다.

꽃차들은 사가지고 와서 몇 번 우려먹고는 이상하게 손이 안 가 묻혀 있는 경우가 많다. 백화점, 마트, 각종 행사장 같은 데 여러 가지 차들을 파는 코너가 있는데, 맛을 보면 덜렁 사서 재어놓고 또 다른 차를 사고, 그러다 버리게 된다. 커피는 그냥 손쉽게 타먹지만, 꽃차나 잎으로 된 차는 잘 안 먹어지면서도 사게 된다. 이렇게 귀염받을 뻔하다 잊혀지는 차들로 식초를 담그자.

앞서 침출식 식초 공부한 것과 같은 방식으로 다 익은 곡물식초, 70% 이상 익은 초만 있으면 그 어떤 꽃, 잎, 열매, 뿌리라도 초간단 식초를 담글 수 있다.

차로 담그는 식초는 양이 많으면 정석대로 곡물로 술을 담가도 되지만,

내가 수차례 경험한 결과 소량이라도 쌀 2kg, 물 4ℓ인데 오래 두고 먹을 식초가 아니라서, 500~1,000㎖씩 담가먹고 떨어지면 또 담가먹는 게 차의 향과 맛을 즐기기에 딱 좋다. 500㎖ 정도 병 몇 군데에 골고루 담아 각종 꽃식초의 맛과 향을 즐겨보자.

이런 차식초들은 숙성이 되면 될수록 본연의 색, 맛, 향이 변하여 현미식초의 숙성, 발효된 맛이 난다. 성분은 그대로지만 차식초를 담근 의미가 줄어든다.

재미로 예쁜 병에 장식하듯 담가먹고 또 담가 차식초를 즐겨보자. 차의 양을 욕심껏 많이 넣으면, 식초가 침출하는 성질이 강해 맛, 향 다 좋지 않다. 따라서 은은한 차식초를 얻으려면 차향이 짙을수록 적게 넣자.

차들은 바싹 말라 있어 보기에는 적어도 초에 불려지면 본연의 크기로 돌아오니, 생재일 때 모습을 생각해서 넣어야 한다. 식초는 곡물(현미, 쌀, 찹쌀)식초 다 익은 것을 사용하는 게 차의 맛과 향을 빨리 끌어내고, 상큼하고 향이 좋을 때 빨리 익혀 먹을 수 있다. 그러므로 오래 숙성된 식초 말고 갓 익어나온 식초에 침출하여 담가먹자.

꽃차나 잎으로 된 차들로 침출을 하면 유달리 잘 나오는데, 그 이유는 덖음을 통해 섬유질이 다 잘리고 잎맥 세포가 조각난 상태라 식초 속에 들어가면 며칠 지나지 않아 진한 향과 맛을 느낄 수 있기 때문이다. 70% 진행된 초는 초막이 사라지고 맛이 들면 걸러 먹지만, 다 익은 초로 담근 것은 한 달이면 걸러 먹어도 된다.

백연꽃, 백연잎 현미이양주
침출식 식초 담그기

어느 날 회원 한 분이 아이스크림 냉매 봉지에 담긴 무언가를 내밀었다. 열어보니 백연꽃 생재를 따서 얼려놓은 것을 차 우려먹으라고 준 것이다. 꽃이 피려던 것과 봉오리들이 꽁꽁 언 채 들어 있는데, 선물받은 것을 나누어먹자고 준 것이다.

나는 옳다구나 하고 그것으로 식초를 담기로 한다. 백연꽃이 건조된 것이면 다 익은 초로 하겠지만, 생재라 70% 진행된 현미이양주식초로 하고 종초 10%를 넣어 재발효를 시키는 방식으로 한다. 생재의 수분이 다 익은 초에 들어가면 산도가 많이 낮아져 좋지 않으므로 아주 소량만 넣었다.

이 식초는 침출이지만 재발효 과정으로 넉넉히 하려고 다 익은 초가 아니라 진행 중인 식초로 담근다. 단, 생재의 양을 욕심으로 많이 넣는 걸 자제하여 술 양의 10%를 넘지 않게 하고, 특히 꽃식초는 향과 맛이 강하니 조금만 넣자.

냉동된 꽃은 마른 행주나 키친타월 위에 올려 자연스레 해동되어 나오는 수분들이 스며들게 한다. 그런 다음, 다시 마른 행주로 꽃이 찢어지지 않게 물기를 완전히 닦아 그늘에 2시간 정도 말리면, 생재라도 수분으로 인한 문제가 덜 생긴다.

마침 백연잎차용으로 얇게 잘라 덖어서 건조된 것이 있어, 두 가지를 현미식초에 침출하는 방식으로 담가본다.

담그기  ●백연꽃식초

- 백연꽃 : 한 송이 (꽃봉오리면 두 송이, 꽃이 피기 전 아주 크면 익어가던 초를 더 넣어줌)
- 종초 : 10%
- 현미술 : 70% 익은 것 1ℓ
- 백연잎차 : 20g
- 금방 익은 현미식초 : 1ℓ
- 용기 : 적당한 것

준비물

1

   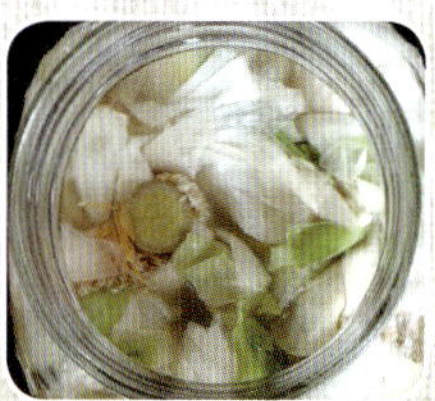

백연꽃 침출식 초 안치기

냉동된 꽃이면 위의 방법대로 준비하고, 건재면 연잎과 같은 방식으로 담근다. 냉동 꽃의 수분을 잘 닦고 잠시 말려 꽃잎을 펼쳐 가지런히 소독한 용기에 넣고, 어린 식초와 종초를 가만히 붓고 천을 덮어 연꽃 성분, 맛, 향이 침출하게 한 다음 나머지 초를 익힌다.

2

현미이양초 익어가는 모습

꽃이 떠 있다 가라앉으면, 하루에 두 번씩 살짝 들어올려 성분 추출을 돕는다.

초막이 생기면 초막 관리를 하며 맛을 보아 처음 초 안칠 때와 비교하고, 초막과 함께 꽃식초 익어가는 것을 판단한다.

보통 물기만 잘 제거하여 담그고 욕심내어 많이 넣지 않으면, 연꽃식초는 무난하게 은은한 향을 내며 익어간다.

현미이양 거르기

초 안치고 일주일째부터 초막이 생기기 시작하는데, 소독한 도구로 금만 가게 깨어 초산균 유입을 도우며 초를 키운다. 한 달 후 연꽃색이 다 바래면 고운 천에 걸러 소독한 용기에 넣고 나머지 초산발효에 들어간다.

식초 완성

거르고 한 달이 지나니, 초막도 완전히 사라지고 초맛이 깊게 들었다. 맛을 보니 연꽃 향이 은은하며 상큼한 맛이 참 좋다.

초는 환경과 술, 종초에 따라 익는 기간이 다르지만, 완벽히 익으면 숙성시키지 말고 향과 맛을 즐기며 바로 먹는 게 좋다.

담그기 

 – 연잎이 건조된 것이라 막 익어나온 초에 넣어 담근다.

준비물

- 백연잎차 : 20g
- 현미식초 : 1ℓ
- 용기 : 적당한 것

백연잎 침출식 초 안치기

백연잎을 소독한 용기에 넣고 현미식초를 붓는다. 하루에 두 번 정도 살며시 저어 고루 성분 추출이 되게 하고, 천을 덮어 공기 중 초산균이 들어가 다른 재료가 들어간 식초의 재초산발효를 돕게 한다.

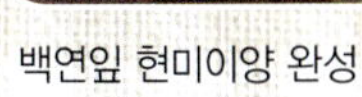

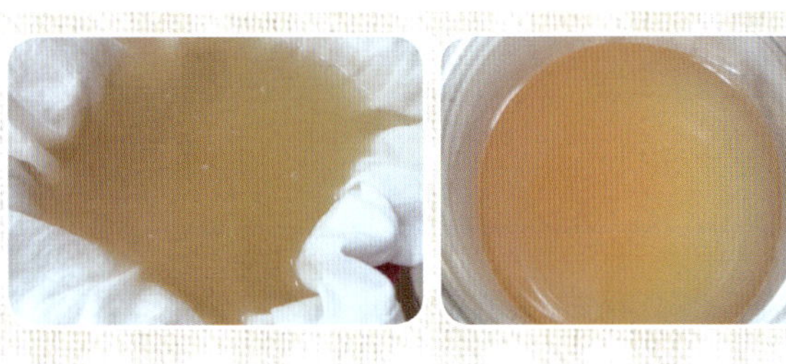

백연잎 현미이양 완성

자주 들여다보고 건지가 떠 있으면 뜸팡이가 생기니 저어주어 식초에 잠기게 한다.

건재인 백연잎을 넣었던 익은 초는 한 달 후 고운 천에 거른다. 초막이 없고 초맛이 다 들었으면, 20일 정도 더 두어 완벽한 초발효를 하게 한다. 숙성시키지 말고 바로 먹는 것이 향과 맛을 느끼는 데 더 좋다.

냉동된 꽃으로 식초를 하다니 놀라울 것이다. 식초를 하는 재료는 응용을 하면 엄청나게 많다. 앞으로 몇 가지 더 나오니, 공부하여 실패 없는 차식초를 담그자. 곡물로 담근 술이나 익은 초만 있다면 재료의 특성에 따라 선택하여 간편하게 할 수 있다.

그러나 곡물식초는 없고 다른 식초는 있는데, 안 될까?

할 수 있다.

단, 향, 색, 맛이 강한 것은 즐기고자 하는 꽃차, 잎차의 맛을 해치니, 사과, 배처럼 모든 것이 순한 맛의 식초를 담근 게 있다면 가능하다.

이런 방식의 식초도 초막은 생기니, 그대로 두지 말고 관리하여 초를 익히게 도와주면 무난히 익는다. 소량만 하는 것이라 금방 초가 익어나오므로, 오래 두면 본연의 모든 것이 현미나 곡물식초 맛에 덮여 줄어들거나 사라진다. 조금씩 담가 상큼할 때 먹도록 한다.

장미꽃 현미이양주
침출식 식초 담그기

경남 양산 산속에 예쁜 집을 짓고 사시는 분이, 장미꽃이 있으면 좋겠다는 내 글을 보고 정원 담장에 키우던 장미꽃을 따 곱게 건조하여 보내주셨다. 다른 집은 물론 드나드는 차도 흔치 않은 청정한 지역의 꽃이라 마음놓고 식초를 한다.

이 장미꽃을 가지고 정석대로 찹쌀로 당화시켜 담기도 했고, 이렇게 금방 익은 초에 침출식으로 담근 것을 책에 올렸다. 장미꽃 깨끗한 것을 구하면, 또 마침 담가놓은 초가 있으면 시작해보자.

장미꽃은 어디서나 흔히 볼 수 있는 꽃이지만, 다 식용으로 차를 만들거나 식초를 만들면 곤란하다. 공기나 땅의 오염을 생각해야 한다. 즉, 아파트를 비롯한 대단위 주거지역은 방역을 하니 잘 알아보고 채취해야 한다. 씻을 수 없는 재료이므로 선택을 잘해야 하며, 오염되지 않게 건조하여 뜨거운 물에 우려먹거나 멋진 식초를 담가보자.

방식은 앞서 공부한 대로 건조된 꽃차라서 익은 식초로 침출해야 한다.

- 장미꽃 : 20g
- 금방 익어나온 곡물식초 : 1ℓ
- 용기 : 적당한 것

장미꽃 현미이양 침출 초 안치기

청정한 장미꽃 20g을 소독한 용기에 넣고, 식초를 가만히 붓고 천을 덮어준
다. 꽃이 떠 있으면 가만히 두고, 가라앉으면 하루에 두 번, 열흘 정도 저어준
다. 그대로 두면 고루 침출되면서 노르스름하던 것이 장미꽃을 닮아 점점 붉어
지기 시작하고, 장미향이 풍기는 식초로 익어간다.

초막과 식초 완성

다 익은 초로 했지만 넣어준 꽃으로 인해 재초산발효가 일면서 초막이 살짝
생기는데, 가만히 저어 초산균이 들어가 초를 키우도록 한다. 한 달 후 고운 천
에 걸러 소독한 용기에 담는다. 초막이 생기지 않고 초가 익었으면 20일 정도
더 두었다 바로 먹어도 되고, 초막이 생겼다가 사라지고 초가 다 익었으면 며칠
후에 먹으면 된다.

며칠 더 두는 이유는, 용기를 옮길 때 덜 익은 초라면 초막이 다시 생길 수도

있으니 시간을 주는 것이다. 이 식초는 아주 얇은 초막이 잠시 생기면서 병테두
리 술이 묻은 곳에 초산균이 붙어 있다.

침출 식초는 익어가는 어린초, 다 익은 초만 있으면 소량의 건재로 빨리 초를 익혀 먹을
수 있는 최상의 방식인데, 향, 맛. 색을 특별하게 즐기고 싶다면 더욱 좋다.

적당한 양을 넣어 은은함을 즐기는데, 많이 담가 오래 두고 맛을 즐기고 싶다면 침출이
아니라 정석대로 담근 초도 별로이다. 500~1,000㎖ 소량만 담가 차 성분의 모든 것, 즉 현
미 성분을 포함해서 초산이 가지고 있는 각종 물질을 한번에 먹도록 하자.

오래 숙성시켜도 성분 변화는 없지만, 오랜 시간 수십 가지 차들로 식초를 해본 결론은
소량으로 빨리 초를 익혀 맛을 즐기는 게 최고라는 것이다.

꽃차나 잎차에 좋은 성분과 특별한 효능도 있으니, 잘 담가서 나에게 필요한 것을 섭취하
고 맛, 향도 즐겨보자.

홍화꽃 현미이양주 침출식 식초 담그기

홍화꽃을 구입하여 식초를 해보니 색이 너무 고와, 그 효능과 성분을 취하고자 하는 분들을 위해 준비했다. 홍화꽃은 나이 들어 뼈에 도움이 된다는데, 완전 건조한 꽃이라 덜 익은 식초보다 다 익은 곡물식초에 단시간 침출하여 먹는 게 더 좋다. 그래야 더 빨리 식초가 되어 먹을 수 있다.

홍화꽃식초는 익어가며 성분, 맛, 향이 추출되어 노란색의 식초로 변하는데 정말 곱다. 보기만 해도 즐거운 식초이다. 또 향이 무난하고 맛도 부드러워, 다른 꽃차들처럼 쉽게 담가먹을 수 있다. 청정하게 키운 꽃으로 식초를 하는데, 홍화꽃은 꽃받침이 아주 크고 가시가 붙어 있다. 노란꽃만 뽑아내지 말고 꽃송이 그대로 한다.

준비물

- 홍화꽃 : 100g (꽃받침이 많고 꽃은 얼마 안 되어 차의 양을 늘려야 좋음)
- 금방 익어 나온 곡물식초 : 2ℓ
- 용기 : 적당한 것

홍화꽃 현미 침출식 초 안치기

갓 건조되어 나온 홍화꽃은 초록색 꽃받침에 노란 꽃술들이 너무 예쁘고 곱다. 뜨거운 찻물에 한잔 우려먹으며 식초를 담가보자.

홍화꽃은 꽃술이 얼마 안 되어 넉넉히 넣어준다. 건조한 상태지만 모양은 그대로라 용량대로 넣는 게 좋다.

나는 홍화꽃 성분의 극대화를 위해서 뽕잎과 백연잎을 같이 하면 좋을 것 같아, 건조한 두 가지 잎차를 분쇄기에 갈아 조금 넣는다. 독자들도 홍화꽃만 하지 말고 두 가지가 있으면 같이 해보는 것이 좋을 듯싶다.

소독한 용기에 홍화꽃차와 뽕잎차, 백연잎차를 넣고 금방 익어나온 식초를 가만히 부은 다음, 천을 덮고 재초산발효와 성분 침출에 들어가자.

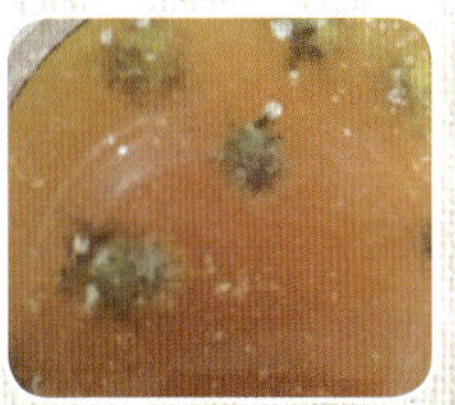
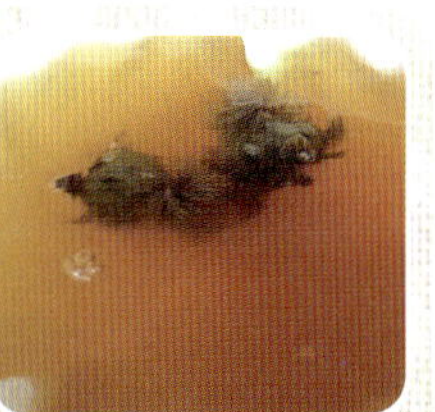

초 거르기

처음 며칠은 꽃이 가벼워 식초 위에 떠 있지만, 서서히 밑으로 가라앉고 초에 절여져 부피도 줄어들면서 점점 황금색으로 물들어간다. 그래서 양을 넉넉히 넣으라고 했는데, 색도 곱고 성분 포함도 역시 좋을 것이다.

가라앉으면 소독한 도구로 가만히 꽃을 일으켜 위 식초에도 성분이 우러나게 도와주면, 다 익은 식초라도 초막이 얇게 생긴다. 초막을 살짝 저으면, 완전히 사라지지 않고 조각들이 남아 초산균이 들어가 초를 키우는 밑바탕이 된다.

한 달 후 고운 천에 걸러 소독한 용기에 넣고 나머지 초발효를 시킨다.

초막과 식초 완성

거르는 초에 얇은 초막들이 조금씩 보인다. 익은 초라도 새로운 재료가 들어가니 재초산발효를 하는데, 그래야 산도도 좋고 성분도 높아진다. 건지는 자연스레 초가 나오게 두고 꼭 짜지 말자.

걸러낸 초는 20일 정도 초막을 보이더니 완전히 사라지고 맑은 홍화꽃식초로 나왔다. 와인 잔에 담아 식초색을 감상한다. 참 곱다.

맛을 보니 막 익어나온 식초 특유의 상큼함과 깔끔함이 있는데, 한 달쯤 더 두었다 먹으면 된다.

변해가는 식초색

홍화꽃식초가 익은 지 몇 달 지나니 초색이 점점 짙어진다.

    곡물식초는 숙성될수록 맛, 향, 색이 달라지는데, 특히 현미식초는 처음 나왔을 때와 완전히 다른 맛과 향을 낸다.

    꽃차식초를 하는 데도 현미나 곡물식초를 넣으면 숙성되면서 맛이 달라지는 것을 느낄 수 있다. 소량씩 담그라는 말은 차의 모든 것을 고스란히 상큼발랄하게 즐기기 위한 것이니, 욕심으로 담그지 말았으면 한다. 물론 많은 양은 색을 더 짙어 보이게 하지만, 완성한 사진과 몇 달 지난 뒤 사진의 식초색이 다른 걸 알 수 있다.

    꽃차와 식초만 있으면 언제든지 침출해 두 달 정도면 먹을 수 있으니 편하게 담가먹자.

    홍화꽃식초의 맛을 알고 싶다는 분이 보내온 꽃이 있어 식초를 담갔는데, 이제 거의 다 익어 맛을 전할 수 있게 되었다. 꽃이 주는 아름다움을 식초로 더 아름답게 탄생시켜 먹자.

목련꽃차, 생강나무꽃차, 국화꽃차, 비트차 현미이양주 침출식 식초 담그기

여러 가지 꽃차 담그는 걸 좋아해 보통 구증구포를 한다. 국화꽃차는 선물로 받은 것이고, 목련은 건조기에 바로 말렸고, 비트, 생강나무꽃차는 아홉 번 덖고 말린 차로서 정성이 많이 들어간 것이다. 차 침출식의 마지막 순서로, 어떤 것도 된다는 것을 보여 다양성을 전하기 위해 여러 가지 차들을 담가본다.

완전히 건조한 차들을 익은 곡물식초에 침출하는데, 목련, 생강나무, 국화꽃차는 특히 향과 맛이 강하니 소량을 넣고 초가 익으면 바로 먹어 향기로움을 그대로 즐기자.

방식은 앞서 공부한 그대로 하면 되니 배합률과 사진으로 본다.

- 목련 10g, 생강나무 10g, 국화 10g, 비트차 20g
- 다 익은 곡물식초 : 1ℓ
- 용기 : 적당한 것

목련꽃 침출 현미이양

목련꽃차식초 : 향과 맛이 강하니 정량을 넣어야 하고, 꽃의 상큼함을 위해 막 익은 식초를 준비하여 소독한 용기에 꽃과 식초를 넣고 천을 덮어준다.

국화꽃 침출 현미이양

국화꽃차식초 : 꼭 정량을 넣어야 은은한 향과 맛을 즐길 수 있다.

생강나무꽃 침출 현미이양

생강나무 꽃차식초 : 소독한 용기에 꽃차와 식초를 넣고 천을 덮어준다.

비트 침출 현미이양

비트차식초 : 색상이 빨간 정열적인 식초로 나오는데, 맛도 구수하고 좋다.

다 익은 식초로 했으며, 초막이 가볍게 생긴다. 용기를 살짝 흔들어 깨주면 초산균이 들어가 익은 초와 같이 초를 단시간에 익혀낸다.

넣는 식초는 산도가 4.5 이상 되는 것으로 하고, 재료를 많이 넣을 때는 5 이상 오른 것으로 해야 초가 익는다. 변질되지 않고 초를 익혀내고, 초가 다 익어나왔을 때 산도가 낮아져 먹는 중에 물이 되는 현상 없이 새콤한 식초를 얻도록 한다.

식초에 재료가 들어가 초산발효를 하며, 차들의 성분, 색, 맛, 향을 침출해 각각 가지고 있는 특징 그대로 맛을 내니, 장식 겸 조금씩 담가 익혀먹자.

특히 향과 맛, 색이 고운 식초는 다 익으면 절대 오랜 시간 숙성시키지 말고, 익는 대로 차의 모든 것을 즐겨보자. 뜨거운 물에 우려먹는 것도 좋지만, 다 익은 산도 좋은 식초에 침출해 먹으면 더 행복한 맛을 즐길 수 있다.

집에 있는 여러 가지 차들로 식초를 만들어 그 성분과 효능을 취하고, 음식에도 넣어 자연스럽게 먹자.

콩 현미이양주 침출식 초간단 식초 담그기

　이번 주제는 흔히 접하는 것이면서 완전 새롭고 흥미로운 식초, '아, 이런 건 몰랐네.' 하는 콩식초이다. 흔히 초콩을 하는 방식인데, 초콩보다는 콩식초가 좋아 며칠 만에 아주 간단하게 만들어 먹는다.

　검정콩(서리태, 쥐눈이콩〈약콩〉)에 직접 담근 식초가 없으면 거의 양조현미, 사과식초에 담가 콩을 먹는데, 남은 식초는 반찬에나 쓰지 음료용으로 먹기에는 불편하다. 따라서 잘 담근 천연, 천연발효, 전통식초에 담가서 콩을 꺼내고 남은 식초를 마음놓고 먹도록 하자.

　콩식초는 초간단으로 콩에 식초를 넉넉히 넣어 일주일 만에 거르고, 콩 먹고 콩식초 먹는 것이다.

　콩만 잘 준비해 식초 속에 넣으면 끝~~~

　며칠 지나 짙은 보라색의 맛있는 식초를 먹어보자. 단, 콩만 초에 절여 먹는다면 식초도 많이 필요없으니 산도 4만 넘어도 된다. 하지만 콩식초를 먹으려면 콩도 많이 넣어야 하

- 검정콩 : 한 컵
- 현미이양주식초 : 5컵
- 용기 : 적당한 것

고, 산도가 조금 높아야 다시 초막이 생기거나 뜸팡이가 피는 현상이 생기지 않으니 주의한다. 즉, 초콩을 먹으려면 콩이 불려질 것을 계산해 그 양이 넉넉해야 하고, 콩식초를 먹으려면 식초를 콩의 4배쯤 넣는다,

담그기

콩 현미이양주 침출

검정 서리태, 쥐눈이콩 등 어느 것이든 준비하여, 잡티나 썩은 것을 골라낸 후 소쿠리에 담는다. 물을 틀어 흐르는 물에 껍질이 벗겨지지 않게 얼른 비비듯이 씻고는 소쿠리째 물을 탈탈 털어 콩이 붇지 않게 한다.

콩을 익히거나 볶는 것이 아니라, 기름기가 전혀 없고 음식 냄새 안 나는 팬이나 솥에 넣어 센 불에 물을 말리는 정도로 덖는다. 그런 후 채반에 잠시 널어 완전하게 물기를 말린다. 소독한 용기에 말린 콩을 넣고 식초를 넉넉히 부어준 다음, 병뚜껑을 닫아 너무 덥지 않은 실내에 둔다.

콩 현미이양주 침출색

현미식초의 노랗던 색이 하루가 다르게 보랏빛으로 물든다. 콩의 성분과 껍질에 풍부한 안토시아닌이 우러나오는 것이다.

식초 완성

일주일째 식초색이 가지색으로 변하고 콩은 불어 퉁퉁해진다. 콩을 건져 맛을 보니, 딱딱한 콩이 아삭하게 부서지면서 신맛이 입안에 확 돈다.

식초도 처음 넣을 때보다 더 신맛이 나고 콩에도 구수함과 단맛이 더해져, 맛있고 매력적인 식초가 되었다.

고운 천에 걸러 초와 콩을 분리한다. 콩에 약간의 초를 부어 우리 먹을 것과 나의 초콩을 기다리는 사람들에게 나누어줄 것을 담는다. 초콩은 아주 좋아, 양조식초로만 해먹던 사람들에게 내가 만든 최고의 식초에 절인 초콩을 전한다.

걸러낸 콩식초는 각종 음식과 우유에 넣어 현미, 초산, 콩의 성분을 한꺼번에 섭취하는 즐거움을 얻는다.

　초콩을 만드는 데 중요한 것 두 가지, 산도 좋은 식초가 있고, 콩이 붙지 않게 씻어 팬에 볶을 때 익지 않도록 재빨리 물을 말려야 한다. 그러면 언제든지 쉽게 만들어 건강한 먹거리로 남녀노소 누구나 먹을 수 있다. 또 이렇게 좋은 식초를 넉넉히 넣어 콩도 먹고 콩 성분이 우러난 식초를 별도로 먹는데, 어찌 좋지 않으리요!

　그러나 식초를 너무 많이 넣어 옅어지지 않게 적절히 뽑아내야 진한 성분을 먹을 수 있다. 지인들과 애제자인 여사친, 이쁜 동생에게 전하려고 최고의 식초에 콩을 절여 콩식초를 뽑는다.

　콩식초는 산도가 낮거나 콩에 물기가 있으면 넣은 콩에 의해 재초산발효가 일어 초막, 산막이 생기기 쉬우니, 준비를 철저히 해야 상큼한 식초와 콩을 먹을 수 있다.

　콩만 먹는 초콩 말고 식초도 먹을 수 있는, 간단하지만 영양과 맛이 있는 콩식초, 지금 담그러 가요~~~

# 다양하고 재미있는 식초 담그기

많은 식초를 담갔다.

종초를 담그고 키우고, 종초용 막걸리식초, 발효액, 발효액 건지, 천연발효식초, 기능성 천연발효식초.

현미식초, 기능성 현미전통식초, 약초 기능성 현미전통식초, 침출식 생재, 침출식 건재, 가루, 꽃차 등 늘 보면서 상상도 못했던 재료로 식초를 담그고, 이런 것도 식초가 되는가 싶은 재료 가지고도 공부를 하여 식초의 신세계를 알았을 것이다.

정해진 틀에서 응용을 하여, 내가 담그고 싶은 재료, 내 가족이 꼭 필요한 것으로 기본을 이루고 있는 성분들과 원재료의 영양, 효능, 약성을 취하기 위해 최고인 식초를 담가왔다.

정석에서는 약간 벗어났지만, 기본적인 것을 얻고자 침출식으로도 담가보았다.

별다른 첨가물 없이 곡물, 원재료, 누룩, 물, 설탕, 효모만으로 놀라운 맛을 내는 것을 공부했으니, 이젠 또 다른 방식으로 식초를 향한 길을 내딛어 본다.

이 글을 보면 '아, 이런 방법이…… 나도 있는데.' 하며 얼른 일어나 재료를 보러 나가게 될 것이다.

현미, 쌀, 찹쌀로 담근 식초, 종초로 쓰는 식초가 있고, '나도 식초 담가야지.' 하고 일어날 재료가 있다면, 책을 보며 담가 온 가족이 성분 섭취를 할 수 있는 아름다운 물을 만들어보자.

🏺 술지게미를 이용한 식초 담그기

곡물로 술을 담가 거르면 지게미(주박)가 나온다. 꼭 짜서 버리거나 물을 조금 넣어 주물러 술에 가수로 쓰기도 하지만, 한 가지 새로운 방법이 있다. 꼭 짜거나 물을 넣어 짜내지 않은 술지게미는 곡물의 성분과 누룩의 영양이 들어 있다. 또 술을 듬뿍 품고 있어 다른 술발효를 하는 데 요긴하게 쓸 수 있다. 이런 지게미를 이용하여 식초를 담글 수 있다. 즉, 곡물술을 별도로 담그지 않고 지게미만 넣어도 어느 정도 곡물의 성분이 포함된 식초를 담글 수 있다.

특별히 귀한 재료나 꼭 필요한 성분과 약성을 얻기 위한 식초는 정석대로 술을 담가 만들고, 주로 발효액 건지로 술을 담그고 흔히 접하는 생재에 넣어 곡물 성분과 효모로 이용하면 좋다.

책에는 세 가지 생재와 건지를 이용한 것으로 올린다. 생재나 건지 중 응용하여 담그고 싶은 재료 각각 한 가지씩만 올렸지만, 방식은 같으니 하고 싶은 재료로 마음껏 담가 지게미 활용도 하고 곡물 성분도 취하는 두 마리

토끼 잡기 식초를 해보자.

생재, 건지에 넣을 술지게미는 꼭 짜지 말고 자연스레 이틀 정도 술이 흘러내리게 한다. 많은 술들이 빠져나갔지만, 지게미를 만져보아 촉촉한 것으로 해야 술발효도 잘되고 성분도 높다.

'아까워라! 술을 짜면 많이 나올 건데.' 싶지만, 막상 짜보면 뿌연 막걸리 500㎖~1ℓ 정도가 나온다. 그냥 버리는 것도 아니고, 새로운 술을 담그는 씨앗으로 쓰는 거라서 절대 아깝지 않다. 나중에 초가 익어 맛을 보면 얼마나 맛있는지 알게 된다. 이제 버렸던 술지게미로 멋진 식초를 담그는 공부를 시작해보자.

청양고추 현미지게미
식초 담그기

이웃집 할머니가 옥상에 고추를 몇 포기 심었는데 그냥 물만 주는데 어찌나 많이 열리는지 감당이 안 된다면서, 빨갛게 익어가는 것과 섞어 고추 장아찌 하라고 한 자루 따다 주셨다.

몇 년 전에 붉은 물고추 건지에 술지게미를 넣어 담근 식초를 맛있게 먹고, 지금도 몇 ℓ 숙성 중이다. 양념으로 정말 맛있게 먹는 것이라, 이번에도 식초를 담가먹기로 하고 준비한다. 완전한 친환경에 매운 청양고추라, 식초하기엔 최고이고 끌리는 재료이다.

어떻게 담글까 잠시 생각을 했다. 설탕을 넣어 천연발효식초로 할까, 현미와 같이 할까 하다가, 마침 술을 거르는 중인 현미이양주 술지게미를 이용하기로 결정했다. 고추를 씻고 물기를 뺀 다음, 마른 행주로 닦아 분쇄기에 갈아 식초를 한다.

- 청양고추 : 2kg　　　■ 현미지게미 : 3kg
- 누룩 : 100g(효모를 넣으려면 차스푼으로 한 스푼 반만 넣음)
- 물 : 발효액, 지게미를 넣고 물을 조금씩 붓는다.
- 발효액 : 1ℓ(없으면 설탕 500g)　　　■ 종초 : 술 양의 20%
- 용기 : 15ℓ

지게미를 이용한 식초는 맛도 좋지만, 대강 술을 품고 있어 술이 바로 누룩이나 효모 역할을 한다. 원활한 술발효를 위해 약간의 누룩을 첨가하고, 고추의 수분도가 낮고 지게미도 술이 많이 빠져나갔으므로 물을 넣고, 설탕이나 매실 발효액, 고추 발효액, 양파 발효액 등을 넣는다. 발효액 성분이 들어가면 당분이 추가되어 술발효가 아주 잘된다.

복잡해 보여도 원리만 이해하면 쉽다. 생재, 술지게미, 물, 누룩 소량, 설탕이나 발효액 등만 준비하면 된다. 책을 보며 따라서 한 번만 담가보면, 다음엔 내가 하고 싶은 재료에 술지게미가 있으면 굳이 곡물로 술을 하지 않아도 영양 높은 식초를 다양하게 만들 수 있을 것이다.

이제 청양고추와 술지게미로 같이 식초를 담가보자.

담그기

청양고추 현미지게미 초 안치기

술지게미가 나오는 날을 잡아, 고추는 친환경이 아니면 양조식초를 이용하여 여러 번 씻어 물기를 말린다.

분쇄기에 갈아 대야에 지게미랑 섞어 넣어도 되지만, 바로 용기에 넣고 물, 술지게미, 누룩, 발효액(없으면 설탕)을 넣는다.

물은 조금씩 넣는다. 즉, 빡빡하지 않고, 다 섞었을 때 술밥 사이로 액이 보일 정도로 넣고, 위생비닐 뚜껑을 덮어 술발효에 들어간다.

술 걸러 초 안치기

다음 날부터 이틀에 한 번씩 5번 정도 저어주면 고루 발효가 이루어지며 술이 차오른다. 지게미 넣은 술은 크게 부글거리는 발효는 아니지만, 나름대로 조용히 술을 익힌다. 섞어주며 술통 안에 코를 대보면 독한 술냄새가 난다.

한 달 후 빡빡하게 떠 있던 술밥들이 밑으로 가라앉고 맑은 술이 차오른다. 건드리면 뽀글거리며 기포가 생기는데, 술냄새가 코를 찌르는 맵싸한 술이 나오면 고운 천에 지게미를 꼭 짜 거르고, 소독한 용기에 종초와 같이 초를 안친다. 그리고 천을 덮어 공기 중의 초산균이 마음대로 들어가 초를 키우게 한다.

식초 완성

청양고추식초는 아주 잘 익는데, 특히 지게미를 넣어 술발효를 하니 더 잘 익는다. 현미의 향과 매운 고추의 향이 섞여 저절로 침이 넘어가고, 초막이 생겨 맛을 보니 매콤하고 달콤하고 새콤함이 곁들여 나온다.

매운 고추로 하면 캡사이신 성분 때문에 역시 초가 문제를 일으킬 확률이 낮다. 고추 발효액을 해 보면, 설탕을 많이 넣어도 신맛이 살짝 감돈다. 고추 자체는 산도가 없어도 발효되면 묘하게 신맛이 생성되어 초가 맛있게 잘 익는다. 초막도 심하게 생기지 않고 매운 맛이 매력이라, 음식하는 데 넣으면 아주 특별할 것이다.

- 술 걸러 초 안칠 때 당도 → 11브릭스
- 초 익어서 숙성 중 당도 → 9.5브릭스
- 산도 → 4.8

지게미 넣은 고추식초 종초의 양을 10%나 줄여 넣은 이유는?

한 달 동안 현미술 발효를 하여 술은 약 15~20일이면 다 익지만, 나머지 시간은 미세하게 초산발효를 한다. 술을 걸러 맛을 보면 살짝 신맛이 나고, 지게미 역시 신맛이 있다. 그런 지게미를 고추술 담그는 데 넣었고, 발효액도 보통 5~20%의 알코올이 생성된 것이라 고추술이 발효되면서 복합적인 요인으로 초맛이 감돌아 종초를 많이 넣지 않아도 초가 잘 익는다.

지게미나 생재(고추 등)의 양이 꼭 정해져 있는 것은 아니다. 독자들은 준비되는 원재료와 크게 상반되지 않는 양을 정해 이 글을 기초로 나만의 지게미식초 담그는 것을 알아간다.

지게미는 많은 영양 성분을 갖고 있고 술이 되는 효모로서의 역할도 충실한데, 너무 꼭 짜내어 제대로 할 일을 못하는 지게미는 쓰지 않는 것이 좋다, 아깝다고 생각하지 말고 새로운 식초를 만드는 것이므로 술이 넉넉한 것으로 담그자.

발효액 종합 건지로 술지게미식초 담그기

발효액을 담그고 나면 버리기 아까운 건지들이 있다. 앞서 건지에 물과 누룩이나 효모를 넣고 천연발효 방식으로 식초를 했으니, 이번에는 술지게미를 이용해 식초를 담가본다. 발효액과 마찬가지로 건지에도 알코올 성분이 생성된 상태라 술 담그면 발효가 빠르고 초도 잘 익는데, 여기에 술지게미까지 넣으면 맛있는 초가 익어나온다.

건지도 생재처럼 담그는 비율이 정해져 있지 않아, 내가 담그고 싶은 건지에 지게미 양은 반만 넣고 물은 건지와 지게미를 넣어 섞은 후 잘박하면 충분하다. 건지 자체가 발효액을 걸러내어 당분이 있으니 당분은 추가하지 않아도 되고, 누룩이나 효모는 약간 추가하여 술발효를 도우면 된다. 단, 건지에서 나오는 당분이 너무 낮아지지 않게 지게미

- 발효액 거르고 나온 건지 종합 : 칡순, 양파, 오미자, 영귤, 머위 순
- 현미지게미(쌀. 찹쌀) : 건지 양의 반
- 물 : 건지와 술지게미를 섞은 후 잘박하게
- 누룩 : 건지 무게의 10%이나 술지게미가 술발효를 도우니 0.4%만 넣는다.
  즉, 건지 10kg면 지게미 넣고 누룩은 400g으로 충분하다.
- 효모 : 넣고 싶으면 4~5g
- 용기 : 건지, 술지게미, 물이 들어가니 넉넉하게 준비 ▪ 종초 : 술 양의 20%

와 물을 넣어야 한다. 지게미로 담그는 방식은 책과 같이 공부하면 된다. 귀한 재료, 성분 좋은 재료로 식초 담그고 나온 건지를 버리기 아까워 묻어둔 것을 당장 꺼내어 담글 수 있다. 술지게미가 없으면 앞서 공부한 건지식초 방식으로 담그면 된다.

건지와 술지게미는 다른 재료들보다 실패가 적고 달콤새콤하고 맛있어, 음료와 반찬에 요긴하게 넣어 먹을 수 있다. 이제 버리자니 손이 안 가고 그냥 두자니 귀찮았던 건지와, 너무 많이 나와 처치곤란이었던 술지게미, 이 두 가지 계륵 같던 재료로 책을 보며 멋지게 식초 담그러 고~~고 씽~~~

담그기 

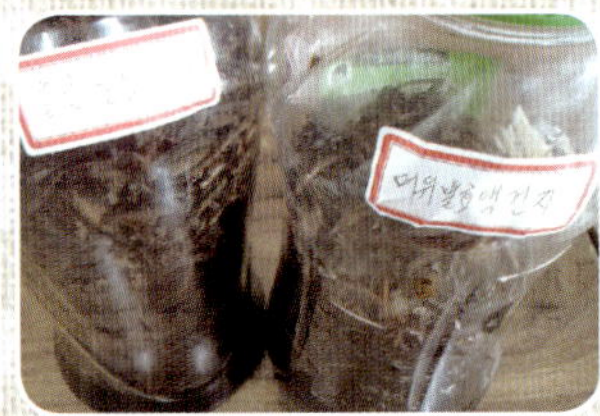

발효액 종합 건지들

건지로 술을 할 때는 액을 꼭 짜내지 말고 자연스레 흘러내려 축축한 상태로 준비한다. 액을 다 뽑아내 건지가 바싹 말랐으면 굳이 식초를 하지 말고 버린다. 일단 발효액을 담가 재료의 성분이 침출됐으면 쭉정이가 된 것이다. 건지가 액을 품고 있어야 취하고자 하는 성분, 맛, 향을 넉넉히 얻을 수 있다.

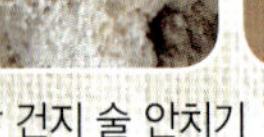

발효액 종합 건지 술 안치기

축축한 건지는 소독한 용기에 넣고 물을 3분의 1 넣어 고루 섞는다. 지게미는 적당량 넣는데, 너무 많아도 좋지 않다. 술을 거를 때 지게미가 다 물고 나가 양이 푹 줄어들기도 하니, 건지를 보며 넣는다.

술지게미가 효모 역할을 하지만, 그래도 누룩이나 효모를 조금 뿌려주면 술이 더 잘되니 넣고 골고루 섞는다.

지게미와 건지, 누룩이나 효모가 골고루 술발효를 이루어 잔잔하고 조용하게 술을 익힌다. 위생비닐 뚜껑을 덮어주고, 2,3일에 한 번씩 다섯 번 저으면 제법 알코올 도수 높은 술이 나온다.

술발효 모습

일주일 정도 지나면 건지가 빡빡하게 위로 차오르고, 밑에 술이 고인다. 뚜껑을 열면 제법 독한 술냄새를 풍기며 익고 있다.

한 달 후 술을 걸러 소독한 용기에 넣고, 종초를 넣어 초를 안치고, 한지나 천을 덮어 술발효를 한다.

발효술 거르기   초 익히기

술지게미와 건지로 익힌 술은 초가 잘 익어 종초의 양을 조금 줄여도 무난히 초를 이룬다. 그래도 배합률에 욕심이 들어가 비율이 적당하지 않으면, 술이 약하고 당연히 초가 약해 산막이나 물이 될 확률이 높아진다.

건지에 당분이 충분하도록 술을 담가야 술지게미와 물이 들어가도 당도가 아주 낮아지지 않는다.

초막은 일주일부터 생겨 온도만 맞으면 빨리 익는데, 맛을 보아 초막을 살짝 깨주면 두어 달이면 맛있는 초를 선물한다.

술지게미로 담그는 식초는 생재, 발효액 건지 등 뭐든 다 섞어서 할 수 있다.

발효액을 담그지 못해 한 회원에게 부탁하여 여러 가지 건지를 구하여 식초를 담갔는데, 깊은 감사를 드린다.

건지 한 가지가 충분하면 단독으로 담그고, 양이 적으면 다른 것과 같이 담가도 된다. 종합으로 담근 식초는 성분과 맛이 섞여 향과 맛이 묘하게 끌리는 매력이 있다. 단, 양파, 마늘, 무, 호박, 삼채 같은 건지들은 넣지 않거나 아주 소량만 추가한다. 그들이 갖고 있는 강한 맛과 향이 다른 재료들을 덮어버리기 때문이다. 각종 건지가 서로 어우러지게 비슷한 양을 넣어 종합 건지 식초를 담그자.

건지와 술지게미를 많이 뽑으려 너무 많은 양을 넣으면 반드시 산막이 생긴다. 건지를 꼭 짜서 물과 지게미를 넣어 담그면 산막이나 물이 될 확률이 높으니, 건지가 액을 충분히 품게 한다. 욕심도 좋지만 지게미와 물을 적당히 넣어 술이 잘 익도록 하고, 누룩이나 효모를 조금만 넣어 술발효를 돕자.

지게미를 이용한 원리를 알았으니, 특별한 재료로 담근 건지는 종합, 단독으로 식초를 담가 발효액에 타서 먹으며 맛과 성분을 다 나의 것으로 만들자.

엑기스 식초 담그기

집집마다 건강을 위해, 또 음료로 먹기 위해 중탕집에서 생재나 건재로 엑기스를 많이 달인다. 약성이나 효능을 보고자 약초나 귀한 열매, 뿌리 등 갖가지 재료를 달여 먹지만, 잘 안 먹어 구석에서 그냥 잠을 자고 있는 것들이 제법 있을 것이다. 맛없고 먹기 힘들고, 핑계를 대자면 백 가지도 넘는다. 나 역시 황칠액, 양파액, 포도즙을 달여놓고는 한 봉지 먹는 데 1분도 안 걸리는 걸 오만 가지 핑계를 대며 안 먹고 있다. 그렇다고 버리기는 너무 아깝다. 어른은 물론 아이들도 마찬가지이다. 부모 마음에 꼭 필요한 성분이라 생각해서 달여 왔지만, 절대 먹지 않는데야 어쩌겠는가. 어쩔 수 없이 그냥 두었다가 오랜 시간이 지나면 아까워라를 남발하며 버리게 된다. 몸에 좋다고 비싼 돈 준 것일수록 먹기 힘들고 맛이 없다.

이제 특별한 약성을 가진 엑기스, 가족들이 외면하는 액을 가지고 멋지게 식초를 담가보자. 먹기 싫어하던 가족들의 음식에, 음료에 넣어주지만 전혀 모르고 맛있게 먹어, 식초 담근 보람이 철철 넘칠 것이다. 과일 중탕액은 원래 당도가 좋은 데다 달이는 바람에 더 높아져(사과, 포도, 배 등을 100% 진액으로 내렸을 때), 당분 추가 없이 효모나 누룩을 넣어 술을 담그면

된다. 단, 물을 넣어 달이는 바람에 당도가 낮아졌다면 설탕을 넣어 맞추어야 한다. 열매, 뿌리, 잎, 나무 등(황칠, 꾸지뽕, 헛개나무, 상황버섯, 겨우살이, 약도라지, 수세미 등) 특별한 약성을 보기 위해 달인 액은 기본적으로 당도가 없다. 달여도 마찬가지이니, 설탕을 넣어 당도를 24브릭스로 맞추어 누룩이나 효모를 넣고 술을 담근다.

흔히 하는 호박, 아로니아, 양파, 칡 등은 당도가 있어 중탕을 하면 꽤 나올 것 같지만, 실제로 양파 엑기스는 12브릭스 정도이다. 따라서 당도를 24브릭스로 맞추고 누룩이나 효모를 넣고 술을 담근다. 당도계가 있으면 액의 당도를 재어본다. 책에 올린 중탕액은 아로니아인데, 농장에서 달인 것을 식초로 만들 수 있는지 문의해왔기에 담가서 보내주었던 것이다.

중탕액으로 식초를 담그는 방식은 거의 비슷해, 기본만 알면 무엇이든지 할 수 있다. 즉, 당도만 체크하여 설탕의 양을 조절하여 넣으면 아주 간단하다. 종초만 준비되어 있다면 냉장고에 틀어박힌 것을 당장 꺼내어 식초를 담그자.

설탕 양 계산하기

- 과일 100%면 보통 당도가 22~24브릭스 나오는데, 이 정도면 설탕을 넣지 않고 한다.
- 나무, 줄기, 버섯, 뿌리 등 당도가 전혀 없는 재료로 했다면, 24브릭스로 맞춘다. 당도계가 없으면, 액의 무게를 달아 설탕 20%를 넣는다.
- 호박, 양파, 아로니아, 칡 등은 당도계가 있으면 설탕을 조금씩 넣어 체크하면서 24브릭스까지 올리면 된다.
- 재료의 당도에 따라서 10~20% 설탕을 넣는다. 그러면 술이 되는 데 무리가 없을 것이다. 당도가 높거나 낮아도 알코올 도수가 약하게 나오니, 당분 첨가는 신중히 한다.

아로니아 중탕 엑기스 식초 담그기

담그기

아로니아 중탕 엑기스

아로니아 중탕 엑기스는, 농장에서 액도 식초가 되는지 알고 싶다 하여 보낸 것이다. 아로니아액을 소독한 용기에 붓고, 정량의 설탕을 넣고 고루 저어 설탕 입자가 남지 않게 한다. 효모나 누룩 중 한 가지만 골라 액 위에 뿌려주고, 위생 비닐 뚜껑을 덮어 밀봉하고, 바늘구멍 한 개 살짝 내어 술발효를 한다.

준비물

- 중탕 엑기스 : 7ℓ(아로니아 50%, 물 50% 넣은 중탕액)
- 설탕 : 10% 700g
- 용기 : 10ℓ
- 효모 : 0.1% 7g(누룩을 넣고 싶다면 10% 700g)
- 종초 : 술 양의 30%

아로니아 중탕액 술 안치기

술발효와 술 걸러 초 안치기

다음 날 뿌려준 효모가 고루 섞이게 젓고, 다시 뚜껑을 덮어 더운 계절에는 실온에, 겨울에는 따뜻한 방에 두면 술이 잘 익는다. 중탕액 술도 발효액 술처럼 자잘한 거품을 만들고 '슉슉' 소리를 내며 익어간다. 한 달 후 술을 걸러 소독한 용기에 중탕액 술, 종초를 넣어 초 안치고, 천을 덮어 초산균이 들어가게 한다.

초막과 식초 완성

술이 독하게 잘되어 초를 안치니, 3일 후부터 초막이 생기기 시작한다. 군데군데 떠 있으면 그냥 두고, 얇게 살짝 덮이면, 작은 용기일 경우 초막만 깨지게 흔들어주고 용기가 크면 소독한 도구로 살짝 저어준다.

초막이 짙어져 초산균이 들어가지 못하는 일이 있거나, 너무 많이 저어 초막들이 억지로 사라지는 일이 없게 관리하면 초는 무난히 잘 익는다. 반드시 맛을 보아 초막과 함께 초가 익는 것을 확인해야 나의 식초 변화를 알 수 있다.

초막은 약 40일 만에 사라지고, 미숙하지만 초가 익었는데도 두 달 더 익혀 아로니아 농장에 보내 중탕액으로도 초가 되는 것을 전했다.

물과 반반으로 달여 생재로 한 것보다는 향과 맛이 조금 옅지만, 산도는 5 이상인 식초로 나왔다.

중탕 엑기스로 식초를 담갔다.

이 글을 보면 '당장 나도 해야지.' 하게 되는데, 그 전에 주의해야 할 일이 있다.

가장 먼저 종초가 준비되어 있어야 성공률이 높고, 설탕의 양을 조절해 당도 24브릭스에 맞추어 술을 안치는 것이 관건이다. 그 외에는 발효액이나 술을 걸러 초를 안치는 모든 식초들과 같다.

두 가지, 산도 좋은 종초를 준비하고, 엑기스 당도(설탕 넣기) 맞추기를 잘하여 담가보자.

당도가 낮으면 알코올 도수가 약해 초가 익다가 문제를 일으키고, 당도가 너무 높으면 아예 술이 안 된다. 당도가 적당히 높으면 누룩, 효모가 당분을 소비하여 술을 만들고, 남은 당이 달콤한 홍초 같은 초로 익어나온다.

어느 집에나 있는 엑기스. 먹지 않고 있다면 맛있는 식초를 담가 성분, 효능, 약성을 자연스럽게 섭취하자.

# 각종 담금주 식초 담그기

가정마다 시중에서 파는 25~50도짜리 희석식 담금주에 꼭 필요한 약성과 효능을 취하기 위해 귀한 재료를 넣어놓는 경우가 있을 것이다.

특별한 재료일수록 독한 술에서 침출이 잘되므로 넣어놓지만, 막상 먹으려면 웬만큼 술 좋아하지 않으면 먹기 힘들다. 원재료의 약성을 보려는 사람들은 건강에 도움이 되기 원하는데, 술을 먹으면 안 되는 경우가 많다. 여자들도 너무 독해서 못 먹는 일이 많아, 구두쇠네 천장에 달아놓은 굴비처럼 구경만 하는 수가 있다. 따라서 담금주가 아니라 성분, 약성이 고스란히 추출된 식초로 재탄생되면 마음놓고 먹을 수 있을 것이다. 책을 보며 담금주로 담그는 식초에 대해 공부해보자.

천연, 천연발효, 전통식초를 담그고자 하는데, 편법이 가해진 식초를 무조건 담그는 것이 아니다. 필요에 의해 담금주에 넣은 재료의 성분과 효능을 먹으려니, 그나마 편하게 먹을 수 있는 식초를 담그자는 것이다.

보통은 술로 한 잔씩 먹는 것을 권하지만, 건강에 문제가 있어 술을 먹으면 안 되는 사람들은 식초로 전환시켜 술 대신 생활에 응용해 쉽게 섭취하는 방식을 택해보자.

담금주 식초는 아주 간단하다. 담금주에 넣은 재료의 수분도, 담금주의 알코올 도수, 물 넣는 양, 종초만 있으면 초간단 식초를 별 말썽 없이 담글 수 있다. 가장 중요한 것은 독한 담금주에 물을 넣어 초산균이 좋아하는 알코올 도수를 맞추는 것인데, 잘못하면 너무 높거나 낮아지니 적당한 도수를 맞추어야 한다.

초산균은 알코올 도수 6~7도에 초를 잘 키우지만, 경험이 적거나 온도, 종초의 상태에 따라 성공률이 달라진다. 담금주는 자체의 성분으로 문제가 생기는 일이 아주 드물지만, 그래도 물 조절을 신중히 하여 너무 물 같은 것 말고 성분도 높은 식초를 얻기로 하자.

이 식초의 포인트는 담금주에 넣은 재료가 생재인가이다. 생재면 수분이 많고 큰 과일이나 열매인가?

생재 열매지만 그 수분도에 따라 담금주에 넣었을 때 알코올 농도가 달라진다. 즉, 30도 술에 같은 무게의 사과를 넣었을 때, 매실을 넣었을 때, 마가목열매를 넣었을 때 알코올 농도가 달라진다. 큰 과일일수록 과육의 수분도가 높아, 술에 녹아나는 양에 의해 급격히 도수가 낮아져 15~18도, 많이 넣으면 6도 이하로 낮아지니, 물 조절에 신중해야 한다.

🍶 작고 단단한 열매

뿌리 같은 것으로 할 때도 수분도에 따라 알코올 도수에 변화가 있다. 정확히는 알 수 없지만 25도 이상이 나온다.

주정계가 있으면 재어 물 조절을 하지만, 까다로워 잘 사용하지 않는 사람들이 많다. 나 역시 주정계를 사용하지 않고 물 조절하는 것을 전한다.

 건재

잎, 뿌리, 줄기, 상황버섯 등 수분이 전혀 없는 재료들은 특별한 성분 침출을 위해 30도 이상의 담금주로 많이 한다. 바싹 마른 건재고 소량만 넣는 것이라 술 도수에는 크게 변화가 없어, 최고 5도 정도 낮아져 25도를 유지하게 된다.

이렇게 재료에 따라 알코올 도수도 조금씩 다르니, 철저히 계산하여 물을 넣도록 한다.

 담금주 식초의 문제점

담금주 식초는 적당한 물과 종초만 있으면 직접 담그는 식초보다 잘 익고, 초막 문제도 수월하게 넘어간다. 술이 탁하지 않고 맑고, 거기에 물을 첨가하여 담그니 색도 깨끗하며 맛도 상쾌한 식초이다. 그런데 그게 함정이다.

우리가 먹고자 하는 식초는 정석대로 담근 좋은 쌀, 과일, 열매, 산야초, 누룩(선택에 의해 넣는 효모), 설탕, 물로 술을 담가 발효시켜 초를 키우는 것이다. 그런데 비록 원재료가 침출됐다 하더라도 근본적인 술은 공장에서 만들어진 독한 희석식 담금주이다. 따라서 주의해야 한다.

술이 독하면 초산발효가 잘 일지 않고, 알코올 도수가 너무 낮으면 아까운 재료가 들어간 술이 썩을 수 있다.

 **왜 담금주 식초는 주의해서 담가야 하는가?**

담금주 자체가 만들어지는 과정이 집에서 담그는 술과 많이 다르고, 알코올 도수도 엄청 높아 초산발효가 끝나는 때가 분간이 잘 안 된다.

담금주의 특성상 산막, 곰팡이 등이 잘 생기지 않고, 조건만 맞게 초를 안치면 금방 익어 우리가 속는다. 초막이 약하게 생기고, 금방 사라지면서 맛을 보면 50%만 익은 상태라도 상큼한 향과 맛이 좋아, 귀한 재료의 성분을 섭취하려 얼른 먹게 된다. 이것이 함정이다. 시커먼 속을 숨긴 엉큼한 식초의 나쁜 예이다.

왜? 담금주 식초는 잘 조절하여 담그면 잘 익고, 깔끔하고, 맛도 금방 나고, 넣은 재료의 성분도 독한 술이 아니라 식초로 먹고 이 얼마나 좋은가. 노랫가락이 절로 나오는데……

주의 또 주의~~~

담금주 식초는 잘못하면 술 반 초 반인 식초를 먹게 될 확률이 높다. 50%만 익어도 속아서 먹는다면, 금주해야 할 사람들이 꿈에도 생각 못하고 자연스레 술을 먹게 되는 위험한 일이 생긴다. 그래서 담금주 식초는 잘해야 한다는 것이다.

나는 물을 적게 넣어 담그지만, 하고자 하는 분들은 물 계산을 잘하여 알코올 도수를 낮추고 초산발효 과정을 오래도록 하여, 0~3%가 아니라 0이 될 정도로 긴 발효시간을 갖자.

→ 음료로, 혹은 음식의 양념 등 성분을 취하기 위한 식초는 정석대로 담근 술에 초를 익혀 먹는 것을 최고로 치지만, 담금주 식초는 정석을 벗어난 식초이므로 모든 과정을 철저히 하여 담그기를 몇 번이고 강조한다.

이제 담금주로 식초를 담가볼 텐데, 독한 술이 식초가 되기까지의 과정을 잘 익혀 필요한 성분이 녹아난 멋진 작품을 만들어보자.

산머루 발효액 건지
담금주 식초 담그기

자연산 산머루 발효액을 담가 대강 걸러서 액이 듬뿍 든 건지에 30도 독한 담금주를 부어놓았더니 너무 독해 도저히 못 먹겠다고, 옆집에 사시는 분이 병째로 주었다. 산머루 건지가 들어 있고 독한 술냄새가 확 풍긴다.

이런 경우가 더러 있을 것이다. 발효액 거르고 나니 건지가 너무 아까워 담금주를 넣어 달콤한 술로 먹으려 하지만, 실제로 먹으려면 생각보다 불편해 구석에 두거나 버리는 게 예사였는데, 이제는 버리지 말고 식초를 하자.

몇 도의 담금주를 넣었는지, 또 건지의 양을 알면 대강 알코올 도수가 나온다. 건지가 반이고 발효액도 품고 있었으면, 알코올 도수는 40% 이상 줄어 있을 것이다.

초산균이 초를 이루는 데 좋은 도수는 6~7도이다. 이것을 낮추려면 물이 필요한데, 내

- 산머루 발효액 건지에 담금주 넣은 것 : 5kg(알코올 도수 20도 전후)
- 물 : 알코올 도수 6~7도 낮추려면 50% 이상이지만, 줄여 넣기를 바라며
   25% 약 1.2kg의 물
- 용기 : 적당한 것
- 종초 : 술 양의 30%

가 담그는 술의 도수는 최하 10~14도이다. 성분 함량도를 높이는 식초라서 물 넣는 것을 확 줄여 건지 무게의 25% 물만 넣지만, 초산균이 좋아하는 술로 하려면 50%의 물을 넣어야 한다. 그러면 알코올 도수가 너무 낮아 초가 익다가 산막이 생기기 쉬우니, 물을 줄여 넣는다. 술맛을 안다면 맛을 보아 알코올 도수 10도 전후로 담그면 좋다.

건지를 걸러 술만 하는 것과 건지째 하는 것은 부피가 달라지니 계산을 헷갈리지 않게 하고, 물은 생수를 끓여 식혀서 사용한다.

이런 술로 식초를 할 경우 물 넣는 양을 잘 계산해야 한다. 이미 술이라서, 다시 술 담그는 과정 없이 바로 종초만 있으면 별문제 없이 잘 익고, 희석식 담금주라 식초도 아주 맑고 깨끗하게 나온다.

물론 이렇게 담근 식초는 천연발효식초나 전통식초처럼 정석으로 술을 담가 익힌 초가 아닌 담금주이기에, 건강이 조금이라도 안 좋아 식초를 먹으려는 사람들은 완벽하게 술이 남지 않게 초산발효를 시켜 맛있게 먹는다. 뒤에 담금주로 하는 식초가 나오겠지만, 건지술로 담근 것이라 올린다.

담그기

산머루 건지 담금주

산머루 발효액 건지에 담금주 넣은 것. 나는 거르지 않고 하여 ℓ가 아닌 부피로 kg을 택했다. kg이나 ℓ나 액은 거의 비슷하니 같이 계산해도 된다.

산머루 건지술에 계산한 물을 넣고, 포도식초 거르고 남은 앙금을 가라앉힌 식초가 있어 종초로 넣고, 천을 덮어 초산발효를 시킨다.

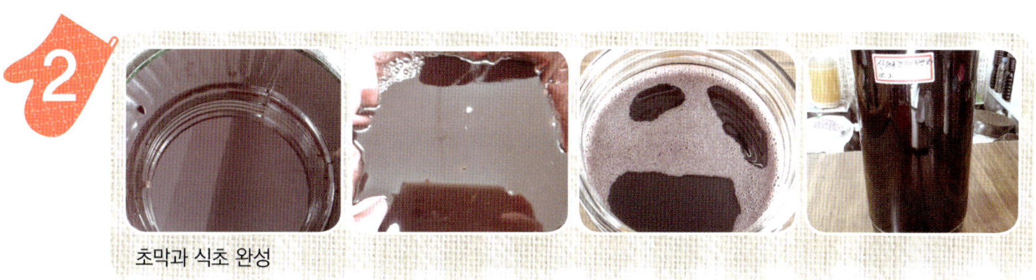

초막과 식초 완성

건지째 초가 익어가며 초막을 만들고 있었지만, 한 달 후 고운 천에 건지를 걸러내어 소독한 용기에 넣고 다시 초산발효에 들어간다. 맑은 술로만 초가 익는데, 희석식 담금주 넣은 초는 초막도 잠시 생겼다 사라지며 금방 익어간다.

걸러서 둔 초는 이미 초막을 만드는 것을 끝내고 익어가고 있어, 맛을 보면 아주 깔끔하고 담금주 식초 특유의 향이 난다. 즉, 담금주 향이 살짝 나면서 원재료의 향도 같이 나온다. 최소한 5개월 이상 초산발효를 해서 먹기 바란다.

담금주가 들어간 술로 초를 할 때는 오랫동안 초산발효를 하는데, 이런 술이 들어간 식초는 맛이 조금만 들어도 깔끔하고 상쾌하여 익은 줄 알고 먹게 된다. 그러나 주의해야 해야 하는 것은, 담금주가 들어간 초이니 섣불리 익히지 말고 완벽하게 익혀 먹자.

뒤에 담금주로 담그는 식초를 본격적으로 공부하는 글이 있는데, 아까운 발효액 건지에 담금주를 부어놓았던 것으로도 식초를 담글 수 있다. 먹지 않고 있다면 식초를 담가보자.

실새삼 담금주
식초 담그기

실새삼술은 몇 년 전에 받은 것이다. 아마 7년은 묵은 것 같다. 딱히 먹고 싶지 않아 진열장에서 나이만 들어가는 걸 꺼내어 책에 넣으려 잡아본다.

가는 새삼줄기에 작은 열매들이 달리고 잎이 조금 붙어 있다. 담금주는 30도에 부피가 제법 되지만, 2ℓ 용기에 들어 있어 건지를 건져내면 1.7ℓ의 술이 남을 것이다. 이 생재들은 수분도가 크지 않지만, 양을 많이 넣어 약 7도 낮아졌다고 어림잡아 계산하여 물 넣는 양을 택한다. 초산균이 좋아하는 알코올 도수는 6~7도.

나는 가수를 하지 않지만, 이런 술은 적은 양의 물을 넣는다. 독자들은 특히 초산균이 좋아하는 알코올 도수, 초로 변환되는 것이 수월한 약한 술을 위해 적절히 물을 넣으면 된다. 글은 독자들이 담그는 식초 위주로 쓰기로 한다.

30도 담금주에 생재가 크고, 물이 많고, 양도 많으면, 알코올 도수 10~15도 이하가 되지만, 이렇게 수분이 적은 생재는 알코올 도수 23도 정도로 계산하여 물을 넣는다. 알코

- 실새삼 30도 담금주 : 1.7ℓ
- 물 : 1.4ℓ
- 용기 : 적당한 것
- 종초 : 술과 물을 합한 양의 30%(조금 줄여도 됨)

올 도수 낮아진 것과 술의 양을 비교해, 6~7도보다 조금 높인 10~12도 정도가 되도록 물 넣기를 한다. 앞서도 언급했지만, 이것은 아주 위험한 식초이다. 술이 30%만 익어도 초 익은 맛을 내는 성질이 있으니 성급함을 버리고 식초를 담가보자.

담그기

실새삼 담금주 초 안치기

실새삼이 들어 있으니 고운 천에 건지를 걸러내고, 맑은 술을 계산한 물, 종초와 함께 소독한 용기에 넣는다. 그런 다음, 천을 덮어 초산발효에 들어간다.

식초 완성

물조절만 잘하면 초막은 7~10일 사이에 금방 생긴다. 알코올 도수가 높으면 한 달도 걸리는데, 일단 초막이 생기면 초는 무난히 잘 익어간다. 담금주 자체의 특별한 성분이 초막이 말썽을 부리거나 산막이 생기는 것을 막아준다. 첫 초막을 본 후 두어 달 안에 유난히 깔끔한 맛의 식초를 내놓는다.

이렇게 간단한 것이 담금주 식초이다. 담금주 자체가 술이니 술을 담그는 과정도 없고, 오로지 원재료와 담금주의 알코올 도수에 맞는 물과 종초만 넣으면 초도 잘 익고 말썽도 없이 금방 익어나오니, 놀라운 식초이다.

그러나 두어 달 만에 초가 맛있게 익었다고 다 익은 것이 아니라는 사실에 대해 이미 공부했다. 맞다. 아직 덜 익은 초이니 먹으면 절대 안 된다. 특히 건강에 유의해 술을 금하는 사람들은 더욱 그렇다. 그대로 병입하여 먹지 말고 최소한 3개월은 더 초산발효 과정을 거쳐 먹는다(첫 초막이 생기고 5개월). 때때로 초를 찍어먹어 보면 날이 갈수록 맛이 달라지는 걸 느낄 수 있을 것이다. 맛으로 판단하여 두어 달 정도 더 두었다 먹기를 권한다. 그리하면 아마 술은 거의 초가 되어 안전하게 먹을 수 있을 것이다.

쉽지만 그만큼 안전하지 못한 식초를 얻게 되니, 귀한 재료로 담근 술이 건강에 도움이 되려면 많이 참고 기다려야 한다. 담금주 식초지만, 그래도 알코올 걱정은 없는 식초를 먹도록 하자.

자연산 가시오가피열매 담금주 식초 담그기

이 담금주는 고운 이가 식초 담그라고 준 것인데, 맛있게 익혀 맛을 전했다. 술은 약 1ℓ 25도 술에 자연산 가시오가피를 3분의 1 정도 넣고 오랫동안 침출한 술이다. 열매의 부피, 수분도, 알코올 도수를 헤아려 대강 계산해보니, 약 15~17도의 술이라 보고 술 양에 맞게 물을 넣는다.

담금주 식초는 알코올 도수가 너무 낮거나 너무 높지 말아야 한다. 즉, 초산균에 맞는 6~7도를 약간 넘겨 8~9도쯤 되는 것이 안전하고, 초도 무난히 잘 익고, 식초의 성분 농도도 좋다.

특별한 재료의 침출을 위해 담근 독한 술이니, 적당히 초산발효시키면 안 된다. 술 자체가 만들어지는 과정이 특별하니, 꼭 필요한 분들이 술이 아닌 식초로 탄생시켜 먹기 위한 방편으로 삼기 바란다.

준비물

- 자연산 가시오가피열매 담금주 25도
- 열매의 부피에 의해 낮아진 알코올 도수 15~17도 술 : 1.2ℓ
- 물 : 대강 8~9도에 맞추기 위해 600㎖
- 용기 : 적당한 것   · 종초 : 술, 물 합한 양의 30%

가시오가피열매 담금주

가시오가피열매를 술에 맞게 물을 계산하여 소독한 용기에 종초와 같이 넣고, 천으로 덮어 초산발효를 시킨다.

담금주는 계산만 잘하면 식초는 무난히 익는다. 초막이 생기면 살짝 흔들어 깨주고, 맛을 보면서 초를 익히면 된다.

식초 완성

두어 달 초막이 생겼다 사라지면, 고운 천에 걸러 소독한 용기에 옮긴다. 다시 최소한 3개월 이상은 더 초산발효를 해준다. 초가 익어가며 술이 약간 탁해지지만, 익어갈수록 맑은 초로 향과 맛을 익혀낸다.

초를 안치고 3일 만에 초막이 생기다 한 달 후 사라졌지만, 초를 다 익혀 병
입한 것은 초막이 사라지고 5개월 후이다. 색도 곱고 맛도 좋은 자연 가시오
가피열매 성분이 들어 있는 식초가 되어 술을 준 이에게 맛을 전했다.

　가시오가피열매는 맛있는 식초를 만들어내는 재료라서 잘만 익히면 흐뭇하게 먹을 수
있다. 단, 술이 희석식 담금주라서 문제지만, 어쩔 수 없이 원재료의 성분을 추출하려고
많은 사람들이 선호하는 술이다. 나도 동백겨우살이를 원재료로 해서 정석대로 현미와 누
룩으로 초를 담갔지만, 담금주로도 몇 병 담가 귀하게 모셔놓고 있다.
　물론 담금주는 성분 섭취하는 술로 아주 소량씩 먹지만, 필요한 사람들은 식초를 만들어
먹어야 한다. 따라서 주의하여 물 조절을 하고 초를 완벽히 익혀, 비록 희석식 술인 담금
주로 담갔어도 건강에 도움이 되는 성분을 얻는 데 문제가 없도록 하자.

자연산 백수오 담금주
식초 담그기

산삼과 백수오의 맛과 향이 뛰어나 많은 분들이 좋아하는 담금주이다. 이 자연산 백수오 담금주는 회원인 금바다님이 준 것이다. 25만 원 주고 구입한 3년 묵은 백수오 담금주 한 병에 현미 40kg을 들고 와 척~ 식초를 담가 책에 넣으라고 아낌없이 준 것이다. 현미는 금바다님의 오빠가 농사지은 건데, 동네분들이 논에 소나무 숲을 일궜나 할 정도로 모내기만 하고 가을에 수확한 것이라고 한다.

자연산 백수오는 예전에는 흔했지만 지금은 귀해서 캐기도 어렵다는데, 비싼 돈을 주고 산 술을 선뜻 안겨 이렇게 좋은 것을 보여드릴 수 있게 되니 참으로 감사하다. 초가 다 익으면 당연히 맛을 전해 고마움에 보답할 것이다.

준비물

- 자연산 백수오 25도 술 : 2.8ℓ (백수오의 부피)
- 물 : 알코올 도수 약 11도를 맞추기 위해 1.3ℓ
- 용기 : 적당한 것
- 종초 : 술과 물을 합한 양의 30%

이 술은 25도 용천병 3.2ℓ짜리로, 자연산 백수오를 거피한 것이다. 백수오는 전분질 45%에 단단하게 목질화되어 담금주에 침출해도 알코올 도수에는 크게 영향이 없다. 하지만 알뿌리가 크고 양이 많으면 알코올 도수가 낮아져 20도 이하까지 떨어질 수도 있다.

식초로 하는 이 술은 백수오의 알뿌리가 큰 게 몇 개 달려 있어 알코올 도수를 20도로 잡았다. 술 양은 백수오가 적게 들어간 술과 품고 나간 술로 건지를 거르니 2.5ℓ.

내가 담그는 술의 알코올 도수는 보통 12~14도지만, 술에 녹아난 성분을 먹으려면 독한 술로 해야 한다. 초산발효가 끝나도 잔술이 없는 식초를 위해 초산균이 좋아하는 6~7도를 약간 넘긴 8~9도가 되도록 물을 넣어 초를 안치는 게 좋다.

누차 강조했지만, 담금주는 직접 담근 것과 달리 평범한 술이 아닌 희석식 독한 술이다. 술과 물 배합을 잘하고 초산발효를 완벽히 하여 담금주의 맹점을 그나마 탈피한 식초를 얻기로 한다. 독특한 향, 성분과 효능이 아주 좋은 자연산 백수오의 모든 것을 식초에 담아보자.

담그기

백수오 담금주와 건지 갈아 초 안치기

백수오 담금주와 건지 갈아 초 안치기

백수오 담금주의 도수, 원재료의 부피, 수분 포함도를 참작해 알코올 도수가 낮아짐을 일차 계산하고, 고운 천에 건지를 걸러 나온 술도 계량해 소독한 용기에 붓는다.

나온 술과 물을 계산해 준비해둔 물은 따로 두고 백수오 건지를 사용하기로 하는데, 이 건지는 버리기가 너무 아까워 곱게 갈아 초 안치는 데 넣기로 한다.

믹서에 백수오 건지와 물을 조금 넣어 곱게 갈아 술 넣은 용기에 남은 물과 같이 붓고, 술과 물 양의 30% 종초를 넣고 천을 덮어 초를 안친다.

초막과 식초 완성

알코올 도수를 11도 정도로 잡아 초를 안친다. 현미이양주 산도가 좋아 초 안치고 3일 만에 첫 초막이 곱게 생긴다. 맛을 보니 초막만 생겨도 신맛이 감도는 담금주 특유의 초맛과 함께 자연산 백수오의 진한 향이 너무 좋다.

처음엔 백수오 건지를 갈아넣어 특유의 전분질로 인해 뽀얗지만, 점점 전분질이 가라앉아 노란색으로 변하며 맑은 초로 익어간다. 초막은 크게 진하지도 않

고 순한 모습으로 초를 익히고 있는데, 안친 지 한 달인데도 누구든지 맛을 보면
아주 잘 익고 산도 역시 올랐다고 할 만큼 초가 강하다.

그러나 속으면 안 되는 것이 담금주 식초이니, 적어도 3~4개월은 더 익혀 완
벽한 초를 만들어 먹어야 한다.

산의 정기 품은 향을 내는 백수오 담금주로 식초를 담갔다. 첫 초막이 생기고 한 달 만
에 맛을 보니, 바로 먹어도 될 정도로 초가 익어 누구나 먹고 싶을 정도로 좋다. 그러나 절
대 안 된다는 것을 공부했을 것이다.

초는 여러 가지 모습을 하고 있는데, 담금주로 만든 식초의 얼굴은 더 요물이고 엉큼해
사람의 미각을 속이기 쉽다. 잘 모를 때는, 초막이 사라지고 문제없이 산도가 올라 초맛이
들었어도 3~4개월은 무조건 초산발효를 더 시켜 잔술이 남지 않게 해서 먹어야 한다.

알코올 도수만 잘 맞추고 종초가 좋으면 쉽게 잘 익고 문제도 거의 없이 익는 담금주
식초지만, 이 정도면 됐겠지 하는 짐작은 정말 위험하다. 여기서 한 것은 네 가지지만, 기
본을 익혔으니 식초 얻는 데만 급급하지 말고 배합률을 잘 짜자. 정석을 벗어나 조금은 불
편하지만, 술이 남지 않은 식초를 담가먹기로 하자.

# 천연발효식초, 현미식초, 전통식초 다양하게 먹는 방법

각종 식초를 성분과 영양이 높게 담갔으면 이젠 멋지게 먹어보자.

양조식초는 반찬할 때 넣어 맛나게 먹지만, 천연발효, 전통, 현미식초는 반찬뿐만 아니라 각종 생과일 주스, 우유, 초란, 초콩, 발효액 등 무궁한 먹거리에 넣어 먹을 수 있다.

무채나물, 상추, 각종 야채무침과 샐러드드레싱 소스, 집에서 만들어 먹는 그릭요거트에도 넣어 맛과 함께 우리 몸에도 도움이 되도록 하자.

내가 정성껏 담근 식초를 나와 가족들이 함께 먹고, 친지와 이웃들과도 나누자. 꼭 필요한 사람들이 특별한 효능을 취하기 위해 식초를 담갔더라도 먹는 방법이 어렵거나 맛이 없으면 먹기 힘들어 외면한다. 그러나 이 책에서는 여러 가지 방법으로 자연스레 섭취하여 누구나 쉽게 먹도록 꾸몄다. 식초를 담가 어찌 먹나 싶을 때 책을 보며 솜씨를 맘껏 뽐내, 잘 담근 식초가 어떻게 우리 입에 맞는지 놀라면서 건강하게 먹는 기쁨을 누려보자.

내가 담근 식초는 시중에서 파는 것처럼 산도가 높지 않아(6~7), 나물무침을 하면 그 맛에 맞게 식초 양이 좀 더 들어간다. 따라서 가족들에게 자연스레 내 손이 닿은 성분 좋은 식초를 먹게 할 수 있다.

그러나 아무리 잘 담근 식초라도 과하면 모자람만 못하다는 말이 진리이다. 반찬에 넣어 밥과 함께 먹는 것이 아니라 물과 발효액에 첨가하여 먹거나 다른 방법으로 먹는다 해도 하루에 필요한 양은 소주잔 5분의 3까지이다. 그것도 한번에 먹지 말고 반드시 식후에 우유, 주스, 음료 등에 첨가하여 먹도록 하자. 물론 양조식초만큼 산도가 높지 않아 약하다 해도 식초는 산이므로, 빈속에 먹는 것은 식도와 위에 부담을 준다. 유산균, 발효액도 산 때문에 반드시 식후에 먹는 것이 좋듯이 식초 역시 마찬가지이다.

정량을 지켜 먹고 싶은 방식대로 섞었다 해도, 한번에 다 먹지 말고 하루에 몇 번으로 나누어 내가 담근 좋은 식초가 오히려 부담이 되는 일이 생기지 않게 한다. 즉, 가랑비에 옷 젖듯 서서히 몸에 스며들어 얻고자 했던 것을 얻는 데 무리가 없도록 하자.

초란 만들기

초란을 할 때는 산도가 좀 높은 식초가 좋다. 꼭 현미식초뿐만 아니라 집에서 담근 다른 식초도 산도만 좋으면 괜찮다. 초란용 달걀은 유정란이 좋은데, 구할 수 없으면 그냥 달걀도 괜찮다. 껍질만으로 할 수도 있고 통달걀로 해도 되지만, 요즘 달걀들은 보통 글씨가 새겨져 있어 그대로 하지 말고 살살 씻으면 지워진다. 껍질에 묻은 물질은 베이킹파우더로 씻으면 된다.

껍질만 할 때는 잘 씻어 달걀을 먹고 껍질을 바싹 말려 쓰고, 통으로 할

때는 씻어서 물기를 닦는다. 초란은 껍질에 있는 성분을 먹기 위함이니 씻는 것도 중요하다.

초란은 달걀껍질의 칼슘을 섭취하고 식초의 성분도 먹을 수 있어 좋은 식품인데, 양조식초보다는 천연식초가 더욱 좋다. 집에 담가놓은 식초가 있을 때 만들어서 어린아이들도 먹을 수 있으면 칼슘 섭취에 아주 좋지만 맛은 별로 없다. 그나마 껍질로 하면 좀 나아, 꿀이나 발효액에 타서 먹으면 먹을 만하다. 그러나 한 가지 주의할 점은 달걀이 녹아난 식초에 달걀가루가 남아 있는데 그대로 섭취하면 좋지 않으니, 반드시 고운 천에 걸러 가루는 버리고 맑은 초만 먹는다. 달걀을 깨기 전에 식초를 곱게 걸러 믹서에 같이 넣고 갈든지, 껍질만 했다면 잘 걸러 냉장실에 두고 아침저녁 식후에 소주잔으로 5분의 3씩 먹는다.

되도록 유정란을 준비해 베이킹파우더로 씻어 물기를 닦는다(껍질은 말려서). 소독한 용기에 넣고 달걀이 잠길 정도로 식초를 부은 다음, 뚜껑을 덮어 실온에 둔다. 몇 시간 지나면 달걀껍질에서 작은 기포들이 생기고, 시간이 갈수록 겉껍질이 녹아나며 달걀 흰 속이 보인다. 식초의 산도에 따라 5~15일 안에 껍질이 다 녹아나오고, 통째로 했다면 노른자위가 드러난다.

고운 천에 걸러 껍질이면 초만 걸러내 냉장고에 두고 먹고, 통달걀이면 흰 껍질만 벗겨낸 달걀과 초는 고운 천에 걸러 꿀이나 화분, 발효액을 섞어 갈아 냉장고에 두고 먹는다.

초란은 많은 사람들이 맛이 왜 이러냐고 한다. 분명히 신맛이 강한 식초를 넣었는데 나온 초란액은 쓴맛이 난다면서 이유를 모르겠다고.

　그런데 칼슘이 쓰다고 한다. 신맛이 강한 식초라도 껍질의 칼슘 성분이 나와 쓴맛이 난다고 하니, 물질의 변화는 참 놀랍다. 껍질만으로 하면 그나마 먹기 좋은데, 초란 먹기가 힘들다고 하는 건 노른자위의 비린 맛이 심해서이다. 나도 공부하는 사람들에게 보여주기 위해 만들지만, 절대 안 먹고 이웃 어른께 드린다. 이제 사진을 보며 공부해보자.

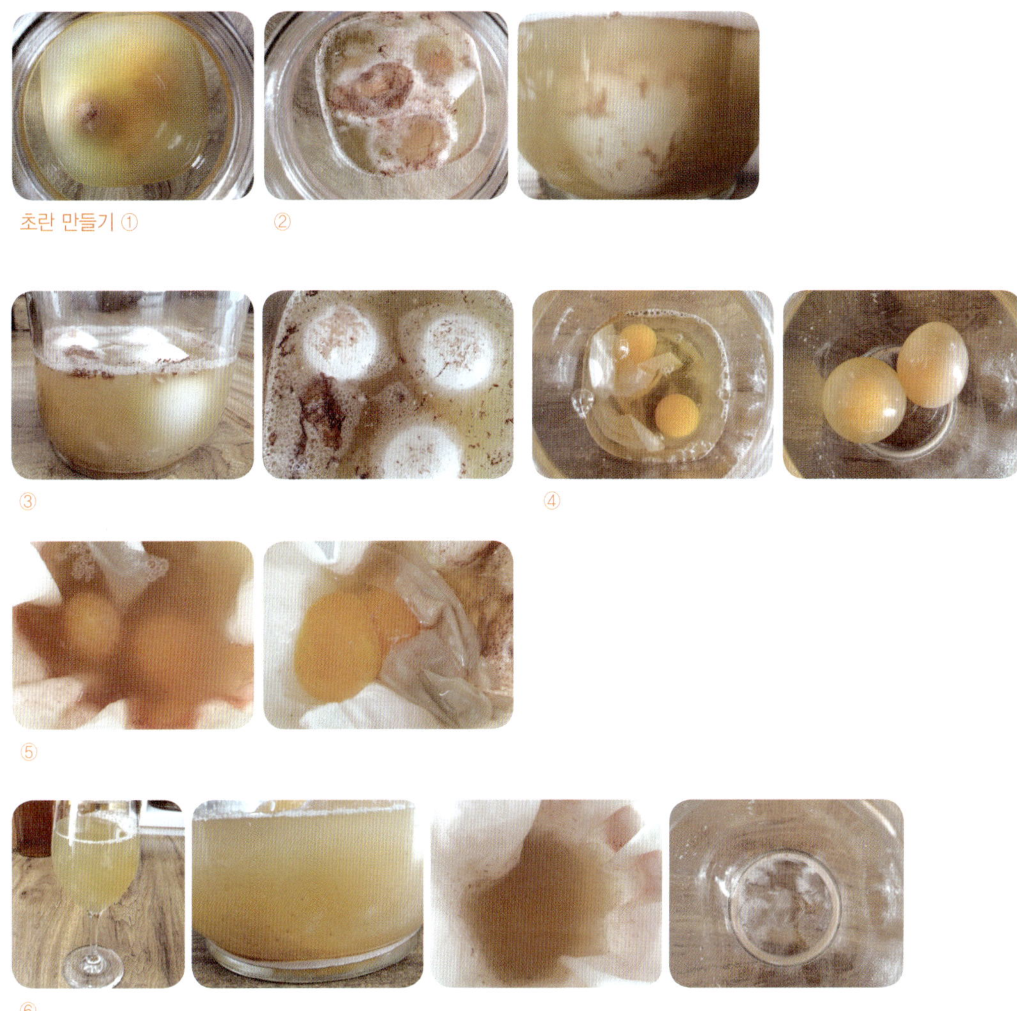

초란 만들기 ①　②
③　④
⑤
⑥

초콩 만들기

초콩은 콩식초를 하면서 익혔듯이 검은콩, 약콩을 붇지 않게 씻어 볶거나, 콩을 빨리 볶아 식혀서 식초에 일주일 정도 담갔다 건져내어 냉장고에 두고 먹는 것이다. 내가 담근 식초로 초콩을 하여 나와 가족들이 먹는데, 반드시 식사를 하면서 혹은 식후에 먹어야 하며, 아침저녁으로 한번에 20알 이상은 먹지 않는 게 좋다. 초콩은 식초에 절여져 신맛이 강하므로 빈속에 먹으면 속이 아프기도 하니, 밥을 먹으며 반찬 삼아 한 알씩 먹는 것이 제일 좋다. 물기가 있으면 변질될 우려가 있다. 그리고 콩이 불어나는 것을 감안해 콩 양의 배가 되게 식초를 부은 다음 뚜껑을 닫아 실온에 두면 된다.

식초에 잠긴 것을 먹어도 되고 건져내어 먹어도 되는데, 양조식초가 아닌 천연발효, 전통, 현미식초면 반찬이나 음료에 타먹어도 맛있다.

초콩 만들기

초콩을 만드는 식초는 꼭 현미식초뿐만 아니라 특별한 성분을 취하기 위해 담근 식초나 맛있는 과일식초 등 다 가능하다. 산도가 너무 낮으면 콩으로 인해 상하기도 하니, 산도 좋은 식초로 만들어 먹자.

이제 사진을 보면서 만들어보자.

각종 장아찌 뚝딱 만들기

나는 장아찌를 많이 만들어두는 것을 좋아한다. 그래서 봄이면 산과 들에 나는 온갖 야초, 나물, 과일들로 장아찌를 담근다. 선물용으로도 많이 나가고, 손님이 왔을 때 한 접시 골고루 담아내면 모두가 반한다.

2010년산 매실고추장장아찌가 아직도 아삭하니 금방 담근 것 같다. 그 밖에도 참외, 멜론, 토마토 등 보통 3~4년 이상 된 장아찌가 전용 장아찌 냉장고에 그득 들어 있다. 크게 좋아하지도 않으면서 욕심으로 담그는데, 내가 천연식초를 하니 식초를 넣고 설탕 없이 발효액으로 단맛을 낸다.

5년 이상 된 소금으로 기장 멸치 잡아 터는 곳에서 바로 담가 최소 3년 이상 숙성시켜 걸러낸 액젓, 5년 이상 된 집간장, 버섯간장 등과 10가지 이상의 각종 발효액에 내가 제일 좋아하는 맛있는 식초 20여 가지 이상을 섞어 담그는 것이 다른 장아찌와 맛이 구별되는 큰 이유이다.

새콤달콤한 것이 아니라 예전에 어머니들이 부뚜막에 올려 익힌 식초 주루룩 붓고 집간장을 넣어 담근 고전적인 맛이 나는 장아찌인데, 양조식초가 아니라 직접 담근 식초가 내는 은은한 맛이 정말 좋다. 요즘 맛이 아니라 고전적인 맛을 내는 것은, 바로 직접 담근 식초를 넣었기 때문이다.

천연발효, 전통, 현미식초를 넣으므로 끓이지 않은 생장물을 한번에 50ℓ 이상 담아 숙성시키고, 재료가 생기면 손질하여 숙성 중인 장물을 그냥 붓

기만 하여 익혀먹는다. 직접 담근 식초를 듬뿍 넣어, 그 성분과 물질을 고스란히 섭취하는 즐거움을 독자들과 함께 누려보자.

각종 장아찌

장아찌원액으로 만든 것

장아찌 만들 장아찌원액

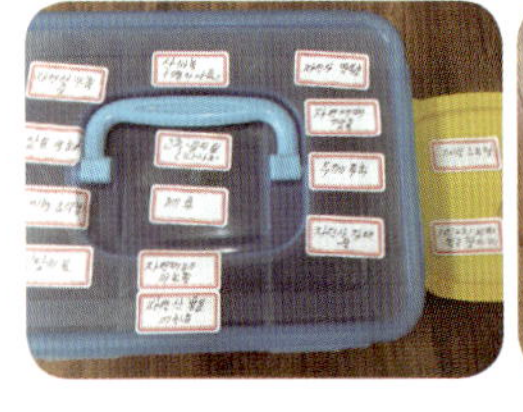

장아찌 선물하기

천연발효식초 넣어 5분 만에 오이지 담그기

요즘엔 오이가 사시사철 나와 언제든지 있지만, 장아찌를 담그려면 초여름에 나오는 것이 가장 맛있다고 한다. 그중에서 조선오이라고도 하는 백다다기오이로 오이지나 장아찌를 하면 좋은데, 오이가 나오기 시작하면 보통 100개씩 사다 담근다. 잘 먹지도 않으면서, 여름에 연둣빛 몸에 배가 하얀 백다다기오이만 보면 담그고 또 담근다. 맛있다는 말만 하면 다 나누어먹는데, 한여름에 보통 대여섯 번을 담근다. 그 오이 개수가 엄청나, 이웃과 지인들은 욕심 많은 나 때문에 오이지를 실컷 먹는다. 짜지도 않고 달거나 시지도 않은 딱 적당한 맛으로, 물에 한 번 씻어 그냥 먹거나 양념해 먹으면 시원하고 아삭거린다. 레시피를 알려 달라고 해 모든 분들에게 전하지만, 내가 담근 맛이 안 난다고 빼고 알려준 것 아니냐고 한다. 그 이유는 식초 때문이다. 다른 사람들은 거의 다 시중에서 산 양조식초를 넣지만, 나는 직접 담근 천연발효, 전통, 현미식초를 넣는다. 따라서 은은한 신맛과 각종 식초의 향과 맛이 그대로 스며들어 맛이 다른 것이다.

여러 가지 발효액을 넣었으므로 단맛도 서로 튀지 않는 오이지가 된다. 소금도 3년 이상 간수 뺀 걸 넣으니, 맛이 좋을 수밖에 없다.

담그는 것도 아주 간단해, 오이를 씻어 물기를 닦은 다음 김장비닐봉투에 차곡차곡 넣고 소금과 발효액(없으면 설탕이나 쌀조청), 직접 담근 식초 몇 가지, 소주 두 병만 있으면 슬슬 뿌려 입구를 바짝 묶어 실온에 둔다. 3일이면 노르스름하게 맛이 든 오이지를 먹을 수 있다.

맛이 밴 오이는 통에 담아 냉장고에 두고 먹으면, 심심하고 아삭거리는 오이지가 된다. 내가 담가 성분과 맛이 좋은 식초를 이용해 오이지를 만들

어 먹는다는 것은 큰 즐거움이다.

독자들도 나처럼 100개씩은 아니지만 여름 반찬으로 몇 개씩 담가, 냉국도 하고 양념하여 먹기도 하고 김밥 속에 넣어서도 먹어보자.

이제 오이지 담그기를 해볼까요 ~~~

5분 만에 오이지 담그기

🏺 천연발효, 전통, 현미식초 넣은 각종 맛있는 먹거리 만들어 먹기

많은 사람들이 직접 담근 식초를 먹고 싶어 하지만, 막상 식초를 그대로 먹을 수는 없고 그 다양한 섭취 방법을 몰라 그냥 물이나 발효액 같은 데, 아니면 나물에 넣어 먹는 것이 고작이라고 한다.

정성과 시간을 쏟아 담근 식초가 신맛이 나서 물처럼 먹을 수도 없으니 어떻게 먹어야 좋은지 궁금해하는 분들이 많다. 앞서 여러 가지 먹는 방법을 올렸지만, 이번에는 아주 쉽고 편하게 일상에서 먹을 수 있는 것을 전한다. 독자들도 식초를 사거나 담갔다면, 나처럼 늘 가까이 두고 식생활에 이용해보자.

고구마, 바나나, 식초 넣은 라테 만들기

고구마는 적당량 찌고, 바나나, 우유를 믹서에 넣고, 천연발효, 전통, 현미식초(통칭 식초로 함) 등 먹고 싶은 식초를 넣어 살짝만 갈아주면 맛있는 식초 넣은 라테가 된다. 당분을 추가하지 않아도 고구마, 바나나가 은은한 달콤함을 준다.

식초를 넣으면 우유 성분의 흡수도 좋고 상큼하고 맛있어, 약간 느끼하거나 지루한 맛을 내는 라테 느낌을 완전히 사라지게 한다.

아침에 식사 대용으로 간단히 먹으며 자연스럽게 식초도 섭취할 수 있어 아주 좋다.

고구마, 바나나, 식초 넣은 라떼 만들어 먹기

식초 넣어 김밥, 유부초밥 만들기

집에서 김밥이나 유부초밥, 주먹밥을 만들 때 천연발효식초를 넣어보자. 맛있는 과일이나 현미 등으로 담근 식초를 넣으면, 고유의 향이 은은히 나면서 부드럽고 상큼한 초밥을 먹을 수 있을 것이다. 김밥 안에 넣는 소도 담근 식초를 넣어 만든 무장아찌, 오이지를 넣으면 더욱 산뜻하고 맛있다.

김초밥 만들기

과일이나 야채주스에 식초 넣어 먹기

믹서에 재료들과 식초를 같이 넣거나 원액이면 재료 넣어 가는 도중 몇 방울 넣으면 된다. 야채나 과일의 갈변도 막고, 비타만 손실이 있는 재료들도 식초가 막아 성분 흡수를 돕고 맛을 그대로 전해줄 것이다.

과일주스에 식초 넣기

또 식초를 넣으면, 그냥 먹는 것보다 주스가 더 상큼하고 맛이 혀에 착 감기는 것을 경험하게 된다.

🏺 샐러드 드레싱소스, 초무침에 식초 넣기

많은 야채를 맛있게 먹을 수 있는 샐러드를 만들 때 식초를 넣는데, 천연발효, 전통, 현미식초를 넣어 소스를 만들어보자. 산도도 그리 높지 않아 넉넉히 넣어도 되고, 식초 담글 때 넣은 재료 고유의 향이 풍겨 샐러드를 귀족화시키는 주인공이 될 것이다. 각종 초무침에도 꼭 넣어야 되는데, 식초를 그냥 먹을 수는 없으므로 음식에 넣는다면 섭생을 해야 하는 사람들도 아무런 부담이 없을 것이다. 여러 가지 먹거리, 밥과 같이 먹어 자연스럽게 식초를 섭취하는 계기가 될 것이다.

야채샐러드 초무침에 식초 넣기

🏺 우유에 식초 넣어 먹기

우유의 주요 성분은 칼슘이다. 이제 그런 우유에 천연발효, 전통, 현미식초를 넣어 먹어보자. 아마 새로운 우유맛을 경험하게 될 것이다.

우유를 먹으면 소화 흡수에 지장이 있다는 사람들도 식초를 소량 넣어 먹어보면 괜찮다고 느낄 것이며, 우유 냄새를 싫어하는 사람들도 식초가 내는 향과 맛으로 무난히 먹게 될 것이다.

냉장고에서 꺼낸 찬 우유는 시원하고 좋지만, 소화를 돕기 위해 실온에 잠시 두었다가 식초를 한 차스푼 넣어서 살짝 저어주면 엉긴다. 몇 분 두었다 먹으면 간수 넣은 콩물처럼 되는데, 그때 먹으면 우유 냄새도 많이 줄고 느끼함도 없어진다. 내가 맛있게 먹을 만큼만 식초를 넣으면, 원재료의 향과 함께 우유를 즐길 수 있다.

우유에 식초 넣어 먹기

🍯 자연산 더덕 등에 식초 넣어 갈아먹기

자연산 더덕, 도라지, 잔대, 재배한 뿌리들을 우유에 갈아먹을 때도 천연발효, 전통, 현미식초를 몇 방울 넣어 같이 먹으면 좋다. 그냥 먹는 것과는 달리 색다른 맛이 나고 향도 더 좋아 먹기 좋을 것이다. 원재료의 성분, 우유, 천연발효식초에 들어 있는 여러 가지 물질을 자연스레 같이 섭취하게 된다. 먹어보면 알게 되는데, 식초가 좋다고 무조건 많이 넣지 말고 내가 먹을 수 있는 만큼만 소량씩 넣어 우리 몸에 천천히 스며들게 하는 것이 좋다.

과하면 보약이나 불로초도 오히려 내 몸을 해치는 경우가 생기므로 소량씩 먹는 게 좋다. 더구나 식초는 약이 아닌 식품이라 언제나 먹어도 되는 것이니, 꼭 먹어야 한다 해도 먹거리에 조금씩 곁들이도록 하자.

🏺 초고추장 만들기

이제 내가 담그거나 구한 천연발효, 전통, 현미식초로 초고추장을 한번 만들어보자. 시중에서 판매하는 초고추장도 음식에 넣어 먹으면 새콤달콤하고 맛있다. 하지만 이번에는 내가 담근 식초로 만들어 맛을 보기로 한다.

회나 숙회, 산나물 등을 찍어먹을 때도 초고추장이 쓰이는데, 이때 담근 식초 고유의 향을 즐기기 위해서는 고추장, 쌀조청, 식초만 넣어 만들어야 한다. 아마 부드럽고 향긋한 초고추장 맛에 반하게 될 것이다.

가족을 위해, 성분 섭취를 위해 담근 식초나 필요해서 구한 식초나 음식에 접목하여 자연스레 먹도록 하자.

초고추장 산나물 무침 먹기

🏺 라면 먹을 때 식초 넣기

라면. 참 맛있고 간단하고 요긴한 음식이다. 최근에는 엄청나게 많은 라면이 소비되고 있는데, 그 라면을 먹을 때 천연발효, 전통, 현미식초를 넣어보자. 라면의 느끼함이나 수프 냄새, 기름을 싫어하는 사람들이 있는데, 나 역시도 라면을 좋아하지만 그 부분에 걸려 먹기를 꺼렸다. 하지만 이젠 아무 걱정 없이 라면을 먹는다.

왜? 바로 식초 때문이다.

내가 담근 갖가지 식초를 라면에 넣어 먹으니, 더욱 맛있고 깔끔한 맛을 즐기게 되었다. 그 이야기를 많은 사람들에게도 해준다. 라면을 다 끓인 다음, 불을 끄고 식초를 몇 방울 떨어뜨려 섞어먹는 간단한 방법이다.

독자들도 식초를 담가 라면에 넣어 먹어보면 그 맛을 알게 될 것이다. 우리 엄니 말씀을 빌리자면, 지 애비가 다르니 하는 짓도 다르다 하여 싫어하는 사람들도 있겠지만, 아마 맛난 라면을 먹을 수 있을 것이다.

라면에 식초 넣어 먹기

🏺 식초 넣은 갖가지 나물비빔밥 만들어 먹기

해마다 황칠 약선 고추장을 담그는데, 올해는 황칠, 차가버섯을 넣어 담글 것이다. 항아리에 넣고 나면 대야에 묻은 고추장을 씻어 먹는 비빔밥을 하여 이웃, 지인들과 같이 먹는 것을 연중행사로 한다.

무생채, 상추 겉절이에 당연히 내가 담근 천연발효, 전통, 현미식초 등을 골고루 넣어 나물에 향을 더하고 상큼한 맛을 낸다. 숙채랑 섞어 대야에 묻은 고추장을 양념으로 비비면, 얼마나 맛있는지 목 안에서 잡아당기는 것처럼 밥이 넘어간다.

유달리 맛있는 이유는, 내가 담근 식초가 더해진 나물들의 맛과 향이 좋고 부드러운 신맛이 자연스럽게 몸에 흡수되어서이다. 만든 나도 먹는 사람들도 식초의 맛 변화에 관해 많은 이야기를 하게 된다.

그러다 보니 행사가 있을 때면 내게 무생채를 해달라고 하는데, 대형 대야에 한가득 밥을 비벼먹고 남으면 가져가도록 넉넉히 한다. 또 갖가지 식초가 들어간 무생채를 먹고 싶다면, 한 대야 만들어 봉지봉지 싸들고 가서 전해준다. 한 번씩 무생채를 하면 여러 가지 식초가 2ℓ 이상 들어가지만 아깝지 않다.

고추장식초 넣은
나물로 비빔밥
만들어 먹기

 그 밖의 식초 먹는 방법

현미식초, 전통식초, 천연발효식초 어떤 것이나 다 먹을 수 있다. 하루에 먹는 양은 소주잔 5분의 3 이상을 넘기지 않게 하며, 원액으로 먹는 것은 피하며, 식사 중이나 식후에 먹도록 한다.

a. 생수에 적절한 양을 아주 연하게 섞어 물처럼 마신다.

b. 당분 섭취를 해도 된다면, 집에 담가놓은 각종 발효액(매실, 오미자, 복분자, 오디 등)을 물, 식초와 섞어먹으면 된다. 넉넉히 섞어 겨울에는 며칠, 여름이면 2,3일 정도 실온에 두었다 냉장고에 두고 먹는다. 세 가지가 섞여 재발효, 탄산음료처럼 톡 쏘는 맛이 난다. 건강에 유의해야 하는 사람들은 찬 성분이 좋지 않으니, 조금씩 타서 두고 먹는다.

c. 달걀말이할 때도 식초를 약간 넣으면 탱탱하고 부드러운 맛이 나고, 비린 맛도 줄어든다.

d. 등산할 때도 식초를 물에 연하게 타서 가져가면, 갈증이 훨씬 덜하고 피곤함이 줄어드는 것을 느끼게 된다.

e. 많은 사람들을 상대로 식초수업을 하거나 식초에 대해 알리려 오랜 시간 말을 하다 보면 목이 타고 입이 마른다. 말이 막힐 때는 물을 먹어도

각종 식초들

소용이 없는데, 식초를 연하게 탄 물을 마시면 갈증과 입이 마르는 현상
이 줄어 많은 말을 해도 불편함이 전혀 없다.

f. 생선 매운탕, 지리를 할 때도 끓기 전에 조금 넣어, 비린 맛 제거와 함께
생선살을 탱탱하게 만든다. 끓여먹기 직전에 약간 넣으면 국물이 상큼
하고 맛이 좋아진다.

우리 조상님들께서 물려주신 명맥을 이으며, 맛도 좋고 몸에도 좋은 아
름다운 물 식초가 무슨 철학이 있는가 하겠지만, 담그는 사람의 철학이 담
긴 나만의 고집스러운 식초를 담가먹도록 하자. 간단하게 산도를 올리고
대강 담근 것은 쉬운 맛이 나는 식초로 돌아오니, 자신 있는 식초를 담가
다양한 방법으로 맛있고 건강하게 먹기 바란다.

부록

 술, 식초의 성공과 실패

지금까지 식초를 담그고, 술 거르고, 초 안치고, 초막이 완성되는 모습들을 공부하고, 식초를 담갔던 곡물, 생재, 건재들과 물, 누룩, 효모, 설탕을 넣은 재료들이 서로 발효하면서 변해가는 모습들을 익히고 공부했다. 그것은 가정에서 고추장, 된장이 발효되는 모습과 전혀 다르다. 경험이 적거나 이제 식초를 하려는 분들은 처음 겪는 일에 실패인가, 성공인가 몰라 당황하게 되는 경우가 많다.

여러 가지 모습들을 모아 눈으로 익혀 내가 담근 술, 초들이 발효하는 것을 사진으로 보며, 직접 담갔을 때의 아름답고 가슴 뿌듯한 모습들을 자세히 공부해 앞으로 나의 식초라고 생각하고 익혀보자.

 왕성한 술발효

술을 적정한 배합률로 담그면 별다른 문제 없이 보글보글 익어간다.

술은 필요한 당분, 누룩, 효모, 물만 있으면 모든 생재와 곡물을 익힌다. 어쩌면 이런 것들이 이렇게 변하여 생각지도 못한 맛을 내는지 깜짝 놀라는데, 그런 맛을 보려면 가장 먼저 술만 잘 담그면 된다. 그러면 초도 맛있게 익으므로 좋은 술을 얻도록 애쓰는데, 좋은 술이라는 것은 어떻게 아는가?

그건 술발효 모습을 보면 알 수 있는데, 왕성하고 풍부한 발효를 하면 반드시 맛있는 술이 되어 나온다.

왕성한 술발효는 곡물의 당화를 촉진한다. 누룩이나 효모가 충분한 당분을 모두 알코올로 전환시켜 높은 도수의 술(12~14도)을 만들어낸다. 설탕을 넣은 술은 생재의 기본 당분과 누룩, 효모를 모두 당분해하여 알코올로 전환시켜 높은 도수(12~14도)로 뽑아낸다. 설탕이 모두 알코올로 변하는 원동력으로 소비되어 설탕 성분은 남지 않아, 당분 걱정 없이 먹을 수 있는 식초를 만들어낸다. 이와 같이 왕성한 술발효가 좋은 술이 되는 것인데, 재료들마다 다 다른 얼굴로 나타나는 것을 보면서 내가 술을 담갔을 때 어떻게 발효가 되는지 공부해보자.

사진들 중에는 이산화탄소 가스가 생성되어 나오는 힘이 얼마나 큰지 알 수 있는 친환경 매실과 늙은 호박에 큰 비닐봉투를 씌워 밀봉, 바늘구멍 없이 그대로 두어 독자들이 보도록 했다.

자, 이제 사진을 보며 재미난 모습들을 감상하자.

9년근 산양산삼 술발효 모습

현미 아로니아 술발효 모습

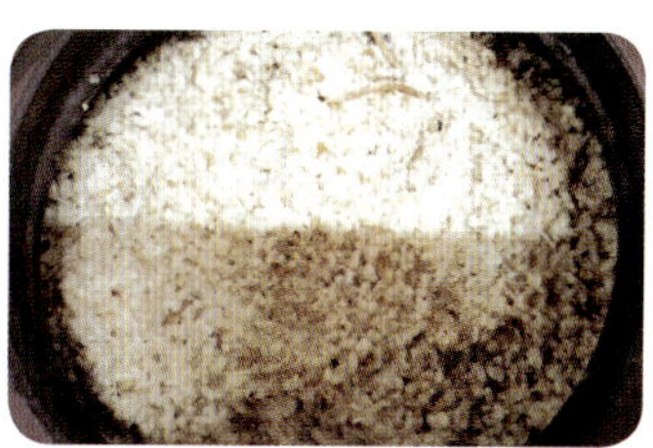

현미 자연산 당귀 술발효 모습

상황 현미삼양주 술발효 모습

흑삼삼양주 술발효 모습

사과식초 현미 술발효 모습

오미자 발효액 건지 술발효 모습

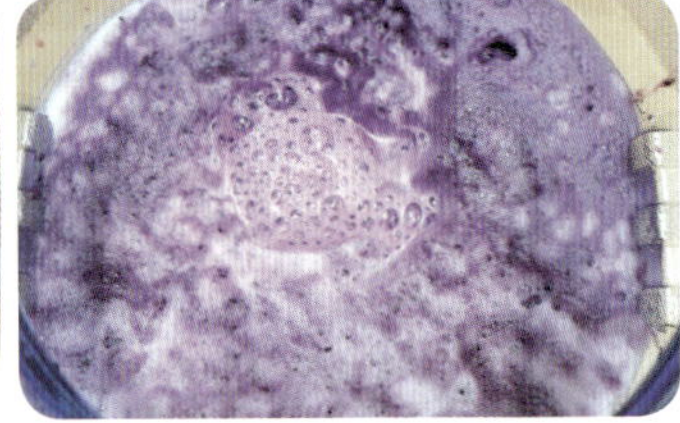

까마중 술발효 모습

다슬기 이화곡 현미삼양주 술발효 모습

동백겨우살이 삼양주 술발효 모습

말벌 다래나무수액 현미 술발효 모습

생강 현미 술발효 모습

명월초 술발효 모습

와송 술발효 모습

칡 술발효 모습

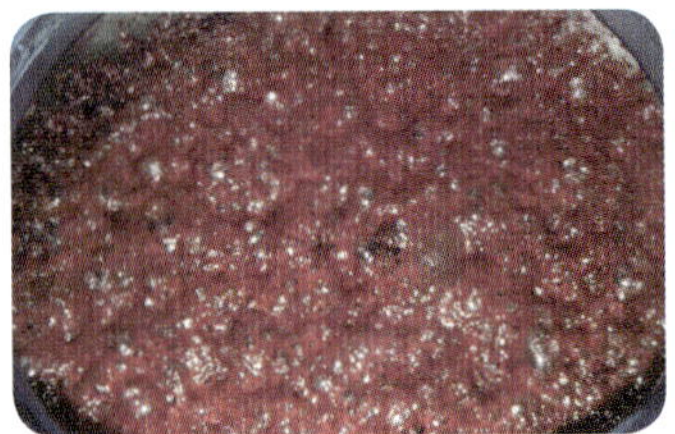

복분자 술발효 모습

살구 술발효 모습

아로니아 술발효 모습

오미자 술발효 모습
유자 술발효 모습
은행 현미이양주 술발효 모습
자두 술발효 모습
자몽 바나나 술발효 모습
작두콩 콩꼬투리 술발효 모습
종합과일 술발효 모습
천도복숭아 술발효 모습
친환경매실 술발효 모습
친환경포도 술발효 모습
복분자 발효액 술 끓는 모습
포도 술발효 모습
표고버섯 현미이양주 술발효 모습
복분자 현미 술발효 모습
현미 술발효 모습

현미이양주 술발효 모습

호박 술발효 모습

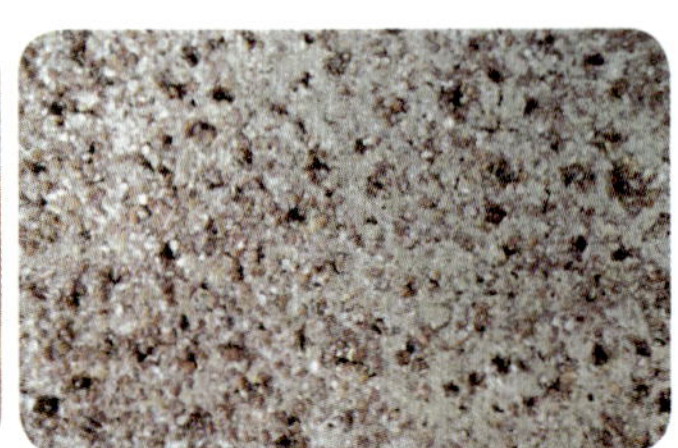

홍미쌀 단양 술발효 모습

술 다 익은 모습

술발효도 재료에 따라 다르지만, 다 익은 모습도 제각각이다. 같은 재료라도 어떤 때는 건지가 다 가라앉고 어떤 때는 붕 떠 있기도 하는 등, 술을 담그는 우리에게 늘 새로운 모습을 선사한다. 그래서 지루해하거나 싫증내지 않고 새로운 마음으로 술을 담그고 초를 담그게 하는 마력이 있다.

술을 처음 담그는 사람은, 같은 종류인데 나는 왜 책에 있는 것과 다른가 하게 되지만, 배합률만 잘 맞추어 담그면 전혀 문제없다. 술발효가 끝난 것을 보아서는 알 수 없느냐는 분들이 많아 다양한 모습을 전하니, 4주 지나 내가 담근 술을 거를 때 눈으로도 익히며 공부해보자.

술을 안치고 왕성한 술발효를 했다가, 잠잠히 알코올 도수를 올려가며 익어 초가 될 귀한 술, 그 멋지게 익어나온 자태를 즐기는 시간을 갖자.

찹쌀 마늘 술 거르기

자두 술 거르기

살구 술 거르기

현미 흑메밀 술 걸러 초 안치기

현미 아로니아 술 거르기

찹쌀 오미자 술 걸러 초 안치기

흑메밀식초 술 걸러 초 안치기

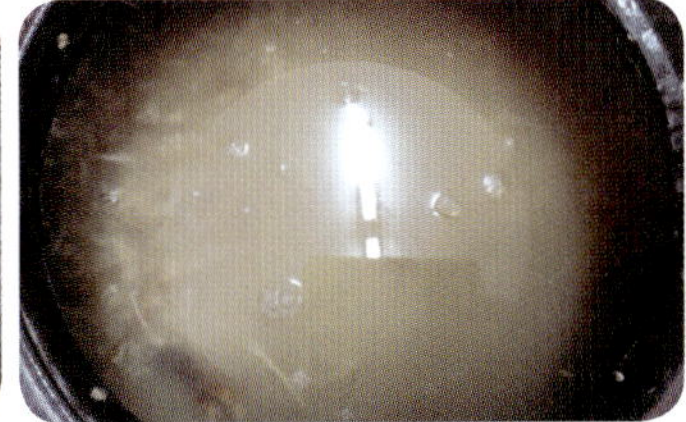

현미 당귀 술 거르기

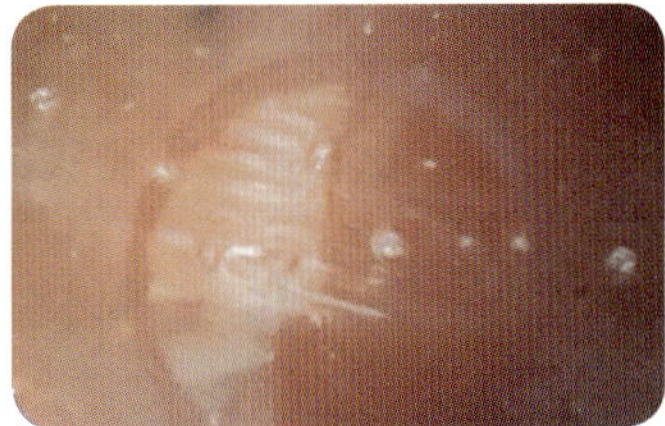

흑삼삼양주 술 거르기

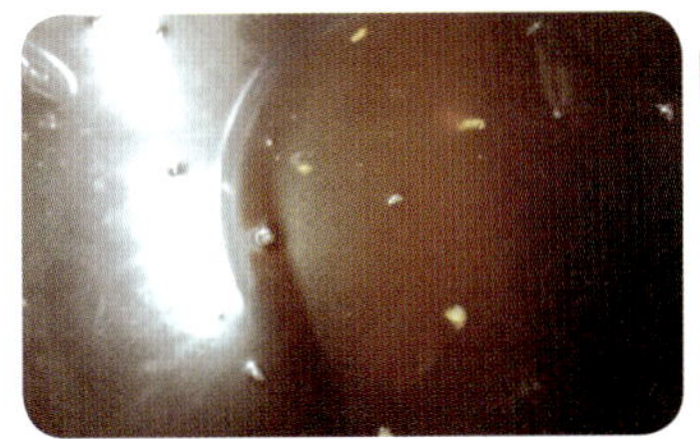

흑삼 현미이양주 술 거르기

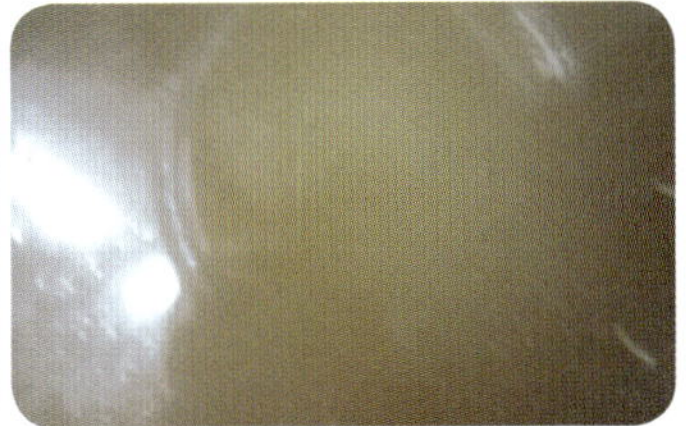

현미삼양주 상황버섯 술 거르기

꿀말벌 이화곡 현미식초

다슬기 이화곡 현미이양주 식초

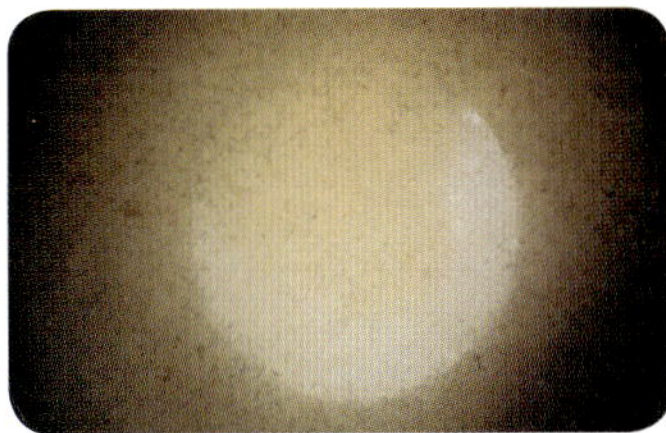

산양산삼 이화곡 현미이양주 식초

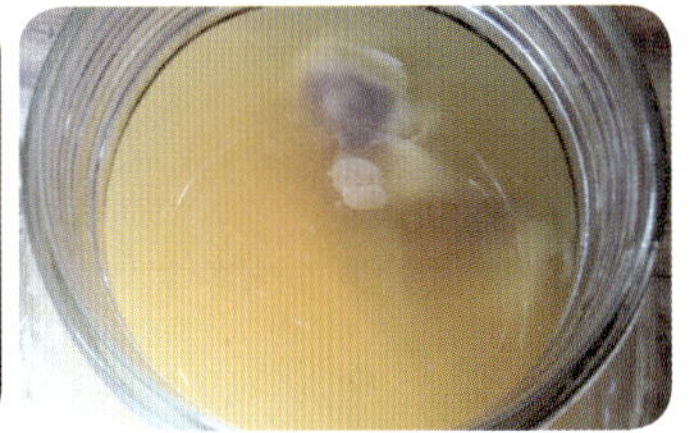

침출식 백연꽃 현미이양 거르기

솔순 현미이양주 식초

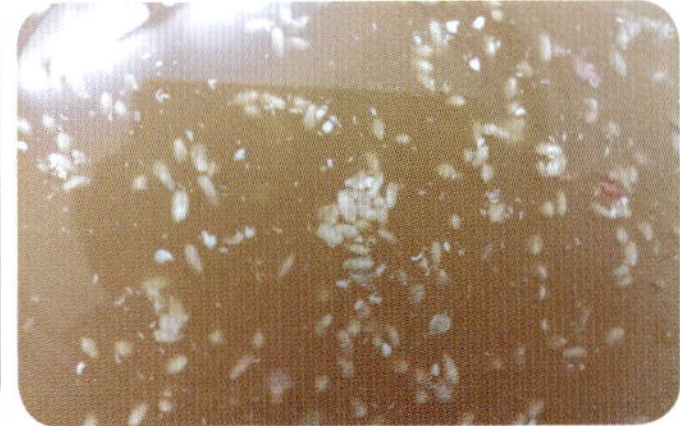

청양고추 현미지게미식초

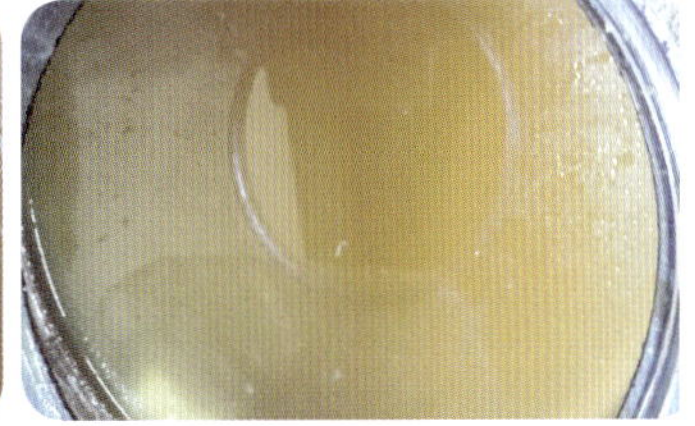

현미술 다 익은 모습

🏺 아름다운 초막

생재, 곡물, 누룩, 효모, 물, 설탕이 만들어내는 작품, 술. 그 술이 만들어내는 천연발효식초, 전통식초. 정말 어떻게 이런 맛이 나올까 하는 의문이 드는 아름다운 물, 식초이다.

술을 식초로 만드는 초산균, 초산균이 술을 분해하여 초산으로 바꾸고 있다는 것을 보여주는 초막이 있다. 식초를 이제 시작하거나 경험이 적으면, 초가 익어가면서 여러 번 변하는 모습에 당황하고, 초막이 생겨도 '이게 뭔가?' 하게 된다. 혹 초막에 대해 알더라도 정상인지, 불량인지 알지 못해 많은 사람들이 블로그를 방문하고 또 질문을 한다.

말만으로는 알 수 없는 다양한 초막의 모습. 앞서 100여 가지 식초 담그는 글에 초가 익는 모습을 전하며 초막 사진도 곁들였지만, 미처 들어가지 못한 사진들을 한꺼번에 올려 독자들이 식초를 하다 생긴 초막에 당황하지 않고 정상이라는 것을 알게 해놓았다.

초막은 초산균의 집이다. 앞서 공부했듯이 초산균은 공기 중에 무수히 많이 있다. 그런데 초산균은 혼자 공중에 있을 수 없어 먼지에 붙어다니다 술에 들어가 초를 키운다. 하지만 지금은 공기가 오염되어, 초산균도 옛날과 달리 많이 줄어 식초를 키우는 데 불편함이 있다. 그래서 종초를 넣어 씨앗으로 삼아 공기 중 초산균이 들어가 같이 초를 키우게 한다.

초가 익어가면 술 위에 얇은 막들이 생기는데, 그것이 바로 초막이다. 초막은 괜히 생기는 게 아니라 초산균의 집이다. 즉, 술을 먹고 초를 늘려 점점 술은 줄고 초가 가득 차게 되는 것이다. 그 초막을 초가 다 익을 때까지 그냥 두기도 하고, 살짝 깨 그 틈으로 초산균이 들어가게 하는 방식이 있는

데, 담그는 사람들마다 각자의 방식이 있다.

내 경험을 전하는 책이기에, 나는 초막을 살짝 저어주라고 하거나, 용기가 작으면 흔들어 초막이 깨지게 하라고 한다. 초막은 정상과 불량이 있는데, 정상적인 모습을 유지하기 위해서 늘 들여다보며 초막 관리를 하여 초를 키운다. 옛날 어머니들이 온기가 늘 유지되는 부뚜막에 초병을 올려놓고 한 번씩 흔들어주며 "니캉 내캉 살재이." 하던 것과 같은 방식이다.

그건 초병 안에 막이 생기면 흔들어줄 때 깨지면서 다시 초산균이 들어가 초를 키우게 하던 어머니들의 식초사랑이라고 생각한다.

더러 초막이 생기지 않고 초가 익기도 하지만, 대부분 초막이 생기고 다양한 모습을 보이면서 초를 익힌다. 사진들을 보면서 초막 공부를 하고, 초막이 생겼을 때 '아! 이건 정상적인 것이구나.' 하고 알 수 있게 익혀보자.

이 책에 실린 초막들은 앞으로 식초를 하며 경험할 모습이니, 독자들이 담근 식초가 초막을 보일 때와 비교해 마음껏 즐기면서, 공부한 대로 관리하여 아름다운 식초를 얻도록 하자.

담금주 와송 병테두리 초막

생강 현미이양주 식초 첫 초막 살짝 저어준 모습

생막걸리 살균막걸리 실험 초막

식초 완성 후 숙성 중에 생기는 보호 초막

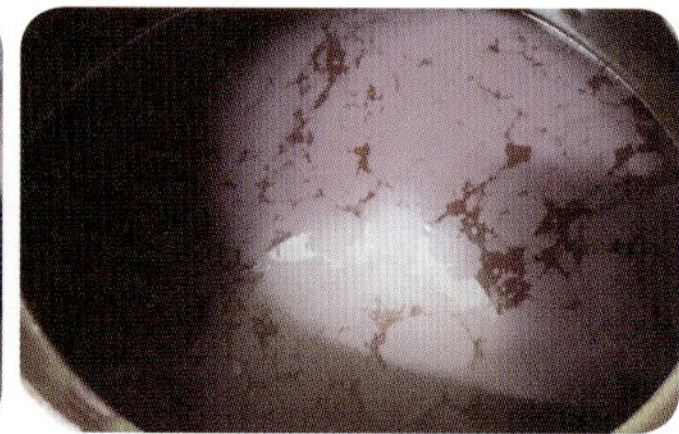

아로니아 초막

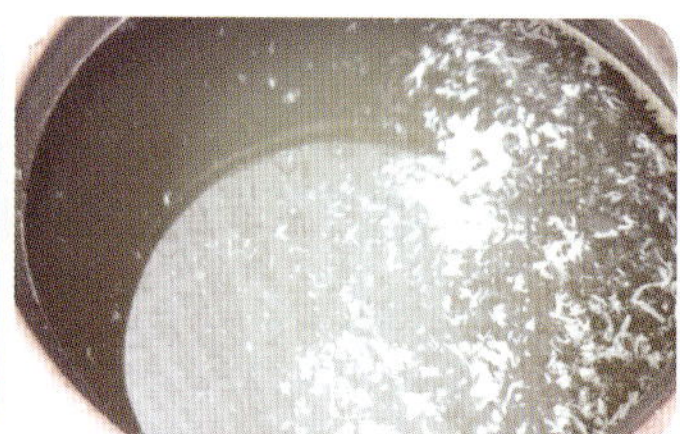

은행 현미이양주 초막 살짝 저어 흩어진 초막

자몽바나나 초막

종합과일 초막

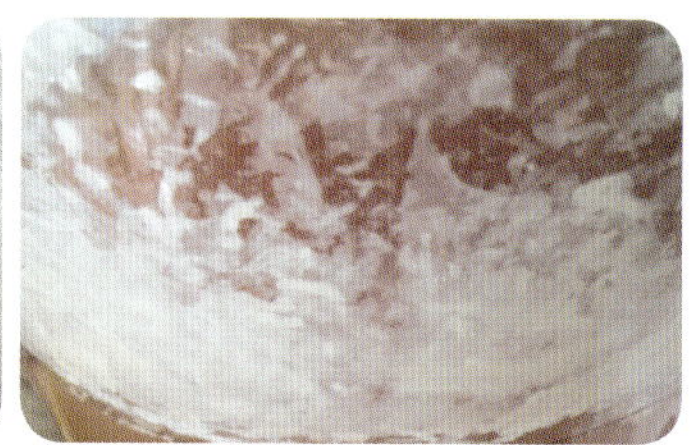

종합과일 병테두리에 붙은 초막

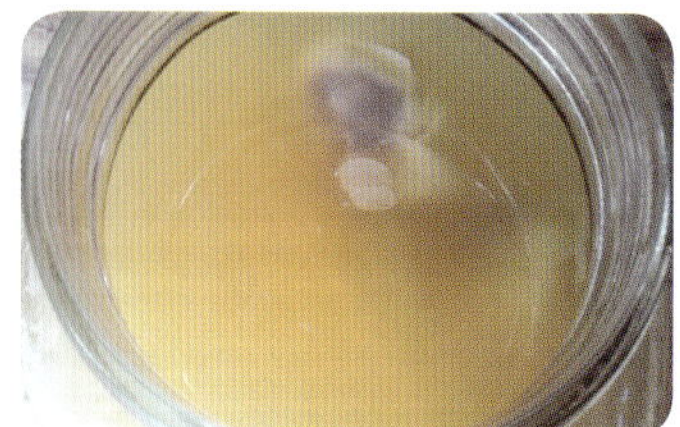

침출식 백연꽃 현미이양주 초막

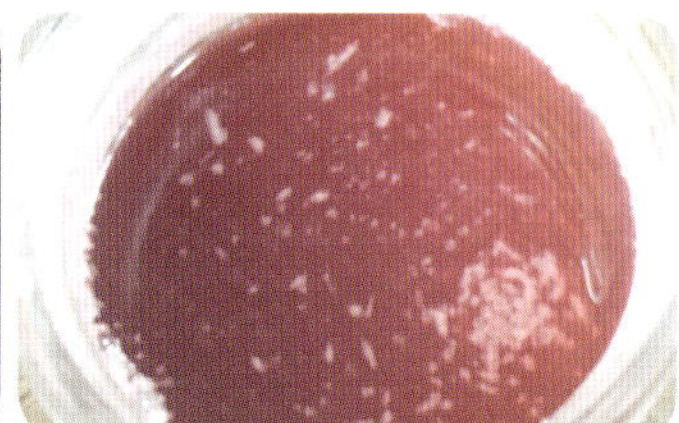

살짝 저어 흩어진 지치 현미이양주 초막

가시오가피줄기 현미이양주 초막 살짝 저어준 모습

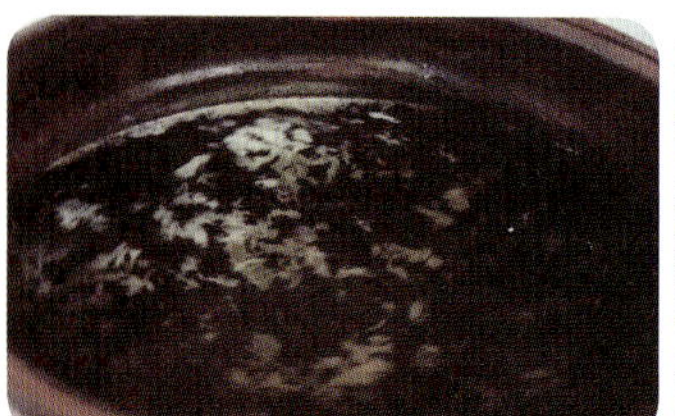

현미흑초 초막 살짝 저어준 모습

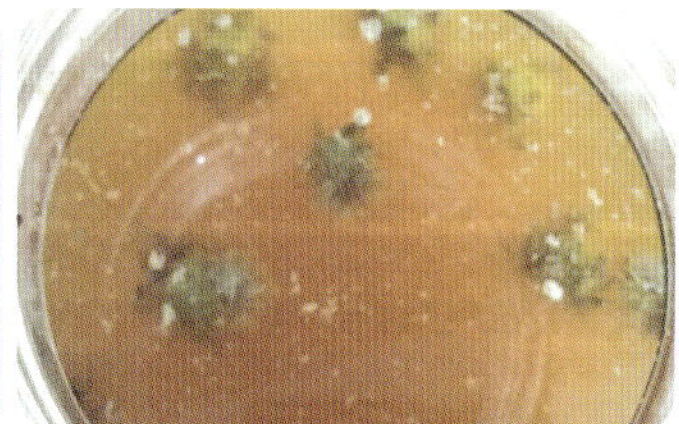

홍화꽃 현미이양주 침출식 식초 초막

황칠 현미 초막 살짝 저어준 모습

각종 초막 모습

천연발효식초, 전통식초 완성, 숙성 중 생긴 셀룰로오스

셀룰로오스에 대해서는 앞서 공부를 했다. 즉, 왜 생기는지, 또 정상초막과 불량초막이 생기는 이유에 대해서도 익혔다.

식초가 익는 중간에 생긴 셀룰로오스는 불량으로 산도 약한 초가 나오거나 물이 되는 경우에 생기지만, 산도가 오른 상태의 맛있게 익은 초가 완성

되거나 숙성 중에 생긴 셀룰로오스는 정상적이다.

이 막이 생겨도 초맛이나 산도에 큰 변화가 없는데, 생긴 것은 일정하지 않다. 즉, 울퉁불퉁하기도 하고 매끈하기도 하고, 얇기도 하고 두텁기도 하다. 막이 생기면 걷어내고, 또 생기면 걷어내는데, 물고 나온 식초로 인해 양이 푹푹 줄어든다. 그럴 땐 막을 살짝 들고 초를 떠먹으면 된다.

건져낸 막덩어리들은 바로 버리지 말고 소쿠리에 밭친다. 막들이 얇아지면서 품고 있던 식초들을 다 내놓으니, 한 방울도 뺏기지 말고 다 걸러내도록 하자.

이제 몇 장의 사진을 보며, 앞으로 담그는 초에 셀룰로오스가 생기면 무슨 맛일 때 생기는가 보고 정상인지 불량인지 알아보자. 막의 사진들을 보게 되면, 아마 많은 사람들이 이런 경우에 대해 잘 알지 못해 실패로 버린 초가 엄청날 것이다.

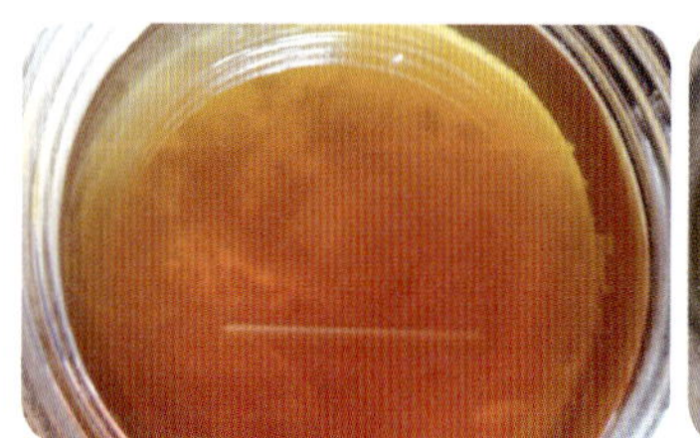

개똥쑥 숙성 중 생긴 셀룰로오스

곱게 생긴 셀룰로오스

구증구포 흑삼 현미삼양주 숙성 중 서서히 생기는 셀룰로오스

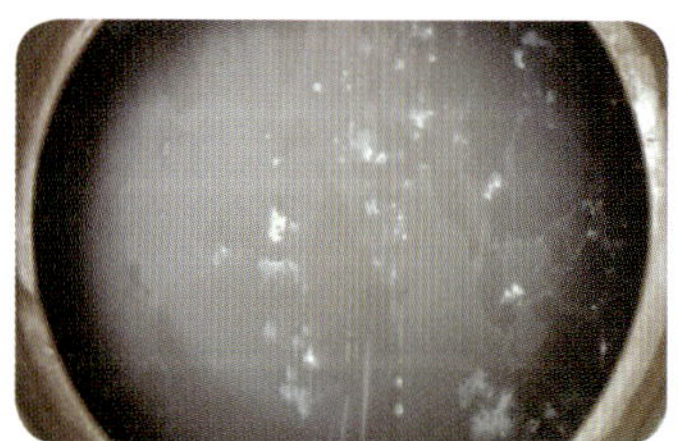

사과 현미이양주 숙성 중 생기고 있는 셀룰로오스

솔순 현미이양주 숙성 중 생긴 셀룰로오스

야채천연발효 숙성 중 생긴 셀룰로오스

현미이양주 숙성 중 생긴 셀룰로오스
덩어리

현미이양주 숙성 중 생기고 있는 셀룰
로오스

그렇다고 이런 막이 초가 익었거나 혹은 숙성 중에 다 생기는 것은 아니다. 즉, 더러 생기기도 하는데, 나 역시 처음엔 이게 왜 생겨야 하는가 의구심을 품고 조금만 이상해도 무조건 버렸다. 그러다가 갖가지 식초를 수백 번 담가 경험을 쌓은 끝에 정상과 불량초막을 분리하여 보게 되었다. 많은 사람들이 새로운 식초 변화에 대해 공부하고, 그 본모습을 알게 되어 고맙다고 인사를 해왔다. 이 책을 보는 독자들도 공부하고 익혀 식초의 무궁한 모습을 알아가자.

🏺 산막이 생긴 술발효

술발효를 하다 보면, 술이 익어가다 며칠 지나지 않아 술밥 위에 크고 작고, 탁하고 뽀얀 방울들이 부글거리는 것을 보게 된다. 그것은 털도 숭숭 달린 흉측한 모습에 매캐한 냄새 풍기는 산막이다.

산막이 생기는 이유는?

용기 소독이 미흡하기 때문이다. 한번 산막이 생겼던 용기, 고추장·된장·간장·액젓을 담았던 항아리 등 이력이 화려한 용기에 술이나 초를 안치면 반드시 산막이 생긴다.

그렇다면 해결법은? 다시는 그런 용기를 사용하지 말고, 정상적인 용기에 담을 때도 철저한 살균처리를 한다.

1 누룩(효모)을 넣는 양에도 문제가 있다

누룩이나 효모는 재료의 당분을 분해해 술이 되는 데 필요한 만큼 넣어야 한다. 많이 넣으면 술발효가 더 잘되어 좋은 술이 나올 것이라 생각하지만, 그것은 절대 아니다.

많은 누룩으로 인해 초반에 왕성한 술발효를 하며 당분을 먹어치우고 당분이 없어 더 이상 진행하지 못하는 경우가 있다. 또 누룩은 여러 가지 균들로 이루어진다. 잘 익은 술에는 잡균이 사멸하고 잘못된 술에는 자라서 산막을 만든다. 이렇게 잡균이 자란 술은 향, 맛 다 나쁘지만 초가 익어도 산도가 낮게 나온다.

술 익을 때 생기는 산막은 주로 술발효 매개체인 누룩에 달려 있으니, 너무 과하게 넣어 급하게 술이 익는 것을 억제하고 남은 누룩들이 술에 남아 잡균이 득세하지 않게 적정량을 넣어준다.

반드시 누룩이나 효모 두 가지 중 한 가지만 넣고, 같이 넣고 싶다면 반반씩만 넣어 정상적으로 술을 익히자.

2 배합률을 잘못 짠 경우에도 잘 생긴다

술 배합률을 짜면서 천연발효식초나 전통식초에 필요한 생재, 당분, 물, 누룩, 효모를 넣어 술이 되는 데 모자람 없이 해야 한다. 막상 산막이 생겨 섞어주면 사라지는 것 같아도, 다음 날 생기고 또 생기면서 그 향과 덩어리들이 섞여 온통 불편한 술이 되어간다.

초산발효 중 생긴 효모산막

술을 걸러 종초를 넣거나, 넣지 않고 초를 키우다 보면 초막이 생긴다. 그런데 어느 날 갑자기 초막이 부옇게 변하면서 털이 숭숭 달리고, 쭈글거리는 주름에 허연 가루로 초 위에 그림을 그리고 매캐한 냄새를 풍긴다. 이런 모습을 보면 깜짝 놀라 힘이 빠지고, 어찌해야 할지 고민하게 된다.

효모산막이라는 것이 생긴 것이다. 주로 초를 안친 용기 문제 때문이기도 하고(술 용기와 같은 현상), 산막이 생긴 술을 살려 초를 안쳤을 때, 알코올 도수가 너무 약해 초산균이 초를 키우기도 전에 힘 좋은 젖산균이 먼저 세를 키울 때도 산막이 생긴다. 즉, 모자라는 알코올과 종초 때문에 술이 약해지며 산막이 생기는 경우가 많다. 그래서 앞서 좋은 식초를 얻기 위해서는 좋은 술을 담가야 된다고 강조한 것은, 초산발효 중 생기는 문제를 줄이고 성공적인 식초를 얻기 위한 최고의 방법이기 때문이다.

좋은 술은 좋은 식초를 만든다. 정상적으로 잘 키워진 산도 좋은 종초면 온도가 낮아도 아무 걱정 없이 초를 맛나게 키우는데, 약한 술은 아무리 산도 좋은 종초를 넣어도 산막이 생길 확률이 더 높은 것이다.

물론 종초 없이도 식초는 아주 잘 익는다. 하지만 요즘 공기 오염이 심해 그만큼 초산균 수가 줄었으므로, 종초를 잘 키워 넣는 것이 필요하다.

산막이 생긴 초는 살릴 수 없는가?

물론 살릴 수 있다. 막 산막이 생기려고 할 때는 살려도 괜찮다. 소독한 도구로 확확 저어주고, 산도 좋은 종초나 담가놓은 술을 추가하면 조금씩

나아지며 정상적인 초막이 되기도 한다. 그러나 다른 석 장의 사진처럼 됐다면, 살려도 이미 효모산막의 독특한 냄새와 맛이 배어 맛과 향이 좋지 않고 그대로 두면 맹물이 되어버린다.

이런 현상을 방지하기 위해서는 적당한 알코올 도수가 나오게 술을 담그고, 좋은 종초를 넣고, 초막이 생기면 철저히 관리해야 한다. 즉, 이상한

동백LEE TiP

산막이 생긴 술은 살릴 수 없는가?

좋은 재료를 구해 성분을 먹기 위해 담근 술에 산막이 생기면 너무 아깝고 속상해 어쩔 줄 모르게 되고, 살려서 술을 익혀 초를 담글 수는 없을까 생각한다.

물론 살릴 수 있다. 그러나 산막이 생기면 놀라 저어주는데, 그러면 살려도 맛, 향이 나쁘니 아까워도 좋은 식초를 얻기 위해서는 버릴 것을 권한다.

젓지 않고 그냥 두었다면 용기 문제가 아닌가 생각해보아야 한다. 술 배합을 하면서 잘못이 없나 되돌아보아 모자란 것을 추가하면 살아나기도 하지만, 이미 생긴 산막은 살려도 좋지 않은 식초가 된다. 가족과 필요한 사람이 먹을 것이니, 조금이라도 이상하게 된다면 미련을 버려 좋은 식초를 얻도록 하자.

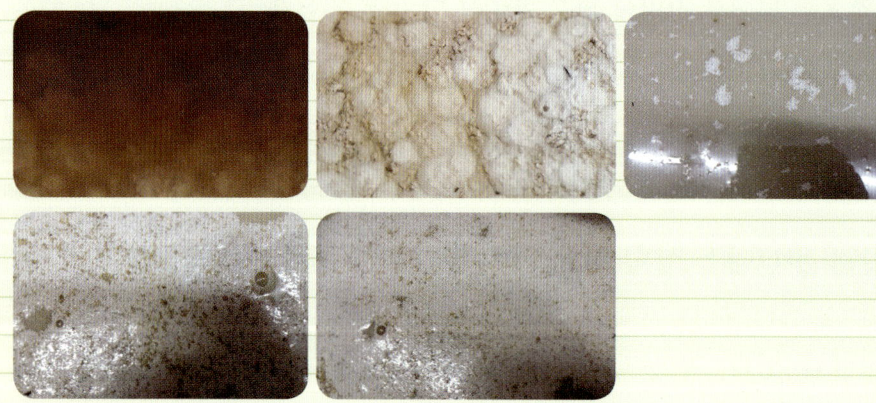

술에 산막이 생기고 있는 모습들

맛이나 향이 나지 않는지 늘 살펴보아야 한다.

애써 담근 술과 식초가 효모산막이 생기면 기운이 빠지면서 식초에 대한 열정에 찬물을 끼얹는 것 같지만, 절대 실망 말고 큰 공부했다고 생각하자. 속상해하지 말고 즐겁게 버리면서, 덕분에 술과 초를 자만심 없이 담그고 지켜보는 눈과 마음을 키운 것을 고마워하자.

실패는 성공하는 식초 담그는 길에 우뚝 서는 것이나 마찬가지이다. 공부나 경험은 버리면서 깨닫고 익혀 나의 식초를 얻는 것이다. 나 역시 수많은 술과 초에 실패하면서 쌓아온 경험으로 수백 가지 식초 담그는 것을 전하게 된 것이다. 정상과 불량초막에 대해 공부했으니, 식초를 담그다 문제가 생기면 책을 보며 익히도록 하자.

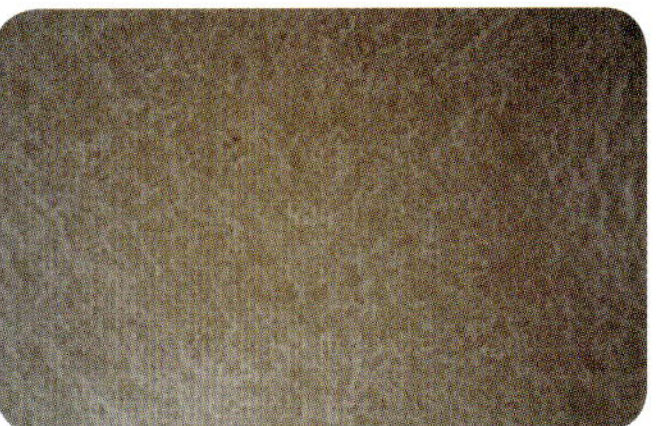

초산 발효 중 생긴 효모산막

초의 완성된 모습과 색상

식초가 다 익으면 부지런히 생기던 초막이 다 사라지고 맑은 초가 고운 모습을 보인다. 원재료가 품고 있던 향과 그윽한 신맛이 입안에 침을 돌게 하면서, 한 방울 맛보면 저절로 탄성이 나오는 멋진 식초.

책을 보며 공부하고 담가온 식초들이 익은 후 어떤 모습일지, 고운 자태와 색을 미리 보고 즐기자.

현미 홍초

찹쌀 파인애플 천연식초

찹쌀 꾸지뽕 식초

현미 녹차 식초

현미 상황버섯 식초

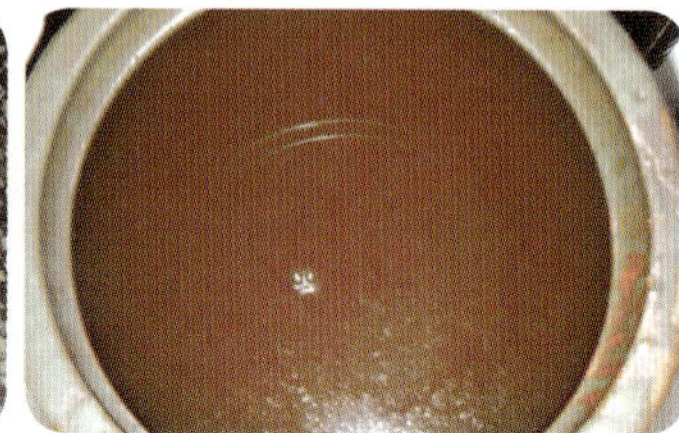

백초 식초

현미 블루베리 식초

흑메밀 식초

현미 당귀 식초

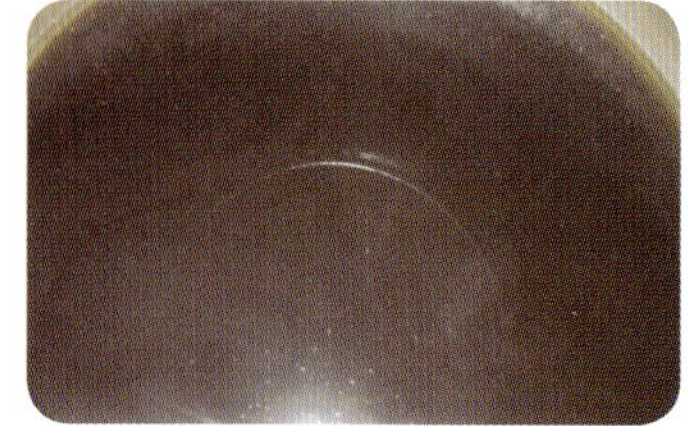

꾸지뽕뿌리 현미식초

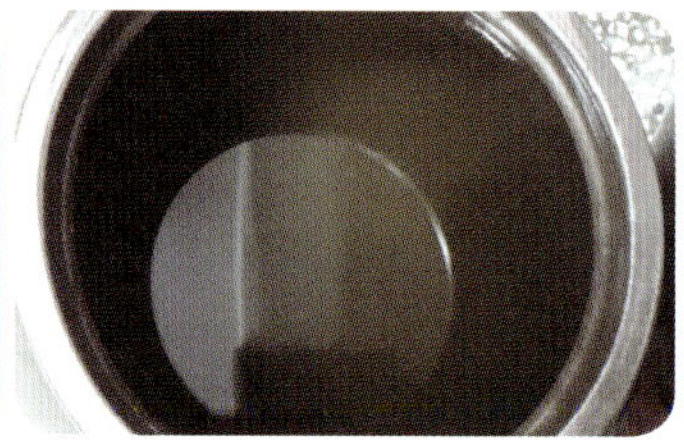

작두콩 콩꼬투리 현미이양주 식초

복분자 식초

사과 식초

솔순 현미이양주 식초

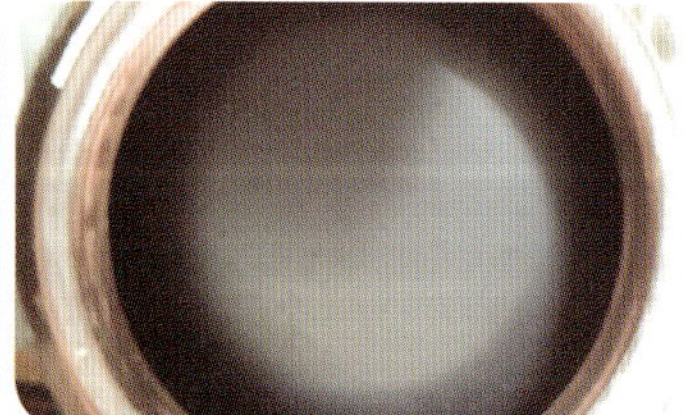

야생오디 천연발효식초

은행 현미이양주 식초

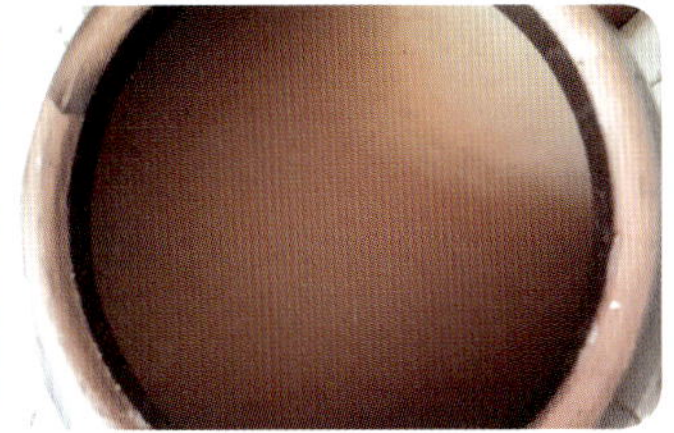

자두 식초

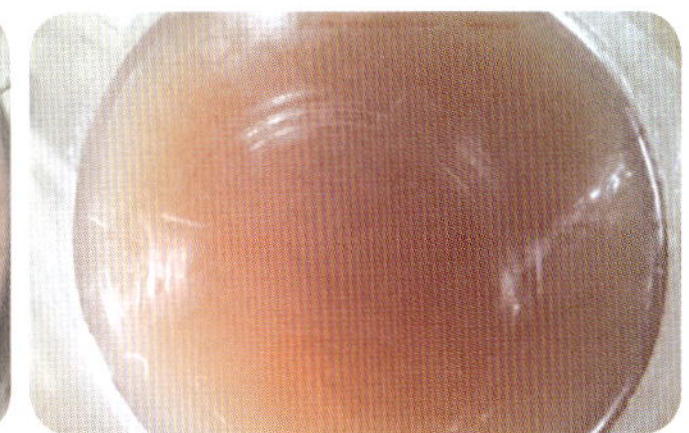

지게미 종합건지 식초

천마 현미이양주 식초

초콩 식초

침출 홍화꽃 현미이양주 식초

산도를 측정하는 방법 네 가지

식초를 담그면 내 식초가 어느 정도 신맛을 내고 있는지 궁금하다. 적절한 산도가 올라야 종초로 쓸 수도 있고, 숙성 중에 물이 되거나 산패가 되는 걸 미리 방지할 수도 있다.

식초는 다 익어 초막도 사라지고 맛도 상큼한데, 산도를 측정하여 낮으면 중탕하여 초산균을 사멸시켜 냉장실에 두고 부드러운 식초를 먹을 수 있다. 만약 모르는 상태에서 그대로 먹으면 곧 물이 되는 걸 경험하게 된다.

산도를 측정하려면 산도계가 필요한데, 가격이 엄청나고 또 구하기도 힘들다. 여기서는 간단하게 측정하는 방법을 전한다. pH값은 1~14까지이며, 리트머스 용지 같은 pH테스트지가 있다. 휴대용으로 간편하게 pH수치에 의해 산도 측정을 가늠하는 기구가 있다.

1 가장 원초적인 방식, 맛으로 알기

식초 속의 초산 함량도(아세트산)를 기계, 실험으로 측정하는 방식이 있는가 하면, 이것저것 다 불가능할 때 우리 입맛으로(즉, 관능) 알 수 있는 방법이 있다. 맛으로 아는 것은, 앞에서 식초를 담그면서 초막이 생기면 맛으로 초가 익어가는 걸 익히라고 강조했다.

가정에서 담근 식초의 산도를 간단하게 아는 가장 좋은 방법은, 한 번 두 번 맛을 보며 익히는 것이다. 그러다 보면 식초가 익었는지, 혹시 물이 되어가는 것은 아닌지 미리 파악할 수 있다. 이는 수치가 아니라 원초적인 방법으로 알 수 있는 최고의 방법이다.

종초로 넣을 식초는 산도 4.5 이상은 되어야 초가 익는 데 도움이 된다. 따라서 내가 담근 식초의 산도를 아는 것은 중요하다.

2 pH시험지로 산도 측정하기

pH수치와 산도수치는 약간 다르다. pH수치는 정확도에서 산도수치보다는 떨어지지만, 대강 측정하는 지표로 삼을 만하다.

식초는 초산의 총함량을 재는 것으로, 테스트 시험지를 용액(식초)에 담가 나온 숫자와 색을 용지에 있는 배색표와 비교해 산도 측정을 한다. 하지만 초산이 약간만 생성되어도 테스트 시험지는 초산으로 반응하는 경우가 많으니 정확하다고 볼 수는 없다.

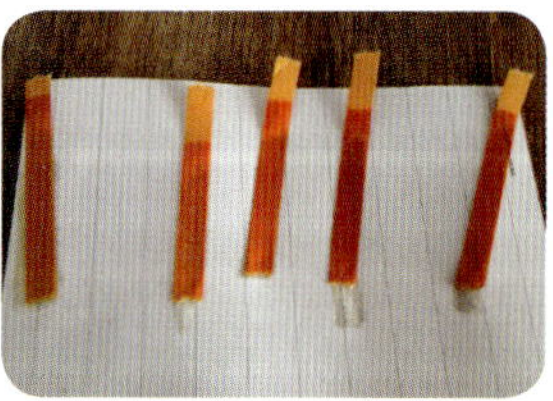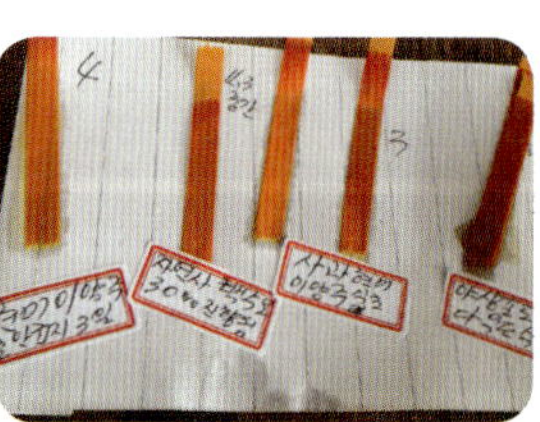

pH테스트지 산도 측정

늘 말하듯이, 초가 익으려면 멀었는데 맛을 보면 식초라 착각하는 원재료의 신맛(과일 같은 데 들어 있는 구연산)에도 pH테스트지가 반응해 100%라고는 할 수 없다.

신맛이 나는 과일로 측정하면, 용액이 pH테스트지에 반응하는 값이 현미나 곡물로 담근 것보다 숫자가 더 낮다. 수치로 보면 산도가 낮을 것 같아도 맛을 보면 곡물식초가 신맛이 더 강한 걸 느낄 수 있다. 따라서 신맛으로 나타내는 수치에 주의해야 한다.

초산 함량의 지표에 pH와 산도가 완전히 무관하다고는 할 수 없지만, 수치로 볼 때 초산의 농도보다 pH테스트지로 나타내는 정도가 크지 않으니 잘 판단해야 한다. pH테스트지로 초산을 측정했을 때, 정확성은 좀 떨어지지만 낮은 숫자일수록 산도가 높은 것으로 계산을 한다. 잘못하면 헷갈려 테스트지를 용액에 담가 나온 숫자가 높으면 산도 역시 높은 줄 알고 초가 다 익은 것으로 간주하면 절대 안 된다.

용기에 묻은 수치의 숫자가 3이면 산도는 4가 겨우 넘는 정도이다. 그러나 기본 수치로만 보기 바란다.

③ pH메타 측정기(산도 측정)

산도를 측정하는 기계가 워낙 고가라 가정에서 구입하기 어려운데, 간편하게 사용할 수 있는 pH테스트 기계가 있다. 가격도 8~20만 원 안팎으로 작은 크기에 사용도 편하다. 주로 수질, 토양을 측정하는 데 쓰이지만 산도 측정에도 사용한다. 산도와 pH수치가 조금 다르다는 것은 pH테스트지와 같은 맥락이다.

산도는 식초 용액 속에 포함된 모든 유기산(구연산, 호박산, 사과산, 초산 등

60여 가지 이상)의 총산도를 나타내며, pH수치는 용액(식초) 속에 있는 수소 이온의 수치이다. 따라서 산도 측정 5%와 pH테스트 5%는 완전히 다른 초산 함량 수치이다.

즉, 산도 5라면 식약청 표준에 4% 이상으로 인정하는데, 5%면 산도 좋은 식초로 분류된다. pH 5%는 술 걸러 초 안치고 한창 초산발효를 이루고 있는 시점의 산도(약 2% 이하)로 계산하면 될 정도로 수치가 다르게 나온다.

pH수치로 산도를 대강 알 수 있지만, 측정 수치가 다르게 적용된다는 것을 알아야 한다. 수치가 높게 나오면 초가 잘 익은 것으로 알고 병입했다가 물이 되는 낭패를 당하기 쉽다. 즉, 물은 중성으로 pH 7, 수치가 더 높으면 알칼리성, 식초는 pH 4 이하이다. 산성으로 보면 pH수치가 4 이상으로 나오는 걸 모르고 병입하면 재산화해 물로 돌아간다.

pH로 측정하여 4% 이하는 우리가 말하는 산도(산성)로 보되, 3%는 나와야 안전한 식초로 맛과 향을 즐길 수 있다.

그래서 식초를 잘 담가 맛을 보면, 산도가 높을수록 산성도가 높아 신맛이 강해 먹기에 조금 불편하고, 산도가 너무 낮으면 초는 부드럽지만 향, 맛이 좋지 않은 현상이 생기는 걸 경험하게 된다.

기계 구입은 인터넷을 검색하면 많은 종류가 나오니 알아보고 구입하여 사용하도록 한다.

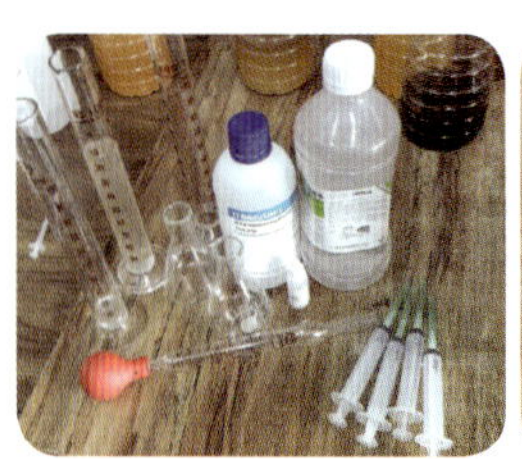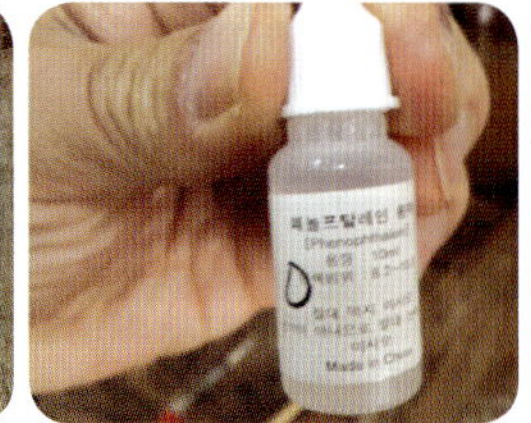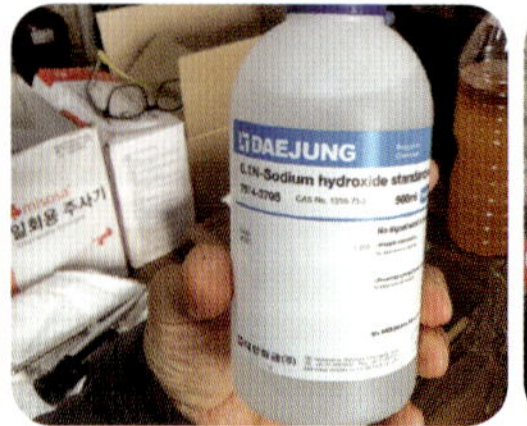

산도 측정도구

3 동백리가 사용하는 산도 측정법(수산화나트륨, 페놀프탈레인 지시약 측정)

식초에 함유되어 있는 초산의 양을 % 단위로 나타낸 값을 산도라고 한다. 어떤 식초의 산도가 6%라면, 이 식초 100㎖에 초산이 6g 포함되어 있는 것이다.

측정된 값이 총산도이며, 페놀프탈레인을 시약으로 사용한다.

0.1N 수산화나트륨 표준용액

페놀프탈레인 지시약 1% 알코올 용액

증류수

메스실린더 100㎖(250㎖)

주사기(100㎖)

유리 스포이드

산도 측정에 흔히 사용하는 수산화나트륨 시약의 농도는 0.1N이며, 시약병 라벨에 N/10-Sodium Hydroxide라고 표시되어 있으며, N/10은 1/10N, 즉 0.1N이다. 수산화나트륨 시약의 역가(Factor)는 시약병의 라벨에 1.002 등으로 표시되는데 0.1003N이다. 대략적인 산도를 알기 위함이니 나는 역가를 무시한다.

식초 원액은 색상이 짙으므로, 산도를 측정할 때 지시약의 색깔이 변하는 시점을 정확히 판단하기 어렵다. 그러므로 원액에 물을 첨가하여 희석시켜 측정한다.

식초산과 수산화나트륨의 중화반응으로 식초산이 점차 초산나트륨으로 변하는데, 모두 중화되면 액체는 수산화나트륨으로 인해 염기성으로 변하며 붉은색을 나타낸다.

원액 10㎖에 물 90㎖을 혼합하여 전체 부피를 100㎖로 만든다.

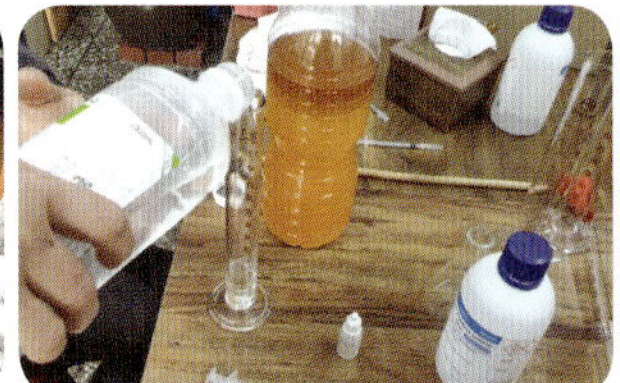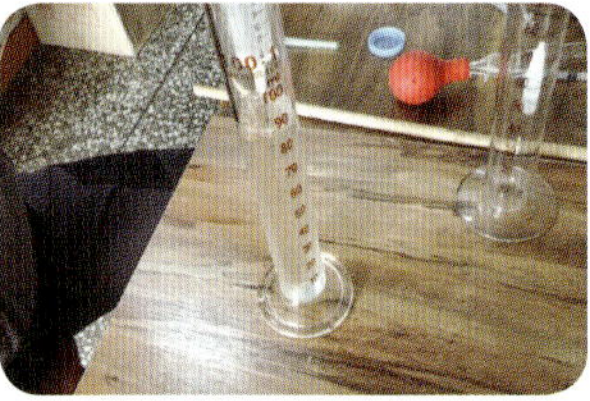

원액과 증류수 혼합

혼합한 희석액에서 10㎖을 다른 메스실린더에 옮겨 페놀프탈레인 시약을 2~3방울 떨어뜨려 혼합시킨다.

시약과 혼합

수산화나트륨을 한 방울씩 떨어뜨려 핑크색으로 변하는 시점을 측정하는데, 부분적으로 핑크색으로 변하면 흔들어준다. 그러면 핑크색이 사라진다. 한 방울씩 떨어뜨려 전체가 핑크색으로 변하는 시점이 되면, 수산화나트륨을 그만 넣고 30초간 색의 변화를 지켜본다.

색의 변화

색이 변하지 않고 핑크색을 유지하면 그때까지 넣은 수산화나트륨의 양을 계산해 산도를 측정한다.

핑크색으로 변할 때까지 소요된 수산화나트륨 시약은 $9m\ell$였다.

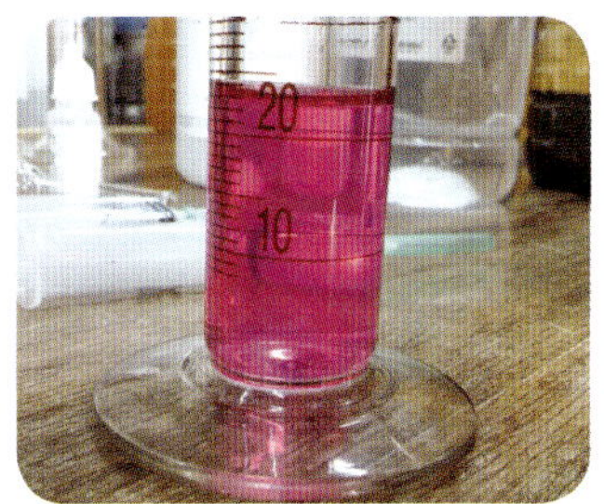

- 수산화나트륨 농도 : 0.1N(0.1 meq/$m\ell$)

- 수산화나트륨 역가(Factor) : 1.002

- 식초 희석 배율 : 10배

- 식초 희석액의 부피 : 10$m\ell$

- 수산화나트륨 시약의 부피 : 9$m\ell$

- 초산 1밀리당량(meq)의 질량 : 0.06g

계산은

$$\frac{NaOH\ 소요량 \times NaOH\ 농도 \times 초산\ 1meq의\ 질량 \times 식초\ 희석\ 배수}{식초\ 희석액\ 사용량} \times 100 = 산도\ \%$$

그러므로

$$\frac{9m\ell \times 0.1\ meq/m\ell \times 0.06g/meq \times 10배}{10m\ell} \times 100 = 5.4\%$$

'동백LEE의 곳간'에서 사용하는 방법이므로 참고하기 바란다.

# 식초 담그기, 질문과 답

　이제부터는 천연식초 공부방에서 식초 담그는 공부를 하며 많은 사람들이 겪었던 여러 가지 문제들을 해결했던 사례들에 대해 살펴본다. 그동안 나의 블로그 '동백LEE의 곳간'에는 수십만 명이 다녀갔는데, 그중 가장 대표적인 것들을 모아 질문과 답을 보며 문제를 해결해나가도록 하자.

　지금까지 식초를 담그는 데 필요한 각종 용어, 도구, 방식, 술, 초산발효에 대해 공부하고, 특성에 따라 다른 원재료와 식초를 담그고 난 후 마무리 공부를 하면서 많은 것을 알고 응용해왔다.

　처음 식초를 접하거나 조금씩 담가왔던 사람들은 생각지 못한 모습에 당황하여 인터넷 검색을 통해 알아보려 하지만 쉽지 않다. 블로그나 카페에 각종 질문을 올리고, 전국은 물론 외국에서까지 궁금증을 풀기 위해 일회용 장갑 손가락마다 술과 초 수십 가지를 담아가지고 와서 어떤지 알고 싶어하는 사람들이 있다. 색과 향으로 볼 때는 분명히 상했지만, 내 얼굴만 보고 있는 사람들에게 상한 것 같아 못 먹겠다는 말을 차마 못하고 늘 상한 술, 식초를 마시게 된다.

　가고 나면 배탈 나는 일이 허다하지만, 나는 끝까지 다 먹고 어떻게 담갔는지, 또 담그는 환경 등을 물어 왜 상했는지 곰곰이 생각한다. 다 합쳐서 50㎖도 안 되는 여러 가지 용액들을 들고, 국내는 물론이고 미국, 뉴질랜드, 중국, 일본 등에서 먼 길을 마다 않고 달려온 사람들은 내 얼굴을 보고 몇 마디만 들어도 막혔던 마음과 식초에 대한 실망에서 벗어나 힘이 난다고 했다. 내가 늘 바빠 시간 약속 잡기도 불편하고 충분한 시간을 주지 못해 미안하지만, 그런 사람들을 대할 때는 내가 무엇인가 더 알고 있는 것이 아니라 똑같은 마음, 가장 낮은 자세를 취하고 초심으로 돌아가 질문을 받고 답을 전했다.

글을 읽거나 이야기를 들어보면, 거의 같은 경험을 하고 공통적인 문제로 실패하곤 한다. 이제 그동안 받았던 수천 가지 질문 중 가장 많은 것, 또 그에 대한 답을 골랐다. 식초를 담그다가 문제가 생기면 책을 보고 해결하자. 물론 실패도 공부지만, 공부한 만큼 성공률이 높다.

🏺 종초

[질문] 집에서 담근 막걸리를 얻어 종균 없이 했는데, 처음엔 코를 쏘는 신맛이 나 식초가 익는 줄 알았다. 그런데 어느 날 맛이 밍밍해지고, 무엇인지 모를 하얀 가루 같은 뜸팡이가 조금씩 생긴다. 부패한 걸까?

[답] 술이 약해 생기는 현상이다. 초산균이 술을 소비하며 초를 이루는데, 약한 술이 급초산발효를 이루고 초막을 만들고 톡 쏘는 신맛을 내다가, 산도가 오르기 전에 술이 많이 줄어 초산균이 더 이상 초를 만들지 못해 하얀 가루 같은 산막이 생기거나 초가 재산화된다. 그래서 좋은 술을 담그는 게 아주 중요하다. 막걸리를 먹으려고 담가 걸러서 가수했다면, 알코올 도수가 약해졌을 우려가 있다. 식초를 하기 위해 담그는 술은 막걸리로 먹는 것보다 더 익혀야 좋다.

질문 종초를 넣으며 초막만 살짝 깨주다 위아래로 한 번 저어주었더니 막걸리식초가 탁해졌는데?

답 초막을 너무 깨주는 것도 좋지 않다. 그냥 금만 가게 해주면 틈 사이로 초산균이 들어가 초를 키운다. 어느 식초든 앙금이 있는데, 초 안친 지 얼마 안 되면 건드려도 부르르 일어났다 가라앉는다. 익어갈수록 진득한데, 그걸 건드려 저어주면 맑던 초가 탁하고 부옇게 되며 초도 연유처럼 변한다. 따라서 앙금은 그대로 두든가, 아니면 소독한 도구로 초는 그대로 두고 앙금만 살짝 건드려 일으킨다. 아니면 처음부터 앙금은 버리고 윗술로만 초를 안치면 괜찮다.

질문 막걸리와 종초를 넣은 후 얼마 만에 초막이 생기나?

답 생막걸리식초의 완성도는 넣은 종초의 산도와 온도로 기간이 정해진다. 종초가 잘 익는 온도 28~30도를 유지하고, 만드는 양이 2~3ℓ 정도면 한 달 만에 초가 익는다. 부족하지만 종초용으로는 얼마든지 좋다. 온도만 초산균의 활동력에 맞추면, 초 안치고 3~4일, 늦어도 일주일이면 고운 초막이 생긴다.

질문 종초로 넣은 생막걸리 수십 병을 실패했는데?

답 종초 없이 생막걸리 수백 병을 넣어 실패했다는 분들이 많다. 그러나 한 번에 성공도 많이 한다. 종초 넣고 하면 성공률과 실패율이 반반이지만, 두 가지 다 온도 문제가 중요하다.

질문 감식초 종초로 3년 된 것도 가능한가?

답 감식초 글에 있듯이, 산도가 낮게 나온다. 넣기 전에 산도를 측정하여 4.5 정도 나오면 넣고 4 이하면 안 넣는 것이 좋다. 종초용 식초는 오

래 되어도 가능하지만, 몇 년 지나면 점점 초산균 수가 줄고 힘도 약해
진다. 종초보다는 오래 묵은 식초로 맛나게 먹자.

질문 종초 만들려고 막걸리를 담가 용기에 담고, 빛이 들어가면 좋지 않다 하여 천
을 덮고 검은 비닐봉지로 덮어두었는데?

답 천을 덮으면 공기 중의 초산균이 들어가는데, 검은 비닐로 덮어놓으면
초산균이 제대로 들어가지 못해 초가 익는 데 불편하다. 직사광선이
아닌 밝은 빛은 아무 상관없다. 유리병 특히 친환경 용기는 햇빛을 바
로 받으면 환경호르몬이 술이나 초에 침출되어 좋지 않다. 얼른 검은
비닐을 걷어내고 초산발효를 도와준다. 그러나 온도가 낮을 때는 위는
나오게 싸주면 보온에 좋다.

질문 종초를 하려고 생막걸리를 샀더니 유통기한이 한 달이 넘었다. 괜찮은가?

답 종초용 생막걸리는 첨가제 같은 것이 들어 있어 유통기한이 너무 길면
안 좋다. 초가 잘 익어가는 듯하다가 첨가된 성분이 지장을 주어 물이
나 산막이 되기 쉽다. 시중의 생막걸리는 다 조금씩 첨가제나 당분이
들어 있으니, 종초용 막걸리는 되도록 유통기한이 짧은 게 좋고, 첨가
되는 재료가 적을수록 초가 무난하게 익어간다.

질문 종초가 다 된 식초는 따라내고 밑에 남은 앙금은 버리나? 다시 넣어 종초를
키워도 되는가?

답 앙금이 아까우면 생막걸리를 한 번 더 종초로 사용해도 된다. 그런데
앙금 종초와 새 술로 많은 앙금이 생기니, 꼭 사용하고 싶으면 술을 넣
어 초산발효한 후 미련 없이 버려야 한다. 자꾸 종초로 쓰면 진득하고
꼬리한 향과 앙금이 너무 많아 좋지 않다.

질문 생막걸리로 종초 안쳤는데, 초막인지 모르지만 병 테두리에 하얀 찌꺼기 같은 게 생겼다. 용기를 살짝 흔들었더니, 하얀 것들이 덩어리처럼 되어 돌아다니다 다시 생겼는데?

답 잘 익고 있는 모습이다. 초가 익어가면 병 테두리에 약간 두꺼운 테가 생기고, 병 안 술이 묻은 곳에도 지저분하게 초막이 붙어 있다.

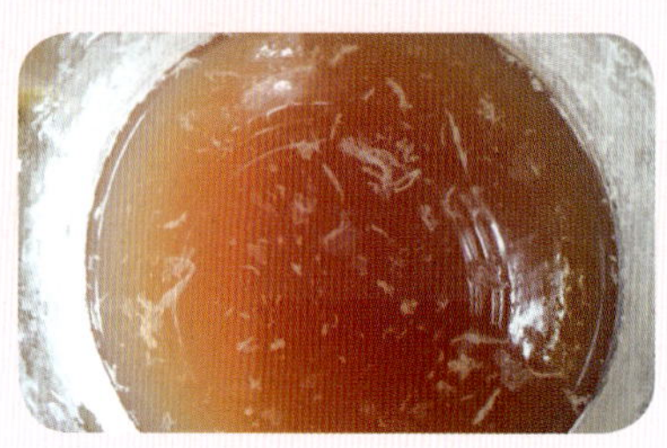

질문 먼저 만들어둔 복분자식초를 다음 복분자식초 할 때 종초로 넣어도 되는지?

답 아주 좋다. 곡물 등 막걸리로 만든 식초는 어디든지 넣어도 되고, 같은 종류는 향, 맛, 색이 비슷하여 종초로 넣으면 괜찮다.

질문 사과술에 복숭아식초를 종초로 넣어도 되는가?

답 좋지 않다. 사과의 상큼한 향과 맛을 복숭아의 짙은 향이 덮어 어중간해진다. 쌀, 현미로 담근 식초를 종초로 쓰면 사과식초의 향, 맛을 즐길 수 있다.

질문 종초 보관은 어떻게 하고, 또 먹어도 되는가?

답 어떤 술로 담갔는지에 따라 다르다. 시중에서 파는 생막걸리면 숙성하지 말고 바로 다른 술에 종초로 사용하거나 맛있게 먹고, 집에서 담근 막걸리식초라면 숙성하여 종초로 쓰고 먹어도 된다.

질문 생막걸리에 종초를 넣었는데, 초막은 생기지 않고 끈적한 점성이 느껴진다. 왜 그런가?

답 끈적한 점성이 생겼다면, 초산균이 초를 키우기 전에 젖산균이 먼저 자리를 잡은 것이다.

질문 젖산균인데 신맛이 나는가?

답 당연히 신맛이 난다. 젖산균도 산이니까. 그러나 종초로 쓰거나 먹기에는 좋지 않다. 생막걸리에 종초를 넣어 초 안치면, 위에 거품 같은 것들이 며칠 생긴다. 그 모양을 보고 잘못됐는가 하고 무조건 저어주면, 초산균이 자리잡지 못하고 힘 좋은 젖산균이 들어찬다. 초 안치고 초막이 생기기 전에는 가만히 두고, 초막이 생겨도 무조건 젓지 말아야 한다. 앙금은 건드리지 말고 초막만 살짝 금이 가게 깨줘야 젖산균 침투를 줄일 수 있다.

질문 종초를 만들어 한 번만 사용하는가?

답 종초 만들어 초 키우고, 키운 초를 또 식초 만드는 데 넣는 등, 한 번뿐만 아니라 얼마든지 가능하다. 종초는 계속 반복되는 씨앗식초 개념이다.

질문 종초의 산도가 낮으면 많이 넣는 것이 산도 좋은 종초 조금 넣는 것과 같지 않은가?

답 절대 아니다. 종초의 양이 아니고 초를 익혀내는 힘이 문제이다. 지금껏 공부하고 식초를 담그며 종초는 술 양의 30%라고 했는데, 그건 보통 산도 높은 초를 처음부터 갖고 있지 않은 사람들을 위한 평균적인 양이다. 술 잘 담그고 종초의 산도가 높으면 10~20%만 넣어도 식초가 잘된다.

질문 산도 낮은 종초를 술에 30%보다 훨씬 많은 50% 이상 넣었다. 어찌되는지?

답 산도 낮은 종초는 거의 물과 같은 상태라 술에 물을 넣는 것이라 본다. 즉, 가수한 술에 넣었다면 알코올 도수가 뚝 떨어져 바로 산막이나 물로 변하는 현상이 생긴다.

술

질문 막걸리를 담가 거르면 알코올 도수 6도가 좋다 하여 종초 없이 그냥 하는데, 꼭 성공하고 싶다.

답 초산균이 초를 이루기에 가장 편한 알코올 도수는 6~7도라, 보통 많은 사람들이 술이 익으면 술과 동량으로 가수를 한다. 경험이 많거나, 주정계로 도수를 재어 동량으로 하는 것은 괜찮으나, 무조건 동량을 하면 알코올 도수가 6도 이하로 떨어져 초가 익는 척하다 산막이 되는 경우가 허다하다. 나는 무조건 가수를 안하므로 문제가 없지만, 가수는 알코올 도수를 알고 적절히 해야 식초가 익다 실패하는 일이 적다.

질문 발효액으로 술발효를 하려다 그만 인스턴트 이스트를 넣었는데, 버려야 하나?

답 아니다. 다시 활성이스트를 넣어주면 왕성한 술발효를 한다. 단, 인스턴트 이스트 넣은 것은 술에 남아 있을 것이다.

질문 복분자에 설탕을 1:1로 넣고 이스트를 조금 넣었는데 전혀 발효되지 않고 그대로 있다. 올려둔 동전은 초록색이 되었다. 술발효 모습이 없어도 걸러서 따뜻한 곳에 두면 식초가 되는지? 아니면 실패한 것인가?

답 복분자에 설탕을 적게 넣어도 술이 제대로 익지 않지만, 1:1로 넣으면 너무 많아 이스트를 넣어도 당도가 높아 전혀 발효를 못하고 있다. 동전색은 구리 성분이 산에 의해 변한 것으로 전혀 의미가 없다. 동전이 초록색으로 변한 것은 복분자 자체의 신맛 때문이다. 그대로 두면 언제까지나 그 상태로 있으므로, 설탕 양을 소량만 넣고 물도 적절히 넣어야 술이 잘된다. 실패한 것은 아니므로, 당도 24브릭스가 되게 물을 적절히 넣고 효모나 누룩을 넣어 다시 술을 담그면 왕성하게 술발효를 하여 독한 술을 익혀낸다.

질문 현미오디술이 익어가다 산막이 두텁게 생겨 실패했다. 아까워서 먹어도 되는가?

답 산막이 낀 술은 먹지 말고 그냥 버리는 게 좋다. 산막은 맛과 향 모두 기분 나쁜 느낌이 나는 오염된 상태라 권하고 싶지 않다.

질문 술을 담가 가수한 것을 50%와 30% 넣어 같이 초를 안쳤는데, 50%가 30%보다 신맛이 더 난다. 왜 그럴까?

답 초산균이 좋아하는 알코올 도수가 낮은 술이라 초가 더 빨리 익어서이다. 30% 술은 50% 술보다 알코올 도수가 높아 더 늦게 초가 익는다. 초는 알코올 도수에 따라 다르게 익어간다.

질문 누룩을 너무 많이 넣어 술이 심하게 탁한데, 괜찮은가?

답 술발효가 되고 남은 누룩 때문에 술의 탁도가 높은 것이다. 술을 걸러 한 달 정도 숙성시킨 다음 앙금을 가라앉혀 사용하면 된다. 술에 남아 있는 누룩도 앙금으로 있으니, 누룩 냄새 줄이기에도 도움이 될 것이다.

질문 방풍 건지 15kg을 물 잘박하게 넣어 1년 후에 거르니 액이 20ℓ 나왔다. 그런데 물도 아니고 술도 아니고 식초 역시 안 되어 시큼한 맛만 나는데, 어찌해야 하나?

답 건지 15kg에 액이 20ℓ 나왔다면 당연히 아무것도 안 된다. 방풍 건

지의 부피가 많아 잘박하게 잠기도록 물을 넣다 보면 한정 없이 들어
간다. 그러므로 건지를 통에 넣고 꾹 누른 다음 물을 넣는다. 건지 액
이 줄줄 흐르는 상태라도 물이 많아 당도가 낮게 나오고, 만약 꾹 짠
건지에 그만큼 물이 나오게 넣었다면 당도가 낮은 상태에서 아무것도
아닌 그대로 있는 것이다. 시큼한 것은 오래 두면 그런 맛이 나는데,
그 정도에서 더 이상 변하지는 않는다. 늘 강조한 바대로 적절한 당분
이 아주 중요하므로, 알맞은 조건을 갖추어 술을 담가야 한다. 물을
줄이고 효모나 누룩을 넣어 담갔다면, 술이 익고 초도 적당하게 익었
을 것이다.

질문 현미술을 담글 때 엿기름을 듬뿍 넣으면 술발효가 잘된다고 했는데, 며칠 지
나지 않아 술 위에 허연 가루들이 붙은 주름막이 덮였다. 무슨 일인가?

답 누룩은 넣었는가?

질문 누룩이 없어도 엿기름이 발효한다고 해서 넣지 않았다.

답 엿기름은 당화의 목적으로만 쓰일 뿐 효모 역할, 즉 술발효를 일으키
지 못한다. 누룩을 넣어야 현미의 당분과 엿기름의 당분을 분해하여
술을 만드는데, 술이 되지 못해 산막이 생긴 것이다.

질문 살릴 수 없는가?

답 진한 산막을 걷어내고 누룩을 넣어 술을 익혀도, 이미 산막의 향, 맛이
들어 별로 좋지 않다.

질문 엿기름은 언제, 어떻게 넣는 게 좋은가?

답 나는 엿기름을 전혀 넣지 않지만, 만약 넣는다면 고두밥과 누룩을 호

화시킬 때가 좋다.

질문 막걸리를 직접 담가 가수하여 종초를 넣고 초 안친 지 두 달이 되었다. 초는 익은 것 같지만 그리 새콤하지 않고 또 냄새도 안 난다. 성공인지, 실패인지?

답 술을 담가 초를 안칠 때는 가수가 중요하다. 보통 정석대로 담그면 알코올 도수가 11~14도 정도이다. 내가 담근 술의 도수가 얼마인지 모르고, 술 나오는 도수만 생각해 보통 술과 동량으로 물을 넣어 알코올 도수가 낮게 초를 안쳤다면, 초막이 빨리 생기고 초산발효도 빨라 문제를 일으키기도 한다. 내가 담근 술의 도수, 가수한 물의 양 문제로 급하게 초가 익다 술이 약해지면서, 초산균이 소멸되어 향, 맛 다 물이 되는 과정이다.

질문 현미와 양파를 넣고 술발효를 하는 중 위에 하얗고 탁한 방울 같은 것들이 두텁게 덮여 있는데, 술을 걸러 초를 안쳐야 하나?

답 술이 익어가다 현미의 당화에 넘치는 양파 양으로 당도가 낮아져 술이 제대로 발효하지 못하다 보니, 산패하여 잡균에 오염된 산막의 일종이다. 술에 섞이지 않게 잘 걷어내고, 위아래로 고루 섞어준 후 용기 안을 마른 행주로 닦고 정종 같은 술을 고루 몇 번 뿌려준다. 지켜보다 산막이 다시 생기려 하면, 술을 걸러 종초를 넣고 초를 안친다. 너무 심하면 술에 이미 맛과 향이 배어 좋지 않으니 버려야 한다. 산막이 생긴 술은 익어도 알코올 도수가 낮으니 절대 가수하지 말고, 산도 높은 종초를 넣어 온도 조절하여 얼른 초를 키워낸다. 냉장고에 두거나 열탕하여 초산균을 사멸시킨 다음 숙성시키지 말고 먹고, 생식초라도 종초로는 넣지 말자.

질문 물이 되어버린 식초, 어떻게 하나?

답 버리는 게 좋다. 원재료의 성분이 아주 귀한 것이라 아깝다면 다시 술을 담가 초 안쳐도 되겠지만, 물이 됐다는 것은 재산화가 이루어졌으므로 그냥 버리기를 권한다.

질문 과일로 술을 만들어 초 안쳤는데, 거품이 계속 생긴다.

답 술을 담근 지 얼마 후에 초 안쳤나?

질문 8일 만에 술을 걸러 초 안쳤다.

답 너무 일찍 술을 걸러, 술에 남은 효모가 당분을 술로 만드는 과정으로 술발효 중이라 거품이 생긴다. 술발효를 충분히 해야 알코올 도수가 오르고 정상적인 초산발효를 한다. 실패는 아니니, 나머지 술발효를 마치면 잠잠해지면서 초산발효를 할 것이다.

질문 사과를 갈아 술을 담갔는데, 발효되는 거품도 없이 빡빡하게 있다. 또 술냄새는 약간 나지만, 몇 번 저어주어도 건지와 술이 분리가 안 되고 있다.

답 사과를 갈아서 술을 담그면, 더러 빡빡한 채로 발효 모습도 보이지 않는다. 약간의 물을 추가하여 담그라는 것도 성분 추출과 술발효를 돕기 위함이니, 다음에는 얇게 슬라이스해 담그면 다른 모습으로 익어가는 걸 볼 수 있다.

질문 오디의 술발효가 약한 듯하여, 중간에 밥, 물, 누룩을 넣어 덧술을 했다. 며칠 후 술에 이상한 모습의 초막이 심하게 생겨 있는데, 무엇인가?

답 술이 익는 중에 생긴 것은 초막이 아니다. 술이 잘못되어 산막이 생기고 있는 모습이다. 오디술 발효가 제대로 안 되고 있는 데다가, 덧술을 했다 해도 곡물이 제대로 당분 역할을 하지 못해 술이 되기엔 모자라고, 알코올 도수가 제대로 올라가지 않아 술이 상해 산막이 생긴 것이다. 그럴 때는 모자라는 당분을 조금 추가(설탕)하면 금방 산막이 사라지고, 다시 본격적인 술발효를 한다. 아니면 잘 걸러 산도 높은 종초와 담가놓은 독한 술과 같이 25% 이상 넣어 온도를 따뜻하게 해주면 살아나기도 하지만, 부족하면 바로 흉측한 효모산막이 생긴다. 항아리라면 다시는 식초 담그는 데 안 쓰는 것이 좋다.

질문 현미술을 담갔더니, 맑은 물이 생겨 걸러서 액만 용기에 넣어두었다. 그런데도 계속 보글거리며 발효되고 있는데, 실패인가?

답 너무 술을 일찍 걸러 술에 남은 현미와 누룩이 당분을 술로 만들고 있는 현상이다. 그대로 두어 술이 더 익거든 종초를 넣거나, 아니면 종초를 넣어 초산발효를 시켜도 된다. 술발효는 얼마나 걸린다고 정해진 것이 없어, 술밥의 상태, 당화에 따라 술이 빨리 익고 알코올 도수를 올린다. 적당한 기간으로 한 달을 잡아 술 익고 남은 시간에 숙성 겸 작은 초산발효를 한다고 보면 된다.

질문 현미 2kg 고두밥과 누룩 500g, 물 5ℓ를 고루 섞어 술 안쳤는데, 며칠 후 술 위에 허연 산막이 두껍게 생겨 냄새도 고약하다.

답 물이 1ℓ 더 들어가 곡물 당분이 모자라고, 고루 섞는 게 아니라 40분간 호화시켜야 한다. 밥알이 삭아가는 모습인가, 아니면 탱탱하니 고두밥 상태인가?

질문 그냥 섞어서 술 안쳐도 된다고 해서 호화시키지 않았다. 밥알은 모양이 그대로 있으며, 만지면 꼬들꼬들하고 술색은 아주 맑다.

답 그러면 당연히 산막이 생긴다. 호화는 술발효를 돕는 아주 중요한 과정이다. 그 과정을 거치지 않아 술밥이 제대로 삭지 않고 고두밥 상태 그대로 있다. 물이 많은 데다가 고두밥이 삭지 않아 당분도 안 나오니, 넣어준 누룩이 술을 만들 당분이 없어 산패한 것이다. 다음에는 물 1ℓ 줄이고, 고두밥을 잘 찌고 꼭 40분간 호화시켜서 좋은 술을 담그도록 한다.

질문 알로에 발효액이 맛이 없어 식초를 만들려고, 발효액 2ℓ, 종초 1ℓ를 넣고 몇 달 두었다. 그런데 초막도 생기지 않고 그대로 있다. 무엇이 문제인가?

답 발효액은 설탕을 얼마나 넣고 담갔는가?

질문 알로에 5kg, 설탕 5kg 동량으로 담갔다.

답 동량이면 당도가 55브릭스는 넘어, 종초만 넣어두면 1년이 지나도 그대로 있다. 일단 발효액과 생수를 끓여 식힌 물을 동량으로(설탕과 동량으로 담근 발효액이라 당도가 높음) 넣고, 효모나 누룩을 넣어 술이 익으면 그때 종초를 넣고 초 안치면 된다. 당도 24브릭스에 맞게 물만 넣었어도 종초를 넣으면 식초가 되긴 하는데, 다음에는 꼭 술을 먼저 담그고 식초를 한다. 그것을 살리려면 끓여 식힌 물을 발효액과 동량으로 넣고 효모나 누룩을 조금 첨가하면 술이 익으면서 식초가 될 확률이 50% 이상이니 시도해본다.

🏺 식초

질문 술을 걸러 초를 안쳤는데, 초막을 저을 때 쇠로 된 도구를 써도 되는지?

답 술일 때는 괜찮지만, 초는 초산이라 잠깐이지만 쇠가 아닌 도구로 젓기를 권한다.

 막걸리를 담가 병에 넣고 솔잎으로 막아둔 지 몇 년 된 식초, 지금 위에 곰팡이처럼 하얀 막이 생겨 있다.

 덮인 막이 푸른색, 붉은색이 있는 곰팡이라면 버려야 하고, 그냥 우묵 같은 셀룰로오스면 맛을 본다. 맛과 향이 좋으면 다 익은 식초니 먹어도 되고, 밍밍하고 향이 나쁘면 산막으로 버려야 한다.

 술이 약해져 덧술(술밥)을 넣는다면 언제가 좋은지? 한 달 정도 익다 물이 되는 경험을 몇 번 했다.

 덧술은 초막이 생기고 7~10일 이후에 넣는 것이 좋다. 초막이 생기면 초산균이 왕성하게 초를 이루는데, 술이 팍팍 줄어 약하게 된다. 술이 좋으면 문제없이 초를 익히지만, 약한 술은 초산균이 마구 먹어버리고 더 이상 술이 없으면 물이 된다. 적당한 시기에 싱싱한 술밥을 넣으면 초산균이 왕성한 초산발효를 이루는 힘이 된다. 그러나 이미 물이 되어가는 것은 술을 넣어도 소용없다. 덧술 넣는 것은 앞서 공부한 것을 참조한다.

 매실 발효액이 설탕을 적게 넣어 시큼한 맛이 난다. 식초를 하고 싶은데, 술부터 담그는지, 아니면 종초를 바로 넣는지?

 매실은 자체적으로 신맛이 강한데, 설탕을 적게 넣었으면 더 시큼하다. 우선 설탕과 매실 넣은 양에 비례해 생수를 끓여 식힌 물을 첨가하고, 당도를 24브릭스로 맞추어 효모나 누룩을 넣어 술 안치고, 한 달 후 걸러서 초를 안치는 방식으로 한다.

질문 술지게미와 물 같은 양과 발효액 건지를 넣었더니 발효를 하는데, 식초가 되는가?

답 술지게미와 물만 섞었다면 당도가 낮다. 술지게미가 효모 역할은 해도 술 익는 당분으로는 모자라, 알코올 도수 약한 술이 나와서 식초가 되기엔 부족하다. 하지만 발효액 건지에 당분이 많이 들어 있어 당도도 적당하므로, 술을 걸러 종초를 넣고 초 안치면 잘 익을 것이다.

질문 현미술을 담그며 현미 4kg, 물 13ℓ, 누룩 1kg, 엿기름 두 공기를 안쳤는데, 괜찮은가?

답 물이 너무 많다. 8ℓ를 넣어야 하는데 5ℓ가 더 들어갔다.

질문 엿기름을 당분으로 넣었으니 물이 많아도 되는 거 아닌가?

답 엿기름은 곡물에 모자라는 당분을 보충하지만, 물을 많이 넣어도 되는 것은 아니다.

질문 누룩은 1kg 이상 더 넣어도 되지 않는가?

답 현미 4kg에 누룩 800g인데, 약간 추가하는 것은 술발효를 위해 괜찮지만, 누룩을 많이 넣는다고 술이 잘되거나 알코올 도수가 높게 나오지는 않는다. 오히려 술이 되고 남은 누룩이 술에 남게 되는 현상이 생기는데, 술 담그는 것은 개인마다 다 다르니 이것은 나의 방식이다.

질문 현미식초가 다 익어 병입했는데, 100% 익은 것 같지 않아 천으로 덮어 숙성시켜 완벽할 때 뚜껑을 닫으려 한다.

답 미심쩍을 때 그렇게 하면, 나머지 초산발효를 이루어 술이 남지 않은 완벽한 초가 나온다.

[질문] 식초를 만들려면 술을 담가 술발효 중간에 종초를 넣으면 된다는데?

[답] 술이 한창 발효될 때보다 술이 익으면 걸러, 종초를 넣은 다음 초 안치는 게 좋다. 술을 잘 익혀 알코올 도수를 적절하게 올린 다음 종초를 넣어야, 초가 익어가다 술이 제대로 익지 않은 약한 술이 일으키는 문제가 많이 줄어든다.

[질문] 원재료(과일, 열매, 뿌리 등 모든 생재)에 양조식초를 부어 식초를 만들어도 되는가?

[답] 안 될 것은 없다. 하지만 반찬에 넣는 양념식초라면 몰라도 음용을 하는 것은 불편하다. 원재료가 수분이 얼마나 되는지에 따라 넣는 양을 조절해야 한다. 아무리 양조식초의 산도가 6~7이라도 너무 묽어지면 산패하기 쉽다. 꼭 하고 싶다면 원재료 넣는 데 신중히 계산을 해야 한다.

[질문] 그럼 설탕도 넣으면 산패 없이 되는 것 아닌가?

[답] 양조식초에 모든 생재를 넣어 침출하는 것도 불편한데, 설탕까지 넣으면 어떻게 할 것인가? 걸러 먹을 때 설탕은 그대로 남아 있는데, 담그는 것은 본인이 정해야 한다.

[질문] 40일간 매실술을 발효시켜 식초를 담그고, 일부는 먹어도 되는가?

[답] 식초용으로 담근 술은 먹기에는 조금 불편하다. 40일간 술발효를 끝내고 숙성되며 초산발효를 미미하게 이루어 신맛이 많이 나므로, 먹는 술로는 적당하지 않다. 꼭 먹고 싶다면 15일 정도 술발효를 시켜 조금만 걸러 냉장고에 며칠 숙성시킨다. 그런 다음 맛을 보아 먹을 만하면 먹고, 별로 안 내키면 냉기를 완전히 빼어 익고 있는 술에 넣어 나머지 술을 익힌다.

질문 종초가 덜됐는데, 술을 거르는 것과 동시에 종초를 넣어 초 안쳐야 하는가?

답 바로 초 안쳐도 되고 숙성시켜 담가도 된다. 꼭 종초가 있어야 초가 익는 것은 아니지만, 공기 중 초산균으로 초를 키우는 데는 실패율이 높다. 하지만 힘 있고 산도 좋은 초산균이 듬뿍 든 종초를 넣으면 초산발효가 잘 일고, 기간도 단축되고, 술도 힘을 받아, 들어온 초산균과 같이 초를 잘 익혀낸다. 술은 익었는데 종초가 없으면, 공부한 대로 숙성시켜두었다 종초가 익으면 넣어 담가도 아주 좋다.

질문 늙은 호박에 설탕과 양조 현미식초를 부어두었는데, 아무리 지나도 전혀 변화가 없다. 어떡하나?

답 호박뿐 아니라 다른 생재에도 설탕과 양조식초를 부어놓으면, 웬만하면 그대로 있다. 호박은 설탕에 절여져 달달하고, 산도 6~7의 양조식초를 부어놓으니 절대 상하지 않은 채 호박 향과 함께 신맛이 조금 나는 상태이다. 양조식초만 넣지 않았다면, 적당한 물과 효모, 누룩을 넣어 술 담가 초 안치면 된다. 다음에는 정상적으로 술을 담기로 하고, 이 호박 물은 두 달 정도 후에 걸러 반찬에 양념으로 넣는다. 하지만 설탕은 그대로 있다.

질문 생막걸리 한 병이 냉장고에 몇 달째 있는데, 식초를 해도 되는가?

답 된다. 냉장고에서 꺼내 벌레가 들어가지 않을 정도로 뚜껑을 열거나 천을 덮어 실온에 두고, 종초가 있으면 30% 넣고, 없으면 그대로 둔다. 실패할 확률이 높지만, 먹을 수 없으니 한번 해본다.

질문 과일술을 숙성시키는 중에 초막이 생겼는데, 어떻게 해야 하나?

답 과일술 숙성 중 초막이 생기기도 한다. 알코올 도수가 낮아 약한 초가 익어가는데, 그대로 두면 초막이 생기다 약한 술만 소비하고 물이 된다. 알코올 도수가 높게 나왔다면 그대로 숙성되지만, 얼른 뚜껑을 열고 천을 덮어 공기 중의 초산균과 산소가 들어가게 한다. 산도 좋은 종초와 담가놓은 술이 있으면 같이 넣어 얼른 초를 익혀낸다.

질문 쌀과 누룩으로 담근 술 6ℓ에 가수 6ℓ로 총 12ℓ, 거기다가 종초를 넣고 초 안 쳤다. 초막 좋고 향과 맛이 좋아 두 달 정도 후 먹으려고 하니, 향도 나쁘고 신맛도 많이 줄었다. 왜일까?

답 가수를 너무 많이 했다, 초반엔 잘 익어가다가, 약한 술과 술에 남은 영양분을 초산균이 소비하는 재발효를 하여 물로 산화된 것이다. 가수를 하고 싶다면 조금 줄여서 하자.

질문 막걸리술과 동량으로 가수한 것 7ℓ, 과일식초 1.5ℓ, 발효액을 조금 넣어 초 안 쳤는데, 초반엔 잘 익어 신맛이 좋았다. 그런데 점점 밍밍해진다.

답 발효액을 넣은 이유는 무엇인가? 술에 당분을 추가하면 산도가 잘 나오겠지 싶겠지만, 전혀 아니다. 당분은 술을 담글 때 필요하지 초산발효에는 필요없다. 발효액 당분은 초가 익어도 그대로 남아 있으니 넣지 말자. 밍밍해지는 이유는, 가수한 막걸리술의 도수가 약한 데다가 발효액으로 더 낮아져, 초반엔 발효가 왕성해 맛있게 익는 듯하다 초산균이 술만 먹고 굶어죽은 재발효상태이다. 밍밍해지기 전 초맛이 약해지는 듯하면, 좋은 종초와 담가놓은 독한 술을 25% 추가하여 술과 초산균에 힘을 실어주면 살아나는 경우가 많다.

질문 식초 보관은 어떻게 할까?

답 중탕하여 초산균을 사멸시켰거나 산도가 약하게 나와 물이 될까 걱정

이면, 냉장고에 보관해 초산균이 낮은 온도에서 활동하지 않아 더 이상 진행되지 않은 부드러운 식초를 먹을 수 있다. 또 산도가 강하거나 적정선에 이르렀을 때 그냥 실온에 두고 먹는다.

질문 초산발효 중 식초 용기를 옮기려니 밑에 앙금이 많이 있는데, 앙금도 옮겨야 하는가?

답 앙금은 곱게 걸러 맑은 술만 옮기고 버리는 게 좋다. 단, 같은 종류의 술이 있어 넣고 싶다면 초를 안쳐도 되지만, 두 번 사용하는 것은 좋지 않다. 앙금을 같이 옮기면 그 냄새가 초에 섞일 수도 있다.

질문 초를 안칠 때 용기를 90% 채워도 되는가?

답 술은 발효를 하므로 70% 미만으로 용기에 여유가 있어야 하고, 초는 잡균 침투나 증발을 줄이기 위해 90% 채우는 게 좋다.

질문 현미술과 찰현미술의 차이는 뭔가?

답 차이가 없다. 차진 쌀이나 그냥 쌀이나 마찬가지로 준비되는 대로 한다.

질문 현미식초가 처음엔 향이 참 좋았는데, 몇 달 숙성한 후 완전히 달라져 뭐라 표현할 수 없는 요상한 향이 난다. 상한 건가?

답 현미식초 막 익은 것은 향과 맛이 상큼하고 좋다. 그러나 숙성시킬수록 맛과 향이 달라지는데, 싫어하는 사람도 더러 있고 그 향과 맛을 즐기는 사람도 있다. 당연한 것으로, 현미식초는 숙성, 농축되면 깊고 묵직한 맛과 발효된 향이 난다. 오래될수록 집간장 같은 향과 간간한 맛이 난다. 자연스레 흑초가 될수록 더 향, 맛이 진해지니, 익숙해져 오묘한 현미식초를 즐기자.

질문 사과술을 안쳤는데, 3일 지나도 사과액이 많이 생기지 않고 용기 밑에만 약간 고여 있다. 지금 가수해도 될까?

답 3일 지났으면 가수해도 된다. 사과술을 대량으로 하면 전혀 물을 넣을 필요가 없는데, 30kg 이하로 할 때는 물을 약간 넣어주면 사과 성분 추출과 술발효에 도움이 된다. 계절에 따라 사과의 수분이 줄어든 때는 약간의 물 추가가 필수이다. 사과 10kg면 생수 끓여 식힌 물 2ℓ, 물에 대한 설탕 20%(설탕 입자를 다 녹여)를 사과술에 붓고 저어주면 액이 금방 잘 나온다.

질문 초가 익었는데 산도가 너무 약해 숙성 중 물이 될까 걱정인데, 산도 좋은 종초를 넣어 다시 초산발효를 하면 어떤가?

답 산도 낮은 초에 무조건 종초만 넣으면, 초산균은 있고 술은 없어 초산균이 먹고 산도를 올릴 먹이가 없다. 산도가 낮은 식초지만 이미 술은 소비가 다 된 상태라서 먹이가 없으니, 새로운 초산균이 자기네들끼리 남아 있는 양분을 먹으며 재발효를 하여 물이나 산패가 되기 쉽다. 이럴 땐 다시 초를 안친다는 생각을 하는 것이 좋다. 산도 낮은 초는 없다 생각하고, 산도 좋은 종초와 익고 있는 술이 있다면 약한 식초 양의 25%씩, 온도 28~30도를 맞추어 초산균이 정신없이 술을 먹고 초를 이루도록 해주자. 50% 이상은 산도 좋은 식초로 다시 태어날 것이다. 간단하게는 열탕처리하거나 냉장보관하여 초산균의 활동을 억제하고 얼른 먹는 것이 좋다.

질문 다래나무 수액 3.6ℓ에 설탕 24브릭스, 효모는 반 차스푼 못 되게 넣고 술을 안쳤는데, 술이 될까?

답 효모의 양이 너무 적다. 차스푼으로 한 스푼 반은 넣어야 한다.

질문 술밥을 찌거나 술 거르는 면보는 어떻게 소독하나?

답 삶아서 바싹 말려 사용한다.

질문 초 안치는 데 도자기 용기도 괜찮은가?

답 사용하지 말았으면 한다. 도자기는 음식과 관련된 도구가 아니라서 흙이나 유약 등이 다를 수도 있다.

책에 없는 식초용 술 담그기의 배합률

질문 쑥 2kg을 식초 담그려고 시럽을 만들어 넣으려는데, 시럽은 어떻게 만드는가?

답 식초용 시럽은 생수를 끓여 식힌 물 1ℓ에 설탕 20%를 넣으면 된다. 쑥이 건재인가 생재인가에 따라 물의 양이 달라진다.

질문 생쑥 2kg.

답 생쑥은 초봄에 나오면 부드럽지만, 5~7월 쑥은 향, 성분이 강해 물 양을 넉넉히 잡아야 좋다. 7월 쑥은 부피도 제법 되므로 물 5ℓ가 적절하다. 설탕은 물 양의 20%, 생쑥은 잘게 자르고, 누룩은 넉넉히 400g. 효모(넣고 싶다면)는 5g을 넣어준다.

질문 건조 오미자와 구기자를 가루내서 식초를 담그는가?

답 담글 수 있다. 현미나 찹쌀 고두밥을 해서 누룩과 가루를 섞어 술 안치거나, 가루를 물에 푹 달여 그대로 넣어도 된다.

질문 술밥 찌는 게 힘들다. 설탕으로는 안 되는가?

답 가루 넣고 달인 물에 설탕 24% 넣고, 누룩이나 효모 적당량을 넣고 술 담그면 된다.

 체리 10kg이 있어 천연발효식초를 하고 싶은데, 설탕 배합은 다른 과일과 같은가?

 재료들마다 설탕 넣는 양이 다르다. 각각 당도 차이가 나기 때문이다. 체리의 당도는 수입산이 16~17브릭스 정도이고 국산은 약간 낮아 10% 넣어도 되지만, 약간 더 넣어도 괜찮다. 물은 1ℓ, 물에 대한 설탕 20%. 누룩을 넣으려면 10% 1kg인데 부피가 많아 7% 700g, 효모는 0.1%인 10g. 체리는 과육이 단단해 조금 터트려 담근다. 한 달 후에 술을 걸러 종초 30% 넣고 초 안친다.

 현미 술지게미로 식초가 가능한가?

 얼마든지 가능하다. 생재에 넣어도 현미 성분이 들어가고, 누룩 양을 줄여 넣어도 되는 효모 역할도 한다. 또 멋진 현미술지게미식초를 만들 수 있는데, 현미로 담그는 것보다 더 힘들다. 지게미에 술이 듬뿍 든 상태로 걸러 용기에 넣고, 물과 누룩을 조금 넣어 그대로 용기 속에 오랫동안 두면 지게미가 다 삭고 초산발효를 이루어 초가 된다. 1년 정도 두었다 거르면 초가 거의 다 익어 있는데, 걸러서 나머지 초산발효를 시킨다. 이런 식초를 지게미식초라 하는데, 향이 그윽하고 맛도 좋아 일본에선 최고급 초밥용 식초로 쓴다고 한다. 그러나 잘못 담그면 상하거나 약한 초가 나오게 되어 좋지 않다.

 석류를 껍질까지 넣어 발효액을 담갔는데, 식초 만들고 싶다.

 석류 발효액 2ℓ면 생수 끓여 식힌 물 1.8ℓ, 설탕 양을 조금 줄여 담갔다면 물 1.5ℓ, 누룩은 종이컵으로 5분의 4컵, 효모(넣고 싶으면) 2g을 넣는다. 한 달 후 술을 걸러 술 양의 30% 종초를 넣고 초 안친다.

질문 쌀막걸리를 담가, 일부는 맛있는 술로 먹고 나머지는 가수하여 식초 담그면서 나온 지게미의 재활용 방법이 없는가?

답 지게미에 물을 넣어 주물러 꼭 짠 것이면 미련 없이 버려야 하고, 술을 듬뿍 품고 있는 지게미라면 아주 쓸모가 많다. 식초하려고 모아둔 발효액 건지가 있을 때 넣어주면 곡물과 누룩의 성분과 함께 효모 역할을 하여 지게미 활용으로는 최고이다. 또 생재 식초를 하는 데도 일부 넣으면 좋다. 지게미 양은 얼마나 되는가?

질문 물 안 탄 것으로 무게는 1.5kg.

답 좋은 상태이다. 발효액 건지 5kg에 할 수 있고, 사과 같은 과일 5kg도 할 수 있다. 또 물을 조금 넣어 주무르면, 수분이 적은 재료로 술 안칠 때 물 대신 넣으면 아주 좋다.

질문 자두의 씨를 빼고 과육만 설탕 50% 넣고 발효액 담근 지 일주일 되었다. 열어보니 술맛이 나고 저으면 거품이 생기는데, 식초를 해도 되는가?

답 당연히 된다. 당도계가 있으면 24브릭스에 맞추어 물을 넣어주는데, 양이 얼마나 되는지?

질문 자두 과육 3kg, 설탕 1.5kg. 당도계는 없다.

답 소독한 용기에 설탕에 절여진 자두 과육을 넣고 물은 2ℓ, 누룩은 종이컵으로 깎아서 2컵, 효모를 넣는다면 차스푼으로 2개 넣어 술을 담가 식초를 하면 된다.

질문 토마토가 10kg 있는데, 다른 과일처럼 식초를 담그면 되는지?

답 토마토는 당도가 낮고 수분 자체로 된 것이라, 설탕 24% 정도, 누룩

10% 1kg지만 조금 줄여 800g, 효모 넣으려면 0.1%인 10g 넣어, 술을
담가 걸러 종초 넣고 초 안친다.

질문 가지 10kg이 생겼는데, 효모 넣고 식초 담그고 싶다.

답 가지는 당분이 거의 없으니 설탕 25%, 가지에 수분이 있어도 술발효를
위해 물 4ℓ, 물에 대한 설탕 20%, 효모 0.1% 10g, 용기 25ℓ(가지는 거
품발효를 많이 함).

질문 원액기에 내린 생강즙 1ℓ로 식초가 가능한가?

답 생강즙 1ℓ면 양도 적고 원액이 너무 독해 식초를 해도 먹기 힘들다. 생
강즙과 물을 동량으로 넣고, 설탕 400g, 누룩이면 종이컵 5분의 4컵
정도, 효모는 2g 넣어 술을 담가 초를 안치면 된다.

질문 미강으로 식초 가능한가?

답 미강은 현미를 도정하며 나온 쌀눈이다. 전분질이 거의 없고, 기름을
짤 정도로 지방이 많고 단백질도 많아, 술이 되기에는 불편함이 많다.
미강은 술이 되는 데 필요한 당분으로 변할 전분이 없다. 그래서 당분
을 얻기 위해 찹쌀을 불려 같이 찐다. 일단 찹쌀밥을 해서 식기 전에
미강을 그 밑에 깔고 다시 40분 푹 쪄 20분 뜸들인 후 식힌다. 누룩을
물에 불린 것(수곡)과 식힌 미강밥을 넣어 고루 섞어 술 안치면 좋다.
그래야 모자라는 전분, 즉 탄수화물로 인한 당분을 찹쌀이 대신하여
무난히 알코올 도수가 올라 초를 익힐 수 있다.

질문 찹쌀 대신 현미를 하면 어떤가?

답 현미도 나쁘진 않지만, 찹쌀이 당화가 더 좋고 당분도가 높다. 비율은

미강 1kg, 찹쌀 3kg, 누룩 600g, 물 6ℓ.

질문 알코올 도수 9도인 달콤한 미국산 포도주로 식초를 어떻게 담그는가?

답 그 포도주는 도수가 낮고 달콤하여 먹기 좋은데, 식초를 한다면 이미 술이고 당도 역시 높아 그대로 술 양의 30% 종초를 넣고 초 안친다. 직접 담근 포도주로 한 것이 아니라서 진정한 천연발효식초는 아니다.

질문 시판 포도주 13도는 식초를 어떻게 담그는가?

답 나는 그냥 종초 넣고 초 안치겠지만, 도수가 높으니 생수 끓여 식힌 물 30%를 넣는다. 이것 역시 천연발효식초는 아니다.

질문 무화과로 식초 가능한가?

답 무화과는 오래 보관하고 먹을 수 있는 과일로 식초를 하면 참 좋다. 5kg이라 보고 당도 높은 열매라 설탕 8%, 물 3ℓ(물이 많은 것은 무화과 섬유질이 많아서이다. 그냥 하면 곤죽인 술이 나옴), 물에 대한 설탕 20%, 누룩 10%. 효모를 넣고 싶다면 0.1%. 누룩이나 효모 중 한 가지만 넣는다.

🍶 초막

질문 초막이 생기다 사라지고, 마무리 발효 중 저어보니 용기 밑에 마스크팩 같은 것이 도구에 묻어 나오는데, 무엇인가?

답 자세히 보아야 알 수 있는 얇은 막이 생겼다가, 살짝 젓거나 작은 용기를 흔들어줄 때 밑으로 가라앉은 것이다. 잡으면 슬며시 흐트러지고 초가 익어가는 중이면 술이 약해져 생긴 셀룰로오스이고, 초가 거의 다 익어 생긴 현상은 보호하는 막으로 보면 된다.

 포도 4kg에 현미 100g, 누룩 소량, 물 약간 추가해 술을 담가 초 안쳤는데, 며 칠 후 초막이 약간 생기다 만 듯하다. 어떤 상태인가?

 포도는 수분이 많은 재료라 물을 추가하지 말았어야 했고, 현미 100g으 로 술이 되기에는 포도에 대한 당분이 너무 모자랐다. 누룩 역시 현미에 대한 것만 넣었지 포도에 대한 것으로는 적어, 술이 약해 초반 급초산발 효를 이루다 서서히 옅어지며 물이 되기 쉬운 상태이다. 그냥 포도만 하 든가, 정량의 설탕, 효모나 누룩을 넣고 담그든지 하는 것이 좋다. 현미를 넣고 싶다면 물 없이 포도즙과 포도에 맞게 넣어 술을 담가야 한다.

 초막이 곱게 생기던 식초가 하루 만에 이렇게 변했는데, 왜일까?

 하루 만에 곱던 초막이 심한 산막으로 변하는 경우는 아주 드물다. 초 막이 생기면 살짝 젓거나, 작은 용기면 가볍게 흔들어 금만 가게 함으 로써 초산균이 들어가게 해 초가 익는데, 하루 만에 이런 모습은 안 생 긴다. 막걸리는 어떤 것을 쓰고, 온도 조절은 어떻게 했는가?

고운 초막

산막으로 덮인 상태

 생막걸리를 사서 했고, 정상적으로 초 익는 데 추울까봐 전날 보온을 더해주 었다.

 온도가 너무 높았던 모양이다. 종초 익는 데 적당한 28~32도에서 33~35도로 넘어가면서 급하게 온도가 오르니 술이 뜨거워진다. 그러

면 초산균이 죽어 하루 만에도 산막을 만들어내거나 물이 되는 경우가 생긴다. 그래서 식초는 온도가 너무 낮으면 서서히 초산발효를 이루고 너무 높으면 사멸하니, 온도 조절을 잘해야 한다.

질문 초막이 서서히 사라지는 것 같은데, 신맛이 안 나고 약간 들큰한 맛이 난다.

답 초막은 줄어들고, 신맛은 약하고 단맛이 난다는 것은, 초산균이 초반 발효를 하다 술이 약해져 물이 되어가기 직전이다. 얼른 잘 담근 술과 종초를 술 양의 25% 넣어주어야 초가 다시 살아난다.

질문 생막걸리 두 병에 종초를 넣고 초 안친 다음 며칠 만에 보니, 두꺼운 막이 생 겼다. 그래서 막을 걷어냈는데, 다음 날 다시 얇은 막이 생기고 약간의 신맛이 난다. 실패인가?

답 산도 약한 종초와 도수 약한 술이 급초산발효를 하다 힘이 약해져 생긴 셀룰로오스로, 당연히 초맛도 약하다. 며칠밖에 안 되었으니, 같은 막 걸리 한 병 사다 몇 시간 냉기를 빼고 넣는다. 앙금은 버리고, 맑은 술 과 종초를 동량으로 넣어 젓지 말고 온도 28~30도를 유지하며 얼른 초 를 키워낸다.

질문 술을 담가 초 안쳤더니 초막이 곱게 생기고 신맛이 돌다가, 갑자기 밍밍하고 초막도 사라지려고 한다.

답 약한 술이 급초산발효를 하다 술이 더 약해져 물이 되려고 하는 것이 다. 얼른 독한 술을 첨가해 초산균에게 싱싱한 먹잇감, 즉 술밥을 주는 데, 담가놓은 술이 없으면 난감하다. 직접 술을 담그면 항상 조금 떠서 밀봉해두었다가 넣는다.

 막걸리로 식초를 담가 다 익은 것 같아 두 군데 병입했는데, 하얀 주름 같은
막이 두껍게 덮여 냄새도 좋지 않다.

 산도가 얼마나 되는지 측정했나?

 pH수치 5로 나왔다.

 pH수치 5면 총산도 2도 안 나온 것이다. 실패한 것이라 버려야 한다.

동백LEE의 곳간
천연식초 만들기 노하우 완전 공개

건강지킴이
천연식초 만들기

초판 1쇄 발행 2016년 5월 20일
2쇄 발행 2016년 12월 20일

발행인 박해성
발행처 정진출판사
지은이 이제성
편집 김양섭, 조윤수
기획마케팅 이훈, 이현주
본문디자인 프리콤
표지디자인 로그트리
출판등록 1989년 12월 20일
주소 136-130 서울특별시 성북구 화랑로 119-8
전화 02-917-9900
팩스 02-917-9907
홈페이지 www.jeongjinpub.co.kr

ISBN 978-89-5700-139-4 *13590